Kern- und Teilchenphysik

Ashok Das / Thomas Ferbel

Kern- und Teilchenphysik

Einführung · Probleme · Übungen

Aus dem Amerikanischen
von Ulrich Mitreuter

Mit 75 Abbildungen

Spektrum Akademischer Verlag Heidelberg · Berlin · Oxford

Originaltitel: Introduction to Nuclear and Particle Physics
Aus dem Amerikanischen von Ulrich Mitreuter

Amerikanische Originalausgabe bei John Wiley & Sons, Inc.

© 1994 by John Wiley & Sons Inc.

Titelbild: © THE IMAGE BANK / Dominique Sarraute

Die Deutsche Bibliothek – CIP-Einheitsaufnahme

Das, Ashok:
Kern- und Teilchenphysik : Einführung, Probleme, Übungen /
Ashok Das ; Thomas Ferbel. Aus dem Amerikan. von Ulrich
Mitreuter. - Heidelberg ; Berlin ; Oxford ; Spektrum, Akad.
Verl., 1995
  Einheitssacht.: Introduction to nuclear and particle physics <dt.>
  ISBN 3-86025-340-9
NE: Ferbel, Thomas

Lektorat und Redaktion: Senta Völter und Gisela Sauer
Produktion: PRODUserv, Berlin
Einbandgestaltung: Kurt Bitsch, Birkenau
Satzherstellung mit LaTeX: Lewis & Leins GmbH Buchproduktion, Berlin
Druck und Verarbeitung: Franz Spiegel Buch GmbH, Ulm

Spektrum Akademischer Verlag Heidelberg · Berlin · Oxford

EIN VERLAG DER   *SPEKTRUM FACHVERLAGE GMBH*

*Für unsere Lehrer
und unsere Schüler*

Inhalt

Vorwort und Einführung   **XIII**

    Entschuldigungen XIII

    Einheiten und Tabellen von Kern- und Teilcheneigenschaften XIV

    Andere Referenzen XV

    Danksagung XV

1   Rutherford-Streuung   **1**

    Einführende Bemerkungen 1

    Die Rutherford-Streuung 2

    Streuquerschnitte 11

    Messung von Streuquerschnitten 15

    Laborsystem und Schwerpunktsystem 17

    Relativistische Variablen 20

    Quantenmechanische Behandlung der Rutherford-Streuung 24

    Aufgaben 26

    Empfohlene Literatur 27

2   Phänomenologie der Kerne   **28**

    Einführende Bemerkungen 28

    Eigenschaften von Kernen 28

       Benennung von Kernen 28

       Kernmassen 29

       Größe der Kerne 32

       Kernspin und Dipolmomente 33

       Stabilitätskurve 35

       Instabilität von Kernen 36

    Natur der Kernkraft 38

    Aufgaben 43

    Empfohlene Literatur 44

3   Kernmodelle   45

Einführende Bemerkungen   45

Das Tröpfchenmodell   45

Das Fermi-Gas-Modell   48

Das Schalenmodell   51

Der unendlich hohe Potentialtopf   56

Der harmonische Oszillator   57

Spin-Bahn-Potential   59

Vorhersagen des Schalenmodells   62

Das Kollektivmodell   64

Superdeformierte Kerne   66

Aufgaben   67

Empfohlene Literatur   68

4   Kernstrahlung   69

Einführende Bemerkungen   69

Alpha-Zerfall   69

Beispiel   72

Der Tunneleffekt   73

Beta-Zerfall   77

Gamma-Zerfall   84

Aufgaben   87

Empfohlene Literatur   88

5   Anwendungen der Kernphysik   89

Einführende Bemerkungen   89

Kernspaltung   89

Kettenreaktion   96

Kernfusion   98

Radioaktiver Zerfall   101

Beispiel 1   104

Radioaktives Gleichgewicht   105

Natürliche Radioaktivität und radioaktive Datierung   107

Beispiel 2   109

Aufgaben   109

Empfohlene Literatur   111

6   Energieverluste in Medien   112

Einführende Bemerkungen   112

Energieverluste   112

Geladene Teilchen   113

Maßeinheiten des Energieverlustes und der Reichweite   116

Beispiel 1   117

Beispiel 2 118

Statistische Streuung, Mehrfachstreuung und statistische Prozesse . . 118

Beispiel 3 119

Energieverluste durch Bremsstrahlung 120

Beispiel 4 122

Wechselwirkungen von Photonen mit Materie 123

Der photoelektrische Effekt 124

Compton-Streuung 125

Paarbildung 127

Beispiel 5 129

Beispiel 6 129

Beispiel 7 130

Wechselwirkungen von Neutronen 130

Wechselwirkung von Hadronen bei hohen Energien 131

Aufgaben 132

Empfohlene Literatur 133

7 Teilchennachweis   134

Einführende Bemerkungen 134

Ionisationsdetektoren 134

Ionisationszählrohre 136

Proportionalzähler 138

Geiger-Müller-Zähler 141

Szintillationsdetektoren 142

Flugzeiten 146

Cherenkov-Detektoren 148

Halbleiterdetektoren 149

Kalorimeter 150

Schichtdetektion 152

Aufgaben 155

Empfohlene Literatur 156

8 Beschleuniger   157

Einführende Bemerkungen 157

Elektrostatische Beschleuniger 158

Cockcroft-Walton-Beschleuniger 158

Van de Graaff-Beschleuniger 159

Resonanzbeschleuniger 160

Das Zyklotron 160

Beispiel 1 163

Linacs oder Linearbeschleuniger 163

Synchronbeschleuniger 164

Phasenstabilität 167

Starke Fokussierung 170
Kollidierende Strahlen 172
Aufgaben 176
Empfohlene Literatur 176

9 Eigenschaften und Wechselwirkungen von Elementarteilchen   177
Einführende Bemerkungen 177
Kräfte 178
Elementarteilchen 181
Quantenzahlen 183
    Baryonenzahl 183
    Leptonenzahl 184
    Strangeness 185
    Isospin 188
Gell-Mann-Nishijima-Relation 191
Erzeugung und Zerfall von Resonanzen 192
Untersuchung des Spins 195
Verletzung von Quantenzahl-Erhaltungssätzen 198
    Schwache Wechselwirkungen 198
    Elektromagnetische Prozesse 200
Aufgaben 201
Empfohlene Literatur 202

10 Symmetrien   203
Einführende Bemerkungen 203
Symmetrien im Lagrange-Formalismus 203
Symmetrien im Hamilton-Formalismus 207
Infinitesimale Verschiebungen 209
Infinitesimale Rotationen 211
Symmetrien in der Quantenmechanik 213
Stetige Symmetrien 216
    Beispiel: Isospin 220
Lokale Symmetrien 223
Aufgaben 225
Empfohlene Literatur 225

11 Diskrete Transformationen   226
Einführende Bemerkungen 226
Parität 226
    Beispiel 1: Parität des π^--Mesons 230
    Beispiel 2: Parität von $\Delta(1232)$ 231
Verletzung der Parität 231
Zeitumkehr 234

Ladungskonjugation 237

CPT-Theorem 239

Aufgaben 239

Empfohlene Literatur 240

12 Neutrale Kaonen und CP-Verletzung **241**

Einführende Bemerkungen 241

Neutrale Kaonen 241

CP-Eigenzustände neutraler Kaonen 244

Strangenessoszillation 246

K_1^0-Regeneration 247

Verletzung der CP-Invarianz 248

Zeitliche Entwicklung und Analyse des $K^0 - \overline{K^0}$-Systems 252

Semileptonische K^0-Zerfälle 259

Aufgaben 259

Empfohlene Literatur 260

13 Das Standardmodell **261**

Einführende Bemerkungen 261

Quarks und Leptonen 262

Quarkzusammensetzung der Mesonen 263

Quarkzusammensetzung der Baryonen 265

Wir brauchen Farbe 266

    Beispiel: Quarkmodell für Mesonen 268

Schwacher Isospin und Farbsymmetrie 270

Eichbosonen 271

Dynamik der Eichteilchen 272

Symmetriebrechung 276

Quantenchromodynamik und Confinement 281

Quark-Gluonen-Plasma 285

Phänomenologie und Vergleich mit den Daten 285

Aufgaben 290

Empfohlene Literatur 291

14 Jenseits des Standardmodells **292**

Einführende Bemerkungen 292

Große Vereinheitlichung 293

Supersymmetrie 297

Supergravitation und Superstrings 300

Empfohlene Literatur 303

Anhang

A   Spezielle Relativitätstheorie   304

B   Kugelflächenfunktionen   308

C   Sphärische Bessel-Funktionen   310

D   Grundlagen der Gruppentheorie   311

E   Tabelle physikalischer Konstanten   315

Sachverzeichnis   317

Vorwort und Einführung

Dieses Buch entstand aus einer einsemestrigen Vorlesung über Kern- und Elementarteilchenphysik für Studenten nach dem Vordiplom an der Universität von Rochester. Natürlich bestimmten die Vorkentnisse unserer Studenten zum großen Teil das Niveau, auf welchem wir die Vorlesung hielten. Es reichte von einer sehr qualitativen, phänomenologischen Darstellung für eine Gruppe, die aus Ingenieuren und Mathematikern bestand, bis zu recht formalen und quantitativen Ausführungen für eine andere Gruppe von gut vorbereiteten Physikstudenten. Es überrascht nicht, daß unsere Studenten, unabhängig von ihrer Vorbildung, vom Dargebotenen unverändert fasziniert waren, fachte es doch ihre Neugier an und stimulierte es ihre Arbeit. In den Vorlesungen bemühten wir uns besonders, die grundlegenden Ideen der Kern- und Elementarteilchenphysik zu betonen und wir hoffen, daß wir durch die Übertragung unserer Notizen in diesen doch etwas formaleren Text nicht die häufige Sünde begangen haben, den physikalischen Inhalt und die Schönheit der Schwierigkeit und der Strenge geopfert zu haben.

Entschuldigungen

Dieses Buch wendet sich vorrangig an Studenten, die ihr Vordiplom bereits absolviert haben, insbesondere an solche, die bereits Kenntnisse über Quantenmechanik besitzen. Um gewisse Feinheiten, welche wir ins Manuskript aufgenommen haben, schätzen zu können, sind jedoch mehr als nur flüchtige Kontakte zur Quantenmechanik vonnöten. Eine einsemestrige Vorlesung auf diesem Gebiet sollte dem Studenten helfen, sicher durch das phantastische Gebiet der Kern- und Elementarteilchenphänomene zu navigieren. Obwohl das Buch in sich geschlossen ist, gibt es doch Teile von einigen Kapiteln, welche Erschrecken hervorrufen könnten. So stellen die Abschnitte über relativistische Variablen und die quantenmechanische Behandlung der Rutherford-Streuung in Kapitel 1, einige der mehr formalen Dinge in den Kapiteln 10, 11 und 13 sowie der Abschnitt über zeitliche Entwicklung und Analyse des $K^0 - \overline{K^0}$-Systems in Kapitel 12 be-

sondere Anforderungen. Obwohl man die Beschäftigung mit der Massenmatrix
für das Kaonensystem als zu speziell empfinden kann und als nicht wesentlich
im Rahmen dieses Buches, so glauben wir doch, daß die anderen schwierigen
Stellen recht wichtig sind. (Wir nehmen auch an, daß mathematisch versierte
Studenten diese herausfordernden Abschweifungen zu schätzen wissen). Trotzdem sollte man, falls notwendig, die formalen Konzepte in diesen Abschnitten
zugunsten des phänomenologischen Inhaltes zurücktreten lassen.

Da wir eine quasi „historische" Entwicklung der Teilchenphysik als Darstellung gewählt haben, bereitete es einige Schwierigkeiten, die Quark-Struktur der
Hadronen frühzeitig in die logische Entwicklung aufzunehmen. Wir denken, daß
diese frühe Einführung wichtig für das Vertrautwerden des Studenten mit der
Systematik der Hadronen und ihrer Bestandteile ist. Deshalb nahmen wir die Eigenschaften der Quarks in Kapitel 9 auf, obwohl die Diskussion ihrer Relevanz
im Standardmodell erst in Kapitel 13 erfolgt. Obwohl dies vielleicht nicht der
beste Ansatz ist, so soll er doch den Studenten helfen, wichtige Erfahrungen in
der Interpretation des Hadronen-Spektrums mittels der Quarkkomponenten zu
gewinnen und die vielleicht auftretende Konfusion und Frustration, hervorgerufen durch die so große Zahl so verschiedener Hadronen, zu verringern.

Einheiten und Tabellen von Kern- und Teilcheneigenschaften

Wir verwenden durchgehend das cgs-System, außer daß Energie, Masse und
Impuls in eV angegeben werden. Dies erfordert oft die Verwendung von $\hbar$ und c
zur Umrechnung vom cgs-System in das gemischte System. Wenn möglich, so
haben wir im Text explizit gezeigt, wie ein solcher Wechsel vor sich geht. Ab
und zu, wenn wir die obige Konvention verlassen, wie zum Beispiel im Falle
der magnetischen Momente, werden wir den Leser warnen und ihm Beispiele
oder Aufgaben anbieten, welche den Übergang zwischen den Einheitensystemen
erleichtern sollen.

Wir sind der Meinung, daß die beste Bezugsquelle für Daten über Eigenschaften von Kernen und Elementarteilchen sowie auch für fundamentale Konstanten das sehr vollständige *CRC Handbook of Chemistry and Physics* (CRC
Press) darstellt. Da jede Bibliothek Kopien dieses Werkes besitzt, haben wir
unserem Buch keine solch detaillierten Informationen beigegeben. Wir emp-
fehlen deshalb, bei Bedarf diese CRC-Tabellen zu verwenden. Einige nützliche
physikalische Konstanten haben wir jedoch in den Anhang E dieses Buches
aufgenommen.

Andere Referenzen

Kern- und Elementarteilchenphysik besitzen gemeinsame Wurzeln. Sowohl die theoretischen Anfänge beider Gebiete mit ihrer Abhängigkeit von der Quantenmechanik als auch die Entwicklung der experimentellen Techniken führen zu häufigen inhaltlichen Überschneidungen. Deshalb erscheint es vernünftig, vor allem auf dem Niveau einer Einführung, diese beiden Gebiete vereint darzustellen. Tatsächlich gibt es einige exzellente, vor kurzem neu erschienene oder stark überarbeitete Bücher, welche ebenfalls diese kombinierte Darstellung beider Gebiete beinhalten. Von besonderem Interesse sind die Bücher *Subatomic Physics* von Hans Frauenfelder und Ernest Henley (Prentice-Hall) und *Nuclear and Particle Physics* von W. S. C. Williams (Oxford University Press), da sie einen Überblick über die Kern- und Elementarteilchenphysik, wie auch wir ihn anstreben, geben. Wir glauben, daß alle drei Bücher unterschiedlich und originell genug sind, um sich gegenseitig zu ergänzen und beim Kennenlernen dieser zwei spannenden Gebiete der Physik von Wert zu sein.

Danksagung

Wir danken vor allem Ms. Judy Mack für ihr exzellentes Schreiben (und scheinbar endloses Korrigieren) des Manuskriptes. Ihre Sorgfalt trug in großem Maße zum Gelingen unseres Projektes bei. Wir danken David Rocco für die graphischen Darstellungen und den Lektoren des Wiley-Verlages für ihre wertvollen, sowohl den Stil als auch den Inhalt betreffenden Vorschläge. Schließlich danken wir unseren Studenten für ihre anregenden und oft erfrischenden Kommentare und unseren Kollegen für ihre Geduld bei der Beantwortung einiger unserer trivialen Fragen.

A. Das und T. Ferbel
University of Rochester

1 Rutherford-Streuung

Einführende Bemerkungen

Die Struktur der Materie offenbart sich auf verschiedenen Niveaus. So bestehen die einst als die kleinsten Bausteine angesehenen Atome ihrerseits aus Kernen und Elektronen. Der Kern andererseits besteht aus Protonen und Neutronen, welche wiederum aus, wie wir glauben, Quarks und Gluonen gemacht sind. Es war nicht leicht, zu diesem Verständnis der fundamentalen Struktur der Materie zu gelangen, vor allem aufgrund der so geringen Abmessungen der Bausteine. Die typische Größe eines Atoms beträgt ungefähr 10^{-8} cm, der Durchschnittskern besitzt einen Durchmesser von etwa 10^{-12} cm, der Radius von Protonen und Neutronen liegt bei 10^{-13} cm, während man bei Elektronen und Quarks glaubt, daß sie bis mindestens 10^{-16} cm ohne innere Struktur sind (das heißt, sie verhalten sich wie Teilchen mit einer Größe kleiner als 10^{-16} cm).

Die Untersuchung der Struktur der Materie stellt sowohl experimentell als auch theoretisch eine gewaltige Herausforderung dar, da wir uns mit dem submikroskopischen Bereich beschäftigen, in welchem uns unsere klassischen Intuitionen, das Verhalten von Objekten betreffend, in die Irre führen. Die experimentelle Untersuchung der Spektren der Atome lieferte die ersten Einblicke in die atomare Struktur. Diese Studien führten letztlich zur Entwicklung der Quantenmechanik, welche nicht nur auf wunderbare Weise sowohl qualitativ als auch quantitativ die beobachteten Spektren und den Atombau erklären konnte, sondern auch das Wesen der chemischen Bindung und viele Phänomene in Festkörpern zu verstehen half. Der bemerkenswerte Erfolg der Quantenmechanik bei der Erklärung der atomaren Phänomene hat vornehmlich zwei Gründe. Erstens ist die für den Zusammenhalt des Atoms wesentliche Kraft die langreichweitige elektromagnetische Wechselwirkung, deren Eigenschaften man in der klassischen Physik gut versteht und deren Gesetze sich recht einfach in den Bereich der Quantenmechanik übertragen lassen. Und zweitens ist die Stärke der elektromagnetischen Kopplung schwach genug (man erinnere sich, die dimensionslose Kopplungskonstante ist durch die Feinstrukturkonstante $\alpha = (e^2/\hbar c) \simeq \frac{1}{137}$

gegeben), so daß sich die Eigenschaften selbst komplexer atomarer Systeme zuverlässig durch Näherungen, die auf quantenmechanischen Störungsrechnungen beruhen, bestimmen lassen. Stößt man im Inneren der Atome in den Kernbereich vor, so ändert sich die Situation schlagartig. Die Kraft, welche den Kern zusammenhält – wir wollen sie Kernkraft nennen – ist offensichtlich sehr stark, da sie die positiv geladenen Protonen trotz der abstoßenden Wirkung der Coulomb-Kräfte in einem kleinen Kern zusammenhält. Des weiteren hat die Kernkraft eine kurze Reichweite und ist deshalb im Gegensatz zur elektromagnetischen Wechselwirkung schwer nachzuweisen. (Wir wissen, daß die Kernkraft kurzreichweitig ist, da sie sich außerhalb des Kernes nicht bemerkbar macht.) Für eine solche Kraft gibt es kein klassisches Analogon, wir müssen auf die Führung durch unsere Intuition verzichten und sind so beim Versuch der Erklärung der Struktur des Kernes deutlich im Nachteil.

Es ist gerade das Fehlen von klassischen Analogien, welches den Experimenten beim Entziffern der fundamentalen Struktur der subatomaren Materie eine solche Bedeutung verleiht. Experimente liefern Informationen über Eigenschaften von Kernen und ihren Bestandteilen auf den kleinsten Längenskalen; man verwendet diese Daten dann zur Konstruktion theoretischer Modelle der Kerne und der Kernkraft. Natürlich stellen diese Formen von Experimenten an sich interessante Herausforderungen dar und wir werden in Kapitel 7 einige gebräuchliche Techniken diskutieren. Im allgemeinen erhält man viele der Informationen, sowohl in der Kern- als auch in der Elementarteilchenphysik, aus Streuexperimenten – im Prinzip ähnlich den von Ernst Rutherford und seinen Mitarbeitern durchgeführten, die zur Entdeckung des Atomkerns führten. Bei diesen Experimenten werden Strahlen von energiereichen Teilchen auf ein fixiertes Target gerichtet, oder alternativ dazu werden zwei Strahlen zur Kollision gebracht. In beiden Fällen liefern die Zusammenstöße wertvolle, oft die einzig zugänglichen, Informationen über subatomare Systeme. Da die grundlegenden Prinzipien der meisten dieser Experimente ähnlich sind, wollen wir zunächst den Hintergrund der Pionierarbeiten von Rutherford und seinen Kollegen skizzieren, welche etwa 1910 an der Universität von Manchester in England durchgeführt wurden und die Grundlagen der Kern- und Elementarteilchenphysik lieferten.

Die Rutherford-Streuung

Die Messungen von Hans Geiger und Ernest Marsden unter Rutherfords Anleitung in Manchester sind ein klassisches Beispiel für ein Experiment mit „festem Target". Das Target war eine dünne Folie eines relativ schweren Elementes, während die Geschosse aus einem gebündelten Strahl niederenergetischer α-Teilchen bestanden; wir werden im nächsten Kapitel sehen, daß letztere nichts anderes als Kerne von Heliumatomen sind. Das wichtigste an diesen Experimenten war die Einsicht, daß die meisten α-Teilchen auf ihrem Weg durch die Goldfolie nur sehr wenig abgelenkt wurden. Ab und zu jedoch war die Ablenkung recht groß. Eine eingehende Analyse dieser Beobachtung deckte die Struktur des Targets auf und führte schließlich zum Kernmodell des Atoms.

Um die volle Schönheit dieser Experimente würdigen zu können, muß man den historischen Kontext in die Betrachtungen einbeziehen. Bisher hatte es eigentlich nur ein populäres Atommodell gegeben, welches nach Joseph Thompson das elektrisch neutrale Atom als eine Art „Pudding" ansah, in dem die negativen Elektronen wie Rosinen verteilt waren und welcher eine gleichförmige Verteilung positiver Ladung darstellte. Wäre dieses Modell korrekt gewesen, so hätte man nur kleine Winkelablenkungen in den Trajektorien der α-Teilchen erwarten können (ausgelöst durch die Streuung an den Elektronen). Dies entsprach jedoch nicht den Ergebnissen von Geiger und Marsden. Wir wollen einige einfache kinematische Rechnungen ausführen, um dies zu verstehen. Da die Geschwindigkeit der α-Teilchen in den Experimenten unterhalb von $0,1\,c$ liegt (wobei c der Lichtgeschwindigkeit entspricht), können wir relativistische Effekte vernachlässigen.

Ein α-Teilchen mit der Masse m_α und der Anfangsgeschwindigkeit $\boldsymbol{v}_0$ stoße frontal mit einem Targetteilchen der Masse m_t zusammen, welches sich anfänglich in Ruhe befindet (siehe Abbildung 1.1). Nach dem Zusammenstoß bewegen sich beide Teilchen mit den Geschwindigkeiten $\boldsymbol{v}_\alpha$ und $\boldsymbol{v}_\mathrm{t}$. Nehmen wir nun an, der Stoß erfolge elastisch (das heißt, im Prozeß wird keine Energie umgewandelt oder geht verloren), so liefern Energie- und Impulserhaltung die folgenden Relationen.

Impulserhaltung

$$m_\alpha \boldsymbol{v}_0 = m_\alpha \boldsymbol{v}_\alpha + m_\mathrm{t} \boldsymbol{v}_\mathrm{t}$$

oder

$$\boldsymbol{v}_0 = \boldsymbol{v}_\alpha + \frac{m_t}{m_\alpha} \boldsymbol{v}_\mathrm{t} \tag{1.1}$$

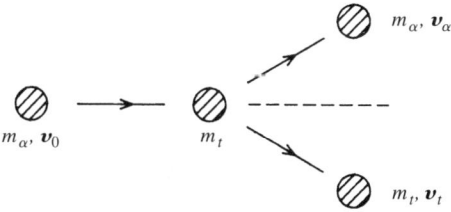

Abb. 1.1 Zusammenstoß eines Teilchens der Masse m_α und der Geschwindigkeit $\boldsymbol{v}_0$ mit einem Targetteilchen der Masse m_t

Energieerhaltung

$$\frac{1}{2}m_\alpha v_0^2 = \frac{1}{2}m_\alpha v_\alpha^2 + \frac{1}{2}m_t v_t^2$$

oder

$$v_0^2 = v_\alpha^2 + \frac{m_t}{m_\alpha}v_t^2, \tag{1.2}$$

wobei $(v_i)^2 = v_i \cdot v_i$ mit v_i^2 bezeichnet wurde für $i = 0, \alpha,$ t. Quadriert man (1.1) und vergleicht mit (1.2), so erhalten wir

$$v_0^2 = \left(v_\alpha^2 + \left(\frac{m_t}{m_\alpha}\right)^2 v_t^2 + 2\frac{m_t}{m_\alpha}v_\alpha \cdot v_t\right) = v_\alpha^2 + \frac{m_t}{m_\alpha}v_t^2$$

oder

$$v_t^2\left(1 - \frac{m_t}{m_\alpha}\right) = 2v_\alpha \cdot v_t. \tag{1.3}$$

Man sieht deutlich, daß für $m_t \ll m_\alpha$ die linke Seite von (1.3) positiv ist, dann folgt aus der rechten Seite, daß die Bewegung des α-Teilchens und des Targets im wesentlichen entlang der Einfallsrichtung erfolgt. Mit anderen Worten, es sind nur geringe Ablenkungen in den Trajektorien der α-Teilchen zu erwarten. Ist dagegen $m_t \gg m_\alpha$, so wird die linke Seite von (1.3) negativ, welches nun große Winkel zwischen der Bahn des α-Teilchens und dem zurückgestoßenen Kern zur Folge hat. Um ein Gefühl für die Größenordnung der Zahlen in diesem Prozeß zu bekommen, erinnern wir uns an die ungefähren Massen des Elektrons und des α-Teilchens:

$$m_e \simeq 0{,}5\,\mathrm{MeV}/c^2$$

$$m_\alpha \simeq 4 \cdot 10^3\,\mathrm{MeV}/c^2.$$

Setzen wir nun

$$m_t = m_e,$$

so gilt

$$\frac{m_t}{m_\alpha} \simeq 10^{-4}. \tag{1.4}$$

Damit ergibt (1.3) $v_e = v_t < 2v_\alpha$ und (1.2) liefert $v_\alpha \simeq v_0$. Daraus folgt $m_e v_e = m_\alpha(m_e/m_\alpha)v_e < 2 \cdot 10^{-4}m_\alpha v_\alpha \simeq 2 \cdot 10^{-4}m_\alpha v_0$, die Größenordnung des Impulsübertrages auf das Elektron ist also $< 10^{-4}$ des einfallenden Impulses. Die Impulsänderung des α-Teilchens ist daher recht klein, wir würden also im Kontext des „Pudding"-Modells des Atoms nur geringfügige Ablenkungen in den Trajektorien der α-Teilchen nach der Streuung erwarten. Die Ergebnisse der Experimente, nämlich das Auftreten von großen Streuwinkeln, erscheinen danach rätselhaft. Wenden wir uns aber dem Kernmodell zu und akzeptieren die Annahme eines positiv geladenen Zentrums (des Kernes), welches einen Großteil der Masse des Atoms enthält und von Elektronen umkreist wird, dann folgen die beobachteten Ergebnisse ganz natürlich. Setzen wir die Masse des Targets gleich dem des Kernes von Gold

$$m_t = m_{Au} \simeq 2 \cdot 10^5 \, \text{MeV}/c^2, \tag{1.5}$$

so folgt

$$\frac{m_t}{m_\alpha} \simeq 50. \tag{1.6}$$

Damit ergibt (1.3) $v_t \leq (2m_\alpha v_\alpha)/m_t$, und mittels (1.2) erhalten wir $v_\alpha \simeq v_0$ und $m_t v_t \leq m_\alpha v_\alpha \simeq 2m_\alpha v_0$. Dies bedeutet, daß der Kern bis zum Doppelten des einfallenden Impulses aufnehmen kann, das α-Teilchen kann also mit entgegengesetzt gerichtetem Impuls zurückgeworfen werden. Dieser große Impulsübertrag führt so zu großen Streuwinkeln. Wir erwarten somit nach Rutherford kleine Streuwinkel für die an den Atomelektronen des Goldes gestreuten α-Teilchen, während die gelegentliche Streuung an den schweren Kernen zu großen Winkeln führt.

Die Beschreibung des Streuprozesses ist allerdings nicht so einfach, da wir bis jetzt alle auftretenden Kräfte vollständig ignoriert haben*. Wir wissen, ein Teilchen mit der Ladung Ze erzeugt ein Coulomb-Potential der Form

$$U(r) = \frac{Ze}{r}. \tag{1.7}$$

Wir wissen ebenfalls, daß zwei elektrisch geladene Teilchen, die sich im Abstand $r = |r|$ voneinander befinden, eine Coulomb-Kraft erfahren, die dem Potential

$$V(r) = \frac{ZZ'e^2}{r} \tag{1.8}$$

entspricht. Hierbei sind Ze und $Z'e$ die Ladungen der beiden Teilchen. Wichtig ist die Tatsache, daß die Coulomb-Kraft konservativ und zentral ist. Man nennt eine Kraft konservativ, wenn sie durch einen Gradienten einer potentiellen Energie darstellbar ist, das heißt

$$F(r) = -\nabla V(r), \tag{1.9}$$

und zentral, wenn gilt

$$V(r) = V(|r|) = V(r). \tag{1.10}$$

---

*Wir haben angenommen, daß im Kontext des Thompson-Modells der Beitrag der diffus verteilten positiven Ladung zur Weitwinkelstreuung vernachlässigt werden kann. Dies ist tatsächlich der Fall, wie man in der Originalarbeit von Thompson nachlesen kann.

Mit anderen Worten, die potentielle Energie, die zu einer Zentralkraft gehört, hängt nur vom Abstand zwischen den Teilchen ab und nicht von den Winkelkoordinaten. Da die Beschreibung des Streuprozesses in einem zentralen Potential nicht komplizierter ist als in einem Coulomb-Potential, wollen wir zuerst den allgemeinen Fall diskutieren.

Betrachten wir die klassische Streuung eines Teilchens an einem festen Zentrum. Wir nehmen an, das einfallende Teilchen bewegt sich entlang der z-Achse mit der Anfangsgeschwindigkeit v_0. (Man beachte, daß außerhalb der Folie die ein- und auslaufenden Trajektorien im wesentlichen Geraden sind und daß die Ablenkung in einem Bereich mit atomarer Ausdehnung stattfindet, in welchem die Wechselwirkung sehr stark ist.) Nehmen wir an, das Potential (die Kraft) verschwindet im Unendlichen, dann bedingt die Erhaltung der Energie, daß die Gesamtenergie gleich der Anfangsenergie ist:

$$E = \frac{1}{2}mv_0^2 = \text{konstant} > 0. \tag{1.11}$$

Äquivalent dazu können wir die Anfangsgeschwindigkeit mit der Gesamtenergie über die Beziehung

$$v_0 = \sqrt{\frac{2E}{m}} \tag{1.12}$$

in Verbindung setzen. Wir wollen die Bewegung des Teilchens in Polarkoordinaten mit dem Kraftzentrum im Ursprung beschreiben (siehe Abb. 1.2). Wenn r die radiale Koordinate des einfallenden Teilchens und χ den Winkel relativ zur z-Achse bezeichnet, dann ist das (Zentral-)Potential unabhängig von χ.

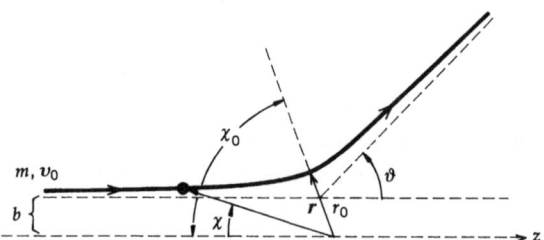

Abb. 1.2 Die Streuung eines Teilchens der Masse m mit der (asymptotischen) Anfangsgeschwindigkeit v_0 an einem Kraftzentrum im Ursprung.

Während der gesamten Bewegung ist der Drehimpuls eine Konstante. (Da r und F kolinear sind, verschwindet das Moment $r \times F$, und der Drehimpuls $r \times mv$ kann sich nicht ändern.) Für das einfallende Teilchen steht der Drehimpuls senkrecht auf der Bewegungsebene und besitzt den Betrag $l = mv_0b$, wobei b den sogenannten Stoßparameter bezeichnet. Der Stoßparameter entspricht dem Abstand, in welchem das Teilchen an der Quelle vorbeifliegen würde, wenn keine Kraft wirken würde. Mit Hilfe von (1.12) erhalten wir die folgende Beziehung:

$$l = m\sqrt{\frac{2eE}{m}}\,b = b\sqrt{2mE}$$

oder

$$\frac{1}{b^2} = \frac{2mE}{l^2}. \tag{1.13}$$

Wir können den Drehimpuls auch durch die Winkelgeschwindigkeit $\dot\chi$ wie folgt ausdrücken:

$$l = |\mathbf{r} \times m\mathbf{v}| = |m\mathbf{r} \times \left(\frac{dr}{dt}\hat{\mathbf{r}} + r\frac{d\chi}{dt}\hat{\boldsymbol\chi}\right)| = mr^2\frac{d\chi}{dt} \equiv mr^2\dot\chi, \tag{1.14}$$

wobei wir wie üblich einen Einheitsvektor $\hat{\boldsymbol\chi}$ rechtwinklig zu $\mathbf{r} = r\hat{\mathbf{r}}$ definiert haben und $\mathbf{v}(r) = \dot r\hat{\mathbf{r}} + r\dot\chi\hat{\boldsymbol\chi}$ mittels der radialen und der Winkelkomponente der Geschwindigkeit ausgedrückt wird. Der Punkt über den Variablen bezeichnet die Ableitung nach der Zeit. Wir schreiben nun (1.14)

$$\frac{d\chi}{dt} = \frac{l}{mr^2}. \tag{1.15}$$

Die Energie ist an jedem Punkt entlang der Trajektorie konstant:

$$\begin{aligned}
E &= \frac{1}{2}m\left(\frac{dr}{dt}\right)^2 + \frac{1}{2}mr^2\left(\frac{d\chi}{dt}\right)^2 + V(r)\\
&= \frac{1}{2}m\left(\frac{dr}{dt}\right)^2 + \frac{1}{2}mr^2\left(\frac{l}{mr^2}\right)^2 + V(r)
\end{aligned}$$

oder

$$\frac{1}{2}m\left(\frac{dr}{dt}\right)^2 = E - \frac{l^2}{2mr^2} - V(r)$$

oder

$$\frac{dr}{dt} = -\left[\frac{2}{m}\left(E - V(r) - \frac{l^2}{2mr^2}\right)\right]^{1/2}. \tag{1.16}$$

Man nennt den Term $l^2/2mr^2$ die Zentrifugalbarriere, da man ihn für $l \neq 0$ als einen abstoßenden Beitrag eines effektiven Potentials $V_{\text{eff}}(r) = V(r) + l^2/2mr^2$ betrachten kann. In (1.16) sind sowohl die positive als auch die negative Wurzel erlaubt, wir haben jedoch das negative Vorzeichen gewählt, da so mit wachsender

Zeit die radiale Koordinate bis zum Punkt der größten Annäherung kleiner wird, dies ist der Bereich, welchen wir untersuchen wollen*. Ordnen wir die Faktoren in (1.16) anders an und verwenden (1.14), so erhalten wir

$$\frac{dr}{dt} = -\left[\frac{2}{m} \cdot \frac{l^2}{2mr^2}\left\{\frac{2mEr^2}{l^2}\left(1 - \frac{V(r)}{E}\right) - 1\right\}\right]^{1/2}$$

$$= -\frac{l}{mr}\left[\frac{r^2}{b^2}\left(1 - \frac{V(r)}{E}\right) - 1\right]^{1/2}$$

$$= -\frac{l}{mrb}\left[r^2\left(1 - \frac{V(r)}{E}\right) - b^2\right]^{1/2}. \tag{1.17}$$

Mit (1.15) und (1.17) gilt nun

$$d\chi = \frac{l}{mr^2}dt = \frac{l}{mr^2}\frac{dt}{dr}dr$$

$$= -\frac{l}{mr^2} \cdot \frac{dr}{(l/mrb)[r^2(1 - (V(r)/E)) - b^2]^{1/2}} \tag{1.18}$$

oder

$$d\chi = -\frac{b\,dr}{r[r^2(1 - (V(r)/E)) - b^2]^{1/2}}. \tag{1.19}$$

Integriert man vom Anfangspunkt bis zum Punkt der größten Annäherung, so erhält man

$$\int_0^{\chi_0} d\chi = -\int_\infty^{r_0} \frac{b\,dr}{r[r^2(1 - (V(r)/E)) - b^2]^{1/2}}$$

oder

$$\chi_0 = b\int_{r_0}^\infty \frac{dr}{r[r^2(1 - (V(r)/E)) - b^2]^{1/2}}. \tag{1.20}$$

Der Punkt der größten Annäherung ist dadurch ausgezeichnet, daß die Geschwindigkeit des aus dem Unendlich kommenden Teilchens stetig kleiner wird (wobei das Potential als abstoßend angenommen wird, wie es für ein sich einem

---

*Die Bewegung ist bezüglich des Punktes der größten Annäherung ($r = r_0$) völlig symmetrisch, also liefern beide Vorzeichen identische Informationen. Nähert sich das α-Teilchen entlang der auslaufenden Trajektorie in Abbildung 1.2 mit der Geschwindigkeit v_0, so entweicht es entlang der Einfallstrajektorie mit der gleichen asymptotischen Geschwindigkeit. Man kann sich dies verständlich machen, indem man die Kollision jeweils von oben und von unten bezüglich der Streuebene betrachtet. Aus diesen beiden Perspektiven heraus erscheint die Bewegung in Abbildung 1.2 als das Spiegelbild der vertauschten Trajektorien. Die Symmetrie ist eine Folge der Zeitumkehr-Invarianz der Bewegungsgleichung; wir werden dieses Konzept in Kapitel 11 behandeln.

Atomkern näherndes α-Teilchen natürlich ist), bis dieser Punkt erreicht ist, an welchem die radiale Geschwindigkeit ($\mathrm{d}r/\mathrm{d}t$) verschwindet und nachfolgend ihr Vorzeichen wechselt. Deshalb nehmen sowohl die radiale als auch die absolute Geschwindigkeit bei $r = r_0$ ein Minimum an und wir erhalten

$$\left.\frac{\mathrm{d}r}{\mathrm{d}t}\right|_{r=r_0} = 0.$$

Dies bedeutet nach (1.16) und (1.17)

$$E - V(r_0) - \frac{l^2}{2mr_0^2} = 0$$

oder

$$r_0^2\left(1 - \frac{V(r_0)}{E}\right) - b^2 = 0. \tag{1.21}$$

Geben wir nun ein bestimmtes Potential vor, so kann r_0 und damit χ_0 als Funktion des Stoßparameters b bestimmt werden*. Definieren wir den Streuwinkel θ als die Veränderung der asymptotischen Winkel der Trajektorien, so gilt

$$\theta = \pi - 2\chi_0 = \pi - 2b\int_{r_0}^{\infty} \frac{\mathrm{d}r}{r[r^2(1 - (V(r)/E)) - b^2]^{1/2}}. \tag{1.22}$$

Gibt man deshalb den Stoßparameter b und eine feste Energie E vor, so kann der Streuwinkel eines Teilchens in einem gewählten Potential zumindest im Prinzip vollständig bestimmt werden.

Als Beispiel wollen wir nun unser allgemeines Resultat auf die Streuung eines geladenen Teilchens an einem abstoßenden Coulomb-Potential anwenden. Die potentielle Energie ist durch (1.8) gegeben:

$$V(r) = \frac{ZZ'e^2}{r}, \tag{1.23}$$

wobei $Z'e$ die Ladung des einfallenden Teilchens bezeichne und Ze die Ladung des streuenden Zentrums. (Die Streuung eines α-Teilchens an einem Kern entspricht dem Fall $Z' = 2$, dabei ist Ze die Kernladung.) Wir können den Punkt der größten Annäherung mit Hilfe von (1.21) berechnen und erhalten

$$r_0^2 - \frac{ZZ'e^2}{E}r_0 - b^2 = 0$$

---

*Wir bemerken hier, daß im allgemeinen für $l \neq 0$ und $E > 0$, das heißt für $b \neq 0$, bei $r = r_0$ $\mathrm{d}\chi/\mathrm{d}t$ ein Maximum annimmt (siehe (1.15). Selbst für ein anziehendes Potential ergibt sich für $l \neq 0$ ein endlicher Wert für r_0 aus (1.21), da die Zentrifugal-Barriere für $l \neq 0$ als abstoßendes Potential wirkt, welches bei kleinen Abständen über das Coulomb-Potential dominiert.

oder

$$r_0 = \frac{(ZZ'e^2/E) \pm \sqrt{(ZZ'e^2)^2 + 4b^2}}{2}. \tag{1.24}$$

Da die radiale Komponente nach Definition positiv sein muß, schließen wir

$$r_0 = \frac{ZZ'e^2}{2E} \left(1 + \sqrt{1 + \frac{4b^2E^2}{(ZZ'e^2)^2}} \right). \tag{1.25}$$

Dann ergibt (1.22)

$$\theta = \pi - 2b \int_{r_0}^{\infty} \frac{\mathrm{d}r}{r[r^2(1 - (ZZ'e^2/r)) - b^2]^{1/2}}. \tag{1.26}$$

Wir definieren nun die neue Variable

$$x = \frac{1}{r} \tag{1.27}$$

und erhalten

$$x_0 = \frac{1}{r_0} = \frac{2E}{ZZ'e^2} \left(1 + \sqrt{1 + \frac{4b^2E^2}{(ZZ'e^2)^2}} \right)^{-1}. \tag{1.28}$$

(1.27) ergibt weiter

$$\mathrm{d}x = -\frac{\mathrm{d}r}{r^2} \text{ oder } \mathrm{d}r = -\frac{\mathrm{d}x}{x^2}$$

und es folgt

$$\begin{aligned}
\theta &= \pi - 2b \int_{x_0}^{0} \left(-\frac{\mathrm{d}x}{x^2} \right) \frac{x}{[(1/x^2) - (ZZ'e^2/x) - b^2]^{1/2}} \\
&= \pi + 2b \int_{x_0}^{0} \frac{\mathrm{d}x}{(1 - (ZZ'e^2/E)x - b^2x^2)^{1/2}}.
\end{aligned} \tag{1.29}$$

Verwenden wir die folgende Formel aus einer Integraltafel:

$$\int \frac{\mathrm{d}x}{\sqrt{\alpha + \beta x + \gamma x^2}} = \frac{1}{\sqrt{-\gamma}} \cos^{-1} \left(-\frac{\beta + 2\gamma x}{\sqrt{\beta^2 - 4\alpha\gamma}} \right), \tag{1.30}$$

so erhalten wir

$$\begin{aligned}
\theta &= \pi + 2b \cdot \frac{1}{b} \cos^{-1} \left(\frac{(ZZ'e^2/E) + 2b^2x}{\sqrt{(ZZ'e^2/E)^2 + 4b^2}} \right) \Bigg|_{x_0}^{0} \\
&= \pi + 2 \cos^{-1} \left(\frac{1 + (2b^2E)/(ZZ'e^2)x}{\sqrt{1 + [(4b^2E^2)/(ZZ'e^2)^2]}} \right) \Bigg|_{x_0}^{0}
\end{aligned}$$

$$= \pi + 2\cos^{-1}\left(\frac{1}{\sqrt{1 + [(4b^2E^2)/(ZZ'e^2)^2]}}\right) - 2\cos^{-1}(1)$$

$$= \pi + 2\cos^{-1}\left(\frac{1}{\sqrt{1 + [(4b^2E^2)/(ZZ'e^2)^2]}}\right). \qquad (1.31)$$

Äquivalent dazu können wir schreiben

$$\frac{1}{\sqrt{1 + [(4b^2E^2)/(ZZ'e^2)^2]}} = \cos\left(\frac{\theta}{2} - \frac{\pi}{2}\right)$$

oder

$$\frac{1}{1 + [(4b^2E^2)/(ZZ'e^2)^2]} = \cos^2\left(\frac{\theta}{2} - \frac{\pi}{2}\right) = \sin^2\frac{\theta}{2} = \frac{1}{\operatorname{cosec}^2(\theta/2)}$$

oder

$$\frac{2bE}{ZZ'e^2} = \cot\frac{\theta}{2}$$

oder

$$b = \frac{ZZ'e^2}{2E}\cot\frac{\theta}{2}. \qquad (1.32)$$

Diese Beziehung verbindet den Streuwinkel, der eine meßbare Größe ist, mit dem Streuparameter, welcher nicht direkt beobachtet werden kann. Man beachte, daß für festes b, E und Z' der Streuwinkel um so größer ist, je größer der Wert von Z ist. Dies entspricht der intuitiven Vorstellung, daß das Coulomb-Potential für größere Z stärker ist und damit zu einer größeren Ablenkung führt. Ebenso ist der Streuwinkel größer, wenn für festes b, Z und Z' die Energie E kleiner ist. Dies kann man qualitativ wie folgt verstehen. Besitzt das Teilchen eine kleine Energie, so ist seine Geschwindigkeit kleiner und damit verbringt es eine längere Zeit im Einflußbereich des Potentials und unterliegt so einer größeren Streuung. Schließlich ist für festes Z, Z' und E der Streuwinkel größer für kleineres b, denn, ist der Stoßparameter kleiner, so ist die wirkende Kraft größer und damit die Ablenkung größer. Damit zeigt (1.32) qualitativ alle Eigenschaften, die wir für die Streuung im Coulomb-Feld erwarten.

Streuquerschnitte

Wie wir gesehen haben, ist die Streuung eines Teilchens in einem Potential vollständig durch die Kenntnis des Stoßparameters und der Energie des Teilchens bestimmt; damit ist also für eine feste Anfangsenergie die Ablenkung nur durch den Stoßparameter determiniert. Um ein Experiment durchzuführen, präparieren wir einen Strom einfallender Teilchen bekannter Energie und messen die Zahl der um den Winkel θ aus dem Strahl herausgestreuten Teilchen. Da diese Zahl nur durch den Stoßparameter bestimmt ist, so liefern uns solche Messungen Stoßparameter und damit die Reichweite der Wechselwirkung und die effektive Größe der Target-Atome.

Sei N_0 die Anzahl der einfallenden Teilchen pro Einheitsfläche der Target-folie pro Zeiteinheit. (Da die Targetdichte in der Folie klein ist, ist der Strom immer homogen bezüglich der Größe eines einzelnen Streuzentrums.) Von diesen werden die Teilchen mit einem Stoßparameter zwischen b und $b + \mathrm{d}b$ eine Ablenkung um einen Winkel zwischen θ und $\theta - \mathrm{d}\theta$ erfahren und werden damit in den Raumwinkelbereich $\mathrm{d}\Omega$ gestreut. (Man erinnere sich an Abbildung 1.3, je größer der Stoßparameter ist, desto kleiner wird der Streuwinkel sein, deshalb entspricht einem positiven $\mathrm{d}b$ ein negatives $\mathrm{d}\theta$.)

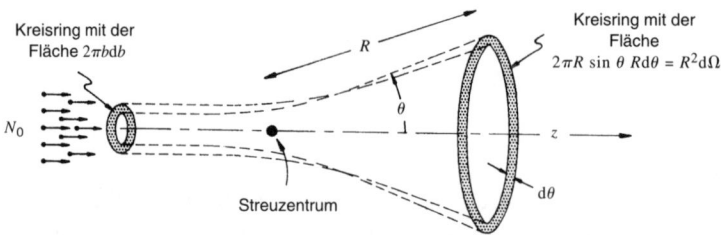

Abb. 1.3 Einfallende Teilchen innerhalb der Fläche $2\pi b\mathrm{d}b$ eines jeden Streuzentrums werden in den Kreisring mit der Fläche $R^2\mathrm{d}\Omega$ bezüglich des Winkels θ emittiert.

Die Anzahl der so pro Zeiteinheit gestreuten Teilchen ist gleich $2\pi N_0 b\mathrm{d}b$, da $2\pi b\mathrm{d}b$ die Fläche des Kreisringes beträgt, welcher zentrisch bezüglich jedes Streuzentrums in der Einfallsrichtung liegt und welchen die Teilchen durchqueren müssen, die in den Raumwinkel zwischen θ und $\theta - \mathrm{d}\theta$ gestreut werden. Es mag vielleicht erstaunlich sein, daß wir die Tatsache nicht berücksichtigen, daß sich viele Targetteilchen in unserer Folie befinden und wir doch annehmen, jedes einfallende Teilchen besitzt einen bestimmten Stoßparameter bezüglich aller Targetteilchen. Würden wir diesen Sachverhalt mit in unsere Rechnung einbeziehen, so würde sich diese extrem verkomplizieren. Wir nehmen jedoch an, unsere Folie sei ausgesprochen dünn, so daß Mehrfachstöße vernachlässigbar sind; außerdem sagt das Rutherfordsche Atommodell, daß die Abstände zwischen den Kernen im Verhältnis zu ihrer Größe sehr groß sind. Im Normalfall führen sehr große Stoßparameter zu sehr geringer Streuung, so daß die dem Kern am nächsten kommenden Trajektorien die wichtigste Rolle spielen. (Die Wechselwirkung mit den Elektronen ist auf Grund von deren geringer Größe vernachlässigbar.) Kann die Dicke oder die Dichte des Mediums jedoch nicht ignoriert werden, so treten andere interessante Phänomene auf, so zum Beispiel Kohärenz und Interferenz zwischen den Streuzentren. Der Cherenkov-Effekt sowie der Dichteeffekt bei der Ionisation sind Folgen dieser Phänomene (siehe die Kapitel 6 und 7).

Für den Fall eines Zentralpotentials können wir uns die Streuquelle für jeden Stoßparameter als eine effektive (transversale) Querschnittsfläche $\Delta\sigma = 2\pi b\mathrm{d}b$ für die Streuung um den Winkel θ in $\mathrm{d}\Omega$ vorstellen. Die spezielle Abhängigkeit zwischen b und θ (z. B. (1.32)) wird explizit von der Natur der Kraft bestimmt, zum Beispiel, ob ein r^{-2}-Verhalten vorliegt oder ob die Kraft zentral ist und so weiter. Im allgemeinen kann $\Delta\sigma$ sowohl von θ als auch von ϕ abhängen, wir schreiben also

$$\Delta\sigma(\theta, \phi) = b\mathrm{d}b\mathrm{d}\phi = -\frac{\mathrm{d}\sigma}{\mathrm{d}\Omega}(\theta, \phi) \cdot \mathrm{d}\Omega = -\frac{\mathrm{d}\sigma}{\mathrm{d}\Omega}(\theta, \phi)\sin\theta\mathrm{d}\theta\mathrm{d}\phi \quad (1.33)$$

und definieren damit den *differentiellen Streuquerschnitt* $\mathrm{d}\sigma/\mathrm{d}\Omega$; das negative Vorzeichen verdeutlicht, daß für wachsendes b der Winkel θ kleiner wird. Liegt nun keine azimutale Abhängigkeit der Streuung vor – wenn die Wechselwirkung zum Beispiel kugelsymmetrisch ist – so können wir über ϕ integrieren (wir haben dies bereits implizit bei der Betrachtung des Kreisringes der Fläche $2\pi b\mathrm{d}b$ getan) und erhalten

$$\Delta\sigma(\theta) = -\frac{\mathrm{d}\sigma}{\mathrm{d}\Omega}(\theta) \cdot 2\pi\sin\theta\mathrm{d}\theta = 2\pi b\mathrm{d}b$$

oder

$$\frac{\mathrm{d}\sigma}{\mathrm{d}\Omega}(\theta) = -\frac{b}{\sin\theta}\frac{\mathrm{d}b}{\mathrm{d}\theta}. \quad (1.34)$$

Da das Coulomb-Potential zentral ist (es hängt nur vom Abstand ab und nicht vom Winkel), haben wir in der Streuung azimutale Symmetrie angenommen. Das bedeutet nun, daß alle Stellen auf dem Kreisring vom Radius b äquivalent sind und damit ist der differentielle Querschnitt nur eine Funktion von θ und nicht von ϕ. Deshalb entspricht die Messung der Abhängigkeit von θ der Messung des gesamten Streueffektes.

Bei Experimenten im subatomaren Bereich ist die gewöhnlich verwendete Einheit für den Streuquerschnitt das Barn (b), wobei einem Barn eine Fläche von $10^{-24}\mathrm{cm}^2$ entspricht. Diese sehr kleine Größe erklärt sich aus der typischen Größe von Kernen, welche bei etwa $10^{-12}\mathrm{cm}$ liegt. Daher liegt die Querschnittsfläche eines mittleren Kernes (wenn wir annehmen, er sei kugelförmig) in der Größenordnung eines Barn. Diese Einheit ist an die Messungen recht angepaßt. Die Einheit des Raumwinkels ist der Steradian (sr), und 4π sr entsprechen der Summe über alle Raumwinkel, das heißt über alle θ und ϕ. Integriert man den differentiellen Streuquerschnitt über alle Winkel, so erhält man den totalen Streuquerschnitt

$$\sigma_{\text{tot}} = \int \mathrm{d}\Omega \frac{\mathrm{d}\sigma}{\mathrm{d}\Omega}(\theta, \phi) = 2\pi \int_0^{2\pi} \mathrm{d}\theta \sin\theta \frac{\mathrm{d}\sigma}{\mathrm{d}\Omega}(\theta), \quad (1.35)$$

wobei wir im letzten Schritt wieder azimutale Symmetrie angenommen haben. (Deshalb gilt (1.35) nicht, wenn eine ϕ-Abhängigkeit in der Streuung beobachtet wird.) In gewissem Sinne stellt der totale Streuquerschnitt die effektive Ausdehnung der Quelle für Streuung mit allen möglichen Stoßparametern dar.

Wir wollen nun den Streuquerschnitt für die Rutherford-Streuung berechnen. Aus (1.32) wissen wir

$$b = \frac{ZZ'e^2}{2E} \cot \frac{\theta}{2}.$$

Damit folgt

$$\frac{db}{d\theta} = -\frac{1}{2} \cdot \frac{ZZ'e^2}{2E} \operatorname{cosec}^2 \frac{\theta}{2}. \tag{1.36}$$

Das negative Vorzeichen bedeutet wieder, daß für größer werdendes b der Winkel θ kleiner wird und daß für größere Stoßparameter weniger Streuung auftritt. Setzen wir nun dies in die Definition des Streuquerschnittes ein, so erhalten wir

$$\frac{d\sigma}{d\Omega} = -\frac{b}{\sin\theta} \frac{db}{d\theta} = \left(\frac{ZZ'e^2}{4E}\right)^2 \operatorname{cosec}^4 \frac{\theta}{2} = \left(\frac{ZZ'e^2}{4E}\right)^2 \frac{1}{\sin^4(\theta/2)}. \tag{1.37}$$

Integrieren wir diese Beziehung über θ (man beachte $d\Omega = 2\pi \sin\theta d\theta$, da keine Abhängigkeit vom Azimut auftritt), so ergibt sich der totale Streuquerschnitt

$$\sigma_{\text{tot}} = \int \frac{d\sigma}{d\Omega}(\theta)d\Omega = 2\pi \int_0^\pi d\theta \sin\theta \frac{d\sigma}{d\Omega}(\theta)$$

$$= 8\pi \left(\frac{ZZ'e^2}{4E}\right)^2 \int_0^1 d\left(\sin\frac{\theta}{2}\right) \frac{1}{\sin^3(\theta/2)} \to \infty. \tag{1.38}$$

Diese Divergenz erscheint problematisch, entspricht jedoch unserer früheren Diskussion. Der totale Streuquerschnitt stellt den größten Wert für den Stoßparameter dar, für welchen ein Teilchen gerade noch einer Streuung unterliegt. Für das Coulomb-Potential erstreckt sich die langreichweitige Kraft bis ins Unendliche, ein vom Streuzentrum sehr weit entferntes Teilchen spürt immer noch, wenn auch nur sehr schwach, die Coulomb-Kraft, deshalb tritt die Divergenz auf. Da die Coulomb-Kraft mit dem Abstand schnell abnimmt und daher ab einem gewissen endlichen Wert für den Stoßparameter keine merkliche Streuung mehr auftritt, begrenzt man die Winkelintegration auf einen Bereich oberhalb von $\theta = \theta_0 > 0$, dies entspricht einer realistischen Begrenzung des Stoßparameters. Dies liefert einen endlichen Wert für σ_{tot} für beobachtbare Streuwinkel $\theta > \theta_0$, welche nun mit den experimentellen Messungen verglichen werden können. Wir möchten noch anmerken, daß unser Ergebnis für Werte des Stoßparameters jenseits der inneren Elektronenniveaus nicht gültig ist, da solche Elektronen die Kernladung abschirmen und damit verkleinern.

Messung von Streuquerschnitten

Wir wollen nun darstellen, wie man eine Messung eines Streuquerschnittes durchführt. Makroskopisch haben wir einen Strahl von α-Teilchen (Geiger und Marsden verwandten einen mittels radioaktivem Radon erzeugten kollimierten Strahl), eine dünne Folie und szintillierendes Material zum Nachweis der gestreuten Teilchen. Letzteres war ursprünglich eine dünne Schicht ZnS-Phosphor auf einem Glasbildschirm, welcher durch ein Teleskop beobachtet wurde. Das Teleskop ließ sich in einer Ebene drehen und lieferte so die Zählrate als Funktion von θ (jedoch nicht von ϕ). Der Aufbau ist schematisch in Abbildung 1.4 dargestellt.

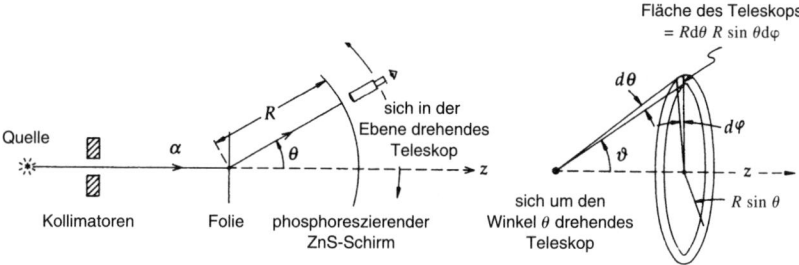

Abb. 1.4 Die Darstellung der makroskopischen Geometrie bei der Rutherford-Streuung

Trifft nun unser Strom von N_0 α-Teilchen pro Einheitsfläche pro Sekunde auf die dünne Folie, so werden einige von ihnen die Folie ungestreut durchfliegen, andere werden um einen Winkel zwischen $\theta - \mathrm{d}\theta$ und θ entsprechend einem Stoßparameter zwischen $b + \mathrm{d}b$ und b gestreut. $\mathrm{d}\theta$ können wir als den Winkel auffassen, der der Apertur des Teleskopes entspricht. Mit dem Teleskop betrachtet man tatsächlich einen kleinen Ausschnitt des Bildschirmes der Größe $R\mathrm{d}\theta \cdot R \sin\theta\mathrm{d}\phi = R^2\mathrm{d}\Omega$, wobei R der Abstand zwischen der Folie und dem Beobachtungspunkt auf dem Bildschirm ist. Die in diesem Teil des Schirmes ankommenden Teilchen sind eben jene, welche durch den Teil des Kreisringes geflogen sind, der durch den Radius b, die Breite $\mathrm{d}b$ und die Bogenlänge $b\mathrm{d}\phi$ beschrieben wird. Hätten Geiger und Marsden einen ganzen Kreis von Teleskopen um den Mittelpunkt des Strahles aufgebaut, um für ein festes θ die α-Teilchen für alle ϕ-Werte zu beobachten, so hätte sich ihre Ereignisrate um den Faktor $2\pi/\mathrm{d}\phi$ vergrößert, das Experiment wäre jedoch sehr viel komplizierter ausgefallen.

Die nächste Aufgabe ist nun, den Bruchteil der einfallenden Teilchen zu bestimmen, der sich den Targets innerhalb der kleinen Flächen $\Delta\sigma = b\mathrm{d}\phi\mathrm{d}b$ mit dem Stoßparameter b nähert. Dies ist natürlich genau der Teil $-\mathrm{d}n/N_0$, welcher aus dem Strahl weggestreut wird und den Schirm auf der Fläche $R^2 d\Omega$ mit den Beobachtungswinkeln (θ, ϕ) trifft. Dieser Bruchteil muß identisch sein mit dem Verhältnis der Summe der kleinen Flächen $b d\phi db$ aller N Streuzentren in der Folie zur Gesamtfläche (S) der Folie.

$$-\frac{dn}{N_0} = \frac{Nb d\phi db}{S} = \frac{N}{S} \Delta\sigma(\theta, \phi). \tag{1.39}$$

Besitzt die Folie die Dicke t, die Dichte ρ sowie das Atomgewicht A, so ist $N = (\rho t S/A) A_0$, wobei A_0 die Avogadro-Konstante der Anzahl der Atome pro Mol ist. So können wir für die pro Zeiteinheit in die Detektorwinkel (θ, ϕ) gestreuten α-Teilchen schreiben

$$dn = \frac{N_0 \rho t}{A} A_0 \frac{d\sigma}{d\Omega}(\theta, \phi) d\Omega$$

oder

$$\frac{dn}{d\Omega} = \frac{N_0 \rho t A_0}{A} \frac{d\sigma}{d\Omega}(\theta, \phi). \tag{1.40}$$

Der Detektor, welcher sich bei den Winkeln (θ, ϕ) relativ zur Strahlachse befindet und einen Raumwinkelbereich $d\Omega$ bedeckt (gegeben durch die effektive Ausdehnung des Detektors – seine Fläche/R^2), liefert dn Ereignisse pro Sekunde

$$dn = N_0 \frac{N}{S} \frac{d\sigma}{d\Omega}(\theta, \phi) d\Omega. \tag{1.41}$$

Dieser Ausdruck ist für jeden Streuprozeß gültig und unabhängig von der Existenz einer Theorie, die uns eine Aussage zu $d\sigma/d\Omega$ liefert. Die in jedem Experiment beobachtete Zahl von Ereignissen ist proportional zur Zahl der einfallenden Teilchen, der Anzahl der Streuzentren pro Fläche im Target, dem Raumwinkel, welchen der Detektor bedeckt, und proportional zu einem effektiven Streuquerschnitt eines jeden Streuzentrums. (Wir nehmen immer noch an, daß die Korrekturen aufgrund von Mehrfachstreuung klein sind, das heißt wir betrachten dünne Folien.) Geiger und Marsden führten eine Reihe sehr detaillierter Messungen von dn als Funktion von θ aus, wobei sie verschiedenes Targetmaterial, verschiedene α-Teilchen-Quellen mit verschiedener Energie und verschieden dicke Folien verwandten, wobei ihre Daten vollständig mit den durch Rutherford vorhergesagten übereinstimmten. Das heißt, für bekanntes N_0, N/S und $d\Omega$ bestimmten sie dn und gewannen so Werte für den differentiellen Streuquerschnitt, die sehr gut zu den theoretischen Vorhersagen paßten. Damit war die Existenz von Kernen innerhalb von Atomen bewiesen. Man sollte hierbei jedoch bemerken, daß, obwohl nach den Messungen von Geiger und Marsden die Existenz von Kernen evident war, diese Experimente doch sehr wenig Licht auf das Wesen der Kernkraft warfen, da die niederenergetischen α-Teilchen aufgrund der Existenz der abstoßenden Coulomb-Barriere niemals in den Kern eindringen konnten.

Laborsystem und Schwerpunktsystem

Bisher haben wir den Zusammenstoß eines Teilchens mit einem festen Streuzentrum behandelt. In Wirklichkeit bewegt sich jedoch auch das Target durch den Stoß (Rückstoß). Außerdem sind Experimente denkbar, bei welchen zwei Strahlen vergleichbarer Energie miteinander kollidieren. Obwohl es scheint, daß solche Situationen für Zentralpotentiale extrem kompliziert sind, kann das Problem auf unseren bisher untersuchten Fall zurückgeführt werden; dies geschieht durch die Abtrennung der Bewegung des Schwerpunktes.

Wir wollen annehmen, unsere beiden Teilchen besitzen die Massen m_1 und m_2, die Ortskoordinaten r_1 und r_2 und wechselwirken miteinander durch ein Zentralpotential. Dann lassen sich die Bewegungsgleichungen wie folgt schreiben:

$$m_1 \ddot{r}_1 = -\nabla_1 V(|r_1 - r_2|) \tag{1.42}$$

$$m_2 \ddot{r}_2 = -\nabla_2 V(|r_1 - r_2|), \tag{1.43}$$

dabei ist ∇ der Gradient. Er besitzt in Kugelkoordinaten die Form

$$\nabla_i = \hat{r}_i \frac{\partial}{\partial r_i} + \frac{\hat{\theta}_i}{r_i} \frac{\partial}{\partial \theta_i} + \frac{\hat{\phi}_i}{r_i \sin \theta_i} \frac{\partial}{\partial \phi_i}, \quad i = 1, 2. \tag{1.44}$$

Da die potentielle Energie nur vom relativen Abstand der beiden Teilchen abhängt, definieren wir die Variablen

$$r = r_1 - r_2 \tag{1.45}$$

$$R_{CM} = \frac{m_1 r_1 + m_2 r_2}{m_1 + m_2}, \tag{1.46}$$

damit bedeutet r die Ortskoordinate von m_1 relativ zu m_2 und R_{CM} definiert den Schwerpunkt (Center of Mass) des Systems (siehe Abb. 1.5). Wir erhalten nun aus den Gleichungen (1.42, 1.43) und (1.45, 1.46)

$$\frac{m_1 m_2}{m_1 + m_2} \ddot{r} \equiv \mu \ddot{r} = -\nabla V(|r|) = -\frac{\partial V(|r|)}{\partial r} \tag{1.47}$$

$$(m_1 + m_2) \ddot{R}_{CM} = M \ddot{R}_{CM} = 0 \text{ oder } \dot{R}_{CM} = \text{konstant} \cdot \hat{R}, \tag{1.48}$$

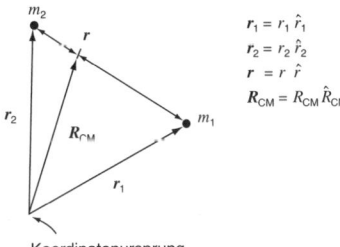

$$r_1 = r_1 \hat{r}_1$$
$$r_2 = r_2 \hat{r}_2$$
$$r = r \hat{r}$$
$$R_{CM} = R_{CM} \hat{R}_{CM}$$

Abb. 1.5 Position des Schwerpunktes und Definition der Relativkoordinate für die beiden Teilchen mit der Masse m_1 bzw. m_2

wobei wir von der Tatsache Gebrauch gemacht haben, daß $V(|\boldsymbol{r}|) = V(r)$ nur von der radialen Koordinate abhängt, jedoch nicht von den Winkelkoordinaten. Weiter haben wir definiert

$$M = m_1 + m_2 = \text{Gesamtmasse des Systems} \tag{1.49}$$

$$\mu = \frac{m_1 m_2}{m_1 + m_2} = \text{„reduzierte" Masse des Systems.} \tag{1.50}$$

Man sieht hier, daß für den Fall des Zentralpotentials die Bewegung der beiden Teilchen entkoppelt werden kann, wenn man die Bewegungsgleichungen für die Relativkoordinate und die Koordinate des Schwerpunktes aufschreibt.

Man sieht an (1.47, 1.48), daß die Bewegung des Schwerpunktes trivial ist in dem Sinne, daß sie einem freien, nicht beschleunigten Teilchen entspricht. Mit anderen Worten, der Schwerpunkt bewegt sich im Laborsystem mit einer konstanten Geschwindigkeit unabhängig von der speziellen Form des Potentials. Die Dynamik des Systems wird so vollständig durch die Bewegung eines fiktiven Teilchens mit der reduzierten Masse μ und der Ortskoordinate $\boldsymbol{r}$ beschrieben. Im Koordinatensystem, in dem der Schwerpunkt ruht, ist die dynamische Entwicklung äquivalent der Bewegung eines Teilchens mit der Masse μ, welches an einem räumlich fixierten Zentralpotential gestreut wird; diese Situation haben wir bereits im Detail behandelt. Das Schwerpunktsystem vereinfacht sich für den Fall, daß in (1.46) und (1.48) $\dot{\boldsymbol{R}}_{CM}$ gleich Null gesetzt wird, indem die Summe der Impulse der wechselwirkenden Teilchen verschwindet. Deshalb ist es üblich, das Schwerpunktsystem als das System, in welchem der Gesamtimpuls verschwindet, zu definieren.

Um zu verstehen, wie verschiedene Größen zwischen dem Laborsystem und dem Schwerpunktsystem transformiert werden, wollen wir zur Streuung an einem festen Streuzentrum zurückkehren. Im Laborsystem ist dann das Teilchen mit der Masse m_2 anfänglich in Ruhe und das Teilchen mit der Masse m_2 nähert sich entlang der z-Achse mit der Geschwindigkeit v_1. Der Streuwinkel des Teilchens m_1 im Laborsystem sei mit θ_{Lab} bezeichnet und seine Geschwindigkeit nach der Streuung mit v. Der Schwerpunkt bewegt sich in diesem Fall entlang der z-Achse mit der Geschwindigkeit

$$v_{CM} = \dot{R}_{CM} = \frac{m_1 v_1}{m_1 + m_2}. \tag{1.51}$$

Im Schwerpunktsystem bewegen sich die Teilchen aufeinander zu (siehe Abb. 1.6).

$$\tilde{v}_1 = v_1 - v_{CM} = \frac{m_2 v_1}{m_1 + m_2} \tag{1.52}$$

$$\tilde{v}_2 = -v_{CM} = -\frac{m_1 v_1}{m_1 + m_2}, \tag{1.53}$$

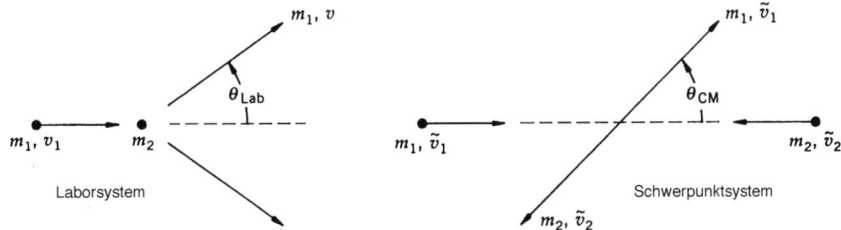

Abb. 1.6 Zusammenstoß von m_1 mit m_2 im Laborsystem und im Schwerpunktsystem betrachtet

$\tilde{v}_1$ und $\tilde{v}_2$ sind dabei die Geschwindigkeiten des Strahles bzw. des Targetteilchens, wie man sie im Schwerpunktsystem messen würde. Man sieht an dieser Stelle, daß die Impulse der beiden Teilchen im Schwerpunktsystem entgegengesetzt gleich sind.

Bei elastischer Streuung bleiben die Beträge der Geschwindigkeiten der Teilchen nach der Streuung unverändert, die Winkel, unter denen sie wegfliegen, hängen jedoch von der Dynamik des Vorgangs ab. Es sei θ_{CM} der im Schwerpunktsystem gemessene Streuwinkel. Da θ_{CM} die Veränderung der Richtung des relativen Ortsvektors ($\boldsymbol{r}$) während des Stoßes beschreibt, muß er identisch mit dem Streuwinkel des Teilchens mit reduzierter Masse sein. Beim Aufstellen einer Beziehung zwischen θ_{CM} und θ_{Lab} ist zu beachten, daß die Geschwindigkeiten im Laborsystem und im Schwerpunktsystem über die Geschwindigkeit des Schwerpunktes verbunden sind. Wir erhalten für die z-Komponente der Geschwindigkeit für das Teilchen der Masse m_1 nach der Streuung

$$v \cos \theta_{Lab} - v_{CM} = \tilde{v}_1 \cos \theta_{CM}$$

oder

$$v \cos \theta_{Lab} = \tilde{v}_1 \cos \theta_{CM} + v_{CM}, \tag{1.54}$$

während wir für die Komponenten rechtwinklig zur z-Achse erhalten (man erinnere sich, der Schwerpunkt bewegt sich entlang der z-Achse)

$$v \sin \theta_{Lab} = \tilde{v}_1 \sin \theta_{CM}. \tag{1.55}$$

Dividiert man (1.55) durch (1.54), so erhalten wir das nichtrelativistische Ergebnis

$$\tan \theta_{Lab} = \frac{\sin \theta_{CM}}{\cos \theta_{CM} + (v_{CM}/\tilde{v}_1)} = \frac{\sin \theta_{CM}}{\cos \theta_{CM} + \zeta}, \tag{1.56}$$

mit

$$\zeta = \frac{v_{CM}}{\tilde{v}_1} = \frac{m_1}{m_2}. \tag{1.57}$$

Das letzte Gleichheitszeichen in (1.57) gilt nur für elastische Streuung. Für später geben wir noch eine andere Darstellung an:

$$\cos\theta_{\mathrm{Lab}} = \frac{\cos\theta_{\mathrm{CM}} + \zeta}{(1 + 2\zeta\cos\theta_{\mathrm{CM}} + \zeta^2)^{1/2}}. \tag{1.58}$$

Verwendet man die Beziehung zwischen θ_{Lab} und θ_{CM}, so können wir auch die Streuquerschnitte in beiden Koordinatensystemen zueinander in Beziehung setzen. Die Teilchen, welche um den Winkel θ_{Lab} im Laborsystem in den Raumwinkel $\mathrm{d}\Omega_{\mathrm{Lab}}$ gestreut werden, sind identisch mit den Teilchen, welche um θ_{CM} in den Raumwinkel $\mathrm{d}\Omega_{\mathrm{CM}}$ im Schwerpunktsystem gestreut werden. (Denn wir betrachten den gleichen Prozeß aus zwei verschiedenen Koordinatensystemen). Da ϕ rechtwinklig zur Bewegungsrichtung zwischen den beiden Systemen ist, gilt $\mathrm{d}\phi_{\mathrm{Lab}} = \mathrm{d}\phi_{\mathrm{CM}}$. Ignorieren wir also die azimutale Koordinate, so gilt

$$\frac{\mathrm{d}\sigma}{\mathrm{d}\Omega_{\mathrm{Lab}}}(\theta_{\mathrm{Lab}})\sin\theta_{\mathrm{Lab}}\mathrm{d}\theta_{\mathrm{Lab}} = \frac{\mathrm{d}\sigma}{\mathrm{d}\Omega_{\mathrm{CM}}}(\theta_{\mathrm{CM}})\sin\theta_{\mathrm{CM}}\mathrm{d}\theta_{\mathrm{CM}}$$

oder

$$\frac{\mathrm{d}\sigma}{\mathrm{d}\Omega_{\mathrm{Lab}}}(\theta_{\mathrm{Lab}}) = \frac{\mathrm{d}\sigma}{\mathrm{d}\Omega_{\mathrm{CM}}}(\theta_{\mathrm{CM}})\frac{\mathrm{d}(\cos\theta_{\mathrm{CM}})}{\mathrm{d}(\cos\theta_{\mathrm{Lab}})}. \tag{1.59}$$

Nun können wir (1.59) mittels (1.58) berechnen und erhalten

$$\frac{\mathrm{d}\sigma}{\mathrm{d}\Omega_{\mathrm{Lab}}}(\theta_{\mathrm{Lab}}) = \frac{\mathrm{d}\sigma}{\mathrm{d}\Omega_{\mathrm{CM}}}(\theta_{\mathrm{CM}})\frac{(1 + 2\zeta\cos\theta_{\mathrm{CM}} + \zeta^2)^{3/2}}{|1 + \zeta\cos\theta_{\mathrm{CM}}|}. \tag{1.60}$$

Relativistische Variablen

Im Anhang findet man eine Übersicht über die Grundlagen der speziellen Relativitätstheorie. Wir wollen die dort angegebenen Ergebnisse hier verwenden, um kurz die Kinematik speziell relativistisch zu behandeln. Die Geschwindigkeit des Schwerpunktes bei der Streuung zweier beliebiger Teilchen mit den Ruhemassen m_1 und m_2 erhält man aus dem Verhältnis des gesamten relativistischen Impulses und der gesamten relativistischen Energie:

$$\frac{v_{\mathrm{CM}}}{c} = \boldsymbol{\beta}_{\mathrm{CM}} = \frac{(\boldsymbol{P}_1 + \boldsymbol{P}_2)c}{E_1 + E_2}. \tag{1.61}$$

Ist m_1 die Masse des Geschosses und m_2 die eines Targetteilchens, so erhalten wir für den Fall des anfänglich ruhenden Targets im Laborsystem:

$$\boldsymbol{\beta}_{\mathrm{CM}} = \frac{\boldsymbol{P}_1 c}{E_1 + m_2 c^2} = \frac{\boldsymbol{P}_1 c}{\sqrt{P_1^2 c^2 + m_1^2 c^4} + m_2 c^2}, \tag{1.62}$$

mit $|\boldsymbol{P}_i| = P_i$ für $i = 1, 2$. Für den Fall sehr kleiner Energien, das heißt für $m_1 c^2 \gg P_1 c$ reduziert sich der obige Ausdruck auf unsere nichtrelativistische Formel (siehe (1.51)):

$$\boldsymbol{\beta}_{\mathrm{CM}} = \frac{m_1 \boldsymbol{v}_1 c}{(m_1 + m_2)c} = \frac{m_1 \boldsymbol{v}_1}{m_1 + m_2}. \tag{1.63}$$

Gilt dagegen $m_1 c^2 \ll P_1 c$ und $m_2 c^2 \ll P_1 c$, das heißt für sehr hohe Energien, so erhalten wir für β_{CM}:

$$\beta_{\mathrm{CM}} = |\boldsymbol{\beta}_{\mathrm{CM}}| = \frac{1}{\sqrt{1 + ((m_1 c^2)/P_1 c)^2 + (m_2 c^2)/P_1 c}}$$

$$\simeq -\frac{m_2 c}{P_1} - \frac{1}{2}\left(\frac{m_1 c}{P_1}\right)^2.$$

Sind m_1 und m_2 ungefähr gleich groß, so vereinfacht sich unser Ergebnis weiter zu $\beta_{\mathrm{CM}} \simeq (1 - m_2 c / P_1)$, für diesen Fall gilt dann

$$\gamma = (1 - \beta_{\mathrm{CM}}^2)^{-1/2} \simeq [(1 + \beta_{\mathrm{CM}})(1 - \beta_{\mathrm{CM}})]^{-1/2} \tag{1.64}$$

$$\simeq \left[(2)\left(\frac{m_2 c}{P_1}\right)\right]^{-1/2} = \sqrt{\frac{P_1}{2 m_2 c}}. \tag{1.65}$$

Für den allgemeinen Fall erhalten wir γ_{CM} auf folgende Weise. Aus (1.62) folgt

$$\beta_{\mathrm{CM}}^2 = \frac{P_1^2 c^2}{(E_1 + m_2 c^2)^2}, \tag{1.66}$$

damit gilt

$$1 - \beta_{\mathrm{CM}}^2 = \frac{E_1^2 + 2E_1 m_2 c^2 + m_2^4 c^4 - P_1^2 c^2}{(E_1 + m_2 c^2)^2}$$

$$= \frac{m_1^2 c^4 + m_2^2 c^4 + 2E_1 m_2 c^2}{(E_1 + m_2 c^2)^2} \tag{1.67}$$

mit $m_1^2 c^4 = E_1^2 - P_1^2 c^2$. Weiter folgt

$$\gamma_{\mathrm{CM}} = (1 - \beta_{\mathrm{CM}}^2)^{-1/2} = \frac{E_1 + m_2 c^4}{(m_1^2 c^4 + m_2^2 c^4 + 2E_1 m_2 c^2)^{-1/2}}. \tag{1.68}$$

Dieses Ergebnis reduziert sich natürlich im Grenzfall hoher Eneregien $E_1 \simeq P_1 c \gg m_1 c^2$ und $P_1 c \gg m_2 c^2$ auf (1.65).

Die Größe im Nenner von (1.68) ist ein invarianter Skalar. Wir zeigen dies, indem wir das Quadrat des folgenden Vierervektors im Laborsystem berechnen $(\boldsymbol{P}_1 = 0)$:

$$s = (E_1 + E_2)^2 - (\boldsymbol{P}_1 + \boldsymbol{P}_2)^2 c^2$$

$$= (E_1 + m_2 c^2)^2 - P_1^2 c^2 = E_1^2 + m_2^2 c^4 + 2E_1 m_2 c^2 - P_1^2 c^2$$

$$= m_1^2 c^4 + m_2^2 c^4 + 2E_1 m_2 c^2. \tag{1.69}$$

Da s ein Skalar ist, so ist sein Wert unabhängig vom Koordinatensystem. Speziell im Schwerpunktsystem besitzt er eine einfache Bedeutung. In diesem System besitzen die beiden Teilchen entgegengesetzt gleiche Impulse (das heißt, im Schwerpunktsystem verschwindet der Gesamtimpuls):

$$s = m_1^2 c^4 + m_2^2 c^4 + 2E_1 m_2 c^2 = (E_{1CM} + E_{2CM})^2 - (\boldsymbol{P}_{1CM} + \boldsymbol{P}_{2CM})^2 c^2$$
$$= (E_{1CM} + E_{2CM})^2 = (E_{CM}^{tot})^2. \qquad (1.70)$$

s ist also das Quadrat der Gesamtenergie im Schwerpunktsystem. Wir können damit γ_{CM} durch die Gesamtenergie des Schwerpunktsystems wie folgt ausdrücken:

$$\gamma_{CM} = \frac{E_1 + m_2 c^2}{E_{CM}^{tot}} = \frac{E_{Lab}^{tot}}{E_{CM}^{tot}}. \qquad (1.71)$$

Bei der Beschreibung von Hochenergiestößen verwendet man oft die Variable s und nennt E_{CM}^{tot} dann $\sqrt{s}$. Mann kann allerdings auch $\sqrt{s}/c^2$ aufgrund seiner Struktur nach (1.70) als die Ruhemasse oder die invariante Masse der beiden stoßenden Objekte betrachten.

Man benutzt für die Darstellung von Streuung häufig auch eine andere Invariante t, das Quadrat des Vierer-Impulsübertrags während des Stoßes. Sie ist einfach das Quadrat der Differenz des Energie-Impuls-Vierervektors des Geschosses vor (initial) und nach (final) der Streuung:

$$t = (E_1^f - E_1^i)^2 - (\boldsymbol{P}_1^f - \boldsymbol{P}_1^i)^2 c^2. \qquad (1.72)$$

Da Impuls und Energie bei allen Stößen jeder für sich erhalten bleiben, können wir t auch durch die Variablen des Targets ausdrücken

$$t = (E_2^f - E_2^i)^2 - (\boldsymbol{P}_2^f - \boldsymbol{P}_2^i)^2 c^2. \qquad (1.73)$$

Da t genau wie s invariant ist, können wir seinen Wert in jedem beliebigen Koordinatensystem berechnen. Wir wollen dies speziell für das Schwerpunktsystem tun. Wir beschränken uns dabei der Einfachheit halber auf elastische Streuung, für die gilt $|\boldsymbol{P}_{CM}^i| = |\boldsymbol{P}_{CM}^f| = |\boldsymbol{P}_{CM}|$ und damit $E_{CM}^i = E_{CM}^f$. Dann folgt aus (1.72)

$$t = -(P_{1CM}^{f2} + P_{1CM}^{i2} - 2\boldsymbol{P}_{1CM}^f \cdot \boldsymbol{P}_{2CM}^i)c^2 = -2P_{CM}^2 c^2 (1 - \cos\theta_{CM}), (1.74)$$

dabei gilt $|\boldsymbol{P}_{1CM}^f| = |\boldsymbol{P}_{2CM}^i| = P_{CM}$ und θ_{CM} bezeichne den Streuwinkel im Schwerpunktsystem. Da $-1 \le \theta_{CM} \le 1$, ist $t < 0$ für jede Streuung um einen endlichen Winkel. Auf der anderen Seite können wir t nach seiner Definition (1.72) als das Quadrat der Masse eines ausgetauschten Teilchens (mit der Energie $E_1^f - E_1^i$ und dem Impuls $\boldsymbol{P}_1^f - \boldsymbol{P}_1^i$) interpretieren, welches die Streuung vermittelt. Kann nun ein solcher Austauschprozeß zur Beschreibung der Streuung verwandt werden, so kann das ausgetauschte Objekt nicht physikalisch sein, besitzt

es doch eine imaginäre Ruhemasse. Dieses „virtuelle" Teilchen kann nicht nachgewiesen werden, ist unser Bild jedoch korrekt, so können seine Folgerungen
berechnet und beobachtet werden. Die in Abbildung 1.7 gezeigten Diagramme
wurden von Richard Feynman für die Berechnung von Streuamplituden in der
Quantenelektrodynamik eingeführt und heißen Feynman-Graphen.

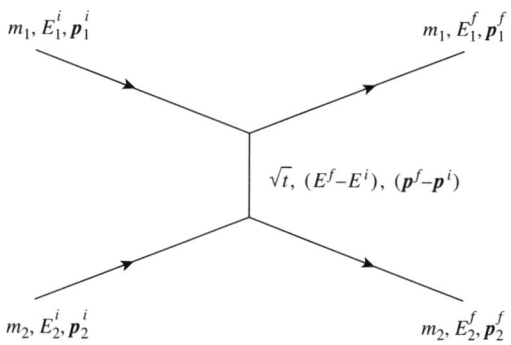

Abb. 1.7 Austausch eines vermittelnden Objektes der Masse
$\sqrt{t}$ beim Stoß der Massen m_1 und
m_2

Definieren wir nun durch $q^2 c^2 = -t$ eine Variable q. Im Laborsystem gilt
dann $P^i_{2\text{Lab}} = 0$ und es folgt mit (1.73)

$$
\begin{aligned}
q^2 c^2 &= -\left[(E^f_{2\text{Lab}} - m_2 c^2)^2 - (P^f_{2\text{Lab}} c)^2\right] \\
&= -\left[(E^f_{2\text{Lab}})^2 - (P^f_{2\text{Lab}} c)^2 - 2 E^f_{2\text{Lab}} m_2 c^2 + m_2^2 c^4\right] \\
&= -\left[2 m_2^2 c^4 - 2 E^f_{2\text{Lab}} m_2 c^2\right] \\
&= 2 m_2 c^2 (E^f_{2\text{Lab}} - m_2 c^2) = 2 m_2 c^2 T^f_{2\text{Lab}}
\end{aligned}
$$

oder

$$
q^2 = 2 m_2 T^f_{2\text{Lab}}. \tag{1.75}
$$

Im letzten Schritt haben wir $E^f_{2\text{Lab}}$ durch $T^f_{2\text{Lab}} + m_2 c^2$ ersetzt. Im nichtrelativistischen Grenzfall mit $T_{2\text{Lab}} \sim \frac{1}{2} m_2 v_2^2$ ist q^2 das Quadrat des auf das Target
übertragenen Impulses, $q^2 \simeq (m_2 v_2)^2$. Damit charakterisiert q^2 die „Härte" des
Stoßes, kleinem q^2 entspricht ein weicher Stoß mit langer Reichweite ($R \sim \hbar/q$).
Wir sehen also, für kleines θ_{CM} gilt $q^2 \simeq P^2_{\text{CM}} \theta^2_{\text{CM}} \simeq p_T^2$ für das Quadrat des
transversalen Impulses durch den Stoß.

Wir überlassen es dem Leser zu zeigen, daß die relativistische Entsprechung
von (1.56) wie folgt lautet:

$$
\tan \theta_{\text{Lab}} = \frac{\beta^* \sin \theta_{\text{CM}}}{\gamma_{\text{CM}}(\beta^* \cos \theta_{\text{CM}} + \beta_{\text{CM}})}. \tag{1.76}
$$

Dabei ist β^*c die Geschwindigkeit des gestreuten Teilchens im Schwerpunktsystem. Für kleine Geschwindigkeiten reduziert sich erwartungsgemäß (1.76) auf (1.56).

Wir wollen zum Abschluß den Streuquerschnitt der Rutherford-Streuung aus (1.37) als Funktion des zwischen den beiden Teilchen ausgetauschten Impulses schreiben. Aus (1.74) folgt

$$dq^2 = -2P^2 d(\cos\theta) = \frac{P^2 d\Omega}{\pi}. \tag{1.77}$$

Dabei haben wir die geringen Unterschiede zwischen den Labor- und den Schwerpunktvariablen vernachlässigt ($P_{1\text{Lab}} \simeq P_{1\text{CM}} = P = m_1 v_0$). Spezialisieren wir uns auf den Fall der Rutherford-Streuung bei kleinen Geschwindigkeiten und setzen wir der Einfachheit halber $m = m_1 \ll m_2$, $v = v_0$, so erhalten wir

$$\frac{d\sigma}{(\pi/(mv)^2)dq^2} = \frac{(ZZ'e^2)^2}{(2mv^2)^2} \frac{1}{(1-\cos\theta/2)^2}$$

oder

$$\frac{d\sigma}{dq^2} = \frac{4\pi(ZZ'e^2)^2}{v^2} \frac{1}{q^4}. \tag{1.78}$$

Die q^{-4}-Divergenz des Streuquerschnittes ist für die Coulomb-Streuung typisch und dokumentiert die r^{-1}-Abhängigkeit des Potentials. Man beachte, daß eine Verteilung in q^2 existiert, da verschiedene Ereignisse verschiedene Impulsüberträge besitzen. Der starke Abfall mit q^2 bedeutet, daß der typische Wert des Impulsübertrages klein ist. Diese Art von Dispersion besitzt physikalische Relevanz, wir werden darauf in Kapitel 6 zurück kommen. Obwohl der kleinste Wert von q^2 null sein kann, entspricht dieser Fall keiner Streuung; der maximale Wert (ein wirklich seltenes Ereignis!) ist $4P^2$. Bei der Ableitung von (1.78) haben wir die nichtrelativistische Kinematik verwandt, das Ergebnis gilt jedoch auch für $v^2 \to c^2$ (siehe allerdings unsere Bemerkungen im Abschnitt über die Größe der Kerne in Kapitel 2).

Quantenmechanische Behandlung der Rutherford-Streuung

Wir möchten dieses Kapitel nicht beenden, ohne gezeigt zu haben, wie der Rutherfordsche Streuquerschnitt mit Hilfe der Quantenmechanik berechnet werden kann. Dazu verwenden wir Fermis Goldene Regel[1], welche die Übergangs-wahrscheinlichkeit pro Zeiteinheit für die Störungstheorie zu

$$P = \frac{2\pi}{\hbar}|H_{fi}|^2\rho(E_f) \tag{1.79}$$

ergibt, dabei ist $\rho(E_f)$ die Dichte des Endzustandes und H_{fi} bezeichne das Matrixelement der Störungs-Hamiltonfunktion zwischen dem Anfangs- und dem Endzustand:

$$H_{fi} = <f|H|i> = \int d^3r\psi_f^*(r)H(r)\psi_i(r). \tag{1.80}$$

Für die elastische Rutherford-Streuung sind die Wellenfunktionen ebene Wellen, entsprechend den Zuständen von freien Teilchen, die sich dem Streuzentrum nähern (i) oder sich von ihm entfernen (f). Die Hamiltonfunktion der Störung ist die in (1.23) gegebene potentielle Coulomb-Energie. Wir definieren die Wellenvektoren $k = p/\hbar$ und $k' = p'/\hbar$ für die Impulse der einfallenden und auslaufenden Teilchen sowie einen Impulsübertrag $q = \hbar(k' - k)$, verursacht durch die Streuung. Abgesehen vom Normierungsfaktor für die Wellenfunktionen können wir unser Matrixelement H_{fi} wie folgt schreiben:

$$
\begin{aligned}
H_{fi} &\simeq \int_{\text{gesamter Raum}} e^{ik'\cdot r}V(r)e^{-ik\cdot r}d^3r \\
&= \int_{\text{gesamter Raum}} V(r)e^{(i/\hbar)q\cdot r}d^3r.
\end{aligned} \tag{1.81}
$$

Das rechte Integral ist die Fourier-Transformierte von $V(r)$ und kann als die potentielle Energie im Impulsraum betrachtet werden. Führen wir die Integration aus[2], so finden wir

$$V(q) = \int_{\text{gesamter Raum}} V(r)e^{(i/\hbar)q\cdot r}d^3r = \frac{(ZZ'e^2)(4\pi\hbar^2)}{q^2}. \tag{1.82}$$

Berechnet man die Dichte des Endzustandes,[3] setzt dies in (1.79) ein und verbindet die Übergangswahrscheinlichkeit mit dem Streuquerschnitt, so kommt man ebenfalls zu (1.78). Das Ergebnis von Rutherford (ohne das $\hbar$) stimmt also auch in der Quantenmechanik (wenn Spineffekte ignoriert werden).

---

[1]Eine Diskussion dieser berühmten Regel für den Übergang zwischen verschiedenen Zuständen findet man in jedem Buch über Quantenmechanik

[2]Die Fouriertransformation entspricht einer Verallgemeinerung der Fourier-Zerlegung von Funktionen in Reihen. Man findet die Transformationen verschiedenster Funktionen in mathematischen Tafelwerken; sie sind in einer Vielzahl von physikalischen Disziplinen von Nutzen. Siehe zum Beispiel L. Schiff, *Quantum Mechanics*. New York (McGraw-Hill) 1968, und A. Das und A. C. Melissinos, *Quantum Mechanics*. New York (Gordon & Breach) 1986.

[3]Siehe die Diskussion dieses Sachverhaltes sowie des Inhaltes des ganzen Abschnittes in A. Das und A. C. Melissinos, *Quantum Mechanics*. S. 199-204

Aufgaben

1.1   Man berechne mit Hilfe von (1.38) den totalen Streuquerschnitt für Rutherford-Streuung eines 10-MeV α-Teilchens an einem Bleikern für die Stoßparameter b kleiner als 10^{-12}, 10^{-10}, 10^{-8} cm. Inwieweit stimmen diese Werte mit πb^2 überein?

1.2   Man zeige, daß (1.60) aus den Beziehungen (1.58) und (1.59) folgt.

1.3   Man skizziere θ_{Lab} als Funktion von θ_{CM} für die nichtrelativistische Streuung von Teilchen ungleicher Masse für die Fälle $\zeta = 0{,}05$ und $\zeta = 20$ in den Gleichungen (1.57) und (1.58).

1.4   Wie groß ungefähr ist die beobachtete Zählrate für Rutherford-Streuung von 10-MeV-α-Teilchen an einer Bleifolie für $\theta = \pi/2$ im Laborsystem? Man nehme an, es stoßen 10^6 α-Teilchen pro Sekunde auf die Folie, welche $0{,}1$ cm dick sein soll. Der Detektor besitze die effektive Fläche (senkrecht zum gestreuten Strahl) von 1 cm × 1 cm und befinde sich 100 cm entfernt vom Streuzentrum. Die Dichte von Blei liege bei $11{,}3$ g/cm^3. Wie groß ist die Zählrate für $\theta = 5$ Grad? Wie groß ist der Unterschied für den Fall, daß die Winkel im Schwerpunktsystem gegeben seien – man berechne diesen Unterschied quantitativ bei Verwendung von Näherungen, wenn dies nötig sein sollte. (Warum spielt die Fläche der Folie keine Rolle?)

1.5   Man skizziere den Streuquerschnitt im Laborsystem als Funktion von $\cos \theta_{\text{Lab}}$ für die elastische Streuung zweier Teilchen mit gleicher Masse für den Fall, daß $d\sigma/d\Omega$ isotrop und gleich 100 mb/sr ist. Wie lautet das Ergebnis für $\zeta = 0{,}05$ in (1.57)? (Man nähere, falls nötig).

1.6   Manche radioaktiven Kerne emittieren α-Teilchen. Wie groß ist ihre Geschwindigkeit nichtrelativistisch betrachtet, wenn die kinetische Energie 4 MeV beträgt? Wie groß ist der gemachte Fehler durch Vernachlässigung der speziellen Relativitätstheorie bei der Berechnung von v? Wie nahe kann ein solches α-Teilchen dem Zentrum eines Au-Kernes kommen?

1.7   Es werde im Laboratorium ein Elektron mit der Energie 0,5 MeV beobachtet. Wie groß sind $\beta = (v/c)$, $\gamma = (1 - \beta^2)^{-1/2}$, die kinetische Energie sowie die Gesamtenergie?

1.8   Wie groß ungefähr sind die Werte der kinetischen Energie des gestoßenen Bleikernes und des Impulsübertrages für die Begrenzungen des Stoßparameters aus Aufgabe I.1?

1.9   Man bestimme den ultrarelativistischen Grenzwert von (1.76), finde einen Näherungsausdruck für θ_{Lab} bei $\theta_{\text{CM}} = \pi/2$ und berechne θ_{Lab} für $\gamma_{\text{CM}} =$

10 und $\gamma_{CM} = 100$. Gibt die Näherung bessere Werte für Teilchen mit großen oder mit kleinen Massen?

Empfohlene Literatur

Geiger, H.; Marsden, E. 1913. *Philos. Mag.* **25** 604.

Rutherford, E. 1911. *Philos. Mag.* **21** 669.

Thompson, J. J. 1910. *Cambridge Lit. Philos. Soc.* **15** 465.

2 Phänomenologie der Kerne

Einführende Bemerkungen

Die Rutherfordschen Streuexperimente zeigten deutlich, daß jedes Atom ein positiv geladenes Zentrum besitzt, welches wir seinen Kern nennen. Vor der Entdeckung der Neutronen durch James Chadwick dachte man, der Kern bestünde aus Protonen und Elektronen, man nimmt jetzt an, daß seine Bestandteile Protonen und Neutronen, die sogenannten Nukleonen, sind. Wir werden später zeigen, daß die Annahme der Existenz von Elektronen im Kern im Widerspruch zu experimentellen Beobachtungen steht. Wir wollen hier noch einmal betonen, daß der größte Teil unseres Wissens über Kerne und die Kernkraft in Jahrzehnten sorgfältigen Experimentierens gewonnen wurden. Im folgenden werden wir die wichtigsten Merkmale summarisch darstellen und nur gelegentlich den experimentellen Hintergrund erwähnen.

Eigenschaften von Kernen

Benennung von Kernen

Der Kern eines Atoms X kann eindeutig durch seine *Ladung* bzw. seine Ordnungszahl Z sowie durch die Gesamtzahl seiner Nukleonen A charakterisiert werden. Man schreibt gewöhnlich für diesen Kern $^A X^Z$. Äquivalent dazu ist die Beschreibung des Kernes durch die Zahl der Protonen (Z) und die Zahl der Neutronen $(N = A - Z)$. Da das Atom elektrisch neutral ist, muß der Kern von einer Wolke von Z Elektronen umgeben sein. In der Natur existiert eine große Anzahl Kerne mit verschiedenstem Z und A, dazu kommen noch im Labor hergestellte Kerne. *Isotope* nennt man Kerne mit der gleichen Anzahl Protonen, jedoch verschiedener Neutronenzahl, das heißt, $^A X^Z$ und $^{A'} X^Z$ sind Isotope. Alle solche Atome besitzen die gleichen chemischen Eigenschaften. Besitzen Kerne die gleiche Zahl Nukleonen, unterscheiden sich jedoch in der Protonenzahl, so nennt man sie *Isobare*. $^A X^Z$ und $^A Y^{Z'}$ sind also Isobare. So, wie man Atome sowohl im im angeregten als auch im Grundzustand finden kann, kann auch ein Kern auf ein höheres Niveau angeregt werden, diese Zustände nennt man *Resonanzen* oder *Isomere* des Grundzustandes.

Kernmassen

Wie bereits erwähnt, besteht ein Kern $^A X^Z$ aus Z Protonen und $(A - Z)$ Neutronen. Man würde für die Masse des Kernes also erwarten:

$$M(A, Z) = Z m_{\mathrm{p}} + (A - Z) m_{\mathrm{n}}, \qquad (2.1)$$

wobei m_{p} und m_{n} die Masse des Protons beziehungsweise des Neutrons bezeichne. Aus Experimenten kennen wir die folgenden Daten:

$$m_{\mathrm{p}} \simeq 938,27 \, \mathrm{MeV}/c^2$$
$$m_{\mathrm{n}} \simeq 939,56 \, \mathrm{MeV}/c^2. \qquad (2.2)$$

Tatsächliche Messungen der Kernmassen zeigen jedoch, daß die Masse des Kernes kleiner als die Summe der Massen seiner Bestandteile ist.[*] Es gilt nämlich

$$M(A, Z) < Z m_{\mathrm{p}} + (A - Z) m_{\mathrm{n}}. \qquad (2.3)$$

Dies erklärt, warum ein Kern nicht von sich aus in seine Teile zerfallen kann, es käme zu einer Verletzung des Energieerhaltungssatzes. Der als

$$\Delta M(A, Z) = M(A, Z) - Z m_{\mathrm{p}} - (A - Z) m_{\mathrm{n}} \qquad (2.4)$$

definierte Massendefekt ist negativ und proportional zur Bindungsenergie (B.E.) des Kernes. Der Absolutwert von ΔM steht mit der Energie, die zum Aufbrechen des Kernes in seine Bestandteile notwendig ist, in Beziehung. Eine negative B.E.

---

[*]Nebenbei sei bemerkt, daß man in Isotopenkarten meist die Masse des neutralen Atoms und nicht die Kernmasse findet. Man muß also die Elektronenmassen $Z m_e$ von den Atomgewichten abziehen (dabei werden die kleinen Differenzen durch die Elektronenbindung vernachlässigt). Leider verwenden Physiker und Chemiker verschiedene Massenskalen. Während letztere 16,0 atomare Masseneinheiten (amu) der „natürlichen", auf der Erde anzutreffenden Isotopenmischung des Sauerstoffes zuschreiben, definieren die Physiker 16,0 amu als die Masse von $^{16}U^8$. Ein amu ist die Masse in Gramm eines fiktiven Atoms mit dem Atomgewicht 1,0000. Damit ist 1 amu $= (A_0)^{-1}$ g $= 1,6602 \cdot 10^{-24}$ g. (Der genaueste Wert für A_0 beträgt zur Zeit $(6,022098 \pm 0,000006) \times 10^{23}$ mol^{-1}.) Es gibt daneben die Masseneinheit „u", definiert als $\frac{1}{12}$ der Masse des ^{12}C Atoms. Wir verwenden $m_{\mathrm{p}} = 1,00728 \, \mathrm{amu} = 938,27 \, \mathrm{MeV}/c^2 = 1,6726 \cdot 10^{-24}$ g und $m_{\mathrm{n}} = m_{\mathrm{p}} + 1,29332 \, \mathrm{MeV}/c^2$.

sichert den Zusammenhalt des Kerns, je negativer der Wert von ΔM ist, desto stabiler ist der Kern. Die Beziehung zwischen Massedefekt und B.E. lautet einfach

$$\text{B.E.} = \Delta M(A, Z)c^2, \tag{2.5}$$

dabei ist c die Lichtgeschwindigkeit. $\Delta M c^2$ – oder B.E. – ist die Energiemenge, die zur Lösung der Nukleonen aus ihrer Gefangenschaft im Kern notwendig ist. Man definiert an dieser Stelle häufig eine Bindungsenergie pro Nukleon oder die mittlere Energie, die zur Loslösung eines Nukleons aus dem Kern benötigt wird.

$$\frac{B}{A} = \frac{-\text{B.E.}}{A} = \frac{-\Delta M(A, Z)c^2}{A}$$
$$= \frac{(Zm_\text{p} + (A - Z)m_\text{n} - M(A, Z))c^2}{A}. \tag{2.6}$$

Man hat diese Größe für sehr viele stabile Kerne gemessen (siehe Abb. 2.1) und findet, abgesehen von einigen später zu diskutierenden Feinstrukturen, einen bemerkenswerten Verlauf.

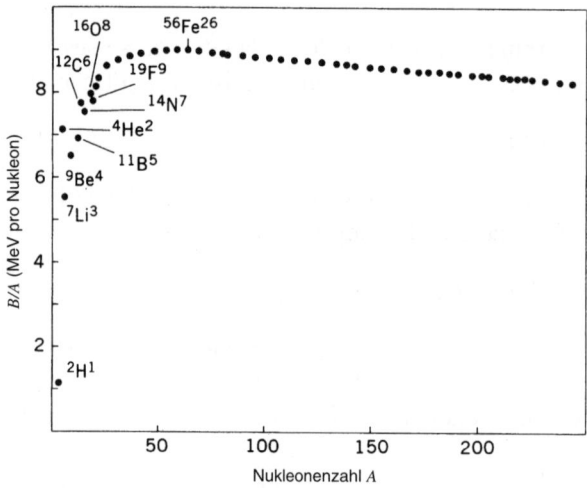

Abb. 2.1 Die Bindungsenergie pro Nukleon für die meisten stabilen Kerne.

Für leichte Kerne ($A < 20$), oszilliert B/A etwas und wächst mit A stark an, erreicht dann bei ungefähr $A = 60$ ein Maximum von ca. 9 MeV/Nukleon; für größere A fällt B/A ganz langsam. Man kann hier für eine Großzahl von Kernen einen mittleren Wert von 8 MeV/Nukleon annehmen. Wir werden später sehen, daß dieser Verlauf große Auswirkungen auf die Natur der Kernkräfte und die Struktur der Kerne hat. Bringen wir etwa 8 MeV kinetische Energie in den Kern und konzentrieren sie auf ein Nukleon, so können wir, zumindest im Prinzip, das Nukleon aus der Bindung durch die Kernkraft lösen; es kann den Kern verlassen.

Um die Bedeutung des zuletzt gesagten hervorzuheben, wollen wir uns daran erinnern, daß quantenmechanisch alle Teilchen Wellencharakter zeigen. Alle Teilchen mit dem Impuls p besitzen eine zugeordnete Wellenlänge (nach der Hypothese von de Broglie)

$$\bar{\lambda} = \frac{\hbar}{p}, \tag{2.7}$$

wobei $\bar{\lambda}$ und $\hbar$ die Wellenlänge, dividiert durch 2π (die sogenannte *reduzierte Wellenlänge*), sowie das Plancksche Wirkungsquantum sind. (Die Bedingung für den gebundenen De Broglie-Zustand lautet $2\pi r = n\bar{\lambda}$ und $\bar{\lambda}$ entspricht einem typischen Radius.) Wir wollen nun annehmen, wir transportieren etwa 8 MeV kinetische Energie zu einem Nukleon des Kernes. Da das Nukleon recht schwer ist ($m \sim 940\,\text{MeV}/c^2$), können wir es als nichtrelativistisch betrachten. Berechnen wir seine Wellenlänge aus der nichtrelativistischen Kinematik, so erhalten wir

$$\begin{aligned}
\bar{\lambda} &= \frac{\hbar}{p} = \frac{\hbar}{\sqrt{2mT}} = \frac{\hbar c}{\sqrt{2mc^2 T}} \\
&\simeq \frac{197\,\text{MeV fm}}{\sqrt{2 \cdot 940 \cdot 8}\,\text{MeV}} \simeq \frac{197}{120}\,\text{fm} \simeq 1{,}6\,\text{fm}
\end{aligned}$$

oder

$$\bar{\lambda} \simeq 1{,}6 \times 10^{-13}\,\text{cm}, \tag{2.8}$$

dabei ist 1 fm ein Femtometer (10^{-15} m) oder ein Fermi (nach Enrico Fermi). Diese Wellenlänge liegt in der Größenordnung typischer Kerndurchmesser, damit erscheint es vernünftig, Nukleonen solcher Energie im Kern zu lokalisieren. Deshalb kann ein Nukleon mit 8 MeV kinetischer Energie (oder 120 MeV/c Impuls) durch einen Kern absorbiert oder von einem Kern emittiert werden. Gäbe es jedoch innerhalb der Kerne Elektronen mit der Energie von etwa 8 MeV, so wären diese relativistisch, in diesem Falle $pc \simeq T \simeq 8$ MeV ergäbe sich eine weitaus größere De Broglie-Wellenlänge

$$\begin{aligned}
\bar{\lambda} &= \frac{\hbar}{p} \simeq \frac{\hbar c}{T} \simeq \frac{\hbar c}{8\,\text{MeV}} \simeq \frac{197\,\text{MeV fm}}{8\,\text{MeV}} \\
&\simeq 25\,\text{fm} \simeq 2{,} \times 10^{-12}\,\text{cm}. \tag{2.9}
\end{aligned}$$

Es erscheint unnatürlich, sich Elektronen von 8 MeV vorzustellen, die sich im Kern befinden und deren De Broglie-Wellenlänge wesentlich größer als jeder Kernradius ist. Was ist mit Elektronen mit einem Impuls von 120 MeV/c^2? Solche Elektronen könnten im Prinzip in den Kern eindringen, sie besäßen jedoch eine Energie von 120 MeV, dies entspricht natürlich nicht der Vorstellung von 8 MeV Kern-Bindungsenergie. Natürlich ist dies ein recht heuristisches Argument gegen die Anwesenheit von Elektronen im Kern. Die experimentellen Daten verschiedener Versuche unterstützen jedoch diesen Schluß. (Zu anderen Folgen der Werte von B/A kommen wir später noch einmal).

Größe der Kerne

Die Größe subatomarer Objekte muß sorgfältig definiert werden. Die normale Größe eines quantenmechanischen Systems entspricht dem Erwartungswert des Ortsoperators eines passenden Zustandes. Für ein Atom ist dies die mittlere Ortskoordinate des Außenelektrons, eine zumindest störungstheoretisch berechenbare Größe. Für Kerne existiert kein einfacher Ausdruck für die Kraft, so müssen wir uns auf die Interpretation geeigneter Experimente verlassen, um die Größe von Kernen zu bestimmen.

Es existieren nun mehrere Möglichkeiten, sich dem Problem zu nähern. So ist für den Fall der niederenergetischen Rutherford-Streuung beim zentralen Stoß, das heißt, der Stoßparameter ist gleich null, der Abstand der größten Annäherung ein Minimum (siehe (1.24)):

$$r_0^{\min} = \frac{ZZ'e^2}{E}. \tag{2.10}$$

Solche Teilchen werden natürlich rückwärts gestreut ($\theta = \pi$) und der Abstand der größten Annäherung liefert eine obere Grenze für die Kerngröße. Man macht hier die Annahme, daß die niederenergetischen α-Teilchen nicht in der Lage sind, die abstoßende Coulomb-Barriere des Kernes zu überwinden, und damit nicht in den Kern eindringen können. Man erhält so recht armselige obere Grenzen, typische Werte sind:

$$R_{\mathrm{Au}} \leq 3{,}2 \cdot 10^{-12}\,\mathrm{cm} \quad R_{\mathrm{Ag}} \leq 2 \cdot 10^{-12}\,\mathrm{cm}. \tag{2.11}$$

Ein anderer Weg, die Größe der Kerne zu messen, ist die Streuung von hochenergetischen geladenen Teilchen, wie zum Beispiel Elektronen, am Kern. Für einen zentralen Stoß (der Stoßparameter verschwindet) folgt aus (2.10) für großes E:

$$r_0^{\min} \to 0. \tag{2.12}$$

Solche Teilchen können daher tiefer in den Kern eindringen. Da die Elektronen hauptsächlich durch die elektromagnetische Kraft wechselwirken und für die Kernkraft nicht empfänglich sind, werden sie in erster Linie von der Ladungsstruktur im Kern beeinflußt. Man kann also durch Elektronenstreuung die Ladungsverteilung (den sogenannten „Formfaktor") messen, und den Radius der Ladungsverteilung als die Größe des Kerns definieren. Bei relativistischen Energien trägt das magnetische Moment ebenfalls zum Streuquerschnitt bei. Neville

Mott verallgemeinerte als erster die Rutherford-Streuung unter Einbeziehung dieser Spineffekte. In den späten fünfziger Jahren wurde dann durch Robert Hofstadter und seine Kollegen mittels Streuung von hochenergetischen Elektronen der Blick frei auf den Einfluß des Spins und die Verallgemeinerung des Begriffs der Ladungsverteilung des Kerns.

Es existiert noch eine weitere Möglichkeit, die Größe der Atomkerne zu untersuchen. Man nutzt hier die Kernkraft zur Messung aus. Streut man stark wechselwirkende Teilchen mit genügend hoher Energie an einem Kern, dann kann die relativ schwache Coulomb-Kraft vernachlässigt werden. Die Geschosse wechselwirken mit dem Kern und werden effektiv aus dem Strahl „absorbiert". Das Ergebnis der Absorption ist ein Beugungsbild (siehe Abb. 2.2) – analog der Beobachtung optischer Phänomene bei der Streuung von Licht an einem Spalt oder einem Gitter. Untersucht man dieses Beugungsbild, so kann man auf die Größe des Kerns schließen, benimmt sich dieser doch in vielerlei Hinsicht wie eine absorbierende Scheibe.

Alle oben genannten phänomenologischen Ansätze lieferten eine bemerkenswert einfache Beziehung zwischen der radialen Größe und der Ordnungszahl eines Kerns:

$$\begin{aligned} R &= r_0 A^{1/3} \\ &\simeq 1{,}2 \cdot 10^{-13} A^{1/3} = 1{,}2\,A^{1/3}\,\text{fm}. \end{aligned} \tag{2.13}$$

Wir können daraus schließen, daß Kerne eine enorme Massendichte von etwa 10^{14} g/cm^3 besitzen. Die Nukleonen sind im Kern sehr dicht gepackt.

Kernspin und Dipolmomente

Sowohl das Proton als auch das Neutron besitzen den Spin-Drehimpuls $\frac{1}{2}\hbar$. Weiter wurde festgestellt, daß Nukleonen ähnlich den Elektronen Bahn-Drehimpuls besitzen können. Wie wir aus der Quantenmechanik wissen, kann der Bahn-Drehimpuls nur ganzzahlige Werte annehmen. Der Gesamt-Drehimpuls seiner Bestandteile – das heißt die Vektorsumme der Bahn- und intrinsischen Spin-Drehimpulse – definiert den Spin des Kerns. Es überrascht daher nicht, daß Kerne mit gerader Ordnungszahl ganzzahligen Spin besitzen, während der Spin für Atome mit ungerader Ordnungszahl halbzahlig ist. Es ist jedoch überraschend, daß alle Kerne mit gerader Protonenzahl und gerader Neutronenzahl (sogenannte gg-Kerne) den Kernspin null besitzen. Ebenfalls außergewöhnlich ist die Tatsache, daß große Kerne im Grundzustand sehr kleinen Kernspin aufweisen. Dies führt direkt zur Annahme, daß die Spins der Nukleonen innerhalb eines Kerns sehr stark gepaart sind, so daß sich ihre Wirkung gegeneinander aufhebt.

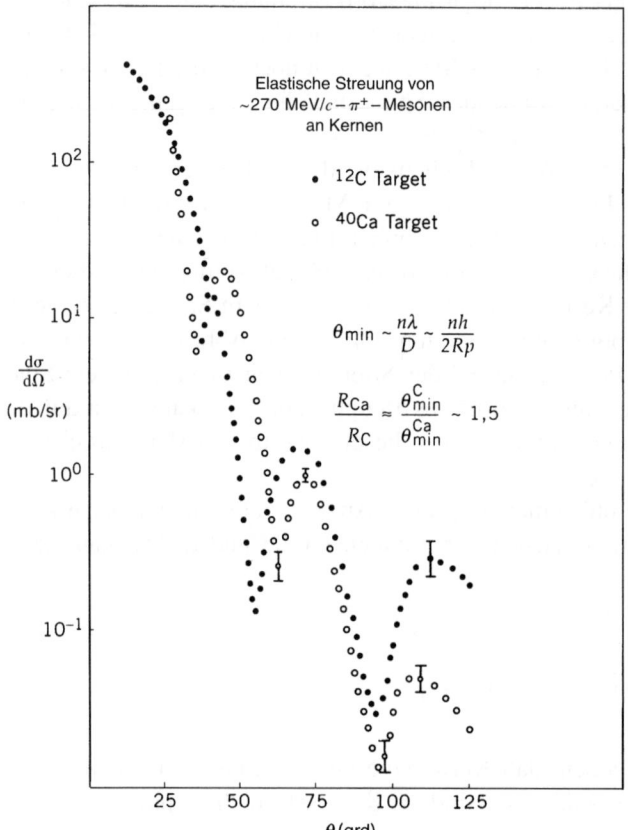

Abb. 2.2 Differentieller elastischer Streuquerschnitt für die Streuung von π^+-Mesonen mit dem Impuls $\sim 270\,\text{MeV}/c$ an Kohlenstoff- und Calcium-Targets. Ein mb ist gleich 10^{-3} barn. Verwendet man die de Broglie-Wellenlänge der π^+ und die Analogie zur Optik für das erste Minimum der Streuung, so erhält man Kernradien in der Größenordnung von (2.13); das Verhältnis der Winkel im Minimum für die beiden Targets steigt mit den Radien der Kerne.

Bem.: Die Daten stammen aus C. H. Q. Ingram, *Meson-Nuclear Physics - 1979*, AIP Conf. Proc. Nr. 54 (American Institute of Physics, New York).

Wie wir wissen, besitzen sich drehende geladene Teilchen ein mit der Drehung verbundenes Dipolmoment der Größe

$$\boldsymbol{\mu} = g\frac{e}{2mc}\mathbf{S}, \tag{2.14}$$

dabei sind e, m und S die Ladung, die Masse und der intrinsische Spin des geladenen Teilchens. Die Konstante g nennt man Landé-Faktor, man findet $g = 2$ für Punktteilchen wie das Elektron. (Man hat allerdings Abweichungen von etwa 10^{-3} für das „punktartige" Elektron beobachtet und stimmt damit mit feldtheoretischen Berechnungen der Quantenelektrodynamik (QED) überein.) Für ein Teilchen mit $g \neq 2$ sagt man, es besitzt ein anomales magnetisches Moment, meist ein deutliches Zeichen, daß es eine Substruktur besitzt. Für das Elektron (mit $|S_z| = \frac{1}{2}\hbar$), ist das Dipolmoment $\mu_e \simeq \mu_B$, dem Bohrschen Magneton:

$$\mu_B = \frac{e\hbar}{2m_e c} = 5{,}79 \cdot 10^{-11} \, \text{MeV/T},\tag{2.15}$$

dabei entspricht dem Magnetfeld von 1 Tesla (T) 10^4 Gauß (G). Das magnetische Dipolmoment von Nukleonen wird in Kernmagnetonen gemessen, welche wie folgt definiert werden:

$$\mu_N = \frac{e\hbar}{2m_p c}.\tag{2.16}$$

Aus dem Verhältnis m_p/m_e schließt man, daß das Bohrsche Magneton etwa 2000 mal größer ist als das Kernmagneton.

Die gemessenen Werte für die magnetischen Momente von Proton und Neutron sind:

$$\mu_p \simeq 2{,}79 \, \mu_N$$
$$\mu_n \simeq -1{,}91 \, \mu_N.\tag{2.17}$$

Man sieht hier sofort die Anomalität der Werte. Deshalb schließt man indirekt auf eine zusätzliche Struktur dieser Teilchen. Für das elektrisch neutrale Neutron ist es höchst verwunderlich, daß ein meßbares magnetisches Moment auftritt; ein Anzeichen für eine ausgedehnte Ladungsverteilung. Die Messung der magnetischen Dipolmomente verschiedener Kerne zeigt, daß alle Werte zwischen $-3\mu_N$ und $10\mu_N$ liegen. Dies ist wieder ein Zeichen der starken Paarung innerhalb des Kerns, es widerspricht auch der Annahme der Existenz von Elektronen im Kern. Denn wie sollen solche kleinen Momente zustande kommen, wenn das Moment eines einzigen Elektrons bereits tausendmal größer ist als der bei Kernen beobachtete Wert.

Stabilitätskurve

Untersuchen wir die Eigenschaften aller stabilen Kerne, so sind für kleine A (≤ 40) die Protonenzahl und die Neutronenzahl gleich ($N = Z$). Oberhalb von $A = 40$ entspricht einem stabilen Kern $N \simeq 1{,}7\,Z$; die Zahl der Neutronen ist deutlich größer als die der Protonen (siehe Abb. 2.3). Man versteht dies, wenn man bedenkt, daß für größere Kerne die Ladungsdichte und damit die destabilisierende Coulombabstoßung kleiner ist, wenn ein Neutronenüberschuß existiert.

Ein Blick auf die Tabelle der stabilen Kerne (siehe Tab. 2.1) zeigt, daß gerade-gerade Kerne die am stärksten gebundenen Kerne in der Natur sind.

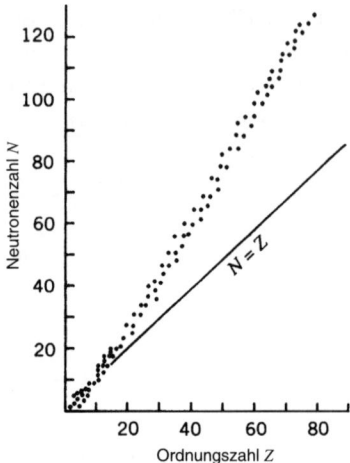

Abb. 2.3 Neutronenzahl als Funktion der Ordnungszahl für eine Auswahl von stabilen Kernen.

Tabelle 2.1 Anzahl der stabilen Kerne als Funktion der geraden und ungeraden Anzahl der Nukleonen

N	Z	Zahl der stabilen Kerne
gerade	gerade	156
gerade	ungerade	48
ungerade	gerade	50
ungerade	ungerade	5

Dies stützt wieder die Hypothese der starken Paarung, das heißt Paarung der Nukleonen führt zu Stabilität der Kerne.

Instabilität von Kernen

Im Jahre 1896 entdeckte Henri Becquerel durch Zufall die natürliche Radioaktivität. Er studierte Fluoreszenzeigenschaften von Uransalzen, indem er sie der Sonne aussetzte und das Emissionsspektrum photographierte. Da der Himmel bewölkt war, legte er die Probe zusammen mit einigen Photoplatten in einen Schreibtisch. Als er später die Platten entwickelte, bemerkte er, daß sie überbelichtet waren und schloß daraus, daß die Uransalze eine durchdringende Strahlung ausgesandt haben müssen, die völlig verschieden von Fluoreszenz ist. Dies war die erste Beobachtung natürlicher Radioaktivität. Spätere Untersuchungen zeigten, daß eine solche spontane Emission ein häufiges Phänomen ist und besonders bei schweren Kernen in Erscheinung tritt.

Radioaktivität der Kerne äußert sich in der Emission von im wesentlichen drei Arten von Strahlung: α-Strahlung, β-Strahlung und γ-Strahlung. Jede dieser Strahlungen besitzt verschiedene Eigenschaften, wie wir im weiteren zeigen werden. Man betrachte einen schmalen und tiefen Einschnitt in ein Stück Blei. Da Blei radioaktive Strahlung gut absorbiert, wirkt der Hohlraum als Quelle eines gut gebündelten Strahles (siehe Abb. 2.4). Wirkt nun ein Magnetfeld rechtwinklig zur Papierebene in Abb. 2.4, so wird der Strahl abgelenkt, wenn er geladene Teilchen enthält. Die Richtung der Ablenkung hängt vom Vorzeichen der Ladung ab, die Stärke vom Impuls der Teilchen im Strahl. Dieses einfache Experiment zeigt, daß α-Strahlen aus positiv geladenen Teilchen bestehen; daß fast alle diese Teilchen am gleichen Punkt auf den Bildschirm treffen, sagt uns, daß es sich um im wesentlichen monoenergetische Teilchen handelt, deren typische Geschwindigkeit bei etwa $0,1c$ liegt. Die Reichweite von α-Teilchen stellt sich als recht kurz heraus. (Wir werden in Kapitel 7 diskutieren, wie solche Experimente durchgeführt werden.) Demgegenüber werden β-Strahlen meist in die entgegengesetzte Richtung abgelenkt, das bedeutet negativ geladene Teilchen. Die auf den Schirm auftreffenden β-Teilchen erweisen sich als stark verteilt, sie besitzen also ein kontinuierliches Spektrum von Geschwindigkeiten, im Gegensatz zu α-Teilchen sind diese auch mit bis zu $0,99c$ deutlich größer. Andere Messungen zeigen, daß die Reichweite von β-Teilchen größer und ihr Ionisationsvermögen kleiner ist als das von α-Teilchen. (Die Ionisation wird in Kapitel 6 ausführlicher diskutiert.) Man benötigt etwa 3 mm Blei, um typische β-Strahlen zurückzuhalten, für α-Teilchen reicht bereits ein Blatt Papier. Die dritte Form von emittierter Strahlung, die γ-Strahlung, erreicht den Mittelpunkt des Bildschirmes unabgelenkt, sie ist somit elektrisch neutral. Sie verhält sich im

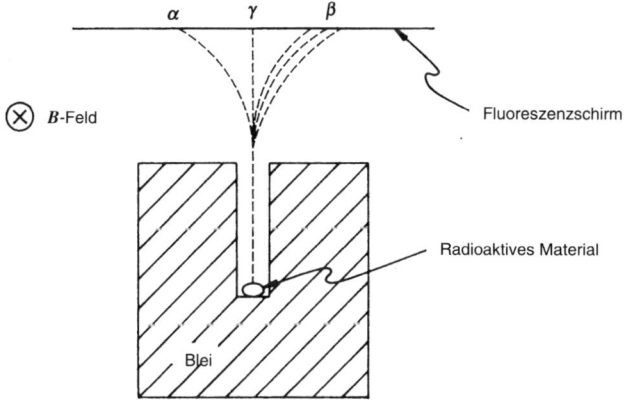

Abb. 2.4 Auftrennung von α-, β- und γ-Strahlen in einem magnetischen Feld.

weiteren völlig analog zu elektromagnetischer Strahlung, wir schließen daraus, daß es sich dabei um Photonen handelt, welche sich mit Lichtgeschwindigkeit bewegen. Die Reichweite von γ-Strahlen ist noch größer und das Ionisationsvermögen noch kleiner als bei β-Strahlung. Man benötigt einige Zentimeter Blei, um γ-Strahlen vollständig zu absorbieren.

Natürlich kann ein geladenes Teilchen auch durch ein elektrisches Feld abgelenkt werden. Legt man ein elektrisches Feld in die Papierebene von Abb. 2.4 und rechtwinklig zum Magnetfeld B und zur Strahlrichtung, so kann durch Wahl der Stärke des Magnetfeldes und des elektrischen Feldes die Ablenkung eines geladenen Teilchens gerade zu Null kompensiert werden. Diese Nullung der Lorentz-Kraft ist eine Funktion der Masse und der Ladung, so läßt sich das Verhältnis von Masse zu Ladung bestimmen. Man erhält für α-Teilchen zwei Einheiten positive Ladung und vier Einheiten atomarer Masse. Mit anderen Worten, α-Teilchen sind die besonders stabilen Kerne des Helium-Atoms $^4\text{He}^2$. Auf gleiche Weise identifiziert man β-Teilchen als Elektronen. Die am häufigsten auftretenden Formen von natürlicher Radioaktivität, die spontane Emission von α-Strahlen, β-Strahlen und γ-Strahlen, entsprechen also der Emission von Heliumkernen, Elektronen und energetischen Photonen durch schwere Kerne. Man beachte jedoch, daß jedes Kernfragment als eine Form von Strahlung betrachtet werden kann. Wir werden in Kapitel 4 auf die quantitativen Aspekte der drei Strahlungsarten zurückkommen.

Natur der Kernkraft

Im allgemeinen liefern Streuexperimente auch globale Informationen über den Charakter der Kernkraft.

Die Kernkraft besitzt kein klassisches Analogon. Die gravitative Anziehung zwischen den Nukleonen ist zu schwach, um sie zusammenhalten zu können. Die Kernkraft kann ebenfalls nicht elektromagnetischen Ursprungs sein, denn das Deuteron zum Beispiel besitzt nur ein Proton und ein Neutron, wobei das letztere aufgrund seiner Ladungsneutralität nur sehr schwach elektromagnetisch wechselwirkt (mittels seines magnetischen Momentes). Wie wir bereits früher gesehen haben, wirkt die elektromagnetische Wechselwirkung (das heißt die Coulomb-Abstoßung) destabilisierend auf den Kern.

Man sieht sofort, daß die Kernkraft extrem kurzreichweitig sein muß. Die Struktur des Atoms läßt sich nämlich sehr gut durch die elektromagnetische Wechselwirkung beschreiben. Deshalb kann die Reichweite der Kernkraft den Durchmesser des Kernes nicht weit überschreiten, da sonst die exzellente Übereinstimmung von Theorie und Experiment in der Atomphysik gestört würde.

Wir können für die Reichweite der Kernkraft also etwa 10^{-13} bis 10^{-12} cm annehmen, was der Größe des Kerns entspricht.

Eine weitere wichtige Tatsache, die die kurze Reichweite der Kernkraft zum Ausdruck bringt, ist die Existenz einer konstanten Bindungsenergie pro Nukleon unabhängig von der Größe des Kerns. Wäre die Kernkraft langreichweitig wie die elektromagnetische Kraft, so gäbe es für A Nukleonen $\frac{1}{2}A(A-1)$ paarweise Wechselwirkungen zwischen ihnen (das heißt, die Gesamtzahl der unabhängigen Kombinationen je zweier Nukleonen für A Nukleonen). Dementsprechend würde die Bindungsenergie, welche ein Maß für die gesamte potentielle Energie aller möglichen Wechselwirkungen unter den Nukleonen darstellt, mit der Zahl der Nukleonen wachsen:

$$B \propto A(A-1). \tag{2.18}$$

Für großes A gälte dann

$$\frac{B}{A} \propto A. \tag{2.19}$$

Mit anderen Worten, ist die Kraft zwischen zwei Nukleonen unabhängig von der Anwesenheit anderer Nukleonen, so wächst die Bindungsenergie pro Nukleon linear. Genau dies geschieht bei der Coulomb-Kraft, da eine langreichweitige Kraft nicht abgesättigt wird, das bedeutet, daß jedes einzelne Teilchen mit so vielen Teilchen wechselwirken kann, wie vorhanden sind. Der eigentliche Effekt dieser Art von Kraft ist, daß die Bindung immer fester wird, je größer die Zahl der wechselwirkenden Teilchen wird. Damit bleibt die Größe des Wechselwirkungsbereiches annähernd konstant. Man sieht dies bei der Atombindung, hier sind Atome mit vielen Elektronen ungefähr gleich groß wie Atome mit wenigen Elektronen.

Wir wissen jedoch aus Abb. 2.1, daß für Kerne die Bindungsenergie pro Nukleon im wesentlichen konstant ist, damit scheint die Kernkraft Sättigung zu zeigen. Ein gegebenes Nukleon kann nur mit einer endlichen Anzahl von Nukleonen in seiner Umgebung wechselwirken. Fügt man ein weiteres Nukleon dazu, so vergrößert man nur das Volumen des Kerns, jedoch nicht die Bindungsenergie pro Nukleon. Wie wir bereits gesehen haben (siehe (2.13)), wächst die Größe eines Kernes langsam mit der Ordnungszahl, und zwar so, daß die Kerndichte etwa konstant bleibt. Wir sehen darin wieder ein Argument für die kurze Reichweite der Kernkraft.

Da die Kernkraft die Nukleonen im Kern zusammenhält, muß sie anziehend sein. Streuexperimente hochenergetischer Teilchen an Kernen haben gezeigt, daß die Kernkraft jedoch einen abstoßenden Kern besitzt. Unterhalb einer bestimmten Längenskala wechselt sie vom anziehenden zum abstoßenden Charakter. (Das Erscheinen eines abstoßenden Zentrums verträgt sich hervorragend mit einer Quarkstruktur des Kerns.) Dieses Phänomen ist erwünscht, verhindert es doch den Kollaps des Kerns, der für eine überall anziehende Kernkraft unvermeidlich wäre. Man kann das Verhalten der Kernkraft bildlich durch ein Kastenpotential darstellen, welches das Teilchen bei Annäherung an das Zentrum des Kerns spürt (siehe Abb. 2.5).

Da es nicht möglich ist, mit niederenergetischen Teilchen die kurze Reichweite der Kernkraft nachzuweisen, kann das abstoßende Zentrum für eine gute Approximation der niederenergetischen Struktur des Kerns vernachlässigt werden, die Kernkraft kann durch einen Potentialtopf adäquat beschrieben werden.

Wir möchten an dieser Stelle betonen, daß wir nicht erwarten, daß die Kerndichte oder die Kernkraft bei einem gewissen $r = R$ plötzlich verschwindet (cutoff), so daß unser Potentialtopf nur die groben Züge der Kernkraft beschreibt. Er paßt auch besser zu einfallenden Neutronen als zum Beispiel zu Protonen oder anderen Kernen, die zusätzlich dem abstoßenden Coulomb-Potential, entsprechend der positiven Ladung des Kerns, ausgesetzt sind (siehe Abb. 2.6). Ein einfallendes Proton mit den Gesamtenergie E_0 spürt bei Anwesenheit der Coulomb-Abstoßung eine Coulomb-Barriere, wenn es sich dem Kern nähert. Klassisch kann sich das Proton dem Kern nur bis auf $r = r_0^{\min}$ nähern, da für $R < r < r_0^{\min}$ das Potential $V(r)$ die Energie E_0 des Teilchens übersteigt, so daß die kinetische Energie negativ sein müßte, was physikalisch nicht möglich ist. Vernachlässigt man das abstoßende Zentrum für $r < \delta$ in Abb. 2.5, so kann ein Neutron der gleichen Energie jedoch bis ins Innere des Kerns eindringen.

Man hatte einst die Hoffnung, durch niederenergetische Streuexperimente die exakte Form des Kernpotentials zu erhalten. Die Ergebnisse der Streuungen sind jedoch auf Details der Form nicht sehr empfindlich, man erhält nur gute Aussagen zu Ausdehnung und Höhe des Potentials. Der quadratische Wall ist eine von mehreren Formen, die eine gute phänomenologische Beschreibung der Kernkraft liefern.

Die Tatsache, daß die Kernkraft durch ein Potential beschrieben werden kann, wie es in Abb. 2.5 dargestellt ist, läßt vermuten, daß aufgrund der Quantentheorie Kernsysteme analog den atomaren Systemen diskrete Energieniveaus besitzen und Bindungszustände bilden können. Die Existenz solcher quantenmechani-

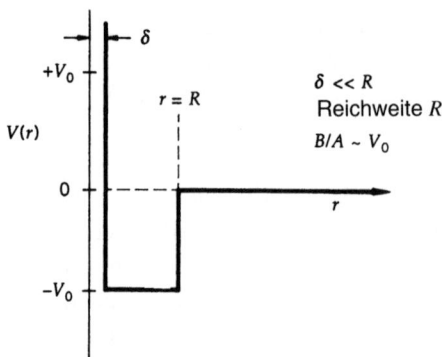

Abb. 2.5 Approximative Beschreibung des Kernpotentials als Funktion des Abstandes vom Zentrum. Der abstoßende Kern wird nur für kleine Abstände spürbar ($\delta \ll R$).

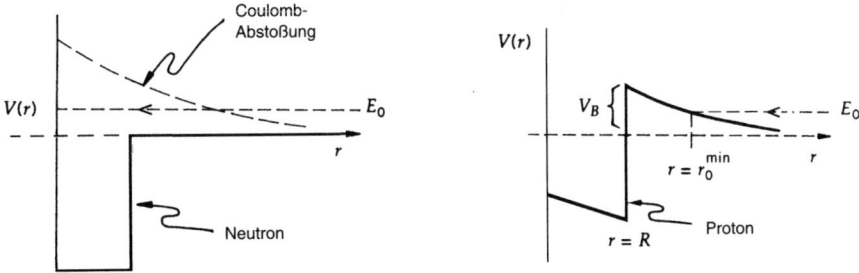

Abb. 2.6 Die potentielle Energie eines Neutrons und eines Protons, die sich einem nuklearen Target nähern. (Man erinnere sich, dringt ein geladenes Teilchen in den Kern ein, so wirkt nur noch ein Teil der Kernladung im Zentrum und der Charakter des Potentials wechselt von $1/r$ zu $(3R^3 - r^2)$, damit bleibt das Potential endlich bei $r = 0$.)

scher Kernzustände konnte auch auf verschiedene Weise nachgewiesen werden. Dies geschah durch Streuexperimente oder die Analyse der Energie emittierter Strahlung. Die Modellierung sowohl der Grund- als auch der angeregten Zustände bildete eine frühe Testmöglichkeit der Quantenmechanik. In den nächsten Kapiteln werden einige experimentelle Beweise und einige Kernmodelle beschrieben.

Das Studium von Spiegelkernen* und die Streuung von Neutronen und Protonen zeigt, daß nach Korrektur der bekannten Coulomb-Effekte die Kraft zwischen zwei Neutronen und die Kraft zwischen zwei Protonen gleich ist, ebenso die Kraft zwischen Neutron und Proton. Man nennt diese Eigenschaft der Kernkraft *Ladungsunabhängigkeit*. Die starke Kernkraft ist unabhängig von der Ladung der wechselwirkenden Teilchen. Dieses Ergebnis ist bemerkenswert und führt zum Konzept der starken Isotopen-Spin-Symmetrie (siehe Kapitel 9). Kurz gesagt, diese Symmetrie impliziert, daß Proton und Neutron zwei Zuständen des gleichen Teilchens, des *Nukleons*, entsprechen, so wie die „Spin-down"- und „Spin-up"-Zustände des Elektrons zwei Zuständen eines Teilchens entsprechen. Könnte man die Coulomb-Wechselwirkung abschalten, so würden sich Neutron und Proton in ihrer nuklearen Wechselwirkung nicht unterscheiden. Dies entspricht der Ununterscheidbarkeit der Spin-down- und Spin-up-Zustände bei Abwesenheit des Magnetfeldes. Wir werden diese Symmetrie in den Kapiteln 9 und 10 behandeln.

Wir wollen nun die Frage nach der Reichweite der Kernkraft von einem etwas anderen Standpunkt aus betrachten und uns erinnern, daß die elektromagnetische Wechselwirkung zweier geladener Teilchen durch den Austausch

---

*Spiegelkerne sind Isobaren, für die die Protonenzahl und die Neutronenzahl vertauscht sind, das heißt $^A X^Z$ und $^A X^{A-Z}$ (zum Beispiel $^{15}O^8$ und $^{15}N^7$). Solche Paare besitzen die gleiche Zahl von n-p-Wechselwirkungen, unterscheiden sich jedoch in der Anzahl der n-n- und p-p-Wechselwirkungen.

eines Photons verstanden werden kann. Die Reichweite einer Kraft steht mit der Compton-Wellenlänge ($\bar{\lambda} = \hbar/c$) oder dem Inversen der Masse des ausgetauschten Teilchens (oder Quantums) in Beziehung. Die Photonenausbreitung wird durch die Maxwell-Gleichungen beschrieben, was der Ausbreitung mit Lichtgeschwindigkeit entspricht (siehe Kapitel 13). Wir nehmen deshalb an, das Photon ist masselos und schließen in Übereinstimmung mit dem Experiment auf den langreichweitigen Charakter der Coulomb-Kraft. Wir wissen, daß die Coulomb-Kraft durch ein Potential der Form

$$V(r) \propto \frac{1}{r} \tag{2.20}$$

darstellbar ist, man sieht daran explizit die lange Reichweite der Kraft.

Für den Fall eines massiven Austauschteilchens zeigte 1934 Hideki Yukawa, daß das zugehörige Potential die Gestalt

$$V(r) \propto \frac{e^{-mcr/\hbar}}{r} \tag{2.21}$$

besitzt, dabei ist m die Masse des die Wechselwirkung vermittelnden Teilchens.

Für den Grenzfall, daß m verschwindet, erkennen wir das Coulomb-Potential von (2.20) wieder. Aus der Form des Yukawa-Potentials ergibt sich die Reichweite der Wechselwirkung durch einen charakteristischen Wert von r, der der Compton-Wellenlänge des Objektes der Masse m

$$\bar{\lambda} = \frac{\hbar}{mc} \tag{2.22}$$

entspricht. Kennen wir also die Masse des ausgetauschten Teilchens, so können wir die Reichweite der Kraft berechnen. Kennen wir auf der anderen Seite die Reichweite, so läßt sich die Masse des ausgetauschten Teilchens angeben. Für die Kernkraft zeigt eine einfache Rechnung

$$m = \frac{\hbar}{\bar{\lambda} c}$$

oder

$$mc^2 = \frac{\hbar c}{\bar{\lambda}} \simeq \frac{197\,\text{MeV\,fm}}{1{,}2 \times 10^{-13}\,\text{cm}} \simeq 164\,\text{MeV}. \tag{2.23}$$

Dies ist ungefähr die Masse des gut bekannten π-Mesons (Pions). Es existieren drei Pionen mit den Massen

$$m_{\pi^+} = m_{\pi^-} = 139{,}6\,\text{MeV}/c^2$$
$$m_{\pi^0} = 135\,\text{MeV}. \tag{2.24}$$

Man könnte nun annehmen, die Pionen seien die Überträger der Kernkraft. Wir werden später zur Diskussion der Pionen und anderer Mesonen und ihrer Rolle bei der Entwicklung der Theorie der Ladungsunabhängigkeit der Kernkraft zurückkehren.

Aufgaben

2.1   Man berechne die mittlere Dichte der Kernmaterie in g/cm^3.

2.2   Man berechne die Differenz zwischen der Bindungsenergie eines Kerns ^{12}C und der Summe der Bindungsenergien von drei ^{4}He-Kernen (α-Teilchen). Man nehme an, ^{12}C bestehe aus drei α-Teilchen mit einer dreieckigen Struktur und drei effektiven „α-Bindungen" zwischen ihnen. Wie groß ist die Bindungsenergie pro α-Bindung? (Siehe das *CRC-Handbuch of Chemistry and Physics* für die Werte der Massen.)

2.3   Man berechne die Bindungsenergie des letzten Neutrons in ^{4}He und des letzten Protons in ^{16}O. Wie ist das Verhältnis zu B/A für diese Kerne? Was sagt dies über die Stabilität von ^{4}He relativ zu ^{3}He und von ^{16}O relativ zu ^{15}N? (*Hinweis:* Die Bindungsenergie des letzten zur Bildung eines Kerns (A, Z) benötigten Neutrons wird durch $[M(A-1, Z)) + m_n - M(A, Z)]/c^2$ gegeben. Ein analoger Ausdruck gilt für das letzte Proton.)

2.4   Man berechne $\mu_B = e\hbar/2m_e c$ in cgs-Einheiten und rechne dann in MeV/T um. (Hinweis: Man kann die Kräfte und Magnetfelder durch die Lorentzkraft $\boldsymbol{F} = q(\boldsymbol{v} \times \boldsymbol{B})/c$ zueinander in Beziehung setzen.)

2.5   Man nehme an, der Spin eines Protons kann durch die Rotation eines positiven Pions mit Lichtgeschwindigkeit auf einer Kreisbahn vom Radius 10^{-13} cm um ein neutrales Zentrum dargestellt werden. Man berechne den Strom und das magnetische Moment, welches mit dieser Bewegung verbunden ist. Man vergleiche es mit dem bekannten magnetischen Moment des Kerns. (*Hinweis:* Man erinnere sich, das magnetische Moment in cgs-Einheiten läßt sich in der Form $\boldsymbol{\mu} = (I/c)A$ schreiben, wobei I der die Fläche A umfließende Strom ist.)

2.6   Wir hatten bei Abb. 2.2 angenommen, das π^+-Pion werde am ganzen Kern gestreut. Tatsächlich entspricht das erste Minimum $\theta \simeq H/2Rp$, wobei R $1{,}2A^{1/3}$ entspricht. Bei höheren Energien kann durch den größeren Impulstransfer ein Proton oder ein Neutron vom Kern entfernt werden. Geschieht dies, so kann das π^+-Meson an einem „freien" Nukleon gestreut werden. Wie beeinflußt dies das Beugungsbild in Abb. 2.2? Wie verläuft die Streuung, wenn angenommen wird, die Streuung erfolgt an punktartigen, sehr kleinen Bestandteilen innerhalb des Nukleons? (Verändert die Tatsache, daß das π^+-Meson kein Punktteilchen ist, die Antwort?)

2.7   In der Optik wird das Beugungsbild als Funktion des Winkels θ betrachtet. In diesem Falle verändert sich der Wert von θ am ersten Minimum mit der Wellenlänge oder dem Impuls. Gibt es Möglichkeiten, durch Verwendung solcher Variablen wie $q^2 \simeq p_T^2 \simeq (p\theta)^2$ Beugungsbilder für verschiedene Energien zu untersuchen? Man skizziere, wie die Beugung für die

Streuung von π^+-Mesonen verschiedener Energie an Kerntargets ausse-hen. Was ist die Folge der Existenz einer Nukleonensubstruktur im Kern, wenn die Energie größer wird und damit auch die Werte von q größer werden können? Welche Auswirkung hat die Punktstruktur innerhalb der Nukleonen? (Hängt die Antwort davon ab, ob das π^+-Meson eine solche Substruktur besitzt?)

2.8   Wie groß sind die Frequenzen, die zu der Linienaufspaltung aufgrund des magnetischen Moments des Kernes führen, für ein Magnetfeld von $\simeq 5$ Tesla?

2.9   Man zeige, daß die kleinste Energie, die elastisch gestreute, nichtrelati-vistische Neutronen der Energie E_0 nach zentralem Stoß mit Kernen der Atommasse A besitzen, approximativ durch

$$E_{min} = E_0 \left(\frac{A - 1}{A + 1} \right)^2$$

gegeben ist. Wie groß ist näherungsweise die Energie der Neutronen nach einer, zwei und nach j solchen aufeinanderfolgenden Kollisionen für ein Target aus Wasserstoff, Kohlenstoff und Eisen?

2.10   Man verwende die Ergebnisse von Aufgabe 2.9 und berechne die Anzahl der Stöße, um die Energie eines 2-MeV-Neutrons auf 0,1 MeV durch elastische Streuung an Kohlenstoffkernen zu reduzieren.

Empfohlene Literatur

Chadwick, J. 1932. *Proc. R. Soc.* **A 136**: 692.
Evans, R. D. 1955. *The Atomic Nukleus* New York (McGraw-Hill).
Hofstadter, R. et al. 1960. *Phys. Rev. Lett.* **5**: 263.
Hofstadter, R. et al. 1956. *Phys. Rev.* **101**: 1131.
Yukawa, H. 1935. *Proc. Phys. Math. Soc., Japan* **17**: 48.

3 Kernmodelle

Einführende Bemerkungen

Wie wir gesehen haben, zeigten eine Reihe von Experimenten bereits frühzeitig, daß die Kernkraft wesentlich verschieden von allem ist, was in der klassischen Physik bis dahin bekannt war. Eine quantitative Beschreibung der Kernkraft erwies sich deshalb als schwierig. In der Atomphysik wurde die korrekte Struktur der Energieniveaus erst gefunden, nachdem die klassische Coulomb-Wechselwirkung zwischen dem Kern und den Elektronen durch die Quantenmechanik auf den atomaren Bereich erweitert worden war. Wir wissen aber, daß die Kenntnis der Eigenschaften einer Kraft lediglich der erste Schritt bei der Entwicklung einer Strukturtheorie ist. Obwohl man weiß, daß die Atomkerne aus Proton und Neutron bestehen, machte es das Fehlen eines grundlegenden Verständnisses der Kernkraft schwierig, die Struktur des Atomkerns zu bestimmen. Es überrascht daher nicht, daß an Stelle einer Theorie phänomenologische Modelle der Kerne konstruiert wurden, um die experimentellen Daten zu erklären. Im folgenden werden wir nur einige der Modelle beschreiben. Man sollte an dieser Stelle nicht vergessen, daß, im Gegensatz zur Atomphysik, diese Kernmodelle konstruiert wurden, um lediglich eine begrenzte Anzahl der experimentellen Gegebenheiten zu erklären, sie können und wollen nur Teilaspekte der Wirklichkeit beschreiben.

Das Tröpfchenmodell

Das Modell des Kerns als Flüssigkeitströpfchen war eine der ersten phänomenologisch erfolgreichen Konstruktionen zur Darstellung der Bindungsenergie eines Kerns. Wie wir bereits gesehen haben, zeigen Experimente, daß Kerne im wesentlichen kugelförmige Objekte sind, deren Radien proportional zu $A^{1/3}$ die Größe der Kerne charakterisieren. Es liegt nahe, den Kern als Tropfen einer inkompressiblen Flüssigkeit aufzufassen, wobei die Nukleonen die Rolle der Moleküle in normalen Flüssigkeiten spielen. In diesem als *Tröpfchenmodell* bekannten phänomenologischen Ansatz werden die individuellen Quanteneigenschaften der Nukleonen vollständig ignoriert.

Wie im Falle eines Flüssigkeitstropfens stellen wir uns den Kern als aus einem stabilen Zentrum von Nukleonen, für die die Kernkraft vollständig gesättigt ist, und einer Oberflächenschicht bestehend vor, welche nicht so stark gebunden ist (die Kräfte nicht gesättigt); das Ergebnis ist eine Anziehung der Oberflächennukleonen in Richtung des Zentrums (siehe Abb. 3.1). Dies führt zu einer „Oberflächenenergie", welche die Bindungsenergie pro Nukleon (B/A) erniedrigt, entsprechend der schwächeren Bindung der Oberflächenschicht. Gehen wir von einer konstanten Bindungsenergie (B.E.) pro Nukleon als Folge der Sättigung der Kernkraft aus, wie es das Experiment suggeriert, so können wir nach den obigen Überlegungen als allgemeine Form für die Bindungsenergie pro Nukleon schreiben:

$$\text{B.E.} = -a_1 A + a_2 A^{2/3}. \tag{3.1}$$

Dem ersten Term entspricht eine Volumenenergie für den Fall der gleichmäßig gesättigten Bindung (es gilt Volumen $\sim R^3 \sim A$), der zweite Term korrigiert entsprechend der Oberflächenenergie. Man sieht, die Korrektur der Bindungsenergie pro Nukleon in (3.1) ist für leichte Kerne größer, da sie ein größeres Oberflächen-zu-Volumen-Verhältnis besitzen. Kleine Kerne besitzen mehr Nukleonen auf der Oberfläche als im Zentrum. Dies erklärt, warum die Bindungsenergie pro Nukleon für leichtere Kerne kleiner ist.

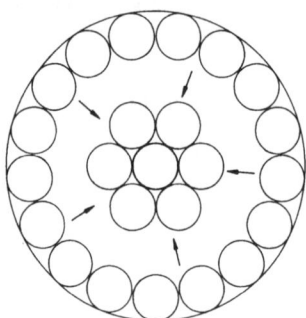

Abb. 3.1 Oberfläche und Zentrum des Kerns im Tröpfchenmodell

In diesem Modell ist auch die schwache Abnahme der Bindungsenergie pro Nukleon für schwere Kerne als Coulomb-Abstoßung erklärbar. Besitzt der Kern Z Protonen, dann besitzt die Coulomb-Eigenenergie dieser Protonen, die destabilisierend wirkt, die Form $-Z^2/R$. Wird ein solcher positiver Term zur Reduzierung der Bindungsenergie zu dieser dazu addiert, so erhält man

$$\text{B.E.} = -a_1 A + a_2 A^{2/3} + a_3 \frac{Z^2}{R}. \tag{3.2}$$

Die drei Terme der obigen Gleichung sind rein klassischen Ursprungs. Sie erklären leider nicht, warum leichtere Kerne mit gleicher Protonen- und Neutronenzahl besonders stabil sind. Mit anderen Worten, (3.2) liefert nicht die bekannte Tatsache, daß für $N = Z$ die Bindung in leichteren Kernen stärker (das heißt, die Bindungsenergie negativer) ist, der Kern also stabiler ist. Sie erklärt ebenfalls nicht die große Anzahl natürlicher gerade-gerade-Kerne sowie die Seltenheit der ungerade-ungerade-Kerne. Solche Beobachtungen erklären sich hauptsächlich durch Quanteneffekte (Spin, Statistik, etc.). Man kann das Tröpfchenmodell jedoch erweitern, indem der empirischen Formel für die Bindungsenergie weitere phänomenologische Terme hinzugefügt werden:

$$\text{B.E.} = -a_1 A + a_2 A^{2/3} + a_3 \frac{Z^2}{A^{1/3}} + a_4 \frac{(N-Z)^2}{A} \pm a_5 A^{-3/4}, \tag{3.3}$$

wobei alle Koeffizienten a_1, a_2, a_3, a_4, a_5 positiv sein sollen. Der vierte Term trägt außer für $N = Z$ durch einen positiven Beitrag zur Destabilisierung des Kerns bei. Für kleine Z, wenn der Beitrag des a_3-Terms zur Destabilisierung klein ist, impliziert der a_4-Term die Stabilität der $N = Z$-Kerne. Im letzten Term gilt das positive Vorzeichen für ungerade-ungerade-Kerne und impliziert damit die geringere Stabilität dieser Kerne. Das negative Vorzeichen für die gerade-gerade-Kerne führt damit zu größerer Stabilität und zu größerer Häufigkeit in der Natur. Für ungerades A wird a_5 gleich Null gesetzt, da die Bindungsenergie für solche Kerne gut ohne den fünften Term beschrieben werden kann.

Die Koeffizienten a_1, a_2, a_3, a_4 und a_5 können bestimmt werden, indem die empirische Formel an experimentell bestimmte Bindungsenergien für viele Kerne angepaßt wird. Die folgenden Werte liefern eine recht gute Anpassung:

$$a_1 \simeq 15{,}6\,\text{MeV} \quad a_2 \simeq 16{,}8\,\text{MeV} \quad a_3 \simeq 0{,}72\,\text{MeV} \tag{3.4}$$

$$a_4 \simeq 23{,}3\,\text{MeV} \quad a_5 \simeq 34\,\text{MeV}. \tag{3.5}$$

Ist man im Besitz der phänomenologischen Formel für die Bindungsenergie, so kann man eine äquivalente Relation für die Masse der Nukleonen angeben (siehe (2.4) und (2.5)):

$$\begin{aligned}
M(A, Z) &= (A-Z)m_n + Zm_p + \frac{\text{B.E.}}{c^2} \\
&= (A-Z)m_n + Zm_p - \frac{a_1}{c^2} A \\
&\quad + \frac{a_2}{c^2} A^{2/3} + \frac{a_3}{c^2} \frac{Z^2}{A^{1/3}} + \frac{a_4}{c^2} \frac{(A-2Z)^2}{A} \pm \frac{a_5}{c^2} A^{-3/4}.
\end{aligned} \tag{3.6}$$

Man nennt diesen Ausdruck die semiempirische Bethe-Weizsäcker-Massenformel, sie kann zur Abschätzung von Stabilität und Masse unbekannter Kerne mit beliebigem A und Z verwandt werden. Diese Beziehung spielt außerdem eine wichtige Rolle beim quantitativen Verständnis der Theorie der Kernfusion, wie wir in Kapitel 5 sehen werden.

Das Fermi-Gas-Modell

Das Fermi-Gas-Modell war einer der frühesten Versuche der Einfügung von quantenmechanischen Effekten in die Diskussion der Struktur der Kerne. Man nimmt an, der Kern besteht aus einem Gas freier Protonen und Neutronen, welches auf einen kleinen Bereich im Raum, das Kernvolumen, beschränkt ist. Unter diesen Bedingungen besetzen die Nukleonen diskrete Energieniveaus innerhalb des Kerns. Wir können uns die Bewegung der Protonen und Neutronen in einem kugelsymmetrischen Topf mit der Ausdehnung entsprechend den Abmessungen des Kerns vorstellen, die Tiefe wird durch die Bindungsenergie bestimmt. Da die Protonen geladen sind, spüren sie ein anderes Potential als die Neutronen (siehe Kapitel 2). Die Energieniveaus werden daher für Protonen und Neutronen in Abhängigkeit von der spezifischen Ausdehnung und Tiefe der individuellen Potentiale etwas verschieden sein. Wir werden in Kapitel 10 sehen, daß alle Elementarteilchen in Fermionen und Bosonen klassifiziert werden können und daß Protonen und Neutronen die Fermi-Dirac-Statistik erfüllende Fermionen sind. Daraus folgt, daß jedes Energieniveau nur mit höchstens zwei identischen Nukleonen (das heißt mit gleicher Energie und Ladung) mit entgegengesetzter Spinprojektion besetzt werden kann.

Da das tiefste Niveau in einem Potentialtopf der stärksten Bindung entspricht, erwarten wir, daß die Energieniveaus von unten beginnend gefüllt werden, da der Grundzustand für jeden Kern der stabilste Zustand ist. Das höchste vollständig besetzte Niveau definiert das sogenannte Fermi-Niveau mit der Energie E_F. Existiert kein Fermion jenseits des Fermi-Niveaus, so entspricht die Bindungsenergie des letzten Nukleons einfach E_F. Im anderen Fall ergibt die Energie des Fermions im nächsten Niveau die Bindungsenergie des letzten Nukleons.

Ist die Tiefe des Potentialtopfes für Protonen und Neutronen gleich, dann liegt das Fermi-Niveau für Neutronen bei schwereren Kernen mit ihrem Neutronenüberschuß im Verhältnis zur Protonenzahl höher als das für Protonen. Für diesen Fall wird die Bindungsenergie des letzten Nukleons ladungsabhängig, das heißt verschieden für Proton und Neutron. Da dieses Ergebnis nicht mit den experimentellen Beobachtungen übereinstimmt, schließen wir, daß sich die Protonen in solchen Kernen typischerweise in einem flacheren Potentialtopf bewegen, so daß die Fermi-Niveaus für Protonen und Neutronen bei der gleichen

Energie liegen (siehe Abb. 3.2). Wäre dies nicht der Fall, so wären alle diese Kerne instabil und die Neutronen würden unter Emission von β^--Teilchen auf die Protonenniveaus springen (wir werden solche β^--Zerfälle in Kapitel 4 behandeln).

Wir wollen nun die Energie des Fermi-Niveaus zur Anzahl der Fermionen in Beziehung setzen. Wir definieren den zum Fermi-Niveau gehörenden Impuls wie folgt:

$$E_F = \frac{p_F}{2m}, \tag{3.7}$$

m ist die Masse des Nukleons. Werden die Fermionen jenseits des Fermi-Niveaus vernachlässigt, so lautet das Volumen für Zustände im Impulsraum

$$V_{p_F} = \frac{4\pi}{3} p_F^3. \tag{3.8}$$

Bezeichnet V das physikalische Kernvolumen, so ist das Gesamtvolumen der Zustände im sogenannten „Phasenraum" durch das Produkt

$$V_{tot} = V V_{p_F} = \frac{4\pi}{3} r_0^3 A \cdot \frac{4\pi}{3} p_F^3$$

$$= \left(\frac{4\pi}{3}\right)^2 A \cdot (r_0 p_F)^3 \tag{3.9}$$

gegeben, es ist proportional zur Gesamtzahl der Quantenzustände des Systems.

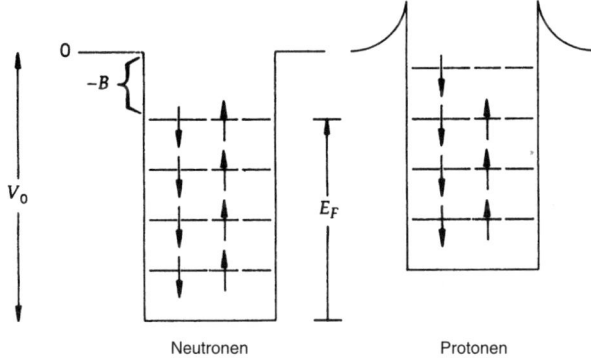

Abb. 3.2 Energieniveaus der Grundzustände für Neutronen und Protonen in Kernen

Aus der Heisenbergschen Unbestimmtheitsrelation wissen wir, daß für jedes quantenmechanische System die Komponenten von Impuls und Ort die Ungleichung

$$\Delta x \Delta p_x \geq \frac{\hbar}{2} \tag{3.10}$$

erfüllen. Man kann diese Beziehung verwenden, um einen Ausdruck für das minimale Volumen, das mit jedem physikalischen Zustand des Systems verbunden ist, abzuleiten. Man erhält

$$V_{\text{Zustand}} = (2\pi\hbar)^3 = h^3.$$ (3.11)

Daraus folgt für die Anzahl der die Zustände bis zum Fermi-Niveau füllenden Fermionen

$$n_{\text{F}} = 2\frac{V_{\text{tot}}}{(2\pi\hbar)^3} = \frac{2}{(2\pi\hbar)^3}\left(\frac{4\pi}{3}\right)^2 A \cdot (r_0 p_{\text{F}})^3 = \frac{4}{9\pi}A\left(\frac{r_0 p_{\text{F}}}{\hbar}\right)^3,$$ (3.12)

dabei erscheint der Faktor 2, da jeder Zustand durch zwei Fermionen mit entgegengesetztem Spin besetzt werden kann.

Betrachten wir nun der Einfachheit halber einen Kern mit $N = Z = A/2$. Es seien alle Zustände bis einschließlich des Fermi-Niveaus besetzt. In diesem Fall erhalten wir

$$N = Z = \frac{A}{2} = \frac{4}{9\pi}A\left(\frac{r_0 p_{\text{F}}}{\hbar}\right)^3,$$

oder

$$p_{\text{F}} = \frac{\hbar}{r_0}\left(\frac{9\pi}{8}\right)^{1/3}.$$ (3.13)

Mit anderen Worten, der Fermi-Impuls ist unabhängig von der Nukleonenzahl konstant. Damit folgt

$$E_{\text{F}} = \frac{p_{\text{F}}^2}{2m} = \frac{1}{2m}\left(\frac{\hbar}{r_0}\right)^2\left(\frac{9\pi}{8}\right)^{2/3}$$

$$\simeq \frac{2{,}32}{2mc^2}\left(\frac{\hbar c}{r_0}\right)^2 \simeq \frac{2{,}32}{2\cdot 940}\left(\frac{197}{1{,}2}\right)^2 \simeq 33\,\text{MeV}.$$ (3.14)

Wählt man als Bindungsenergie pro Nukleon ungefähr -8 MeV, um die Bindung des letzten Nukleons zu beschreiben, so folgt eine Tiefe des Potentialtopfes für unser einfaches Modell von etwa 40 MeV:

$$V_0 = E_{\text{F}} + B \simeq 40\,\text{MeV}.$$ (3.15)

Dieses Ergebnis entspricht in etwa dem Wert von V_0, der durch andere Betrachtungen geliefert wird. Man verwendet das Fermi-Gas-Modell zur Untersuchung angeregter Zustände komplexer Nukleonen, welche durch „Anheben der Temperatur" (Hinzufügen von kinetischer Energie) des Nukleonengases „erzeugt" werden. Man kann zeigen, das dieses Modell das Auftreten des a_4-Terms in der Bethe-Weizsäcker-Formel (3.6) in natürlicher Weise begründet.

Das Schalenmodell

Das Schalenmodell des Atomkerns basiert auf der Analogie zur Orbitalstruktur der Elektronen in komplexen Atomen. Dieses Modell beschreibt erfolgreich viele Kerneigenschaften, daher bietet sich ein kurzer Überblick über die Eigenschaften der atomaren Struktur an, bevor wir die spezifischen Ergebnisse des nuklearen Schalenmodells diskutieren.

Die Bindung eines Elektrons in einem komplexen Atom erfolgt durch eine Coulomb-Wechselwirkung, die, wie wir wissen, zentral ist. Die Elektronenbahnen und Energieniveaus eines solchen Quantensystems erhält man durch die Lösung der entsprechenden Schrödinger-Gleichung. Im allgemeinen ist die Lösung recht kompliziert, da sie das Coulomb-Feld sowohl des Kerns als auch der anderen Elektronen enthält, und nicht geschlossen analytisch darstellbar. Die Eigenschaften der Bewegung eines Elektrons im Wasserstoffatom besitzen eine gewisse Relevanz, deshalb werden wir zuerst diesen Fall betrachten. Die Bahnen und Energieniveaus, die das Elektron besetzen kann, werden durch eine Hauptquantenzahl n numeriert (diese determiniert für den Fall des Wasserstoffatoms die Energie), die nur ganzzahlige Werte annimmt.

$$n = 1, 2, 2 \dots \tag{3.16}$$

Zu jedem gegebenen Wert der Hauptquantenzahl existieren energieentartete Niveaus mit einem durch

$$l = 0, 1, 2, \dots, (n-1) \tag{3.17}$$

gegebenen Bahn-Drehimpuls. Für jeden Wert des Bahn-Drehimpulses gibt es $(2l + 1)$ Unterzustände mit verschiedenem Wert der Projektion des Bahn-Drehimpulses auf eine beliebig gewählte Achse.

$$m_l = -l, -l+1, \dots, 0, 1, \dots, l-1, l. \tag{3.18}$$

Entsprechend der Rotationssymmetrie des Coulomb-Potentials entarten alle diese Unterzustände in der Energie. Da die Elektronen einen Spin-Drehimpuls von $\frac{1}{2}\hbar$ besitzen, kann jeder Zustand mit einem Elektron mit „spin-up" oder „spin-down" besetzt werden, entsprechend dem Wert der Spin-Projektions-Quantenzahl

$$m_s = \pm\frac{1}{2}. \tag{3.19}$$

Die Energie zu beiden Spinkonfigurationen ist wieder gleich.

Jeder Energiezustand im Wasserstoffatom wird daher durch die vier Quantenzahlen (n, l, m_l, m_s) bezeichnet. Für einen bestimmten Wert für n ist die Zahl der in der Energie entarteten Zustände gleich

$$n_d = 2\sum_{l=0}^{n-1}(2l + 1)$$

$$= 2 \left(2 \sum_{l=0}^{n-1} l + n \right)$$

$$= 2(2 \cdot \frac{1}{2} \cdot (n-1)n + n)$$

$$= 2(n^2 - n + n) = 2n^2. \tag{3.20}$$

Alle diese Zustände entarten in der Energie, allerdings nur, wenn keine ausgezeichnete Richtung im Raum existiert, die die Rotationssymmetrie des Coulomb-Potentials bricht. Ist zum Beispiel durch ein Magnetfeld eine solche ausgezeichnete Richtung gegeben, dann kann die Energie von den Werten der Quantenzahlen m_l und m_s abhängen. Die Addition des Zusatzterms $-\boldsymbol{\mu} \cdot \boldsymbol{B}$ zum Coulomb-Potential spaltet die entarteten Energieniveaus auf. Wir wissen, daß in einem Atom (siehe Abb. 3.3) Wechselwirkungen wie zum Beispiel Spin-Bahn-Kopplung zwischen dem Spin-Drehimpuls der Elektronen ($\boldsymbol{S} \sim \boldsymbol{\mu}$) und dem Magnetfeld ($\boldsymbol{B} \sim \boldsymbol{L}$) entsprechend der Bewegung des Kerns (beobachtet im Ruhesystem des Elektrons) auftreten, die zu einer Veränderung der Energieniveaus und damit zur Beseitigung einiger der Entartungen führen. Die Spin-Bahn-Kopplung in Atomen führt zu einer Feinstruktur der Energieniveaus, eine gut untersuchte Tatsache. Da die Wirkungen solcher Wechselwirkungen meist recht klein sind, werden sie bei elementaren Diskussionen der atomaren Struktur meist vernachlässigt; wie wir jedoch sehen werden, spielen sie bei der Bestimmung der Natur der Kernstruktur eine Schlüsselrolle.

Ignorieren wir die Feinstruktur, so können wir das Wasserstoffatom als aus erlaubten Elektronenbahnen bestehend betrachten, diese entsprechen Schalen mit bestimmten Werten n; jede Schale besitzt entartete Unterschalen, die durch den

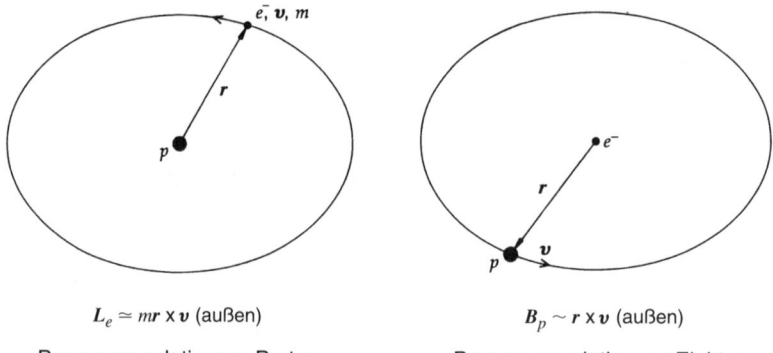

$L_e \simeq m\boldsymbol{r} \times \boldsymbol{v}$ (außen) $B_p \sim \boldsymbol{r} \times \boldsymbol{v}$ (außen)

Bewegung relativ zum Proton   Bewegung relativ zum Elektron

Abb. 3.3 Spin-Bahn-Kopplung von Elektron und Proton im Wasserstoffatom. Klassisch gesehen ist die Bahnbewegung eines Elektrons äquivalent einem durch das kreisende Proton verursachte Magnetfeld. Der $\boldsymbol{\mu}_e \cdot \boldsymbol{B}$-Term ist damit äquivalent einem $\boldsymbol{L} \cdot \boldsymbol{S}$-Operator für das Elektron.

Wert des Bahn-Drehimpulses charakterisiert werden. Verlassen wir das Wasserstoffatom und führen die Elektron-Elektron-Coulomb-Wechselwirkungen ein, kommt es zu einer Aufspaltung eines jeden Energieniveaus n entsprechend den Werten von l dieses Zustandes. Je größer l ist, desto mehr weicht die Gestalt der Bahn von der Kugelform ab, die mittlere Bindung wird schwächer und die Verschiebung der Energie größer. Die Entartung in m_l und m_s wirkt sich bei komplexen Atomen nicht aus. Jede Schale kann nach dem Pauli-Prinzip mit $2n^2$ Elektronen besetzt werden. Wie man leicht sieht, gilt für eine gefüllte Schale oder Unterschale

$$\sum m_s = 0 \tag{3.21}$$

$$\sum m_l = 0. \tag{3.22}$$

Mit anderen Worten, für geschlossene Schalen existiert ein starker Paarungseffekt. Aus der Antisymmetrie der Wellenfunktion der Fermionen (siehe Kapitel 9) folgt für solche Fälle

$$\boldsymbol{L} = 0 = \boldsymbol{S} \tag{3.23}$$

$$\boldsymbol{J} = \boldsymbol{L} + \boldsymbol{S} = 0. \tag{3.24}$$

Für jedes Atom mit einer geschlossenen Schale oder einer Struktur entsprechend geschlossener Unterschalen sind alle Elektronen gepaart, deshalb stehen keine Valenzelektronen zur Verfügung. Solche Atome sind deshalb chemisch inert. Untersuchen wir nämlich die inerten Elemente, so weisen sie genau diese Struktur auf. So füllen zum Beispiel die beiden Elektronen des Heliumatoms He $(Z = 2)$ die entsprechende Schale $n = 1$. In gleicher Weise besitzt Neon (Ne, $Z = 10$) geschlossene Schalen für $n = 1$ und $n = 2$; Ar $(Z = 18)$ besitzt geschlossene Schalen für $n = 1, 2$ und geschlossene Unterschalen für $n = 3$, $l = 0, 1$. Die Elektronen in Kr $(Z = 36)$ füllen die Schalen zu $n = 1, 2, 3$ sowie die Unterschalen zu $n = 4$ für $l = 0, 1$. Schließlich besitzt Xe $(Z = 54)$ geschlossene Schalen zu $n = 1, 2, 3$ und Unterschalen zu $n = 4$, $l = 0, 1, 2$ sowie zu $n = 5$, $l = 0, 1$. (Die Energieniveaus von $n = 4$, $l = 3$ liegen oberhalb der mehr sphärischen Zustände $n = 5$, $l = 0$; deshalb werden die letzteren zuerst gefüllt.) Diese inerten Elemente sind ausgesprochen stabil. Ihre Ionisationsenergie ist besonders groß, entsprechend ihrer größeren Stabilität. Die oben genannten Ordnungszahlen

$$Z = 2, 10, 18, 36, 54 \tag{3.25}$$

nennt man *magische* Zahlen der Atomphysik, sie gehören zu abgeschlossenen Schalenstrukturen.

In Kernen treten ebenfalls magische Zahlen auf. Obwohl die Bindungsenergie pro Nukleon in einem großen Bereich nur schwach veränderlich ist, zeigt eine genauere Untersuchung Peaks, die speziellen Werten der Nukleonenzahl entsprechen:

$$N = 2, 8, 20, 28, 50, 82, 126 \tag{3.26}$$

$$Z = 2, 8, 20, 28, 50, 82. \tag{3.27}$$

Man nennt Kerne, deren Neutronen- oder Protonenzahl einer dieser magischen Zahlen entspricht, *magische Kerne*, da sie besonders stabil sind. Kerne, deren Protonen- und Neutronenzahl magisch ist, heißen *doppelt magische Kerne*. Beispiele sind $^4\text{He}^2$, $^{16}\text{O}^8$, $^{208}\text{Pb}^{82}$, diese Kerne sind ausgesprochen stabil.

Zusätzlich zur stärkeren Bindung magischer Kerne weisen auch andere Eigenschaften der Kerne auf eine Schalenstruktur hin. Magische Kerne besitzen so deutlich mehr stabile Isotope und Isotone als ihre Nachbarn. (Isotone sind Kerne mit gleicher Zahl an Neutronen, jedoch verschiedener Protonenzahl.) So besitzt Sn $(Z = 50)$ zehn stabile Isotope, während In $(Z = 49)$ und Sb $(Z = 51)$ nur zwei besitzen. Ähnlich gibt es für $N = 20$ fünf stabile Isotone, während $N = 19$ keines und $N = 21$ nur eines besitzt; $^{40}\text{K}^{19}$ ist allerdings nicht sehr stabil (seine Halbwertszeit beträgt etwa 10^9 Jahre). Wir wissen ebenfalls, daß eine Abweichung der Ladungsverteilung von der Kugelgestalt innerhalb des Kerns zu einem elektrischen Quadrupolmoment führt. Für magische Kerne verschwinden diese Momente, während benachbarte Kerne große Werte aufweisen. Dies ist wieder ein Zeichen für die angenommene Schalenstruktur. Der Einfangsquerschnitt für Neutronen – gemessen durch die Streuung an Kernen mit verschiedener Neutronenzahl – zeigt einen scharfen Abfall für magische Kerne, ebenfalls ein Hinweis auf das Schalenmodell.

Obwohl viele Zeichen für die Schalenstruktur im Kern sprechen, treten beim Versuch des Ansatzes und der Lösung einer entsprechenden Schrödinger-Gleichung zwei grundlegende Unterschiede zum atomaren Fall auf. Erstens gibt es kein anziehendes Zentrum, welches das Bindungspotential erzeugt. Deshalb müssen wir die Nukleonen als in einem mittleren effektiven Potential befindlich betrachten. Zweitens ist die exakte Form des Kernpotentials nicht bekannt, während für das Atom das Coulomb-Potential die Bindung realisiert. Es ist trotzdem nicht unbegründet, das effektive Potential, in welchem sich der Kern bewegt, als zentral zu betrachten. Die Schrödinger-Gleichung für ein Zentralpotential hat die Form:

$$\left(-\frac{\hbar^2}{2m} \nabla^2 + V(r) \right) \psi(\boldsymbol{r}) = E\psi(\boldsymbol{r}),$$

oder

$$\left(\nabla^2 + \frac{2m}{\hbar^2} (E - V(r)) \right) \psi(\boldsymbol{r}) = 0. \tag{3.28}$$

Dabei ist E der Energieeigenwert. Da wir annehmen, das Potential sei kugelsymmetrisch, sind die Energieeigenzustände ebenfalls Eigenzustände des Drehimpulsoperators. (Mit anderen Worten, das System ist rotationsinvariant, deshalb ist der Drehimpuls eine Erhaltungsgröße. Daher kommutiert der Drehimpuls-operator mit der Hamilton-Funktion des Systems und besitzt die gleichen Eigenzustände.) Die Energieeigenzustände können damit mit der Drehimpuls-Quantenzahl bezeichnet werden. Unter diesen Umständen verwendet man oft Kugelkoordinaten und man erhält

$$\nabla^2 = \frac{1}{r^2}\frac{\partial}{\partial r}r^2\frac{\partial}{\partial r} - \frac{1}{\hbar^2 r^2}\boldsymbol{L}^2, \tag{3.29}$$

wobei $\boldsymbol{L}$ der Drehimpulsoperator im Koordinatenraum ist. Dessen Eigenzustände sind die Kugelflächenfunktionen $Y_{l,m_l}(\theta, \phi)$, sie erfüllen die Gleichungen:

$$\boldsymbol{L}^2 Y_{l,m_l}(\theta, \phi) = -\hbar^2\left[\frac{1}{\sin\theta}\frac{\partial}{\partial\theta}\sin\theta\frac{\partial}{\partial\theta} + \frac{1}{\sin^2\theta}\frac{\partial^2}{\partial^2\phi}\right]Y_{l,m_l}(\theta, \phi)$$

$$= \hbar^2 l(l+1)Y_{l,m_l}(\theta, \phi) \tag{3.30}$$

$$L_z Y_{l,m_l}(\theta, \phi) = -i\hbar\frac{\partial}{\partial\phi}Y_{l,m_l}(\theta, \phi) = \hbar m_l Y_{l,m_l}(\theta, \phi).$$

Wir schreiben nun die Schrödinger-Gleichung in separierter Form, das heißt*

$$\psi_{nlm_l}(\boldsymbol{r}) = \frac{u_{nl}(r)}{r}Y_{l,m_l}(\theta, \phi), \tag{3.31}$$

n, l und m_l sind die radiale Quantenzahl sowie die Quantenzahlen des Bahn-Drehimpulses und seiner Projektion. Setzten wir (3.31) in (3.28) ein, so erhalten wir die Radialgleichung

$$\left(\frac{\mathrm{d}^2}{\mathrm{d}r^2} + \frac{2m}{\hbar^2}\left(E_{nl} - V(r) - \frac{\hbar^2 l(l+1)}{2mr^2}\right)\right)u_{nl}(r) = 0. \tag{3.32}$$

Die Radialgleichung besitzt die Form einer eindimensionalen Schrödinger-Gleichung, jedoch mit zwei Unterschieden. Für $l \neq 0$ tritt ein zusätzlicher Potentialterm auf, der einer Zentrifugalbarriere durch die Bahnbewegung entspricht. Zweitens sagen die Randbedingungen für die radiale Wellenfunktion

---

*Die Symmetrie einer Wellenfunktion, das heißt, ihr Verhalten unter bestimmten Transformationen, hat wichtige Konsequenzen. Wir werden in den Kapiteln 10 und 11 beim Übergang zur Elementarteilchenphysik diesen Sachverhalt ausführlich darlegen. Wir wollen an dieser Stelle nur bemerken, daß sich die Länge r unter Koordinateninversion $r \to -r$ nicht ändert. Weiter gilt dann $\theta \to \pi - \theta$ und $\phi \to \phi + \pi$. Der Gesamteffekt ist das Erscheinen eines Vorfaktors (einer Phase) $(-1)^l$ vor $Y_{l,m_l}(\theta, \phi)$ und damit der ganzen Wellenfunktion. Dies definiert die „Parität" eines Zustandes. Ist l gerade, so ändert die Wellenfunktion ihr Vorzeichen nicht, die Parität ist gerade. Verändert sich das Vorzeichen (l ungerade), dann nennt man die Parität des Zustandes ungerade. Atomare und Kernzustände besitzen eindeutige Paritäten, sie sind entweder gerade oder ungerade, Mischungen beider kommt nicht vor. (Siehe den Anhang B für die Beschreibung der Eigenschaften der Kugelflächenfunktionen $Y_{l,m_l}(\theta, \phi)$.)

$u_{nl}(r)$, daß sie sowohl im Unendlichen als auch im Ursprung verschwinden muß. (Dies ist wesentlich, um eine normierbare Wellenfunktion zu erhalten.) Man beachte, n ist die radiale Quantenzahl und mißt direkt die Zahl der Knoten in der radialen Lösung und damit die Energie der Eigenzustände. Die Beziehung zur Haupt- (oder Gesamt-) Quantenzahl „n" des Wasserstoffatoms lautet $n = ($„n" $- l - 1)$. Im allgemeinen Fall sind daher n und l nicht korreliert und beide können beliebige ganzzahlige Werte annehmen.

Es ist nicht möglich, weitere Informationen über die Energieniveaus eines Kerns zu erlangen, ohne eine spezielle Form des Potentials anzunehmen. Zwei einfache Potentiale, die häufig bei der Lösung von Gleichung (3.32) verwandt werden, sind der unendlich hohe Potentialtopf und das Potential des harmonischen Oszillators. Obwohl diese Modelle exakte Lösungen liefern, sind sie doch nicht realistisch, da sie unter anderem nicht die Möglichkeit einer Überwindung der Potentialbarriere durch Tunnelung erlauben. Realistischere Modelle, wie zum Beispiel der endliche Potentialtopf, besitzen nur numerische Lösungen und gestatten so kaum quantitative Einsichten. Zum Glück reagieren die qualitativen Eigenschaften der Lösungen nicht zu empfindlich auf die spezielle Form des Potentials, so daß wir uns auf die einfacheren Potentiale beschränken können.

Der unendlich hohe Potentialtopf

Das Potential ist durch den Ausdruck

$$V(r) = \begin{cases} \infty, & r \geq R \\ 0, & R \geq r \geq 0. \end{cases} \tag{3.33}$$

gegeben. Dabei bezeichnet R den Kernradius. Die Radialgleichung für $R \geq r \geq 0$ lautet dann

$$\left(\frac{d^2}{dr^2} + \frac{2m}{\hbar^2} \left(E_{nl} - \frac{\hbar^2 l(l+1)}{2mr^2} \right) \right) u_{nl}(r) = 0. \tag{3.34}$$

Die im Ursprung regulären Lösungen sind die oszillierenden „sphärischen Bessel-Funktionen" (siehe Anhang C)

$$u_{nl}(r) = j_l(k_{nl}r) \tag{3.35}$$

mit

$$k_{nl} = \sqrt{\frac{2mE_{nl}}{\hbar^2}}. \tag{3.36}$$

Da die Höhe des Potentialtopfes unendlich ist, können die Nukleonen den Topf nicht verlassen, damit muß die radiale Wellenfunktion am Rand verschwinden. Mit anderen Worten, wir erhalten:

$$u_{nl}(R) = j_l(k_{nl}R) = 0 \quad l = 0, 1, 2, 3, \ldots \quad n = 1, 2, 3, \ldots$$

für alle l.   (3.37)

Diese Randbedingung führt zur Quantelung der Energieniveaus. Die Energieeigenwerte zu jedem k_{nl} sind durch die n-te Nullstelle der l-ten sphärischen Bessel-Funktion gegeben. Da die Nullstellen der Bessel-Funktionen alle einfach (das heißt nicht entartet) sind, tritt im vorliegenden Fall keine Energieentartung für verschiedene Kombinationen von l und n auf. Die Rotationsinvarianz führt natürlich zu einer $(2l + 1)$-fachen Entartung der Energieniveaus entsprechend der Werte von m_l für ein gegebenes l. Da die Nukleonen einen Spin-Drehimpuls $\frac{1}{2}$ besitzen, kann wie gewöhnlich jeder Zustand mit zwei Protonen oder Neutronen nach dem Pauli-Prinzip besetzt werden. Wir schließen daraus, daß im Falle des unendlich hohen Potentialtopfes jede Schale $2(2l + 1)$ Protonen oder Neutronen aufnehmen kann. Damit folgt für $n = 1$, daß geschlossene Schalen für die folgenden Protonen- oder Neutronenzahlen auftreten können:

$$\mathbf{2}, \ 2 + 6 = \mathbf{8}, \ 8 + 10 = \mathbf{18}, \ 18 + 14 = \mathbf{32}, \ 32 + 18 = \mathbf{50}, \ldots. \quad (3.38)$$

Wie man sieht, erhält man durch dieses einfache Modell einige der bekannten magischen Zahlen. Allerdings tauchen die magischen Zahlen 20, 82 und 126 nicht auf. (Wir sollten hier hinzufügen, daß wir etwas salopp alle Lösungen außer denen für $n = 1$ ignorieren. Die spezielle Reihenfolge, in der die Energieniveaus gefüllt werden, hängt von den exakten Werten der Nullstellen der verschiedenen Bessel-Funktionen ab. Nimmt man andere n-Werte, so werden unsere oben beschriebenen Ergebnisse allerdings nicht sehr verändert, das heißt, der unendlich hohe Potentialtopf reproduziert nicht alle magischen Zahlen der Kerne.)

Der harmonische Oszillator

Die radiale Gleichung für das Potential des dreidimensionalen harmonischen Oszillators

$$V(r) = \frac{1}{2}m\omega^2 r^2 \tag{3.39}$$

hat die Form

$$\left(\frac{\mathrm{d}^2}{\mathrm{d}r^2} + \frac{2m}{\hbar^2} \left(E_{nl} - \frac{1}{2}m\omega^2 r^2 - \frac{\hbar^2 l(l+1)}{2mr^2} \right) \right) u_{nl}(r) = 0. \tag{3.40}$$

In diesem Fall sind die Lösungen proportional zu den zugeordneten Laguerre-Polynomen:

$$u_{nl}(r) \sim e^{-(m\omega r^2)/2} r^{l+1} L_{n+l+1}^{l+1/2} \left(\sqrt{\frac{m\omega}{\hbar}} r \right), \tag{3.41}$$

die Energieeigenwerte des gebundenen Systems lauten:

$$E_{nl} = \hbar\omega \left(2n + l - \frac{1}{2} \right), \quad n = 1, 2, 3, \ldots, \quad l = 0, 1, 2, \ldots,$$

für alle n. $\tag{3.42}$

Man kann dieses Ergebnis auch anders schreiben. Verwendet man kartesische Koordinaten und definiert die Quantenzahl

$$\Lambda = 2n + l - 2, \tag{3.43}$$

dann erhält man

$$E_{nl} = \hbar\omega \left(\Lambda + \frac{3}{2} \right). \tag{3.44}$$

Der Grundzustand $\Lambda = 0$ besitzt dann die charakteristische nicht verschwindende Nullpunktsenergie.

Rotationsinvarianz impliziert wie für den unendlich hohen Potentialtopf eine $(2l+1)$-fache Entartung für jedes l entsprechend den m_l-Werten. Im vorliegenden Fall kommt die Entartung durch verschiedene Kombinationen von n und l mit gleichem Λ hinzu. Wir sehen aus (3.43), daß für gerades Λ alle Zustände mit den folgenden (l, n)-Werten

$$(l, n) = \left(0, \frac{\Lambda+2}{2} \right), \left(2, \frac{\Lambda}{2} \right), \left(4, \frac{\Lambda-2}{2} \right), \ldots, (\Lambda, 1) \tag{3.45}$$

in der Energie entartet sind. Für ungerades Λ besitzt der Zustand für die Werte

$$(l, n) = \left(1, \frac{\Lambda+1}{2} \right), \left(3, \frac{\Lambda-1}{2} \right), \left(5, \frac{\Lambda-3}{2} \right), \ldots, (\Lambda, 1) \tag{3.46}$$

die gleiche Energie. Die Gesamtzahl der entarteten Zustände für gerade Werte von Λ ist damit

$$\begin{aligned}
n_\Lambda &= \sum_{l=0,2,4,\ldots}^{\Lambda} 2(2l+1) \\
&= \sum_{k=0}^{\Lambda/2} 2(4k+1) \\
&= 2 \left(4 \cdot \frac{1}{2} \frac{\Lambda}{2} \left(\frac{\Lambda}{2} + 1 \right) + \left(\frac{\Lambda}{2} + 1 \right) \right) \\
&= 2 \left(\frac{\Lambda}{2} + 1 \right) (\Lambda + 1) = (\Lambda + 1)(\Lambda + 2).
\end{aligned} \tag{3.47}$$

Für einen ungeraden Wert von Λ ergibt sich auf gleiche Weise die Gesamtzahl der entarteten Zustände zu

$$
\begin{aligned}
n_\Lambda &= \sum_{l=1,3,5,\dots}^{\Lambda} 2(2l+1) \\
&= \sum_{k=0}^{(\Lambda-1)/2} 2(2(2k+1)+1) \\
&= 2 \sum_{k=0}^{(\Lambda-1)/2} 4(4k+3) \\
&= 2 \left(4 \cdot \frac{1}{2} \frac{\Lambda-1}{2} \cdot \left(\frac{\Lambda-1}{2} + 1 \right) + 3 \left(\frac{\Lambda-1}{2} + 1 \right) \right) \\
&= 2 \left(\frac{\Lambda+1}{2} \right) (\Lambda - 1 + 3) = (\Lambda+1)(\Lambda+2).
\end{aligned}
\tag{3.48}
$$

Wir sehen also, für jeden Wert von Λ beträgt die Anzahl der entarteten Zustände

$$
n_\Lambda = (\Lambda + 1)(\Lambda + 2).
\tag{3.49}
$$

Daraus folgt nun, daß das Potential des dreidimensionalen harmonischen Oszillators zu geschlossenen Schalen für die Protonen- oder Neutronenzahlen $2, 8, 20, 40, 70, \dots$ führt. Wieder allerdings werden nicht alle magischen Zahlen vorhergesagt.

Spin-Bahn-Potential

In den vierziger Jahren war klar geworden, daß ein Zentralpotential nicht in der Lage sein kann, alle magischen Zahlen zu reproduzieren. Der Durchbruch kam 1949, als Maria Göppert-Mayer und Hans Jensen vorschlugen – wieder durch eine Analogie zur Atomphysik inspiriert – innerhalb des Kerns zusätzlich zum Zentralpotential eine starke Spin-Bahn-Wechselwirkung anzunehmen. Damit erhält das Gesamtpotential, welches ein Nukleon spürt, die Form

$$
V_{\text{tot}} = V(r) - f(r) \boldsymbol{L} \cdot \boldsymbol{S}.
\tag{3.50}
$$

Dabei sind $\boldsymbol{L}$ und $\boldsymbol{S}$ die Bahn- und Spin-Drehimpuls-Operatoren für ein Nukleon und $f(r)$ ist eine beliebige Funktion der radialen Koordinate. Wie wir aus der Atomphysik wissen, führt eine Spin-Bahn-Wechselwirkung zu einer Aufspaltung der $j = l \pm \frac{1}{2}$-Energieniveaus und erzeugt eine Feinstruktur. Die Spin-Bahn-Kopplung in (3.50) hat exakt die gleiche Form wie in der Atomphysik, abgesehen von der Funktion $f(r)$. Das Vorzeichen der Kopplung wurde so gewählt, daß es mit den Beobachtungsdaten übereinstimmt, so daß der Zustand mit $j = l + \frac{1}{2}$ die niedrigere Energie im Vergleich zum Zustand $j = l - \frac{1}{2}$ aufweist. Im Atom ist der Sachverhalt genau umgekehrt.

Der Gesamt-Drehimpuls-Operator ist nun durch

$$\boldsymbol{J} = \boldsymbol{L} + \boldsymbol{S} \tag{3.51}$$

gegeben, so erhalten wir

$$\boldsymbol{J}^2 = \boldsymbol{L}^2 + \boldsymbol{S}^2 + 2\boldsymbol{L} \cdot \boldsymbol{S}$$

oder

$$\boldsymbol{L} \cdot \boldsymbol{S} = \frac{1}{2}(\boldsymbol{J}^2 - \boldsymbol{L}^2 - \boldsymbol{S}^2). \tag{3.52}$$

Wir haben hierbei die Tatsache verwendet, daß die Operatoren für Bahn- und Spin-Drehimpuls kommutieren, damit spielt die Reihenfolge im Produkt keine Rolle. Ein Zustand mit definierten l-, s- und j-Werten (ein Quantenzustand kann entweder durch die Eigenwerte l, m_l, s, m_s oder l, s, j, m_j beschrieben werden, letztere sind für unsere Berechnung jedoch günstiger) ergibt dann

$$
\begin{aligned}
< \boldsymbol{L} \cdot \boldsymbol{S} > &= \left\langle \frac{1}{2}(\boldsymbol{J}^2 - \boldsymbol{L}^2 - \boldsymbol{S}^2) \right\rangle \\
&= \frac{\hbar^2}{2}[j(j+1) - l(l+1) - s(s+1)] \\
&= \frac{\hbar^2}{2}\left[j(j+1) - l(l+1) - \frac{3}{4} \right] \\
&= \begin{cases} \frac{\hbar^2}{2}l & \text{für } j = l + \frac{1}{2} \\ -\frac{\hbar^2}{2}(l+1) & \text{für } j = l - \frac{1}{2}, \end{cases}
\end{aligned} \tag{3.53}
$$

wobei wir für den Spin des Nukleonen $s = \frac{1}{2}$ eingesetzt haben.

Wir können nun für die Verschiebung der Energien relativ zu dem entarteten Wert schreiben:

$$\Delta E_{nl}(j = l + \frac{1}{2}) = -\frac{\hbar^2 l}{2} \int d^3 r |\psi_{nl}(\boldsymbol{r})|^2 f(r) \tag{3.54}$$

$$\Delta E_{nl}(j = l - \frac{1}{2}) = \frac{\hbar^2(l+1)}{2} \int d^3 r |\psi_{nl}(\boldsymbol{r})|^2 f(r), \tag{3.55}$$

so daß wir für die totale Aufspaltung zwischen beiden Niveaus den Ausdruck

$$
\begin{aligned}
\Delta &= \Delta E_{nl}(j = l - \frac{1}{2}) - \Delta E_{nl}\left(j = l + \frac{1}{2} \right) \\
&= \hbar^2(l + \frac{1}{2}) \int d^3 r |\psi_{nl}(\boldsymbol{r})|^2 f(r)
\end{aligned} \tag{3.56}
$$

erhalten. Die Aufspaltung der Energieniveaus auf Grund der Spin-Bahn-Kopplung ist größer bei größeren Werten für den Bahn-Drehimpuls, damit kann es zu Überschneidungen der Niveaus (*level crossing*) kommen. Für große l kann die Aufspaltung für den $j = l - \frac{1}{2}$-Zustand des ursprünglich tieferen Niveaus über dem $j = l + \frac{1}{2}$-Zustand des höheren Niveaus liegen. Für eine passend gewählte Funktion $f(r)$ können die Energieniveaus eines endlich hohen Potentialtopfes durch das Hinzufügen einer Spin-Bahn-Kopplung wie in Abb. 3.4 gezeigt aufgespalten werden. Man kann also durch Annahme einer Wechselwirkung zwischen Spin und Bahn-Drehimpuls alle gewünschten magischen Zahlen erzeugen und damit eine Schalenstruktur im Kern bestätigen.

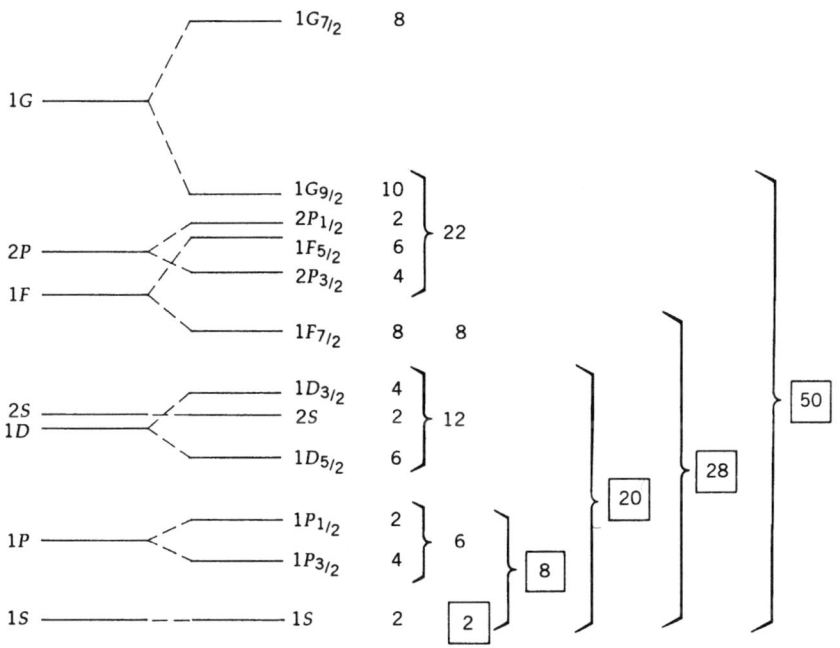

Abb. 3.4 Energieniveaus in einem Ein-Teilchen-Schalenmodell. Die Zahlen in den Boxen entsprechen magischen Zahlen des Kerns.

Das Energieniveau-Diagramm von Abb. 3.4 ist nach der Notation der Atomphysik bezeichnet, das heißt (nL_j) entspricht den Werten (n, l, j). Die Multiplizität jedes Hauptniveaus ist wie üblich $(2j + 1)$. Die Niveaus oberhalb von $1G_{7/2}$ sind nicht dargestellt, es folgen $2D_{5/2}$, $2D_{3/2}$, $3S_{1/2}$, $1H_{11/2}$ und so weiter.

An dieser Stelle sollte betont werden, daß wir bei unserer obigen Diskussion des Energiespektrums Neutronen und Protonen gleich behandelt haben. Natürlich führt die Anwesenheit eines Coulomb-Potentials zu einer Anhebung der Niveaus der Protonen auf etwas höhere Werte. Abgesehen von dieser Vergrößerung zeigt es sich, daß die allgemeinen Merkmale des Spektrums nicht verändert werden.

Vorhersagen des Schalenmodells

Das Schalenmodell gestattet die Ableitung einer großen Zahl von Eigenschaften komplexer Kerne. Es liefert zum Beispiel die richtige Spin-Parität für den Grundzustand vieler Kerne mit ungeradem A. Nach dem Schalenmodell füllen die Neutronen und Protonen die Niveaus unabhängig voneinander, und nach dem Ausschließungsprinzip können nur zwei Protonen oder Neutronen jedes Niveau besetzen (mit antiparallelem Spin). Nehmen wir an, die Nukleonen paaren sich in jedem vollbesetzten Niveau und bilden so einen verschwindenden Bahn-Drehimpuls, dann bestimmt das letzte ungepaarte Nukleon die Spin-Parität des Grundzustandes. Eine Folge dieser Vorstellung ist es, daß die Grundzustände aller gerade-gerade-Kerne den Spin Null besitzen; dies ist eine experimentelle Tatsache. Das Ein-Teilchen-Schalenmodell kann die Spin-Parität eines ungerade-ungerade-Kerns nicht vorhersagen, da es keine a priori Bedingung gibt, wie ungepaarte Neutronen und Protonen koppeln sollten.

Wir wollen als nächstes die Spin-Parität einiger Kerne mit ungeradem A etwas näher untersuchen. Man betrachte die Isobaren $^{13}C^6$ und $^{13}N^7$. (Es handelt sich hier sogar um Spiegelkerne.) Die sechs Protonen in ^{12}C und die sechs Neutronen in ^{13}N sind vollständig abgepaart, während die verbleibenden sieben Nukleonen in beiden Fällen die Schalen wie folgt füllen:

$$(1S_{1/2})^2 (1P_{3/2})^4 (1P_{1/2})^1. \tag{3.57}$$

Das letzte ungepaarte Nukleon – ein Neutron für $^{13}C^6$ und ein Proton für $^{13}N^7$ – besitzen den Gesamt-Drehimpuls $\frac{1}{2}$ und den Bahn-Drehimpuls $l = 1$. (Man erinnere sich, nach unserer Fußnote zu (3.31) entspricht $l = 1$ ungerader Parität des Zustandes.) Deshalb ist die Parität des Grundzustandes nach dem Schalenmodell für diese Kerne $(\frac{1}{2})^-$, genau dies ist der beobachtete Wert. Analog dazu füllen die neun Neutronen von $^{17}O^8$ und die neun Protonen seines Isobars $^{17}F^9$ die Niveaus wie folgt:

$$(1S_{1/2})^2 (1P_{3/2})^4 (1P_{1/2})^2 (1D_{5/2})^1. \tag{3.58}$$

Der gesamte Drehimpuls des letzten ungepaarten Nukleons im $l = 2$-Zustand ist $\frac{5}{2}$. Die erwartete Spin-Parität dieser Kerne liegt damit bei $(\frac{5}{2})^+$, sie wird durch das Experiment bestätigt. Der gemessene Wert der Spin-Parität des Grundzustandes für $^{33}S^{16}$ ist $(\frac{3}{2})^+$. Nach dem Schalenmodell füllen die siebzehn Neutronen die Niveaus folgendermaßen:

$$(1S_{1/2})^2 (1P_{3/2})^4 (1P_{1/2})^2 (1D_{5/2})^6 (2S_{1/2})^2 (1D_{3/2})^1. \tag{3.59}$$

Wieder stimmt die Berechnung mit dem experimentellen Ergebnis überein. Einige Spin-Parität-Vorhersagen des Schalenmodells decken sich allerdings nicht mit den Beobachtungen. Die Neutronen von $^{47}\text{Ti}^{22}$ sollten die Energieniveaus auf folgende Weise füllen:

$$(1S_{1/2})^2(1P_{3/2})^4(1P_{1/2})^2(1D_{5/2})^6(2S_{1/2})^2(1D_{3/2})^4(1F_{7/2})^5, \qquad (3.60)$$

dies würde zu einer Spin-Parität des Grundzustandes von $(\frac{7}{2})^-$ führen. Der experimentelle Wert ist jedoch $(\frac{5}{2})^-$. Solche Diskrepanzen können vermieden werden, wenn das Ein-Teilchen-Schalenmodell leicht abgeändert wird, indem die Paarung zwischen allen „Valenz"-Nukleonen erlaubt wird, das heißt, zwischen allen Nukleonen, welche sich auf einer nicht gefüllten Schale befinden.

Man kann das Schalenmodell auch zur Berechnung der magnetischen Momente verschiedener Kerne verwenden. Wie Messungen zeigen, besitzen das Proton und das Neutron die intrinsischen Dipolmomente $2,79\,\mu_N$ und $-1,91\,\mu_N$. Wir erwarten damit, daß das intrinsische magnetische Moment jedes ungepaarten Nukleons zum gesamten magnetischen Moment des Kerns beiträgt. Da zusätzlich die Protonen geladen sind, liefert die Bahn-Bewegung der ungepaarten Protonen einen weiteren Beitrag zum magnetischen Moment. Sind zum Beispiel im Deuteron Proton und Neutron im $(1S_{1/2})$-Zustand, so ist das magnetische Moment, für verschwindenden Bahn-Drehimpuls des Protons ($l = 0$), gleich der Summe der intrinsischen Momente der beiden Nukleonen:

$$\mu_d = 2,79\,\mu_N - 1,91\,\mu_N = 0,88\mu_N. \qquad (3.61)$$

Der experimentell gemessene Wert für das Deuteron liegt bei $0,86\,\mu_N$. Der Kern des Tritiums ($^3\text{H}^1$) besitzt zwei Neutronen und ein Proton, alle im $(1S_{1/2})$-Zustand. Da die Neutronen gepaart sind, tragen sie zum magnetischen Moment nicht bei. Das ungepaarte Proton mit $l = 0$ besitzt aufgrund seiner Bahn-Bewegung kein magnetisches Moment, damit ist das gesamte magnetische Moment des Tritiums gleich $2,79\,\mu_N$. Der gemessene Wert ist hier $2,98\,\mu_N$. Für $^3\text{He}^2$ ist das ungepaarte Nukleon ein Neutron in einem $(1S_{1/2})$-Zustand. Das gesamte magnetische Moment sollte also gleich dem des Neutrons sein, und zwar gleich $-1,91\,\mu_N$. Die experimentellen Beobachtungen ($-2,13\,\mu_M$) stimmen damit annähernd überein. $^4\text{He}^2$ (α-Teilchen) besitzen eine geschlossene Schalenstruktur (diese Kerne sind doppelt magisch), damit sagt das Schalenmodell verschwindenden Spin und kein magnetisches Moment voraus, dies ist auch experimentell richtig. In $^{10}\text{B}^5$ besitzen die fünf Protonen und fünf Neutronen die gleiche Schalenstruktur:

$$(1S_{1/2})^2(1P_{3/2})^3. \qquad (3.62)$$

Es existiert also ein ungepaartes Proton und ein ungepaartes Neutron. Das Proton ist in einem $l = 1$-Zustand, damit liefert die Bahnbewegung einen Beitrag von

$\mu = (e\hbar/2m_Nc)l = \mu_N$ zum gesamten magnetischen Moment. Letzteres hat dann den Wert

$$2{,}79\,\mu_N - 1{,}91\,\mu_N + \mu_N = 1{,}88\,\mu_N. \tag{3.63}$$

Der Vergleich mit dem experimentellen Wert $1{,}80\,\mu_N$ zeigt die gute Übereinstimmung.

Wir sehen also, daß das Schalenmodell zusätzlich zur richtigen Vorhersage der magischen Zahlen eine Reihe wichtiger Eigenschaften leichter Kerne richtig beschreibt. Für schwere Kerne ist die Differenz zwischen den Ergebnissen des Schalenmodells und den gemessenen Werten jedoch deutlich.

Das Kollektivmodell

Für schwere Kerne stimmen die Vorhersagen des Ein-Teilchen-Schalenmodells meist quantitativ nicht mit den experimentell gemessenen Werten überein. Besonders problematisch sind die Diskrepanzen für die magnetischen Dipolmomente. Das Schalenmodell sagt außerdem verschwindend kleine Quadrupolmomente für geschlossene Schalen voraus sowie Quadrupolmomente mit entgegengesetztem Vorzeichen für benachbarte Kerne mit Ordnungszahlen $Z \pm 1$. Obwohl die Übereinstimmung mit dem Experiment qualitativ recht gut ist, weichen die gemessenen Werte stark von den im Modell berechneten ab. Für einige schwere Kerne scheint ein permanentes elektrisches Quadrupolmoment zu existieren, was auf eine nicht-sphärische Gestalt des Kerns schließen läßt. Dies paßt natürlich nicht zu den Annahmen des Schalenmodells, da bei diesem die Rotationssymmetrie eine wichtige Rolle spielt*.

In einer Wiederaufnahme des Tröpfchenmodells bemerkte Aage Bohr, daß viele Eigenschaften schwerer Kerne durch Oberflächenbewegung des Kerntropfens erklärt werden können. Weiter zeigte James Rainwater die exzellente Übereinstimmung zwischen den erwarteten und gemessenen Werten für das magnetische Dipol- und das elektrische Quadrupolmoment bei der Annahme einer nicht kugelförmigen Gestalt des Tröpfchens. Diese Erfolge stellten in gewissem Sinne ein Dilemma dar, da das Tröpfchenmodell und das Schalenmodell fundamental gegensätzliche Standpunkte bei der Betrachtung der Kernstruktur darstellen. Individuelle Teilcheneigenschaften wie intrinsischer Spin und Bahn-Drehimpuls spielen im Bild eines Flüssigkeitstropfens keine Rolle, hier ist die

---

*Endliche Quadrupolmomente von Ladungsverteilungen entstehen, wenn die zweiten Momente $\langle x^2 \rangle$, $\langle y^2 \rangle$ und $\langle z^2 \rangle$ unterschiedlich sind, das heißt, wenn die Ladungsverteilung nicht kugelsymmetrisch ist.

kollektive Bewegung des Kerns von Bedeutung. Auf der anderen Seite sind individuelle Nukleoneneigenschaften, besonders die der Valenznukleonen, wichtig für das Funktionieren des Ein-Teilchen-Schalenmodells. Das Schalenmodell hatte zu viele Eigenschaften der Kerne erklärt, um aufgegeben zu werden, beide Modelle mußten in Einklang miteinander gebracht werden.

Dies geschah durch Aage Bohr, Ben Mottelson und James Rainwater, die ein kollektives Modell für die Nukleonen vorschlugen. Man konnte so eine Reihe von Merkmalen beschreiben, die weder das Schalenmodell noch das Tröpfchenmodell lieferten. Wir werden das Modell im folgenden nur qualitativ beschreiben. Man nimmt an, der Kern besteht aus einem harten Zentrum von Nukleonen in den gefüllter Schalen des Schalenmodells und äußeren Valenznukleonen, die sich wie Oberflächenmoleküle in einem Flüssigkeitstropfen verhalten. Die Oberflächenbewegung (Rotation) der Valenznukleonen induziert eine Abweichung von der Kugelgestalt im Zentrum, welche auf die Quantenzustände der Valenznukleonen zurückwirkt. Man kann sich, mit anderen Worten, die Oberflächenbewegung als eine Störung vorstellen, die die Quantenzustände der Valenzelektronen, ausgehend von den ungestörten Zuständen im Schalenmodell, verändert. Diese Veränderung führt zum Unterschied in der Vorhersage der Dipol- und Quadrupolmomente im Vergleich zum Schalenmodell.

Physikalisch kann man das Kollektivmodell als Schalenmodell mit nicht kugelsymmetrischem Potential interpretieren, das heißt, man betrachtet einen nicht kugelförmigen Kern. Sphärische Kerne sind natürlich unempfindlich für Rotationen, damit führt eine Rotationsbewegung nicht zu zusätzlichen (Rotations-) Energieniveaus in solchen Kernen. Asphärische Kerne dagegen besitzen zusätzliche Energieniveaus durch das Auftreten von Rotations- und Schwingungs-Freiheitsgraden. Solche Effekte verändern natürlich die Vorhersagen des einfachen Schalenmodells. Große aspärische Kerne liefern große permanente Dipol- und Quadrupolmomente. Mathematisch kann die Idee wie folgt dargestellt werden. Wir nehmen der Einfachheit halber für den Kern die Form eines Ellipsoids an:

$$ax^2 + by^2 + \frac{z^2}{ab} = R^2. \tag{3.64}$$

a und b sind Parameter, die die Deformierung der Kugelgestalt beschreiben. Das Potential für den Kern hat dann die folgende Gestalt:

$$V(x, y, z) = \begin{cases} 0 & \text{für } ax^2 + by^2 + \frac{z^2}{ab} \leq R^2 \\ \infty & \text{sonst.} \end{cases} \tag{3.65}$$

Realistischere Berechnungen im Kollektivmodell liefern natürlich auch bessere Beschreibungen der Eigenschaften der Kerne, sind allerdings auch deutlich komplizierter.

Eine der wichtigsten Vorhersagen des Kollektivmodells ist die Existenz von Rotations- und Schwingungsniveaus im Kern. Diese Niveaus können ähnlich wie für Moleküle beschrieben werden. Wir wählen die Hamilton-Funktion für Rotationen in der Form

$$H = \frac{L^2}{2I},$$ (3.66)

mit den Eigenwerten $(l(l+1)/2I)\hbar^2$, dabei hängt das effektive Trägheitsmoment I von der Gestalt des Kerns ab. Existiert eine Rotation rechtwinklig zur Symmetrieachse des Ellipsoids, dann kann der Drehimpuls der Rotationsniveaus nur gerade sein. Wir sehen, die Rotations- und Schwingungsniveaus im Kern sind mit speziellen Drehimpulswerten und Paritäten verbunden. Man hat solche Anregungen experimentell nachweisen können, und zwar durch die Beobachtung von Quadrupol-Photonenübergängen ($\Delta l = 2$) zwischen diesen Niveaus.

Das Kollektivmodell erklärt ganz natürlich, warum die Niveauaufspaltung des ersten angeregten Zustandes in gerade-gerade-Kernen mit wachsendem A abnimmt und für Kerne mit abgeschlossenen Schalen ein Maximum annimmt. Wir wollen die Argumentation kurz darstellen. Wir erwarten, daß der Energieeigenwert des ersten angeregten Zustandes, der einem Rotationsniveau entspricht, mit wachsendem A kleiner wird, da das Trägheitsmoment mit wachsendem A größer wird. Die Aufspaltung zum Grundzustand wird damit mit A kleiner. Für einen Kern mit geschlossenen Schalen gibt es jedoch keine Rotationsniveaus, da solche Kerne sphärisch sind. Auf der anderen Seite können diese Kerne Schwingungsanregungen besitzen, die den ganzen Kern betreffen und nicht nur die Oberfläche. Da das Zentrum deutlich schwerer ist, liegen die Niveaus für Schwingungen viel höher, und die Aufspaltung zwischen dem Grundzustand und dem ersten angeregten Zustand ist größer.

Superdeformierte Kerne

Während unserer Diskussion nuklearer Phänomene haben wir immer angenommen, die Kerne besäßen einen relativ kleinen intrinsischen Spin. Wir können uns jedoch Umstände vorstellen, unter denen Kerne stark deformiert, jedoch noch nicht gespalten sind (siehe Kapitel 5). Man nimmt an, daß für eine gewisse Zeit superdeformierte Kerne für Werte von A zwischen 150 und 190 besonders stabil sind. Solche Kerne besitzen einen sphäroidalen Charakter, wobei sich große und kleine Hauptachse um den Faktor 2 unterscheiden. In den späten achtziger Jahren wurde eine Reihe von Streuexperimenten schwerer Ionen an schweren Ionen durchgeführt. Finden solche Kollisionen statt, so entstehen superdeformierte Kerne mit bemerkenswert großem Drehimpuls von etwa $60\hbar$. Die Abregung erfolgt durch eine Reihe von $\sim 50\,\text{keV-}\gamma$-Emissionen zu niederen Niveaus mit einer symmetrischeren Gestalt. Die beobachteten Niveauabstände (Photonenenergien) sind im wesentlichen alle gleich. Dies paßt nicht in das Kollektivmodell, denn durch die Abnahme des Trägheitsmomentes sollten sich die Niveauabstände ändern. Tatsächlich scheinen bei verschiedenen Kernen die gleichen Emissionen beim „spin-down" stattzufinden. Das Rätsel ist noch verwirrender, wenn man die Einwirkungen der Nukleonenpaarung auf die Bindungsenergie und die Niveauabstände bedenkt. Auf diesem Gebiet wird zur Zeit sehr intensiv geforscht und wir erwarten noch manche Überraschung in diesem Teilgebiet der Kernphysik.

Aufgaben

3.1 Die Bethe-Weizsäcker-Formel (3.6) liefert eine exzellente Darstellung der Massensystematik der Kerne. Man zeige explizit, daß für festes A $M(A, Z)$ ein Minimum besitzt. Gibt es einen Beiweis für das „Tal der Stabilität" in Abb. 2.3? Welcher Kern mit $A = 16$ ist der stabilste? Wie lautet die Antwort für $A = 208$? (Man differenziere (3.6) oder zeichne M als Funktion von Z.)

3.2 Man berechne mittels (3.3) die gesamte Bindungsenergie und den Wert B/A für $^8\text{Be}^4$, $^{12}\text{C}^6$, $^{56}\text{Fe}^{26}$ und $^{208}\text{Pb}^{82}$. Wie ist die Übereinstimmung mit den experimentellen Werten? (Siehe *CRC Handbook of Chemistry and Physics* für die Daten.)

3.3 Man könnte aus Aufgabe 3.3 schließen, $^8\text{Be}^4$ sei stabil. Dies ist jedoch nicht der Fall. Man gebe ein Modell zur Erklärung dieser Tatsache an. (*Hinweis*: Siehe Aufgabe 2.2.)

3.4 Man berechne die Bindungsenergie des letzten Neutrons in $^{15}\text{N}^7$ und des letzten Protons in $^{15}\text{O}^8$ und vergleiche mit dem letzten Neutron in $^{16}\text{N}^7$ und $^{16}\text{O}^8$.

3.5 Wie groß sind Spin und Parität der Grundzustände von $^{23}\text{Na}^{11}$, $^{35}\text{Cl}^{17}$ und $^{41}\text{Ca}^{20}$ auf der Basis des Ein-Teilchen-Schalenmodells? Stimmen sie mit den experimentellen Werten überein? Wie groß sind die magnetischen Momente dieser Kerne? (Siehe *CRC Handbook* für die Daten.)

3.6 Man betrachte ein etwas komplizierteres Modell für den anomalen Beitrag zum magnetischen Moment eines Nukleons. Ein Proton bestehe aus einem festen neutralen Zentrum, umkreist von einem π^+-Meson auf einer $l = 1$-Bahn. Ein Neutron sei weiter ein effektives Proton mit einem umkreisenden π^--Meson auf einer $l = 1$-Bahn. Man verwende $m_\pi = 140\,\text{MeV}/c^2$, berechne $\mu = (e\hbar/2m_\pi c)l$ und vergleiche das Ergebnis mit dem von Aufgabe 2.5.

3.7   Der Grundzustand von $^{137}\mathrm{Ba}^{56}$ besitzt die Spin-Parität $(\frac{3}{2})^+$, das heißt, sein Spin ist $\frac{3}{2}$ und die Parität $+$. Die zwei ersten angeregten Zustände haben Spin-Parität $(\frac{1}{2})^+$ und $(\frac{11}{2})^-$. Welche Niveaus werden nach dem Schalenmodell für diese Zustände erwartet? (*Hinweis*: Die Überraschung hat mit der „Paarungsenergie" zu tun.)

Empfohlene Literatur

Frauenfelder, H. und Henley, E. M. 1991. *Subatomic Physics*. N.J.: Prentice-Hall, (Englewood Cliffs).
Krane, K. S. 1987. *Introductory Nuclear Physics*. New York (Wiley).
Williams, W. S. C. 1991. *Nuclear and Particle Physics*. London/New York, (Oxford Univ. Press).

4 Kernstrahlung

Einführende Bemerkungen

In den zurückliegenden Kapiteln wurde oft erwähnt, daß viele Kerne instabil sind und α-, β- und γ-Teilchen emittieren. Wir wollen nun einige mehr quantitative Aspekte der nuklearen Radioaktivität und ihren historischen Beitrag zur Entwicklung unseres Verständnisses der Struktur der Kerne und ihrer Umwandlungen diskutieren.

Alpha-Zerfall

Wie wir gesehen haben, stellt der α-Zerfall den Zerfall eines Mutterkerns in einen Tochterkern unter Aussendung eines Kerns des Heliumatoms dar. Der Übergang kann wie folgt beschrieben werden:

$$^{A}X^{Z} \rightarrow {}^{A-4}Y^{Z-2} + {}^{4}\text{He}^{2}. \tag{4.1}$$

Wir werden in Kapitel 5 sehen, daß der α-Zerfall als spontane Spaltung eines Mutterkerns in zwei Tochterkerne mit hoch antisymmetrischer Massenverteilung verstanden werden kann. Nehmen wir an, der Mutterkern ist anfänglich in Ruhe, dann ergibt die Forderung nach Erhaltung der Energie

$$M_{\text{P}}c^{2} = M_{\text{D}}c^{2} + T_{\text{D}} + M_{\alpha}c^{2} + T_{\alpha}. \tag{4.2}$$

Dabei sind M_{P}, M_{D} und M_{α} die Masse des Mutterkerns, des Tochterkerns sowie des α-Teilchens. T_{D} und T_{α} bezeichnen die kinetischen Energien des Tochterkerns und des α-Teilchens. Es folgt daraus

$$T_{\text{D}} + T_{\alpha} = (M_{\text{P}} - M_{\text{D}} - M_{\alpha})c^{2} = \Delta M c^{2}. \tag{4.3}$$

Obwohl in (4.3) Kernmassen verwendet werden, ist auch die Beschreibung mit Atommassen möglich, da die Elektronenmassen aus der Gleichung herausfallen. Wir schreiben daher

$$T_D + T_\alpha = (M(A, Z) - M(A - 4, Z - 2) - M(4, 2))c^2 \equiv Q, \qquad (4.4)$$

dabei haben wir die Zerfallsenergie, den Q-Wert, als die Differenz der Ruhemassen der Anfangs- und Endzustände definiert. Natürlich ist Q auch gleich der kinetischen Energie der Teilchen im Endzustand. Für nichtrelativistische Teilchen kann die kinetische Energie wie folgt geschrieben werden:

$$T_D = \frac{1}{2} M_D v_D^2$$

$$T_\alpha = \frac{1}{2} M_\alpha v_\alpha^2. \qquad (4.5)$$

Wir haben die Geschwindigkeiten des Tochterkerns und des α-Teilchens hier mit v_D und v_α bezeichnet.

Da der Mutterkern in der Ruhelage zerfällt, bewegen sich Tochterkern und α-Teilchen notwendigerweise in entgegengesetzte Richtung, um der Impulserhaltung Genüge zu tun:

$$M_D v_D = M_\alpha v_\alpha$$

oder

$$v_D = \frac{M_\alpha}{M_D} v_\alpha. \qquad (4.6)$$

Da die Masse des Tochterkerns im allgemeinen viel größer ist als die des α-Teilchens, folgt $v_D \ll v_\alpha$. Die kinetische Energie des Tochterkerns ist damit recht klein.

Wir wollen nun v_D eliminieren und die kinetischen Energien T_D und T_α als Funktionen von Q schreiben:

$$\begin{aligned}
T_D + T_\alpha &= \frac{1}{2} M_D v_D^2 + \frac{1}{2} M_\alpha v_\alpha^2 \\
&= \frac{1}{2} M_D \left(\frac{M_\alpha}{M_D} v_\alpha \right)^2 + \frac{1}{2} M_\alpha v_\alpha \\
&= \frac{1}{2} M_\alpha v_\alpha^2 \left(\frac{M_\alpha}{M_D} + 1 \right) \\
&= T_\alpha \frac{M_\alpha + M_D}{M_D}.
\end{aligned} \qquad (4.7)$$

Verwenden wir (4.4), so gilt

$$T_\alpha = \frac{M_D}{M_\alpha + M_D} Q = \frac{1}{1 + (M_\alpha / M_D)} Q. \qquad (4.8)$$

Die kinetische Energie des emittierten α-Teilchens kann nicht negativ sein, das heißt $T_\alpha \geq 0$. Deshalb muß der α-Zerfall ein exothermer Prozeß sein

$$\Delta M \geq 0$$
$$Q \geq 0. \tag{4.9}$$

Wie wir sehen, trägt das α-Teilchen den größten Teil der Energie davon. Die kinetische Energie des Tochterkerns erhält man aus (4.4) und (4.8):

$$T_{\mathrm{D}} = Q - T_\alpha = \frac{M_\alpha}{M_\alpha + M_{\mathrm{D}}} Q = \frac{M_\alpha}{M_{\mathrm{D}}} T_\alpha \ll T_\alpha. \tag{4.10}$$

Verwenden wir die Näherung $M_\alpha / M_{\mathrm{D}} \simeq 4/(A - 4)$, so gilt approximativ

$$T_\alpha \simeq \frac{A - 4}{A} Q \tag{4.11}$$
$$T_{\mathrm{D}} \simeq \frac{4}{A} Q.$$

Mit diesen Formeln kann die bei einem Zerfall freigesetzte Energie berechnet werden.

Man erkennt in (4.8), daß die kinetische Energie (und damit der Betrag der Geschwindigkeit) des α-Teilchens in Übereinstimmung mit unserer früheren Diskussion einen festen Wert besitzt. Dies ist eine direkte Folge der Tatsache, daß es sich um einen Zwei-Körper-Zerfall eines in Ruhe befindlichen Mutterkerns handelt. Sorgfältige Messungen haben jedoch bei jedem radioaktiven Material eine feine Aufspaltung der Energien der emittierten α-Teilchen nachweisen können, die vermutlich verschiedenen Q-Werten entsprechen. Man hat experimentell festgestellt, daß die energiereichsten α-Teilchen allein entstehen, während die niederenergetischen α-Zerfälle von der Aussendung von Photonen begleitet werden. Dies entspricht intuitiv der Vorstellung von Energieniveaus und einer unterliegenden Quantenstruktur diskreter Zustände im Kern. Ist dies wirklich der Fall, so kann ein Mutterkern in den Grundzustand des Tochterkerns zerfallen und dabei ein α-Teilchen emittieren, welches dem vollständigen Q-Wert entspricht. Es kann aber ebenso in einen angeregten Zustand des Tochterkerns zerfallen, mit der Folge, daß der Q-Wert nun kleiner ist. Der Tochterkern geht anschließend in den Grundzustand über, indem ein Photon emittiert wird, analog zur Situation in der Atomphysik. Die Zerfallskette hat in diesem Fall die Form

$$^{A}X^{Z} \rightarrow\ ^{A-4}Y^{*Z-2} + {}^{4}\mathrm{He}^{2}$$

mit

$$^{A-4}Y^{*Z-2} \rightarrow\ ^{A-4}Y^{Z-2} + \gamma. \tag{4.12}$$

Die Differenz der beiden Q-Werte ist gleich der Energie des Photons. In Abb. 4.1 ist die Niveaustruktur des Zerfalls von ^{228}Th zu ^{224}Ra schematisch dargestellt, man erkennt den Aufbau des Spektrums der beobachteten α-Teilchen-Energien.

Die der Abbildung 4.1 zugrunde liegende Niveaustruktur kann durch Messung der kinetischen Energien der verschiedenen α-Teilchen bestimmt werden, man erhält so die Q-Werte der Übergänge nach (4.8). Die Annahme diskreter Kernniveaus und die Differenz der Q-Werte liefert dann die erwarteten Energien der emittierten Photonen. Die Messung solcher begleitender (koinzidierender) Photonen bestätigt tatsächlich das hier dargestellte Bild und damit die Existenz diskreter Kernniveaus.

Beispiel

Man betrachte den α-Zerfall von $^{240}\text{Pu}^{94}$:

$$^{240}\text{Pu}^{94} \rightarrow {}^{236}\text{U}^{92} + {}^{4}\text{He}^{2}.$$

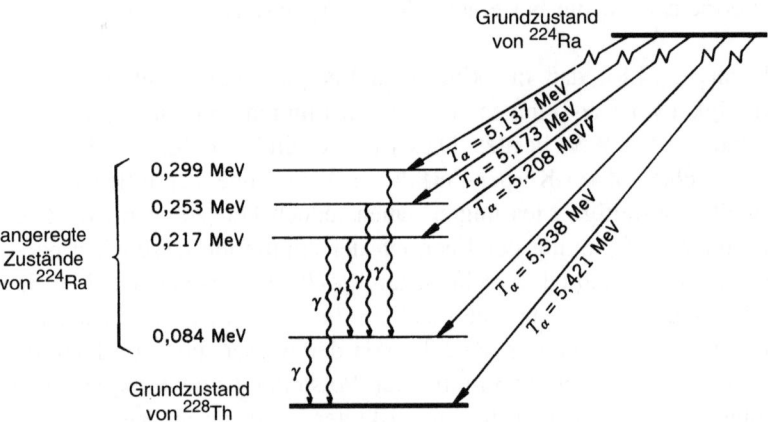

Abb. 4.1 Darstellung der beim Zerfall von ^{228}Th beobachteten α-Teilchen-Übergänge.

Die experimentell beobachteten α-Teilchen besitzen Energien zwischen $5{,}17$ MeV und $5{,}12$ MeV. Werden beide Werte für die kinetische Energie in (4.11)

$$Q \simeq \frac{A}{A-4} T_\alpha$$

eingesetzt, so erhalten wir die beiden Q-Werte

$$Q_1 \simeq \frac{240}{236} \cdot 5{,}17\,\text{MeV} \simeq 1{,}017 \cdot 5{,}17\,\text{MeV} \simeq 5{,}26\,\text{MeV}$$

$$Q_2 \simeq \frac{240}{236} \cdot 5{,}12\,\text{MeV} \simeq 1{,}017 \cdot 5{,}12\,\text{MeV} \simeq 5{,}21\,\text{MeV}.$$

Zerfällt ^{240}Pu mit der Zerfallseneregie $Q_2 \simeq 5,21$ MeV, dann befindet sich der Tochterkern in einem angeregten Zustand und geht durch Aussendung eines Photons der Energie

$$Q_1 - Q_2 \simeq 5,26\,\mathrm{MeV} - 5,21\,\mathrm{MeV} = 0,05\,\mathrm{MeV}$$

in den Grundzustand über. Experimentell findet man ein Photon mit der Energie 0,045 MeV. Wir schließen aus diesen Beobachtungen von α-Zerfällen, daß in den Kernen diskrete Energieniveaus, sehr ähnlich denen in Atomen, existieren und daß der minimale Abstand der Niveaus etwa 100 keV beträgt. Im Vergleich dazu: der kleinste Abstand zwischen atomaren Niveaus liegt bei etwa 1 eV.

Der Tunneleffekt

Die bei α-Zerfällen emittierten Teilchen besitzen durchschnittlich Energien von ungefähr 5 MeV. Werden solche niederenergetischen Teilchen an schweren Kernen gestreut, so können sie sich aufgrund der Coulomb-Barriere dem Kern nicht weit genug nähern, um mit ihm über die Kernkraft wechselwirken zu können. Die Höhe der Coulomb-Barriere liegt für $A \simeq 200$ bei etwa 20–25 MeV, damit kann ein 5MeV-α-Teilchen diesen Potentialwall nicht durchdringen und damit nicht absorbiert werden. Auf der anderen Seite spürt ein im Kern gebundenes niederenergetisches α-Teilchen die gleiche Barriere, kann aber doch den Kern verlassen. Diese Unstimmigkeit konnte erst geklärt werden, als man erkannte, daß die Emission von α-Teilchen ein quantenmechanischer Prozeß ist.

Der erste quantitative Erklärungsversuch kam 1929 von George Gamov und von Ronald Gurney und Edward Condon. Nimmt man an, das α-Teilchen und der Tochterkern existieren bereits getrennt im Mutterkern, so kann das Problem als die Bewegung eines α-Teilchens im Potential des Tochterkerns betrachtet werden, wobei die Coulomb-Barriere den Zerfall verhindert (siehe Abb. 4.2).

Wir wollen konkret den Zerfall

$$^{232}\mathrm{Th} \rightarrow {}^{228}\mathrm{Ra} + {}^{4}\mathrm{He}^{2} \tag{4.13}$$

betrachten. Die gemessene Energie des α-Teilchens beträgt $E = 4,05$ MeV, die Lebensdauer von ^{232}Th liegt bei $\tau = 1,39 \cdot 10^{10}$ Jahren. Der Radius des Thoriumkerns ist gleich $R = 1,2 \cdot 10^{-13} A^{1/3}$ cm $\simeq 7,4 \cdot 10^{-13}$ cm. Damit der Zerfall stattfinden kann, muß das α-Teilchen die Coulomb-Barriere durchdringen. Die Berechnung des Tunneleffektes für die dreidimensionale Coulomb-Barriere ist ziemlich kompliziert. Da wir nur an der Größenordnung des Prozesses interessiert sind, können wir die Winkelabhängigkeit der Schrödinger-Gleichung ignorieren und das Potential als eindimensional betrachten. Um die Rechnung

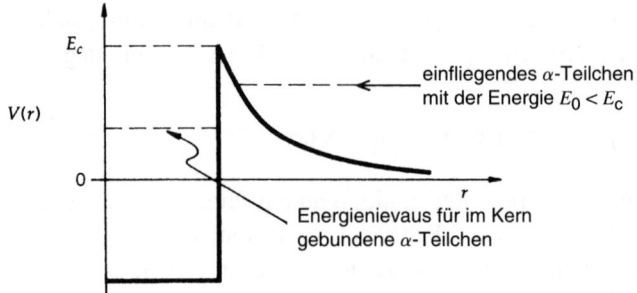

Abb. 4.2 Funktion der potentiellen Energie für ein mit einem Kern wechselwirkendes α-Teilchen

weiter zu vereinfachen, können wir den Coulomb-Wall durch ein Rechteck gleicher Fläche ersetzen, welches den Effekt der Coulomb-Abstoßung approximiert (siehe Abb. 4.3). So lange, wie V_0 größer als E ist, hängt die Transmission durch die Barriere in erster Linie von $(\sqrt{V_0 - E})a$ ab und nicht so sehr von der Größe von V_0.

Für $Z \simeq 90$ finden wir

$$V_0 = 14\,\text{MeV}$$
$$2a = 33\,\text{fm} = 33 \cdot 10^{-13}\,\text{cm}. \tag{4.14}$$

Die quantenmechanische Berechnung der Transmission durch die in Abb. 4.3 gezeigte quadratische Potentialbarriere ergibt den folgenden Transmissionskoeffizienten:

$$T = \frac{[(4k_1k)/(k_1 + k)^2]}{1 + [1 + ((\kappa^2 - k_1k)/\kappa(k_1 + k))^2]\sinh^2 2\kappa a} \tag{4.15}$$

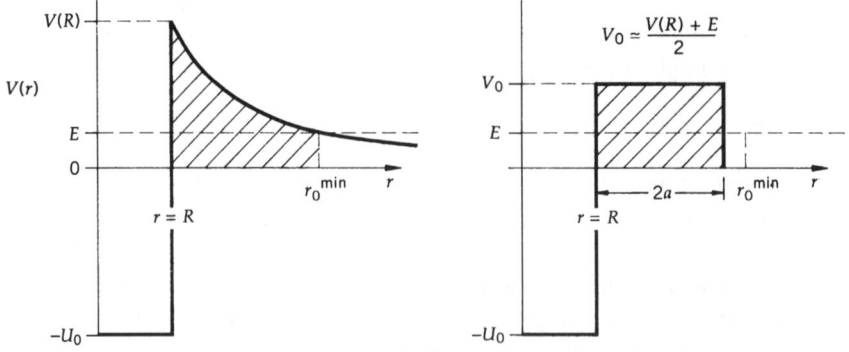

Abb. 4.3 Potentielle Energie für die Streuung von 4MeV-α-Teilchen an ^{228}Ra und der äquivalente eindimensionale rechteckige Potentialwall

mit

$$k_1 = \left[\frac{2M_\alpha}{\hbar^2}(E + U_0)\right]^{1/2}$$

$$k = \left[\frac{2M_\alpha}{\hbar^2}E\right]^{1/2} \tag{4.16}$$

$$\kappa = \left[\frac{2M_\alpha}{\hbar^2}(V_0 - E)\right]^{1/2}.$$

Hierbei ist M_α die Ruhemasse und E die kinetische Energie des emittierten α-Teilchens (außerhalb der Barriere). Für $M_\alpha c^2 \simeq 4000$ MeV, $E = 4,05$ MeV, $V_0 = 14$ MeV und $U_0 \simeq 40$ MeV (die Rechnung hängt nicht sehr stark von der Tiefe des Kernpotentials ab), erhalten wir

$$\kappa = \frac{1}{\hbar c}[2M_\alpha c^2(V_0 - E)]^{1/2}$$

$$\simeq \frac{1}{197\,\text{MeV fm}}[2 \cdot 4000\,\text{MeV}(14 - 4)\,\text{MeV}]^{1/2} \sim 1,4\,\text{fm}^{-1} \tag{4.17}$$

$$k \simeq 0,9\,\text{fm}^{-1}$$

$$k_1 \simeq 3,0\,\text{fm}^{-1}.$$

Da $2\kappa a \simeq 33\,\text{fm} \cdot 1,4\,\text{fm}^{-1} \simeq 46$ ist, das heißt $2\kappa a \gg 1$, können wir weiter schreiben

$$\sinh^2 2\kappa a \simeq \left(\frac{e^{2\kappa a}}{2}\right)^2 = \frac{1}{4}e^{4\kappa a} = \simeq \frac{1}{4}e^{92} \gg 1. \tag{4.18}$$

Wir sehen, der Transmissionskoeffizient T hängt im wesentlichen von diesem Exponenten und nicht sehr empfindlich von der Wahl von k und k_1 ab. Da wir nur an einer Abschätzung von T interessiert sind, vereinfachen wir (4.15) durch den Übergang zu großen k_1 ($k_1^2 \gg \kappa^2$ und $k_1^2 \gg k^2$). In diesem Limit berechnet sich der Transmissionskoeffizient von (4.15) zu

$$T \simeq \frac{4\kappa^2}{k^2 + \kappa^2}\frac{k}{k_1}(\sinh^2 2\kappa a)^{-1}$$

$$\simeq \frac{4(V_0 - E)}{V_0}\left(\frac{E}{E + U_0}\right)^{1/2}[4e^{-(4a/\hbar)[2M_\alpha(V_0 - E)]^{1/2}}]$$

$$\simeq \frac{4(10)}{14}\left(\frac{4}{44}\right)^{1/2}(4 \cdot e^{-92})$$

$$\simeq 3,5 \cdot e^{-92} \simeq 4 \cdot 10^{-40}. \tag{4.19}$$

Die Wahrscheinlichkeit des Durchdringens der Barriere ist für das α-Teilchen ausgesprochen klein. Dies erklärt, warum niederenergetische α-Teilchen von schweren Kernen nicht absorbiert werden können. Für ein in einem Kern eingeschlossenes α-Teilchen ist die Situation jedoch ganz anders. Die kinetische Energie des α-Teilchens innerhalb der Barriere ist

$$T_\alpha \simeq U_0 + E \simeq 44\,\text{MeV}, \tag{4.20}$$

die entsprechende Geschwindigkeit damit

$$v_\alpha = \sqrt{\frac{2T_\alpha}{M_\alpha}} = c\sqrt{\frac{2T_\alpha}{M_\alpha c^2}}$$

$$\simeq c\sqrt{\frac{2 \cdot 44\,\text{MeV}}{4000\,\text{MeV}}} \simeq 0{,}15c. \tag{4.21}$$

Da das α-Teilchen in einer Region der Größe 10^{-12} cm eingeschlossen ist, trifft es mit der ungefähren Frequenz von

$$\frac{v_\alpha}{R} \simeq \frac{0{,}15 \cdot 3 \cdot 10^{10}\,\text{cm/s}}{7{,}4 \times 10^{-13}\,\text{cm}}$$

$$\simeq 6{,}0 \cdot 10^{21}/\text{s} \tag{4.22}$$

auf den Potentialwall. Jedesmal, wenn das α-Teilchen die Barriere trifft, ist die Entweichwahrscheinlichkeit durch (4.19) gegeben. Die Wahrscheinlichkeit für das α-Teilchen, den Kern zu verlassen, ist damit pro Sekunde einfach

$$P(\alpha\text{-Emission}) \simeq \frac{v_\alpha}{R} \cdot T \simeq 6{,}0 \cdot 10^{21}/\text{s} \cdot 4 \cdot 10^{-40}$$

$$\simeq 2{,}4 \cdot 10^{-18}/\text{s}. \tag{4.23}$$

Man nennt diese Größe die Zerfallskonstante (λ), sie ist die Zerfallswahrscheinlichkeit pro Zeiteinheit. Die mittlere Lebensdauer für den Zerfallsprozeß (sie wird im nächsten Kapitel behandelt) ist das Inverse der Zerfallskonstante

$$\tau = \frac{1}{P(\alpha\text{-Emission})}$$

$$\simeq \frac{1}{2{,}4 \cdot 10^{-18}/\text{s}}$$

$$\simeq 0{,}4 \cdot 10^{18}\,\text{s}$$

$$\simeq 1{,}3 \cdot 10^{10}\,\text{Jahre}. \tag{4.24}$$

Die Übereinstimmung mit dem beobachteten Wert ist bemerkenswert.

Natürlich ist unsere Darstellung des α-Zerfalls stark vereinfacht. Dem quantitativen Ergebnis unserer Rechnung ist nicht in jedem Fall zu trauen. Allgemein kann die Zerfallskonstante für $V_0 \gg E$ in der Form

$$P(\alpha\text{-Emission}) \propto E^{1/2} e^{-(4a/\hbar)[2M_\alpha(V_0-E)]^{1/2}} \tag{4.25}$$

dargestellt werden. Dieses Ergebnis zeigt, daß die Zerfallswahrscheinlichkeit stark von der Masse und der Energie des α-Teilchens abhängt. Es zeigt, warum die spontane Spaltung des Kerns in schwerere Tochterkerne (mit großem M) mittels Tunneleffekt (wir werden dies im nächsten Kapitel ausführlich darstellen) ein langsamer Prozeß ist. Es stellt ebenso die Verbindung zwischen Zerfallskonstante und Lebensdauer mit der Energie des α-Teilchens her. $P(\alpha$-Emission) ist proportional zu $E^{1/2}$, je größer die Energie des α-Teilchens, umso kürzer die Lebensdauer. Für große E ist der Zerfall damit schnell, in Übereinstimmung mit unseren naiven Annahmen. Man sieht in Gleichung (4.25), daß wir für $V_0 \gg E$ und $(V_0 - E)^{1/2}$ langsam veränderlich mit E folgenden Näherungsausdruck erhalten:

$$\log P(\alpha\text{-Emission}) \propto (\log E + \text{konst.}). \tag{4.26}$$

Wir erhalten so eine quantitative Beziehung zwischen der Zerfallskonstante und der Energie des zerfallenden Teilchens. Dieses Geiger-Nuttal-Regel genannte Ergebnis wurde zuerst aufgrund experimenteller Daten gefunden.

Beta-Zerfall

Ein Kern mit einem Überschuß an Neutronen (das heißt, der Wert N/Z ist größer als bei stabilen Kernen) kann in einen stabileren Kern übergehen, indem er ein Elektron emittiert. Man nennt solche Prozesse β-*Zerfall*. Man beschreibt den Zerfall auf folgende Weise:

$$^A X^Z \rightarrow {}^A Y^{Z+1} + e^-. \tag{4.27}$$

Aus dem Gesetz von der Erhaltung der elektrischen Ladung folgt die Erhöhung der Protonenzahl des Tochterkerns bei solchen Zerfällen um eine Einheit. Die Nukleonenzahl bleibt jedoch unverändert. Es existieren noch zwei weitere Prozesse, die β-Zerfälle genannt werden. Im ersten Fall emittiert ein Kern mit Protonenüberschuß ein Positron (Positronen sind die Antiteilchen der Elektronen; sie besitzen die gleiche Masse, jedoch entgegengesetzte elektrische Ladung), die Kernladung wird um eine Einheit reduziert. Die Beschreibung erfolgt in diesem Falle durch die Reaktionsgleichung

$$^A X^Z \rightarrow {}^A Y^{Z-1} + e^+. \tag{4.28}$$

Die zweite Möglichkeit besteht darin, daß ein Kern mit Protonenüberschuß seine Kernladung durch Absorption eines Atomelektrons reduziert. Man nennt diesen Prozeß *Elektroneneinfang* und beschreibt ihn wie folgt:

$$^A X^Z + e^- \rightarrow {}^A Y^{Z-1}. \tag{4.29}$$

Das eingefangene Elektron stammt meist aus einer inneren K-Schale eines Atoms. Die Folge ist eine Kaskade von Sprüngen von Elektronen auf ein tiefer liegendes freies Niveau, dabei werden normalerweise ein oder mehrere Röntgenphotonen emittiert. In allen drei Fällen für den β-Zerfall gilt $\Delta A = 0$ und $|\Delta Z| = 1$.

Da beim β-Zerfall nur das Elektron und der Tochterkern beobachtet werden, wurde ursprünglich von einem Zwei-Körper-Zerfall analog zum α-Zerfall ausgegangen. Für den Zerfall in (4.27) liefert der Satz von der Erhaltung der Energie

$$E_X = E_Y + E_{e^-} = E_Y + T_{e^-} + m_e c^2$$

oder

$$
\begin{aligned}
T_{e^-} &= (E_X - E_Y - m_e c^2) = (M_X - M_Y - m_e)c^2 - T_Y \\
&= Q - T_Y \simeq Q.
\end{aligned}
\tag{4.30}
$$

Man würde also wie beim α-Zerfall für einen Zwei-Körper-Prozeß erwarten, daß das leichtere emittierte Teilchen, das Elektron, einen Großteil der freigesetzten Energie mit sich führt. Daraus folgt mit (4.30) ein eindeutiger Wert für die Energie des Elektrons. Experimentell weisen die Elektronen jedoch ein kontinuierliches Energiespektrum auf, wie wir im vorangegangenen Kapitel gesehen haben. Die Gestalt der Verteilung der Anzahl emittierter Elektronen mit gegebener Energie ist in Abb. 4.4 dargestellt. Das Energiespektrum ist kontinuierlich und besitzt, innerhalb der Meßgenauigkeit, einen Endpunkt (die maximale Energie der emittierten Elektronen), dessen Wert durch (4.30) gegeben ist. Die meisten Elektronen besitzen eine geringere Energie, als die Energieerhaltung für den Zwei-Körper-Zerfall vorhersagt. Diese Beobachtung scheint eine Verletzung eines der am besten gesicherten Erhaltungssätze der Physik, des Energieerhaltungssatzes, zu sein. Betrachtet man weiter die Veränderung des Drehimpulses während des β-Zerfalls, so ist die Erhaltung des Drehimpulses nicht möglich, wenn nur zwei Teilchen während des Zerfalls entstehen.

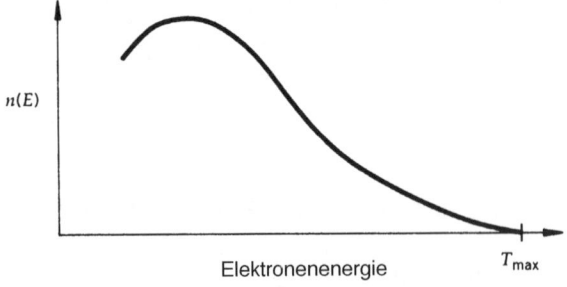

Abb. 4.4 Energiespektrum der beim β-Zerfall emittierten Elektronen

Untersucht man den Zerfall nach (4.27), so stellt man fest, daß sich die Zahl der Nukleonen nicht ändert. Auf der anderen Seite wird ein Elektron, das heißt ein Fermion, emittiert. Das Elektron besitzt, wie auch die Nukleonen, den Spin-Drehimpuls $s = \frac{1}{2}$. Dies bedeutet, daß, unabhängig von der (ganzzahligen) Veränderung des Wertes des Bahn-Drehimpulses, der Drehimpuls in einem solchen Prozeß nicht erhalten bleiben kann.

Für eine Weile schien es so, daß die Physiker zur Erklärung des β-Zerfalls die Erhaltung von Energie und Drehimpuls aufzugeben hätten. Dies würde nach dem Theorem von Emmy Noether (siehe Kapitel 10) zu einem anisotropen Universum führen, mit den Konsequenzen eines absoluten Koordinatensystems und einer absoluten Zeitskala, die das physikalische Verhalten beeinflussen würden. Damit müßte die bisher bekannte Physik aufgegeben werden. Um diese Schwierigkeit zu umgehen, postulierte Wolfgang Pauli ein zusätzliches Teilchen, das beim β-Zerfall emittiert wird und schwer nachzuweisen ist. Die Erhaltung der elektrischen Ladung fordert, daß das neue Teilchen, wie Neutron und Photon, elektrisch neutral ist. Dies erklärt auch zum Teil den schwierigen Nachweis dieses Teilchens. Wir wissen inzwischen, daß das Neutrino, eben jenes von Pauli postulierte neutrale Teilchen, mit Materie kaum wechselwirkt, deshalb ist es so schwer zu beobachten. Da die maximale Energie der beim β-Zerfall emittierten Elektronen der Zerfallsenergie des Kerns entspricht, ist das neue Teilchen im wesentlichen masselos. Soll das Neutrino die Erhaltung des Drehimpulses sichern, so muß es ein Fermion mit dem Spin $s = \frac{1}{2}$ sein. Da dieses Teilchen in gewissem Sinne an das Neutron erinnert, nur daß es deutlich leichter ist, schlug Fermi den Namen *Neutrino* (Verkleinerungsform von Neutron) vor, es wird meist mit dem griechischen ν bezeichnet.

Jedes Elementarteilchen besitzt ein Antiteilchen; das Neutrino macht da keine Ausnahme. Man bezeichnet das Antiteilchen als Antineutrino ($\bar{\nu}$). Da sowohl Neutrino als auch Antineutrino elektrisch neutral sind, ist natürlich die Frage, welche spezifischen Eigenschaften beide voneinander unterscheiden. (Man bedenke, das Neutron und das Antineutron sind ebenfalls elektrisch neutral, sie besitzen zur Unterscheidung jedoch magnetische Dipolmomente mit entgegengesetztem Vorzeichen und entgegengesetzte Nukleonen- oder „Baryonenzahl", wie wir in den Kapiteln 9 und 11 sehen werden. Das Neutrino ist jedoch ein masseloses Punktteilchen ohne Struktur und besitzt weder eine Nukleonenzahl noch ein Dipolmoment.) Experimentelle Untersuchungen von β-Zerfällen haben gezeigt, daß das ein Positron begleitende Neutrino („ν_{e^+}") immer linkshändig ist, während das ein Elektron begleitende Neutrino („ν_{e^-}") immer rechtshändig ist. Dabei meinen wir mit linkshändig, daß der Spinvektor entgegengesetzt dem Impuls gerichtet ist, während bei rechtshändigen Neutrinos Spin- und Impulsvektoren parallel sind. (Diese Namenskonvention ist entgegengesetzt zur rechtshändigen und linkshändigen Polarisation von Photonen in der Optik.) Definieren wir e^- als Teilchen und e^+ als Antiteilchen, so ist es vernünftig, ν_{e^-} Antineutrino ($\bar{\nu}$) zu nennen und ν_{e^+} Neutrino (ν). (Die Begründung für diese Vorgehensweise werden wir weiter unten geben.) Damit sehen wir, daß die Händigkeit eine Unterscheidungsmöglichkeit zwischen ν und $\bar{\nu}$ ist, wie wir später sehen werden, ist dies von großer Bedeutung. Wir können nun mit Hilfe unserer neuen Nomenklatur die drei β-Zerfallsprozesse wie folgt beschreiben:

$$
\begin{aligned}
{}^A X^Z &\rightarrow {}^A Y^{Z+1} + e^- + \bar{\nu} \\
{}^A X^Z &\rightarrow {}^A Y^{Z-1} + e^+ + \nu \\
{}^A X^Z + e^- &\rightarrow {}^A Y^{Z-1} + \nu.
\end{aligned}
\tag{4.31}
$$

Befindet sich der zerfallende Mutterkern in Ruhe, so ergibt der Satz von der Erhaltung der Energie für die Elektronenemission die Gleichung:

$$
M_P c^2 = T_D + M_D c^2 + T_{e^-} + m_e c^2 + T_{\bar{\nu}} + m_\nu c^2
$$

oder

$$
T_D + T_{e^-} + T_{\bar{\nu}} = (M_P - M_D - m_e - m_\nu) c^2 = \Delta M c^2 = Q,
\tag{4.32}
$$

dabei sind M_P, M_D, m_e und m_ν die Massen des Mutterkerns, des Tochterkerns, des Elektrons sowie des Neutrinos. T_D, T_{e^-} und T_ν bezeichnen analog die kinetische Energie von Tochterkern, Elektron und Neutrino. Wir sehen an (4.32), daß nur eine Elektronenemission stattfinden kann, wenn die Zerfallsenergie, Q, positiv ist, das heißt, die Masse des Mutterkerns muß größer als die Summe der Massen der Zerfallsprodukte sein. Werden die kleinen Differenzen in den atomaren Bindungsenergien vernachlässigt, so erhalten wir als Bedingung für die Elektronenemission

$$
\begin{aligned}
Q &\simeq (M(A, Z) - M(A, Z + 1) - m_\nu) c^2 \\
&\simeq (M(A, Z) - M(A, Z + 1)) c^2 \geq 0.
\end{aligned}
\tag{4.33}
$$

$M(A, Z)$ sind die Atomgewichte inklusive der Atomelektronen. Da der Tochterkern viel schwerer ist als Elektron und Antineutrino, ist die Rückstoßenergie des Tochterkerns vernachlässigbar. Damit gilt

$$
T_{e^-} + T_{\bar{\nu}} \simeq Q.
\tag{4.34}
$$

Damit ist nun klar, daß durch das Auftreten des Antineutrinos $\bar{\nu}$ die Energie des Elektrons nicht länger gleichförmig ist. Jeder Wert im Intervall $0 \leq T_{e^-} \leq Q$ ist kinematisch erlaubt, die maximale Elektronenenergie entspricht $T_{\bar{\nu}} = 0$ und ist durch den Endwert von Gleichung (4.32) gegeben:

$$
(T_{e^-})_{\max} = Q.
\tag{4.35}
$$

Das Paulische Postulat erklärt daher das kontinuierliche Spektrum beim β-Zerfall und sichert alle allgemein akzeptierten Erhaltungssätze.

Der Vollständigkeit halber wollen wir noch die Zerfallsenergie für die Positronenemission angeben.

$$
\begin{aligned}
Q &= (M_P - M_D - m_e - m_\nu)c^2 \\
&= (M(A, Z) - M(A, z - 1) - 2m_e - m_\nu)c^2 \\
&\simeq (M(A, Z) - M(A, Z - 1) - 2m_e)c^2.
\end{aligned}
\tag{4.36}
$$

Wieder bezeichnet $M(A, Z)$ das volle Atomgewicht und Q muß positiv sein, damit es zum Zerfall kommen kann. Analog dazu lauten die Beziehungen für den Elektroneneinfang wie folgt:

$$
\begin{aligned}
Q &= (M_P + m_e - M_D - m_\nu)c^2 \\
&= (M(A, Z) - M(A, Z - 1) - m_\nu)c^2 \\
&\simeq (M(A, Z) - M(A, Z - 1))c^2 \geq 0.
\end{aligned}
\tag{4.37}
$$

Wie bereits oben erwähnt, werden alle Differenzen in den Bindungsenergien der Elektronen in den Atomen vernachlässigt.

So, wie Proton oder Neutron die Nukleonen- oder Baryonenzahl $+1$ tragen, ist das Elektron ein „Lepton" mit der Leptonenzahl $+1$. Das Antiteilchen des Elektrons, das Positron, hat dann die Leptonenzahl -1, so, wie Antineutron oder Antiproton die Nukleonenzahl -1 besitzen. Wir werden in Kapitel 9 sehen, daß sowohl Leptonenzahl als auch Nukleonenzahl bei allen Prozessen erhalten zu bleiben scheinen; daraus folgt, daß das Neutrino in den Gleichungen (4.31-4.31) die Leptonenzahl $+1$ besitzen muß, während für das Antineutron folglich -1 die gültige Leptonenzahl ist.

Wie wir aus Experimenten wissen, kommen in der Natur drei geladene Leptonen vor, die von dazugehörigen Neutrinos begleitet werden, und zwar (e^-, ν_e), (μ^-, ν_μ) und (τ^-, ν_τ). Myon und Tau-Lepton besitzen gleiche Eigenschaften wie das Elektron, nur sind sie deutlich schwerer. Die drei Typen von Neutrinos sind voneinander verschieden (gut bestätigt für ν_e und ν_μ). Wechselwirken zum Beispiel die in dem Zerfall $\pi^+ \rightarrow \mu^+ + \nu_\mu$ erzeugten Neutrinos mit Materie, so werden niemals andere geladene Leptonen als μ^- erzeugt. Das heißt:

$$
\begin{aligned}
\mu_\mu + {}^A X^Z &\rightarrow {}^A Y^{Z+1} + \mu^- \\
\nu_\mu + {}^A X^Z &\not\rightarrow {}^A Y^{Z+1} + e^-.
\end{aligned}
\tag{4.38}
$$

Wechselwirkt ein ν_e mit Materie, kann nur ein Elektron erzeugt werden:

$$
\begin{aligned}
\nu_e + {}^A X^Z &\rightarrow {}^A Y^{Z+1} + e^- \\
\nu_e + {}^A X^Z &\not\rightarrow {}^A Y^{Z+1} + \mu^-.
\end{aligned}
\tag{4.39}
$$

Diese Familienstruktur der Leptonen und ihrer Antiteilchen ist ganz wichtig für die Konstruktion von Theorien der fundamentalen Wechselwirkungen.

Die Frage nach der Masse der Neutrinos besitzt ebenfalls große Bedeutung. Nach (4.33) und (4.35) kann die Masse des Neutrinos aus dem Endpunkt des β-Spektrums bestimmt werden. Ist $m_\nu = 0$, so liegt der Endpunkt des Spektrums tangential zur Abszisse, für den Fall $m_\nu \neq 0$ ist er tangential zur Ordinate (siehe Abb. 4.5). Man kann also durch Untersuchung des Spektrums die Masse der Neutrinos bestimmen, wenigstens dem Prinzip nach. Die Gestalt des Endpunktes des Spektrums ist jedoch in starkem Maße von der Auflösung der Messung abhängig. Es gibt andere Methoden zur Bestimmung von m_ν, der überzeugendste Wert für die Masse des elektronischen Neutrinos ist $m_{\nu_e} \leq 10\,\text{eV}/c^2$.

Vom kosmologischen Standpunkt aus ist eine kleine, jedoch von Null verschiedene Masse der Neutrinos wünschenswert. In der Standardkosmologie wird von einem geschlossenen Universum ausgegangen, die zur Zeit nachgewiesene leuchtende Materie reicht jedoch zur Erzeugung einer Gravitationsanziehung, die die momentane Expansion anhalten könnte, nicht aus. Ein massives, schwer nachzuweisendes Neutrino kann als dunkle Materie der Materie des Universums hinzugefügt werden und damit die Geschlossenheit der Welt begründen. Eine endliche Neutrinomasse führt automatisch zum Konzept einer Mischung zwischen verschiedenen Neutrinozuständen und zu „Neutrinooszillationen" einer Spezies zu einer anderen, analog zu Schwebungsphänomenen und Energieaustausch im Falle zweier schwach gekoppelter Pendel oder Oszillatoren. Diese Eigenschaft ist Grundlage einer experimentellen Methode zum Nachweis einer nichtverschwindenden Neutrinomasse. Man beginnt mit einem ν_μ und beobachtet die Entwicklung der Erzeugung von e^- in Materie als Funktion des vom Neutrino zurückgelegten Weges.

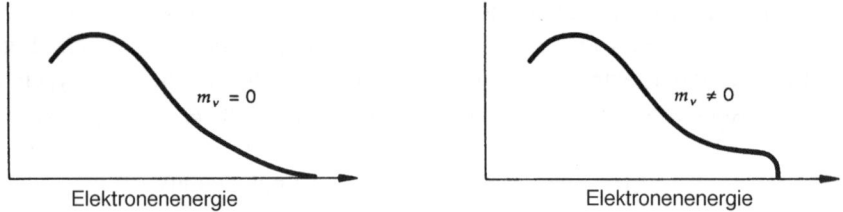

Abb. 4.5 Abhängigkeit des Endpunktes des β-Spektrums von der Neutrinomasse

Die β-Zerfallsprozesse in (4.31) können äquivalent wie folgt geschrieben werden:

$$n \rightarrow p + e^- + \bar{\nu}_e$$
$$p \rightarrow n + e^+ + \nu_e \tag{4.40}$$
$$p + e^- \rightarrow n + \nu_e. \tag{4.41}$$

Da das Neutron schwerer ist als das Proton, kann ein freier Zerfall nach Gleichung (4.40) stattfinden. Aus dem gleichen Grund kann ein Proton, da es leichter ist als ein Neutron, im freien Raum nicht einem β-Zerfall unterliegen, dies ist nur innerhalb eines Kerns möglich. Freie Neutronen dagegen zerfallen tatsächlich im Labor mit einer Lebensdauer von etwa 900 Sekunden. Diese Lebensdauer ist deutlich länger als die typischen Zeiten in Kern- und elektromagnetischen Prozessen. (Es sei an dieser Stelle erwähnt, daß die typische Zeitskala für Kernprozesse bei etwa 10^{-23} s liegt, während diejenige für elektromagnetische Prozesse etwa 10^{-16} s groß ist.) Wir schließen daraus, daß der β-Zerfall, obwohl ein Phänomen der Kernphysik, die Kernkraft nicht enthält. (Gleiches gilt auch für die elektromagnetische Kraft.) Diese Tatsache führte Fermi zum Postulat der Existenz einer neuen Kraft, die für den β-Zerfall verantwortlich ist. Man nennt sie *schwache Kraft*, sie ist kurzreichweitig, da sie nur innerhalb der Kerne effektiv zur Wirkung kommt. Die geringe Stärke dieser Kraft ist für die lange Lebensdauer der Neutronen beim β-Zerfall verantwortlich. Mittels relativer Stärken können die Verhältnisse zwischen starker, elektromagnetischer, schwacher und gravitativer Wechselwirkung in der Form $1 : 10^{-2} : 10^{-5} : 10^{-39}$ dargestellt werden. Wie im Falle des Elektromagnetismus können aufgrund der relativ geringen Stärke der schwachen Kraft viele Effekte mit Hilfe der Störungstheorie berechnet werden.

Wie wir bereits früher ausgeführt haben, kommen Elektronen im Kern nicht vor. Deshalb können die beim β-Zerfall produzierten Elektronen nicht aus dem Kern stammen. Sie müssen also zum Zeitpunkt des Zerfalls entstehen. Dies ist analog zur Situation bei atomaren Übergängen; da Photonen nicht innerhalb von Atomen existieren, werden sie während des Übergangs erzeugt. So, wie ein Übergang in einem Atom als zum Beispiel durch eine Dipolwechselwirkung induziert verstanden werden kann, die sich mit Hilfe der Störungstheorie berechnen läßt, kann der β-Zerfall als durch die schwache Kraft einer Hamilton-Funktion der schwachen Wechselwirkung induziert interpretiert werden. Die Übergangswahrscheinlichkeit pro Zeiteinheit oder die „Breite" des Prozesses kann in der Störungstheorie mit Fermis Goldener Regel berechnet werden:

$$P = \frac{2\pi}{\hbar} |H_{fi}|^2 \rho(E_f). \tag{4.42}$$

Dabei ist $\rho(E_f)$ die Dichte der Zustände der Zerfallsprodukte und H_{fi} bezeichnet das Matrixelement der Hamilton-Funktion der schwachen Wechselwirkung H_{schwach} zwischen Anfangs- und Endzustand:

$$H_{fi} = <f|H_{\text{schwach}}|i> = \int d^3x \psi_f^*(x) H_{\text{schwach}} \psi_i(x). \tag{4.43}$$

Wir sehen aus Gleichung (4.40), daß die Hamilton-Funktion H_{schwach} vier fermionische Zustände verbinden muß; anderenfalls beschreibt das Matrixelement in (4.43) nicht den β-Zerfall. Die von Fermi für die Theorie des β-Zerfalls vorgeschlagene Hamilton-Funktion – man nennt diese Theorie die *vier-Fermionen-Theorie* – war relativistisch und basierte auf den Eigenschaften der Dirac-Gleichung für Fermionen. Im Laufe der Jahre wurde die Struktur der vier-Fermionen-Theorie durch experimentelle Untersuchungen so abgeändert, daß sie in exzellenter Übereinstimmung mit allen experimentellen Messungen niederenergetischer β-Zerfälle ist.

Unter den Vorhersagen der Theorie ist die ausschließliche Existenz linkshändiger Neutrinos, die natürlich zur Paritätsverletzung bei schwachen Prozessen führt. Wir werden die Parität ausführlich in Kapitel 11 behandeln. Ein System ist invariant unter einer Paritätstransformation, wenn es sich bei einer Spiegelung der räumlichen Koordinaten nicht ändert; das heißt, es unterscheidet sich nicht von seinem Spiegelbild. Für die beim β-Zerfall emittierten linkshändigen Neutrinos bedeutet dies, daß der Spiegelprozeß rechtshändige Neutrinos enthält, denn unter Spiegelung gilt: $r \to -r$, $p \to -p$, ; $L = r \times p \to (-r) \times (-p) = L$. Wie in Abb. 4.6 gezeigt, verändert sich die Bewegungsrichtung unter Spiegelung, der Spin als Drehimpuls jedoch nicht, was zu einem Wechsel der Händigkeit führt. (Die Händigkeit ist durch $(p \cdot s)/|p|$ gegeben.) Das heißt nun, der β-Zerfall ist von seinem Spiegelbild unterscheidbar. Da in der Natur jedoch keine rechtshändigen Neutrinos (und linkshändigen Antineutrinos) vorkommen, tritt der paritätstransformierte Prozeß nicht auf und die Parität muß bei der schwachen Wechselwirkung verletzt werden. Diese Tatsache konnte auch experimentell gesichert werden. (Wir empfehlen dem Leser, einen rotierenden Propeller und sein Spiegelbild zu betrachten, um sich davon zu überzeugen, daß der Rotationssinn bei Spiegelung erhalten bleibt.)

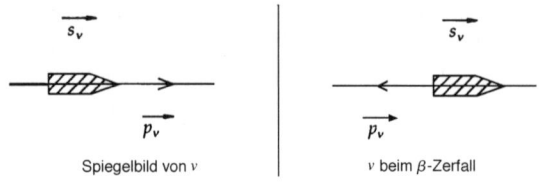

Spiegelbild von ν | ν beim β-Zerfall

Abb. 4.6 Darstellung des Impuls- und Spin-Vektors eines Neutrinos und des entsprechenden Spiegelbildes

Gamma-Zerfall

Zerfällt ein schwerer Kern und emittiert dabei α-Teilchen oder β-Teilchen, so kann, wie wir gesehen haben, der Tochterkern in einem angeregten Zustand sein. Kommt es nicht zum Zerbrechen des angeregten Kerns oder emittiert er andere

Teilchen, so kann er durch Aussendung hochenergetischer Photonen oder Gammastrahlen (γ) in den Grundzustand übergehen. Der minimale Abstand zwischen nuklearen Energieniveaus liegt bei etwa 50 keV, die typische Energie nuklearer Gammastrahlung liegt bei einem Bruchteil bis zu einigen MeV. Da diese Abregung elektromagnetischer Natur ist, liegt die typische Lebensdauer solcher Prozesse bei etwa 10^{-16} s.* Wie bei atomaren Prozessen trägt das Photon mindestens eine Einheit Drehimpuls davon (da das Photon durch das elektromagnetische Vektorfeld beschrieben wird, besitzt es den Spin $s = 1$), der Prozeß erhält die Parität.

Das Studium von Emission und Absorption von γ-Strahlen ist ein wesentlicher Teil der Kernspektroskopie, die große Ähnlichkeit mit der Atomspektroskopie besitzt, es gibt jedoch einen wesentlichen Unterschied. So betrachte man einen Anfangszustand mit der Energie E_i sowie einen Übergang in einen Zustand mit der Energie E_f durch Absorption oder Emission eines Photons der Frequenz ν. Ein solcher Prozeß ist ein sogenannter resonanter oder rückstoßfreier Übergang mit der Beziehung

$$h\nu = \pm(E_i - E_f),\tag{4.44}$$

dabei entspricht „$-$" der Absorption und „$+$" der Emission. Mißt man daher ν, so bestimmt dies den Abstand der Niveaus. Zur Erhaltung des Impulses ist der Rückstoß des Systems bei Absorption oder Emission eines Photons notwendig. Bezeichnet M die Masse des Systems und v den Betrag der Rückstoßgeschwindigkeit, dann gilt nach dem Impulserhaltungssatz

$$\frac{h\nu}{c} = Mv.\tag{4.45}$$

Die Energieerhaltung liefert dann

$$E_i + E_f = \pm h\nu + \frac{1}{2}Mv^2$$
$$= \pm h\nu + \frac{1}{2M}\left(\frac{h\nu}{c}\right)^2$$

oder

$$h\nu = \pm\left(E_i - E_f - \frac{h^2\nu^2}{2Mc^2}\right) = \pm(E_i - E_f - \Delta E_R).\tag{4.46}$$

---

*Sprechen wir über typische Lebensdauer für verschiedene Wechselwirkungen, so muß beachtet werden, daß diese für spezifische Prozesse sehr verschieden sein kann, verursacht durch Unterschiede im Phasenraum und im Übergangsoperator unter verschiedenen Umständen. So besitzt die elektromagnetische Wechselwirkung eine typische Lebensdauer zwischen $\sim 10^{-19}$ s bei gewissen Zerfallsprozessen und $\sim 10^{-8}$ s für atomare Dipolübergänge.

ΔE_R bezeichnet die Rückstoßenergie des Systems.

Wir wissen, daß mit jedem instabilen Zustand eine Breite ΔE und eine natürliche Lebensdauer τ verbunden ist, die durch das Unbestimmtheitsprinzip

$$\tau \Delta E \simeq \hbar$$

oder

$$\Delta E \simeq \frac{\hbar}{\tau} \sim \text{Unbestimmtheit in } (E_i - E_f) \tag{4.47}$$

miteinander verbunden sind. Mit anderen Worten, der exakte Wert der beiden Energieniveaus ist unbestimmt und kann nur mit der Ungenauigkeit ΔE definiert werden. Ist die Rückstoßenergie viel kleiner als ΔE, so ist (4.46) im wesentlichen äquivalent zu (4.44); resonante Absorption findet statt. Gilt aber $\Delta E_R \gg \Delta E$, so ist es unmöglich, das System durch resonante Absorption innerhalb der Grenzen der Unbestimmtheitsrelation auf ein höheres Niveau anzuregen.

Der Deutlichkeit halber wollen wir ein Beispiel betrachten. Wir wenden uns einem Atom mit $A = 50$ zu. Der typische Abstand der atomaren Niveaus liegt bei etwa 1 eV; wir wollen daher die Absorption eines Photons der Energie $h\nu = 1$ eV betrachten. In diesem Falle ist $Mc^2 \simeq 50 \cdot 10^3\,\text{MeV} = 5 \cdot 10^{10}\,\text{eV}$, damit gilt

$$\Delta E_R = \frac{(h\nu)^2}{2Mc^2} \simeq \frac{1(\text{eV})^2}{2 \cdot 5 \cdot 10^{10}\,\text{eV}} = 10^{-11}\,\text{eV}. \tag{4.48}$$

Da die typische Lebensdauer der angeregten atomaren Niveaus etwa 10^{-8} s beträgt, erhalten wir

$$\begin{aligned} \Delta E \simeq \frac{\hbar}{\tau} &\simeq \frac{6{,}6 \cdot 10^{-22}}{10^{-8}\,\text{s}}\,\text{MeV s} \\ &= 6{,}6 \cdot 10^{-14}\,\text{MeV} = 6{,}6 \cdot 10^{-8}\,\text{eV}. \end{aligned} \tag{4.49}$$

Damit gilt $\Delta E_R \ll \Delta E$ und es kann resonante Absorption stattfinden.

Im Gegensatz dazu besitzen typische nukleare Niveaus Abstände von etwa $h\nu \geq 100\,\text{keV} = 10^5\,\text{eV}$. Betrachten wir einen Kern mit $A = 50$, so erhalten wir wieder $Mc^2 \simeq 5 \cdot 10^{10}\,\text{eV}$. Die Rückstoßenergie lautet für diesen Fall

$$\Delta E_R = \frac{(h\nu)^2}{2Mc^2} \simeq \frac{(10^5\text{eV})^2}{10^{11}\text{eV}} = 10^{-1}\,\text{eV}. \tag{4.50}$$

Die typische Lebensdauer von Kernniveaus liegt bei ungefähr 10^{-12} s, damit erhalten wir

$$\begin{aligned} \Delta E \simeq \frac{\hbar}{\tau} &\simeq \frac{6{,}6 \cdot 10^{-22}\,\text{MeV s}}{10^{-12}\text{s}} \\ &= 6{,}6 \cdot 10^{-10}\,\text{MeV} = 6{,}6 \cdot 10^{-4}\,\text{eV}. \end{aligned} \tag{4.51}$$

Man sieht, es gilt $\Delta E_R \gg \Delta E$, damit ist resonante Absorption nicht möglich.

Um resonante Absorption in Kernen zu ermöglichen, muß die Rückstoßenergie irgendwie reduziert werden, dies geschieht auf sehr schöne Weise durch den sogenannten Mößbauer-Effekt (benannt nach seinem Entdecker Rudolf Mößbauer). Die grundlegende Idee ist die Tatsache, daß, je größer das rückstoßende System ist, um so kleiner ist die Rückstoßenergie (siehe (4.50). Man kann nun die Masse des Systems enorm vergrößern, indem der Kern in einem festen kristallinen Gitter quasi eingefroren wird, da so das Gesamtsystem eine viel größere Masse aufweist als der Kern selbst. So wird die Masse des makroskopischen Kristalls die Masse des rückstoßenden Systems, dadurch ist die effektive Masse des Rückstoßes einige Größenordnungen größer und der Energieverlust ΔE_R vergleichbar mit ΔE. Auf Grund dieser Eigenschaften kann mit Hilfe des Mößbauer-Effektes die Breite von Energieniveaus extrem genau bestimmt werden. So wurde die Niveaubreite in Eisen mit einer Genauigkeit von 10^{-7} eV bestimmt, dies entspricht einer relativen Genauigkeit von etwa 10^{-12}. So eignen sich diese Techniken sehr gut zur Untersuchung der Hyperfeinaufspaltung von Energieniveaus.

Aufgaben

4.1 Man berechne die Q-Werte für die folgenden α-Zerfälle zwischen den Grundzuständen der Kerne: a) ^{208}Po $\rightarrow$ ^{204}Pb $+ \alpha$; b) ^{230}Th $\rightarrow$ ^{226}Ra $+ \alpha$. Wie groß ist die kinetische Energie der α-Teilchen und der Kerne im Endzustand, wenn der Zerfall in Ruhe stattfindet?

4.2 Man untersuche den relativen Anteil der Zentrifugalbarriere und der Coulomb-Barriere an der Streuung eines 4-MeV-α-Teilchens an ^{236}U. Man betrachte speziell den Stoßparameter $b = 1$ fm sowie $b = 7$ fm. Wie lauten die Bahn-Quantenzahlen für solche Stöße? (*Hinweis:* $|\boldsymbol{L}| \sim |\boldsymbol{r} \times \boldsymbol{p}| \sim \hbar k b \sim \hbar l$.)

4.3 Freie Neutronen zerfallen in Protonen, Elektronen und Antineutrinos mit einer mittleren Lebensdauer von 889 s. Man berechne für die gegebene Massendifferenz zwischen Proton und Neutron von 1,3 MeV/c^2 mit 10 Prozent Genauigkeit das Maximum der kinetischen Energie der Elektronen und Protonen. Wie groß ist die maximale mögliche Energie der Antineutrinos? (Man nehme an, der Zerfall finde in Ruhe statt und das Antineutrino sei masselos.)

4.4 Welche Art von Radioaktivität ist für a) ^{22}Na und b) ^{24}Na zu erwarten, wenn ^{23}Na das stabile Isotop ist?

4.5 Man gebe an, welche Teilchen den Reaktionsgleichungen hinzuzufügen sind, damit die Erhaltung der Leptonenzahl gilt:

a) $\mu^- \rightarrow e^- + ?$

b) $\tau^+ \rightarrow e^+ + ?$

c) $e^- + {}^A X^Z \rightarrow ?$

d) $\nu_\mu + n \rightarrow ?$

e) ${}^A X^Z \rightarrow {}^A Y^{Z-1} + ?$

f) $\bar{\nu}_e + p \rightarrow ?$

4.6 Man berechne die typische kinetische Energie eines in einem Kern eingeschlossenen α-Teilchens, wenn seine Energie nach der Emission 10 MeV beträgt. Wie groß ist der Impuls eines solchen Teilchens im Kern und nach der Emission? Ist die Wellenlänge dieses α-Teilchens annehmbar für den Einschluß in einen Kern von ${}^{12}C$? Wie sieht es für ${}^{238}U$ aus?

4.7 Untersucht man die Abhängigkeit von Z von N für stabile Kerne, so liegen β^+-Strahler oberhalb der Region der Stabilität (Protonenüberschuß), β^--Strahler unterhalb dieser Region (Neutronenüberschuß). So emittiert zum Beispiel ${}^8B$ β^+, während ${}^{12}B$ β^- emittiert. Stabile Kerne sind solche, die für beide Zerfallsarten nicht genügend Masse besitzen, sie sind die Kerne mit der stärksten Bindung oder der kleinsten Masse. Wie bereits in 3.1 diskutiert, entsprechen die stabilen Kerne einem „Tal" im $M - Z$-Raum mit der Eigenschaft $\partial M / \partial Z = 0$. Man verwende die semiempirische Massenformel für M und zeige, daß die Beziehung zwischen A und Z in diesem Tal durch die Formel $Z \simeq A/(2+0{,}008A^{2/3})$ gegeben ist. Kerne mit Z größer als 105 wurden nicht beobachtet. Ist es möglich, daß für $Z > 110$ „Inseln" der Stabilität existieren? Man betrachte speziell die Möglichkeit der Bindung von $Z = 125$ und $Z = 126$.

Empfohlene Literatur

Frauenfelder, H. und Henley, E. M. 1991. *Subatomic Physics*. N.J.: Prentice-Hall, (Englewood Cliffs).

Krane, K. S. 1987. *Introductory Nuclear Physics*. New York (Wiley).

Williams, W. S. C. 1991. *Nuclear and Particle Physics*. London/New York, (Oxford Univ. Press).

5 Anwendungen der Kernphysik

Einführende Bemerkungen

Die Untersuchung der Eigenschaften von Kernen und der Kernkraft trugen mit zur Entwicklung unseres Verständnisses der Naturgesetze bei. Dieses Naturverständnis führte oft zu Anwendungen, die für die Menschheit äußerst nützlich geworden sind. So waren die Prinzipien des Elektromagnetismus der Ausgangspunkt der Kommerzialisierung der Elektrizität, welche aus unserem täglichen Leben nicht mehr wegzudenken ist. Das Verständnis der Prinzipien der Atomphysik führte zum Laser, zum Transistor und zu einer großen Zahl anderer wichtiger Geräte. Auch die Phänomene der Kernphysik waren Ausgangspunkte für verschiedenste Anwendungen. Da diese Anwendungen sowohl konstruktiv als auch destruktiv verwandt wurden und werden, sind sie häufig Anlaß zu kontroversen Diskussionen. Wir wollen in diesem Kapitel nur wenige dieser Anwendungen und die ihnen zugrundeliegenden Prinzipien beschreiben.

Kernspaltung

Da Neutronen elektrisch neutrale Teilchen sind, spüren sie die Coulomb-Kraft nicht direkt. Damit können niederenergetische Neutronen, im Gegensatz zu Protonen, die durch die Kernladung abgestoßen werden, dem Kern viel näher kommen, mit ihm durch das anziehende Kernpotential wechselwirken und gebundene Zustände bilden. In den Anfangsjahren der Kernphysik war der Einfang niederenergetischer Neutronen durch Kerne die Standardtechnik zur Herstellung neuer Kerne mit größeren A-Werten. Beim Versuch, Transurane durch Neutroneneinfang zu erzeugen, wurde jedoch beobachtet, daß die Streuung niederenergetischer thermischer Neutronen (bei Raumtemperatur $T \simeq 300\mathrm{K}$, $kT \sim \frac{1}{40}\mathrm{eV}$) an Kernen mit ungeradem A nicht zu schwereren Kernen führte, sondern daß der Mutterkern in zwei kleinere Fragmente mit kleinerer Masse zerfiel. Man nennt diesen Zerfall eines schweren Kerns in zwei mittelgroße Kerne und andere Bruchstücke *Kernspaltung*. Einige schwere Kerne unterliegen spontaner Spaltung bei nur geringer äußerer Störung. Ein typisches Beispiel für die Spaltung eines Kerns mit ungeradem A durch Absorption thermischer Neutronen ist die Spaltung von ^{235}U:

$$^{235}\text{U} + n \rightarrow {}^{148}\text{La} + {}^{87}\text{Br} + n. \tag{5.1}$$

Auf der anderen Seite führt die Streuung thermischer Neutronen an Kernen mit geradem A, wie zum Beispiel ^{238}U, nicht zu Spaltung. Allerdings kommt es auch hier zur Spaltung, wenn die Energie der Neutronen bei etwa 20 MeV liegt.

Die Kernspaltung scheint eine inhärente Eigenschaft schwerer Kerne zu sein. Sie spielt in unserem Leben eine wichtige Rolle, liefert der Prozeß doch eine große Menge an Energie. Man kann die freigesetzte Energiemenge bei der Kernspaltung mit Hilfe der Darstellung der Bindungsenergie pro Nukleon in Abb. 2.1 abschätzen. Die Bindungsenergie pro Nukleon ist für große A kleiner als für mittelschwere Kerne, für welche sie ihr Maximum erreicht. Der Prozeß der Spaltung beinhaltet daher das Aufbrechen eines relativ schwach gebundenen schweren Kerns in zwei stärker gebundene Kerne mit mittleren Werten für A; deshalb muß ein gewisser Energiebetrag freigesetzt werden. Es sei $-7{,}5$ MeV die mittlere Bindungsenergie pro Nukleon für ^{235}U (man erinnere sich, B/A ist das Negative der Bindungsenergie pro Nukleon) und $-8{,}4$ MeV für die Spaltprodukte. Wir erhalten damit einen Energiegewinn für die Spaltung von ^{235}U von etwa $0{,}9$ MeV pro Nukleon, der auf die Endprodukte verteilt ist. Damit ist der Gesamtbetrag der freigesetzten Energie gleich:

$$235 \cdot 0{,}9 \,\text{MeV} = 211{,}5 \,\text{MeV} \simeq 200 \,\text{MeV}. \tag{5.2}$$

Dies ist tatsächlich eine große Menge kinetischer Energie und man sieht, die Kernspaltung kann, vom Menschen in den Dienst genommen, eine ergiebige Energiequelle sein.

Das Phänomen der Kernspaltung kann sowohl qualitativ als auch quantitativ mit Hilfe des Tröpfchenmodells verstanden werden. Erinnern wir uns, das Modell geht von der Kugelgestalt des Kerns aus, eine für viele Kerne experimentell verifizierte Tatsache. Für sehr schwere Kerne ist die Kugelgestalt jedoch nicht notwendig stabil. Außerdem kann eine äußere Störung, zum Beispiel ein Neutron, Oberflächenwellen erzeugen, die die Gestalt des Tröpfchens verändern. Es kann so auf Grund der Störung auseinandergezogen werden. Ist die dadurch erzeugte Verformung groß genug, so führt die Coulomb-Abstoßung zwischen den Endpunkten zur Ausbildung einer hantelförmigen Struktur. Die beiden Verdickungen stoßen einander ab und es kommt so zu einem vollständigen Zerfall des ursprünglichen Kerns in zwei oder mehr Tröpfchen. Ist die Anregung auf der anderen Seite nicht sehr groß, so kann der deformierte Tropfen einen angeregten Zustand des zusammengesetzten Kerns bilden (er besteht aus dem Neutron und dem Mutterkern mit der Nukleonenzahl A), der durch Emission eines

Photons in einen niedrigeren Energiezustand des Kerns mit der Nukleonenzahl $A + 1$ abgeregt werden kann. Man nennt letzteres Phänomen den radioaktiven Neutroneneinfang. Beide Prozesse können schematisch wie in Abb. 5.1 gezeigt dargestellt werden.

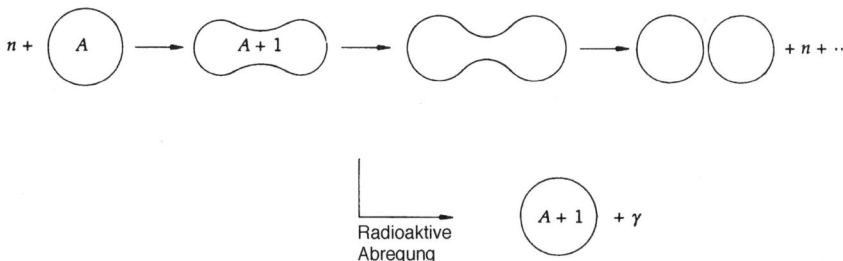

Abb. 5.1 Neutronenabsorption führt entweder zu Spaltung oder radioaktivem Neutroneneinfang.

Das Tröpfchenmodell liefert auch eine exzellente quantitative Beschreibung der Kernspaltung. Wie wir bereits gesehen haben, besitzt dieses Modell eine recht natürliche und erfolgreiche Parametrisierung der Bindungsenergien von Kernen. Die empirische Formel für die Bindungsenergie (siehe (3.3)) besitzt drei klassische Terme, die explizit von der Gestalt des Tröpfchens abhängen; die Volumenenergie, die Oberflächenenergie und die Coulomb-Energie. Damit kann durch eine einfache klassische Rechnung die Stabilität eines Flüssigkeitstropfens unter einer externen Störung analysiert werden. Wir wollen von einem kugelörmigen Tröpfchen mit dem Radius R ausgehen und ihn unter einer kleinen Störung zu einem Ellipsoid mit gleichem Volumen deformieren (man bedenke, die Kernmaterie wird als inkompressible Flüssigkeit behandelt). Die große und kleine Halbachse a bzw. b kann wie folgt parametrisiert werden (siehe Abb. 5.2):

$$a = R(1 + \epsilon)$$
$$b = \frac{R}{(1 + \epsilon)^{1/2}}. \tag{5.3}$$

(Man betrachte Aufgabe 5.13 zur Verbindung zwischen dem infinitesimalen Deformationsparameter ϵ und der Exzentrizität des Ellipsoids.) Diese Wahl der Parametrisierung sichert die Konstanz des Volumens:

$$V = \frac{4}{3}\pi R^3 = \frac{4}{3}\pi ab. \tag{5.4}$$

Da das Volumen für Kugel und Ellipsoid gleich ist, ist auch die Volumenenergie des Originalkerns gleich der des Tröpfchens. Die Oberflächenenergie und die Coulomb-Energie werden jedoch verschieden sein. Man kann nun durch den

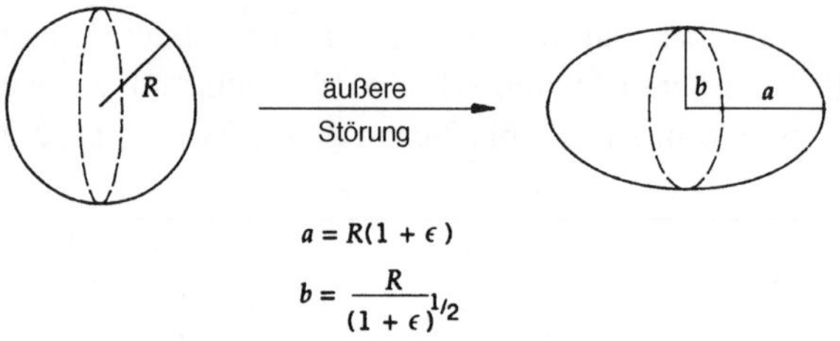

$$a = R(1 + \epsilon)$$

$$b = \frac{R}{(1 + \epsilon)^{1/2}}$$

Abb. 5.2 Deformation einer Kugel in ein Ellipsoid mit gleichem Volumen.

Vergleich der Oberflächenelemente des Ellipsoids und der Kugel zeigen, daß die Oberflächenenergie des ersteren die Form

$$a_2 A^{2/3} \to a_2 A^{2/3} \left(1 + \frac{2}{5}\epsilon^2\right) \tag{5.5}$$

besitzt, für die Coulomb-Energie gilt:

$$a_3 \frac{Z^2}{A^{1/3}} \to a_3 \frac{Z^2}{A^{1/3}} \left(1 - \frac{1}{5}\epsilon^2\right). \tag{5.6}$$

(Die Korrekturterme lassen sich für kleines ϵ in der Form einer Transformation $A \to A(1 + \frac{3}{5}\epsilon^2)$ darstellen.) Man beachte, daß die gewählte Deformation die Oberflächenenergie vergrößert, die Coulomb-Energie jedoch verkleinert. Die Stabilität des Ausgangskerns hängt also vom Verhältnis dieser beiden Terme zueinander ab. Die Gesamtveränderung der Bindungsenergie (B.E.) entsprechend der Deformation besitzt damit die Form:

$$\Delta = \text{B.E.(Ellipsoid)} - \text{B.E.(Kugel)}$$

$$= \frac{2}{5}\epsilon^2 a_2 A^{2/3} - \frac{1}{5}\epsilon^2 a_3 \frac{Z^2}{A^{1/3}}$$

$$= \frac{1}{5}\epsilon^2 A^{2/3} \left(2a_2 - a_3 \frac{Z^2}{A}\right). \tag{5.7}$$

Ist diese Energiedifferenz positiv, so ist der kugelförmige Tropfen stärker gebunden und wird unter einer kleinen externen Störung stabiler sein. Man kann nun mit den in (3.4) gegebenen Werten $a_2 \simeq 16,8$ MeV und $a_3 \simeq 0,72$ MeV zeigen, daß $\Delta > 0$ gilt für

$$2a_2 - a_3 \frac{Z^2}{A} > 0$$

oder

$$\frac{Z^2}{A} < 47. \tag{5.8}$$

Diese einfache klassische Analyse zeigt, daß kugelförmige Kerne nur dann stabil unter infinitesimalen Störungen sind, wenn gilt $Z^2 < 47A$. Die quantenmechanischen Korrekturen verändern qualitativ das Bild nicht. Deshalb kann man erwarten, daß kugelfömige Kerne mit $Z^2 > 47A$ höchst instabil sind und damit spontaner Spaltung unterliegen. Es zeigt sich jedoch, daß für alle bekannten Kerne $Z^2 < 47A$ gilt; für diese Kerne scheint die Kugelgestalt die festeste Bindung zu bieten. Allerdings kann für zwei Tochterkerne die Bindungsenergie kleiner sein als für den sphärischen Mutterkern. Dann tritt eine Tendenz zur Spaltung des Mutterkerns auf und damit zum Übergang zu einem niedrigeren Energiezustand.

Wir wollen nun den einfachen Fall der Spaltung eines Mutterkerns in zwei identische Tochterkerne betrachten. (Wir nehmen also an, sowohl A als auch Z seien gerade Zahlen.) Vernachlässigen wir die quantenmechanischen Korrekturen, das heißt, a_4 und a_5 in (3.2), so kann die Differenz der Bindungsenergien des ursprünglichen Kerns und der Spaltprodukte, wenn sie sich voneinander entfernt haben, berechnet werden. Da sich die Volumenenergien herausheben, erhalten wir:

$$\Delta(\text{B.E.}) = \text{B.E}(A, Z) - 2\text{B.E.}\left(\frac{A}{2}, \frac{Z}{2}\right)$$

$$= a_2 A^{2/3}\left(1 - 2\frac{1}{2}^{2/3}\right) + a_3 \frac{Z^2}{A^{1/3}}\left(1 - 2\frac{(1/2)^2}{(1/2)^{1/3}}\right)$$

$$= a_2 A^{2/3}(1 - 2^{1/3}) + a_3 \frac{Z^2}{A^{1/3}}(1 - 2^{-2/3}). \tag{5.9}$$

Setzen wir hier die Werte von a_2 und a_3 aus (3.4) ein, so gilt:

$$\Delta(\text{B.E.}) \simeq A^{2/3}\left(-0{,}27a_2 + 0{,}38a_3\frac{Z^2}{A}\right)$$

$$= A^{2/3}\left(-0{,}27 \cdot 16{,}8\,\text{MeV} + 0{,}38 \cdot 0{,}72\,\text{MeV}\frac{Z^2}{A}\right)$$

$$\simeq 0{,}27 A^{2/3}\left(-16{,}5 + \frac{Z^2}{A}\right)\,\text{MeV}. \tag{5.10}$$

Diese Rechnung zeigt, daß für $Z^2 > 16{,}5A$ die beiden Tochterkerne fester gebunden sind als der Mutterkern, das heißt $\Delta(\text{B.E.}) > 0$. Damit folgt, daß für $16{,}5A < Z^2 < 47A$, obwohl in diesem Bereich die Kugelform stabil unter kleinen Störungen ist, es doch energetisch günstiger für den Mutterkern ist, in zwei leichtere Kerne zu zerfallen.

Wir wollen nun die obige Diskussion in den Graphen der potentiellen Energie der beiden Tochterkerne als Funktion ihres Abstandes einfügen (siehe Abb. 5.3). Sind die zwei Tochterkerne weit voneinander entfernt, so wird ihre potentielle Energie relativ zum Mutterkern durch Gleichung (5.10) beschrieben. Für $A \sim 240$ und $Z \sim 92$ entspricht dies etwa 200 MeV für die beiden kleineren Kerne mit vergleichbarer Masse. Nähern sich beide Fragmente einander, so

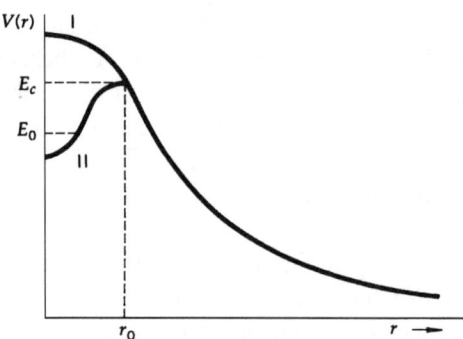

Abb. 5.3   Potentielle Energie der Wechselwirkung zweier mittelschwerer Kerne als Funktion ihres Abstandes. Die Kerne berühren sich gerade bei $r = r_0$ und verschmelzen für $r = 0$.

wirkt auf sie das Coulomb-Potential, welches für abnehmenden Abstand wächst. Berühren sich beide Kerne gerade, das heißt, bei $r = r_0$, erreicht das Coulomb-Potential sein Maximum bei etwa 250 MeV. (Für Kerne mit asymmetrischer Massenverteilung von 2 : 1 reduziert sich dieser Wert um 10 bis 15 Prozent.) Für $r < r_0$ beginnen beide Kerne zu verschmelzen; es gibt nun, wie wir gesehen haben, zwei Möglichkeiten für die weitere Entwicklung des Systems. (Man beachte, für $r < r_0$ ist r ein effektives Maß für die Ausdehnung des deformierten Kerns und ist proportional zum Deformationsparameter ϵ in (5.3).) Nun wissen wir, daß für $Z^2 > 47A$ die Kugelgestalt instabil ist und daß die Energie quadratisch mit der Deformation wächst (siehe (5.7)). Dies entspricht dem Ast I in der Darstellung der potentiellen Energie. Die kleinste Störung führt zum Zerfall eines kugelförmigen Kerns in zwei leichtere, voneinander entfernte Kerne, da die stetige Entfernungszunahme vom Ausgangsobjekt für alle r energetisch bevorzugt ist. Der Kern rollt also den Potentialberg sehr schnell herab und spaltet sich spontan. $Z^2 < 47A$ entspricht einem stabilen Zustand, dessen Energie quadratisch mit der Deformation wächst; dies entspricht der Kurve II in Abb. 5.3. Klassisch gesehen bedeutet dies, daß der Kern am Boden der Potentialmulde liegt, entsprechend den quantenmechanischen Korrekturen besitzt der Grundzustand eine Nullpunktsenergie E_0.

Bezeichnet E_c die Spitze der Coulomb-Barriere, dann entspricht dies der klassischen Energiemenge, die ein Kern benötigt, um sich spalten zu können. Mit anderen Worten, ein Kern muß die Energiemenge $E_c - E_0$ besitzen, um der Kernspaltung zu unterliegen. Man nennt diese Energie die Anregungsenergie, ihr Wert liegt typischerweise zwischen 6 und 8 MeV bei $A \simeq 240$. Im Bereich der Kurve II kann der Kern allerdings auch durch Tunneleffekt gespalten werden. Die Wahrscheinlichkeit dafür ist jedoch, wie wir in Kapitel 4 gesehen haben, ausgesprochen klein, da die Spaltprodukte große Massen besitzen; die Lebensdauer solcher Prozesse ist sehr lang. Da die Entwicklung entlang des Astes I in zwei Tochterkerne immer energetisch bevorzugt ist, verläuft dieser Prozeß sehr schnell.

Diese doch recht einfache Theorie der Kernspaltung geht auf Niels Bohr und John Wheeler zurück. Obwohl in der Konzeption klassisch, liefert sie ein erstaunlich gutes Verständnis sowohl der natürlichen (spontanen) als auch der induzierten Kernspaltung. So kann erklärt werden, warum für ^{235}U thermische Neutronen die Spaltung induzieren, während für ^{238}U Neutronen höherer Energie benötigt werden. Es gibt zwei Möglichkeiten, die Ursache argumentativ darzustellen. Qualitativ gesehen liegt der Grundzustand von ^{235}U im Potentialtopf höher (schwächere Bindung) als der von ^{238}U, da ersterer ein ungerade-gerade-Kern und letzterer ein gerade-gerade-Kern ist. Um Spaltung zu induzieren, ist daher für ^{235}U eine kleinere Anregungsenergie nötig als für ^{238}U. Es ist aber auch möglich, die Anregungsenergie für die Spaltung von ^{235}U und ^{238}U zu berechnen; wir erhalten etwa 5 MeV für ersteres und 6 MeV für letzteres. Fängt nun ^{235}U ein weiteres Neutron ein, so wird es ein gerade-gerade-Kern. Der Prozeß überführt also einen ungerade-gerade-Kern in einen fester gebundenen gerade-gerade-Kern unter Energiefreisetzung (die Bindungsenergie des letzten Neutrons beträgt $-6,5$ MeV). Die freigesetzte Energie ist größer als die Aktivierungsenergie und kann damit die Spaltung des Verbundkerns (Ausgangskern plus Neutron) induzieren. Die kinetische Energie des Neutrons ist hier irrelevant, thermische Neutronen können daher die Spaltung auslösen. Der Neutroneneinfang von ^{238}U führt zu einem Wechsel von gerade-gerade zu gerade-ungerade. Der Einfang verändert einen fest gebundenen in einen weniger fest gebunden Kern; dies ist ein schwächer exothermer Prozeß (die Bindungsenergie des letzten Neutrons in ^{238}U beträgt $-4,8$ MeV, die Anregungsenergie ist dagegen über 6 MeV groß). Aus diesem Grund werden Neutronen mit einer Energie größer als $1,2$ MeV benötigt, um die zusätzliche Aktivierungsenergie aufzubringen. Wir möchten an dieser Stelle betonen, daß dieser Term allein doch nicht für die gesamte Differenz in der neutroneninduzierten Kernspaltung von ^{235}U und ^{238}U verantwortlich ist, obwohl der Paarungsterm (das heißt der letzte Term in Gleichung (3.2)) negativ für gerade-gerade Kerne ist und Null für ungerade-ungerade Kerne und das Verhalten beider Systeme qualitativ beschreibt.

Im vorigen Beispiel nahmen wir an, die Spaltprodukte besäßen gleiche Masse, eine wie es scheint natürliche Annahme. Im allgemeinen besitzen die Fragmente jedoch eine asymmetrische Massenverteilung (dies reduziert die Wirkung der Coulomb-Barriere). Die Massen der Tochterkerne häufen sich um $A \sim 95$ und $A \sim 140$. Bisher ist es noch nicht gelungen, diese spezielle Häufung zu verstehen. Kurz nach der Spaltung sind die Tochterkerne meist in angeregten Zuständen und gehen durch „Verdampfen" oder Emission von Neutronen in den Grundzustand über. Deshalb entstehen im Verlauf der Spaltung ein oder mehrere Neutronen zusammen mit den Tochterkernen. Im allgemeinen liegen die usprünglichen Spaltprodukte nicht auf der Linie der Stabilität in der $N - Z$-

Ebene; da sie über einen Neutronenüberschuß verfügen, liegen sie darüber. Nach der Spaltung zerfallen die Tochterkerne zur Stabilitätslinie durch β^--Zerfall.

Kettenreaktion

Aus der Diskussion des letzten Abschnittes wird ersichtlich, daß jede Kernspaltung eine große Menge Energie erzeugt. An sich wäre dies von keinem Interesse, denn für nützliche Anwendungen wird eine ständige, kontinuierliche Energieproduktion benötigt. Die Kernspaltung als mögliche kommerzielle Quelle von Energie ist nur attraktiv, da oft zusammen mit den Tochterkernen Neutronen erzeugt werden. Beim Zerfall von ^{235}U werden zum Beispiel im Mittel 2,5 Neutronen pro Spaltung frei. Da diese Neutronen weitere Spaltungen induzieren können, kann im Prinzip ein kontinuierlicher Prozeß aufrecht erhalten werden.

Betrachten wir nun das Verhältnis der Neutronen:

$$k = \frac{\text{Zahl der bei der Spaltung } (n+1) \text{ erzeugten Neutronen}}{\text{Zahl der bei den Spaltung } n \text{ erzeugten Neutronen}}. \tag{5.11}$$

Ist das Verhältnis der Anzahl der in aufeinander folgenden Spaltungen produzierten Neutronen kleiner als Eins, das heißt $k < 1$, so nennt man den Prozeß *subkritisch*. In diesem Fall kann die Spaltung einer Menge von radioaktivem Material nicht kontinuierlich fortgeführt werden. Damit ist diese Bedingung, im Lichte der Erzeugung nutzbarer Energie gesehen, nicht sehr wertvoll. Gilt $k = 1$, ist also die Zahl der erzeugten Neutronen bei jeder Spaltung konstant, so nennen wir den Prozeß *kritisch*. In diesem Fall ist eine kontinuierliche Energieproduktion möglich; damit ist dies die wünschenswerteste Bedingung für den Betrieb eines Kernreaktors. Für $k > 1$ werden bei jeder Spaltung mehr und mehr Neutronen erzeugt, es kommt zu einer Kettenreaktion. Man nennt dieses Szenario *superkritisch*, der Ausstoß an Energie wächst sehr schnell an und führt zu einer unkontrollierbaren Explosion. Die ist das Prinzip der Kernwaffen.

In einem Kernreaktor kann die Kettenreaktion geregelt und somit für die Energieerzeugung genutzt werden.

Ganz einfach gesagt besteht ein Kernreaktor aus verschiedenen Komponenten, deren wichtigste die aktive Zone ist (siehe Abb. 5.4). Die aktive Zone enthält

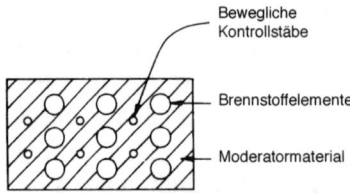

Abb. 5.4 Skizze der Bestandteile der aktiven Zone eines Reaktors.

das spaltbare Material, oder den Kernbrennstoff, die Steuerstäbe und den Moderator. Man kann natürliches Uran als Kernbrennstoff verwenden. Natürliches Uran ist eine Mischung aus ^{235}U und ^{238}U, da die Lebensdauer des leichteren Isotops kürzer ist (etwa $7 \cdot 10^8$ Jahre) als die des schwereren Isotops (etwa $5 \cdot 10^9$ Jahre), enthält die Mischung nur einen Bruchteil ^{235}U (das Verhältnis zwischen ^{235}U und ^{238}U beträgt ungefähr 1 : 138). Deshalb werden die meisten der thermischen Neutronen, die auf eine solche Probe treffen, durch ^{238}U-Kerne eingefangen und stehen damit für eine Kernspaltung nicht zur Verfügung. Um dieses Problem zu umgehen, verwendet man angereichertes Uran als Kernbrennstoff; es besteht im wesentlichen aus ^{235}U.

Die Steuerstäbe des Reaktors bestehen häufig aus Cadmium; dieses Element besitzt ein hohes Absorptionsvermögen (Einfangquerschnitt) für Neutronen. So kann durch Einfahren oder Herausziehen der Steuerstäbe die Zahl der Neutronen, die zur Spaltung verwandt werden können, reguliert werden. Dieser Prozeß ist der Schlüssel zur Konstanthaltung des k-Wertes und damit der Leistungsabgabe. Der Kernbrennstoff ist häufig von einem Moderator umgeben; die Hauptfunktion dieses Stoffes ist die Bremsung der schnellen Neutronen, die bei der Spaltung entstehen So wird die Absorptionswahrscheinlichkeit erhöht und damit die Zahl der Kernspaltungen, denn schnelle Neutronen besitzen kleinere Einfangquerschnitte. Natürlich wird ein billiges Moderatormaterial mit verschwindender Neutronenabsorption verwandt. Schweres Wasser D_2O zum Beispiel wird gegenüber normalem Wasser bevorzugt, da der Einfangquerschnitt für Neutronen durch Protonen bei normalem Wasser (bei Bildung von Deuteron) deutlich größer ist als die Bildung von Tritiumkernen aus Deuteron in schwerem Wasser.

Im Kernkraftwerk (siehe Abb. 5.5) ist das aktive Zentrum in ein Kühlmedium (oft Wasser) eingebettet, welches die gebildete Wärme abtransportiert und die aktive Zone kühlt, um eine unkontrollierte Kettenreaktion zu verhindern. (Die Wärme entsteht durch Ionisation des Reaktormaterials durch die Spaltprodukte.) Das gesamte System ist von schweren Betonwänden umgeben, um die Gefahr

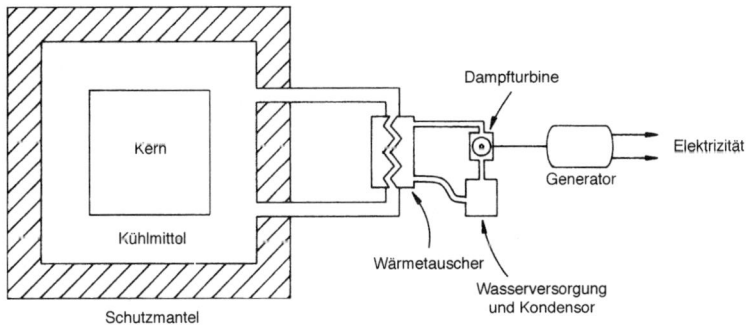

Abb. 5.5   Skizze der wichtigsten Bestandteile eines Kernkraftwerkes

eines Austritts von radioaktivem Material zu minimieren. Beginnt der Reaktor zu arbeiten, so wird der k-Wert auf einen Wert etwas über Eins eingestellt und auf diesem Wert gehalten, bis der gewünschte Energiegewinn erreicht ist; danach wird er auf Eins eingestellt. Das Kühlmittel transportiert die im Spaltprozeß erzeugte Wärme aus der aktiven Zone, meist wird damit heißes Wasser und Dampf erzeugt. Der Dampf treibt Turbinen zur Erzeugung elektrischer Energie an. Natürlich ist diese Darstellung von Aufbau und Wirkungsweise eines Kernkraftwerkes äußerst schematisch. In der Realität ist die Konstruktion um ein Vielfaches komplizierter, vor allem aufgrund der vielen Sicherheitssysteme zur Vermeidung von Unfällen.

Wir wollen zum Abschluß den Wirkungsgrad der Energieproduktion in einem Kernreaktor abschätzen. Eine einzige Spaltung eines Kerns ^{235}U liefert eine Energie von etwa 200 MeV oder $3,2 \cdot 10^{-11}$ Joule. Ein Gramm eines Elementes enthält nun A_0/A Atome, mit der Avogadrozahl A_0. Ein Gramm ^{235}U enthält damit $6 \cdot 10^{23}/235 \simeq 3 \cdot 10^{21}$ Atome. Die vollständige Spaltung eines Gramms ^{235}U liefert damit die Energiemenge:

$$\simeq 3 \cdot 10^{21} \cdot 3,2 \cdot 10^{-11} \text{ J}$$
$$\simeq 10^{11} \text{ J}$$
$$\simeq 1 \text{ MWD} \text{ (Megawatt-Tag).} \tag{5.12}$$

Die vollständige Spaltung eines Grammes ^{235}U liefert also an einem ganzen Tag ein Megawatt Leistung. Zum Vergleich mit der Energieabgabe eines Gramms Kohle bei der Verbrennung erinnern wir daran, daß eine Tonne Kohle eine thermische Energie von 0,36 MWD liefert. Wird die Effektivität bei der Umwandlung der Energie in Elektrizität vernachlässigt, so liefert ein Gramm gespaltenes ^{235}U etwa $3 \cdot 10^6$mal mehr Energie als ein Gramm Kohle.

Kernfusion

Betrachtet man die Daten für die Bindungsenergie pro Nukleon, so ist interessant, daß das Maximum bei mittelschweren Kernen mit etwa $A \sim 60$ liegt. Der flache Abfall der Kurve hin zu schwereren Kernen macht Energiegewinn durch Kernspaltung möglich, wie wir gesehen haben. Für leichtere Kerne ist der Abfall der Kurve der Bindungsenergie pro Nukleon stärker, so daß, mit Ausnahme der magischen Kerne, leichte Kerne schwächer gebunden sind als Kerne mit mittlerem A. Man kann sich deshalb einen Prozeß vorstellen, der genau das Gegenteil der Kernspaltung darstellt und ein möglicher Energielieferant ist. Verschmelzen (fusionieren) wir nämlich zwei leichte Kerne und bilden so einen schwereren und stärker gebundenen Kern, so wird bei diesem Prozeß die Differenz in den Bindungsenergien der Ausgangskerne und des Endproduktes freigesetzt. Man nennt diesen Vorgang Kernfusion. Die bei der Kernfusion pro Nukleon freigesetzte Energie ist mit der bei der Kernspaltung auftretenden vergleichbar. Da leichte Kerne weniger Nukleonen enthalten, ist die gesamte freigesetzte Energie bei der Kernfusion kleiner. Die relative Häufigkeit leichter Elemente in der Natur ist allerdings deutlich größer als die schwerer Kerne, so daß die Kernfusion eine attraktive Alternative der Energieerzeugung darstellt. Der Fusionsmechanismus ist für die Energieerzeugung im Inneren der Sonne und der Sterne verantwortlich.

Damit Fusion auftritt, müssen, prinzipiell gesehen, nur zwei leichte Kerne einander nahe genug gebracht werden, so daß sie sich berühren und verschmelzen und dabei Energie freisetzen. Dazu muß jedoch die Coulomb-Barriere zwischen den beiden Kernen überwunden werden. Der Wert der abstoßenden Coulomb-Energie erreicht sein Maximum im Augenblick der Berührung der beiden Kerne:

$$V_{\text{Coulomb}} = \frac{ZZ'e^2}{R + R'}, \tag{5.13}$$

dabei sind Z und Z' die Ordnungszahlen der beiden Kerne und R und R' ihre Radien. Mit Hilfe von Gleichung (2.13) erhalten wir

$$\begin{aligned}
V_{\text{Coulomb}} &= \frac{e^2}{\hbar c} \frac{\hbar c ZZ'}{1{,}2(A^{1/3} + (A')^{1/3})\text{fm}} \\
&= \frac{1}{137} \frac{197\,\text{MeV fm}}{1{,}2\,\text{fm}} \frac{ZZ'}{A^{1/3} + (A')^{1/3}} \\
&\simeq \frac{ZZ'}{A^{1/3} + (A')^{1/3}}\,\text{MeV} \simeq \frac{1}{8}A^{5/3}\,\text{MeV}.
\end{aligned} \tag{5.14}$$

A und A' sind die Atomgewichte der beiden leichten Kerne, für den letzten Ausdruck haben wir $A \sim A' \sim 2Z \sim 2Z'$ gesetzt. Die Coulomb-Barriere zwischen zwei Kernen mit $A \sim 8$ beträgt ungefähr 4 MeV. Damit es zur Fusion kommen kann, müssen die Kerne kinetische Energie von einigen MeV besitzen, um die Coulomb-Barriere zu überwinden (der exakte Wert hängt natürlich von den speziellen Werten der Kernmasse und Kernladung ab).

Der natürlichste Weg zur Herbeiführung einer Kernfusion scheint nun im Zusammenstoß zweier energiereicher Strahlen leichter Kerne zu bestehen. Bei einem solchen Prozeß werden jedoch die meisten Kerne elastisch gestreut, daher ist eine solche Verfahrensweise uneffektiv. Eine andere Methode ist die Erhitzung der Kerne auf genügend hohe Temperaturen, damit sie ausreichend kinetische Energie besitzen, um die Potentialschwelle zu überwinden. Wir wollen die notwendige Temperatur abschätzen. Dazu nehmen wir an, jeder Kern benötige 2 MeV kinetische Energie (das heißt, die Coulomb-Barriere ist etwa 4

MeV hoch). Wie wir wissen, entspricht der Raumtemperatur (300 K) etwa $\frac{1}{40}$ eV, damit entsprechen 2 MeV

$$\frac{2 \cdot 10^6}{(1/40)} \cdot 300\mathrm{K} \simeq 10^{10}\mathrm{K}. \tag{5.15}$$

Obwohl dieser Wert über den typischen Temperaturen von $\sim 10^7$ K im Inneren der Sonne liegt, kann doch im Sterninneren Fusion stattfinden, da die Maxwellsche Form des Energiespektrums breit genug ist, damit genügend hoch angeregte Kerne vorhanden sind. Im Inneren der Sterne können verschiedene Fusionsreaktionen stattfinden; wir wollen im weiteren nur zwei der „Brennzyklen" beschreiben.

Das häufigste Element in unserer Sonne ist der Wasserstoff. Mit einer Masse von 10^{30} kg enthält sie etwa 10^{56} Wasserstoffatome. Wir erwarten deshalb, daß die hauptsächliche Energiequelle in der Sonne das Verbrennen von Wasserstoff ist. Man beschreibt den Proton-Proton-Zyklus wie folgt:

$$\begin{aligned}
{}^1\mathrm{H} + {}^1\mathrm{H} &\to {}^2\mathrm{H} + e^+ + \nu_e + 0{,}42\,\mathrm{MeV} \\
{}^1\mathrm{H} + {}^2\mathrm{H} &\to {}^3\mathrm{He} + \gamma + 5{,}49\,\mathrm{MeV} \\
{}^3\mathrm{He} + {}^3\mathrm{He} &\to {}^4\mathrm{He} + 2({}^1\mathrm{H}) + 12{,}86\,\mathrm{MeV}.
\end{aligned} \tag{5.16}$$

Der große Energiegewinn im letzten Reaktionsschritt ist auf die Tatsache zurückzuführen, daß ^{4}He ein doppelt magischer Kern ist; damit ist er sehr stark gebunden. Die kinetische Energie wird auf die Fusionsprodukte verteilt und geht durch Stöße auf das stellare Medium über. Beim Proton-Proton-Zyklus werden effektiv vier Wasserstoffatome verbrannt, und man erhält:

$$6({}^1\mathrm{H}) \to {}^4\mathrm{He} + 2({}^1\mathrm{H}) + 2e^+ + 2\nu_e + 2\gamma + 24{,}68\,\mathrm{MeV}$$

oder

$$4({}^1\mathrm{H}) \to {}^4\mathrm{He} + 2e^+ + 2\gamma + 24{,}68\,\mathrm{MeV}. \tag{5.17}$$

Die Atome im Inneren der Sonne befinden sich in einem hoch ionisierten Plasmazustand, so daß die emittierten Positronen (e^+) mit freien Elektronen zerstrahlen und so die erzeugte Energiemenge noch erhöhen. Die Photonen, die im Zyklus entstehen, können mit Materie wechselwirken und so ihre Energie verlieren. Aus dem Alter des Universums von etwa 10^{10} Jahren und dem Energieausstoß der Sonne kann man abschätzen, daß die Sonne noch weitere ungefähr 10^9 Jahre brennen wird, bevor der Fusionsbrennstoff verbraucht ist.

Ein anderer, in den Sternen ablaufender, wichtiger Fusionsprozeß ist der Kohlenstoff- oder CNO-Zyklus. Das im Proton-Proton-Zyklus produzierte Helium kann mittels der Reaktion

$$3({}^4\mathrm{He}) \to {}^{12}\mathrm{C} + 7{,}27\,\mathrm{MeV} \tag{5.18}$$

Kohlenstoffkerne bilden. Im weiteren verläuft der Zyklus folgendermaßen:

$$^{12}C + \,^1H \rightarrow \,^{13}N + \gamma + 1,95\,MeV$$
$$^{13}N \rightarrow \,^{13}C + e^+ + \nu_e + 1,20\,MeV$$
$$^{13}C + \,^1H \rightarrow \,^{14}N + \gamma + 7,55\,MeV \qquad (5.19)$$
$$^{14}N + \,^1H \rightarrow \,^{15}O + \gamma + 7,34\,MeV$$
$$^{15}O \rightarrow \,^{15}N + e^+ + \nu_e + 1,68\,MeV$$
$$^{15}N + \,^1H \rightarrow \,^{12}C + \,^4He + 4,96\,MeV. \qquad (5.20)$$

Symbolisch können wir dies wie folgt schreiben:

$$^{12}C + 4(^1H) \rightarrow \,^{12}C + \,^4He + 2e^+ + 2\nu_e + 3\gamma + 24,68\,MeV$$

oder

$$4(^1H) \rightarrow \,^4He + 2e^+ + 2\nu_e + 3\gamma + 24,68\,MeV. \qquad (5.21)$$

Die verschiedenen Brennzyklen spielen in der Evolution der Sterne eine bedeutende Rolle.

Abschließend wollen wir kurz auf die weltweiten Versuche eingehen, die thermonukleare Fusion im Labor kontrolliert zu beherrschen. Die folgenden Prozesse sind mögliche Kandidaten:

$$^2H + \,^3H \rightarrow \,^4He + n + 17,6\,MeV$$
$$^2H + \,^2H \rightarrow \,^3He + n + 3,2\,MeV$$
$$^2H + \,^2H \rightarrow \,^3H + \,^1H + 4,0\,MeV.$$

Das größte Problem bei der Durchführung der Fusion über einen längeren Zeitraum liegt in der Notwendigkeit, das Brennmaterial über diese Zeit auf einer sehr hohen Temperatur zu halten, damit die Coulomb-Barriere überwunden werden kann. Zur Zeit gibt es zwei populäre Methoden, dieses Ziel zu erreichen. Eine davon ist die magnetische Einschließung; hierbei bewegt sich ein heißes Plasma von Deuterium und Tritium in einem Bereich, der durch Magnetfelder abgeschlossen wird. Bei der anderen Methode wird elektromagnetische Energie (Laserlicht oder Strahlen stark ionisierender Ionen) auf ein kleines Gebiet gerichtet, das das Brennmaterial enthält. Bis zur praktischen Nutzung der Kernfusion müssen allerdings noch viele Probleme gelöst werden.

Radioaktiver Zerfall

Wir haben in den vorangegangenen Kapiteln bereits öfter gesehen, daß instabile Kerne in andere Kerne durch die Emission von α-, β- oder γ-Teilchen umgewandelt werden können. Diese spontanen Übergänge von einem Zustand in einen anderen nennt man *radioaktiven Zerfall*. Wir wollen nun einige grundlegende Eigenschaften solcher Prozesse beschreiben.

Radioaktiver Zerfall ist ein statistischer Prozeß. Für eine große Zahl radioaktiver Kerne können wir nicht sagen, ob ein bestimmter Kern in einer bestimmten Zeit zerfallen wird. Allerdings existiert eine eindeutige konstante Zerfallswahrscheinlichkeit für jeden Kern. Bezeichnet N die Zahl der radioaktiven Kerne eines bestimmten Types zu einer festen Zeit und λ die konstante Wahrscheinlichkeit für einen Zerfall pro Zeiteinheit (das heißt, die Zerfallskonstante), dann wird die Veränderung der Zahl unserer Kerne im Zeitintervall dt folgendermaßen beschrieben:

$$N(t + dt) - N(t) = dN = -N(t)\lambda dt. \tag{5.22}$$

Das negative Vorzeichen beschreibt die Abnahme der Kerne im Laufe der Zeit durch den Zerfall. Sei N_0 die Zahl der Kerne bei $t = 0$, dann erhalten wir für die Zahl der Kerne zu einem späteren Zeitpunkt $N(t)$ aus (5.22)

$$\frac{dN}{N} = -\lambda dt$$

oder

$$\int_{N_0}^{N} \frac{dN}{N} = -\lambda \int_{0}^{t} dt$$

oder

$$\ln \frac{N(t)}{N_0} = -\lambda t$$

oder

$$N(t) = N_0 e^{-\lambda t}. \tag{5.23}$$

In radioaktiven Zerfallssystemen nimmt die Zahl der Ausgangskerne exponentiell ab und verschwindet nur im Unendlichen. Dieses Gesetz ist charakteristisch für alle statistischen Zerfallsprozesse.

Nun gibt es mehrere Zeitskalen, mit denen das System beschrieben werden kann. Wir bezeichnen mit $t_{1/2}$ die Zeit, in der die Hälfte der Kerne einer Probe zerfallen ist. Dann folgt:

$$N(t_{1/2}) = \frac{N_0}{2} = N_0 e^{-\lambda t_{1/2}}$$

oder

$$\lambda t_{1/2} = \ln 2$$

und

$$t_{1/2} = \frac{\ln 2}{\lambda} = \frac{0{,}693}{\lambda}. \tag{5.24}$$

Ist die Zerfallskonstante bekannt, kann die Halbwertszeit berechnet werden und direkt mit den gemessenen Daten verglichen werden. Eine andere Zeitskala zur Beschreibung von Zerfällen ist die mittlere Lebensdauer eines radioaktiven Materials. Mit (5.23) erhalten wir:

$$\langle t \rangle = \tau = \frac{\int_0^\infty t N(t)\,dt}{\int_0^\infty N(t)\,dt}$$

$$= \frac{N_0 \int_0^\infty t e^{-\lambda t}\,dt}{N_0 \int_0^\infty e^{-\lambda t}\,dt}$$

$$= \frac{\lambda^{-2}}{\lambda^{-1}} = \frac{1}{\lambda}, \tag{5.25}$$

die bestimmten Integrale findet man in Tabellenwerken. Wir hatten den Zusammenhang zwischen der Lebensdauer und der Zerfallskonstante in früheren Kapiteln im Zusammenhang mit dem Tunneleffekt erwähnt. Durch Multiplikation mit $\ln 2 = 0{,}693$ wird aus der mittleren Lebensdauer die Halbwertszeit.

Man sieht an Gleichung (5.23), daß bis zum vollständigen Zerfall einer Probe unendlich lange gewartet werden muß. Nach einigen Halbwertszeiten ist jedoch die Zahl der noch nicht zerfallenen Kerne zu klein, um nachgewiesen werden zu können. Die Zahl der Zerfälle pro Zeiteinheit, oder die Aktivität eines Materials, wird wie folgt definiert:

$$\mathcal{A}(t) = \left| \frac{dN}{N} \right| = \lambda N(t) = \lambda N_0 e^{-\lambda t}. \tag{5.26}$$

Die Aktivität ist natürlich eine Funktion der Zeit und nimmt ebenfalls exponentiell mit der Zeit ab. So besitzt zum Beispiel ^{226}Ra eine Halbwertszeit von 1260 Jahren und damit $t_{1/2} = 1260\,\text{Jahre} = 1{,}260 \cdot 10^3\,\text{a} \simeq 1{,}26 \cdot 10^3 \cdot 3{,}1 \cdot 10^7\,\text{s} \cdot 5 \cdot 10^{10}\,\text{s}$. Daher gilt

$$\lambda = \frac{0{,}693}{t_{1/2}} \simeq \frac{0{,}693}{5 \cdot 10^{10}\,\text{s}} \simeq 1{,}4 \cdot 10^{-11}/\text{s}. \tag{5.27}$$

Besteht unsere Probe zum Zeitpunkt $t = 0$ aus einem Gramm ^{226}Ra, dann beträgt die Zahl der radioaktiven Ausgangskerne der Probe

$$N_0 \simeq \frac{6 \cdot 10^{23}}{226} \simeq 2{,}7 \cdot 10^{21} \tag{5.28}$$

und die Aktivität der Probe bei $t = 0$ bestimmt sich zu

$$\mathcal{A}(t = 0) = \lambda N_0$$

$$\simeq 1{,}4 \cdot 10^{-11} \cdot 2{,}7 \cdot 10^{21}/\text{s}$$

$$\simeq 3{,}7 \cdot 10^{10}\,\text{Zerfälle/s}. \tag{5.29}$$

Diese anfängliche Aktivität nimmt mit der Zeit exponentiell ab, entsprechend der in (5.27) gegebenen Zerfallskonstante.

Die natürliche Aktivität von ^{226}Ra wird zur Definition der Einheit der Aktivität herangezogen. Jede Probe mit $3,7 \cdot 10^{10}$ Zerfällen pro Sekunde besitzt die Aktivität 1 Curie:

$$1\,\text{Curie} = 1\,\text{Ci} = 3,7 \cdot 10^{10}\,\text{Zerfälle/s}. \tag{5.30}$$

Die Aktivitäten radioaktiver Proben in Laboratorien ist gewöhnlich deutlich kleiner, man verwendet meist 1 Millicurie $= 1$ mCi $= 10^{-3}$ Ci oder 1 Mikrocurie $= 1\mu$Ci $= 10^{-6}$ Ci als Maßeinheiten. Deshalb ist das Rutherford eine angepaßtere Einheit der Aktivität. Es ist wie folgt definiert:

$$1\,\text{Rutherford} = 10^6\,\text{Zerfälle/s}. \tag{5.31}$$

Damit entspricht einem Zerfall pro Sekunde einer Aktivität von einem Mikrorutherford oder, wie man sagt, einem Becquerel (Bq).

Beispiel 1

Wir wollen annehmen, wir besäßen eine kleine Probe eines radioaktiven Materials mit der mittleren Lebensdauer τ von 10^3 s. Zu einer Zeit $t = 0$ beobachten wir 10^6 Zerfälle. Zu einer späteren Zeit sollte die Aktivität nach (5.26) gleich

$$\mathscr{A}(t) = \mathscr{A}(0)e^{-\lambda t}$$

sein. Wir wollen nun die erwartete Zahl von Zerfällen in einem 10 Sekunden-Intervall zentriert um t berechnen. Dann gilt:

$$
\begin{aligned}
\Delta N(t) &= \int_{t-5}^{t+5} \mathscr{A}(t)dt = -\frac{1}{\lambda}\mathscr{A}(0)e^{-\lambda t}\big|_{t-5}^{t+5} \\
&= \tau\mathscr{A}(0)e^{-\lambda t}\big|_{t+5}^{t-5} = \tau\mathscr{A}(0)\left(e^{-\lambda(t-5)} - e^{-\lambda(t+5)}\right).
\end{aligned}
$$

Wir wollen nun $\Delta N(t)$ bei $t = 1000$ s berechnen. Damit ergibt sich für das um $t = 1000$ zentrierte 10-Sekunden-Intervall

$$
\begin{aligned}
\Delta N(1000) &= \tau\mathscr{A}(0)[e^{-995/1000} - e^{-1005/1000}] \\
&= \tau\mathscr{A}(0)e^{-1}\left(e^{5/1000} - e^{-5/1000}\right) \\
&\simeq \tau\mathscr{A}(0)\frac{1}{e}\left(\left(1 + \frac{5}{1000} + \cdots\right) - \left(1 - \frac{5}{1000} + \cdots\right)\right) \\
&\simeq \tau\mathscr{A}(0)\frac{10}{1000e} = \frac{10^3 \cdot 10^6 \cdot 10}{10^3 \cdot 2,7} \simeq 4 \cdot 10^6\,\text{Ereignisse}.
\end{aligned}
$$

Der allgemeine Ausdruck für beliebiges Δt lautet:

$$\Delta N(t) = \tau\mathscr{A}(0)e^{-t/\tau}\left(e^{\Delta t/2\tau} - e^{-\Delta t/2\tau}\right),$$

dieser Ausdruck reduziert sich für $\Delta t \ll \tau$ auf

$$\Delta N(t) \simeq \tau \mathscr{A}(0) \frac{\Delta t}{\tau} e^{-t/\tau} = \mathscr{A}(0) \Delta t e^{-t/\tau}.$$

Die Zahl der Zerfälle in unserem gewählten Zeitintervall nimmt natürlich mit der Zeit ab. Es gibt kein a priori Verfahren, mit dem man bestimmen kann, welcher spezielle Kern unserer Probe zerfallen wird. Wir wissen nur, daß eine mittlere Zahl von Zerfällen stattfinden wird. Statistische Prozesse mit einer kleinen Wahrscheinlichkeit (p) für das Auftreten beliebiger Ereignisse, bei denen jedoch eine große Anzahl (N) von Ereignissen möglich sind, können mit Hilfe der Poisson-Statistik beschrieben werden. Für die Poisson-Verteilung gilt, daß der Erwartungswert die Form $\Delta N = pN$ besitzt, und der Fehler oder die Standardabweichung beträgt $\sqrt{pN} = \sqrt{\Delta N}$. (In unserem Fall ist für ein Zeitintervall von $\Delta t = 10$ s die Wahrscheinlichkeit gleich $p = \lambda \Delta t = 10^{-2} \ll 1$, wir können also die Poisson-Statistik verwenden).

In unserem speziellen Beispiel war ΔN gleich $4 \cdot 10^6$. Wir wollen dieses Ergebnis nun interpretieren. Zählen wir ΔN, so werden wir, unabhängig von der Form des Experimentes, natürlich nicht den Mittelwert ΔN exakt messen. In 60 Prozent aller Zählexperimente (wir nehmen eine Gauß-Verteilung an) wird die beobachtete Zählrate zwischen $\Delta N - \sqrt{\Delta N}$ und $\Delta N + \sqrt{\Delta N}$ liegen. Erwarten wir etwa $\Delta N = 4 \cdot 10^6$ Ereignisse, so beträgt $\sqrt{\Delta N}/\Delta N$ nur $5 \cdot 10^{-4}$ so daß die relativen Fluktuationen um den Erwartungswert vernachlässigt werden können. Wollen wir nun die Zählrate zu einem späteren Zeitpunkt ($t = 10^4$ s) bestimmen, so ist $\Delta N(t = 10^4)$ deutlich kleiner:

$$\Delta N(10^4) \simeq 10^6 \cdot 10 \cdot e^{-10} \simeq 450.$$

Der Fehler berechnet sich zu $\sqrt{\Delta N} \sim 21$, so daß nun die Abweichungen vom Erwartungswert deutlicher sind.

Radioaktives Gleichgewicht

Beim Zerfall eines radioaktiven Mutterkerns entsteht ein sogenannter *Tochterkern*. Dieser Tochterkern kann nun sowohl stabil als auch instabil sein. Ist er radioaktiv, so zerfällt er in einen Enkelkern und so weiter. Mit der Radioaktivität eines Mutterkerns ist also oft eine ganze Serie von Zerfällen verbunden. Jeder Zerfall in dieser Serie besitzt seine spezielle Zerfallskonstante und damit eine von den anderen verschiedene Halbwertszeit. Im allgemeinen ist die Lebensdauer des Mutterkerns deutlich länger als die Lebensdauern der anderen Mitglieder der Zerfallsreihe.

Wir betrachten nun den Fall einer radioaktiven Probe, deren Mutterkerne eine sehr lange Lebensdauer besitzen, sich also die Anzahl der Mutterkerne in einem kleinen Zeitintervall nicht merklich ändert. Die in der Zerfallsreihe folgenden Kerne sollen schneller zerfallen. Nach einer gewissen Zeit stellt sich ein Zustand ein, in dem sich die Anzahl der Kerne aller Mitglieder der Zerfallsreihe nicht mehr ändert. Man spricht in diesem Fall vom radioaktiven Gleichgewicht. Wir wollen nun untersuchen, wann ein solches Gleichgewicht auftreten kann. Bezeichne $N_1, N_2, N_3, \ldots$ die Zahl der Kerne $1, 2, 3, \ldots$ zu einem bestimmten Zeitpunkt und seien $\lambda_1, \lambda_2, \lambda_3, \ldots$ die entsprechenden Zerfallskonstanten der Mitglieder der Reihe. Es lassen sich nun auf folgende Weise Gleichungen ableiten, die die zeitliche Entwicklung der Populationen $N_1, N_2, N_3, \ldots$ beschreiben. Der Tochterkern wird mit einer Häufigkeit von $\lambda_1 N_1$ entsprechend dem Zerfall des Mutterkerns (siehe (5.22)) erzeugt und zerfällt mit der Rate $\lambda_2 N_2$. Die Differenz der beiden Raten ergibt die Nettoproduktion des Tochterkerns. Für jedes Mitglied der Zerfallsreihe erhöht sich die Population durch den Zerfall des vorhergehenden Kernes und verkleinert sich durch den eigenen Zerfall. Wir könne damit für die Veränderung der Anzahl der Mutter-, Tochter-, Enkelin-Kerne etc. in einem Zeitintervall Δt schreiben:

$$\Delta N_1 = -\lambda_1 N_1 \Delta t$$
$$\Delta N_2 = \lambda_1 N_2 \Delta t - \lambda_2 N_2 \Delta t \tag{5.32}$$
$$\Delta N_3 = \lambda_2 N_2 \Delta t - \lambda_3 N_3 \Delta t$$
$$\vdots \quad \vdots \qquad \vdots$$

Dividieren wir die Gleichungen durch Δt und gehen zu infinitesimalen Zeitintervallen über, so können wir obige Gleichungen in Abhängigkeit von der Anzahl der Spezies schreiben:

$$\frac{dN_1}{dt} = -\lambda_1 N_1$$
$$\frac{dN_2}{dt} = \lambda_1 N_1 - \lambda_2 N_2 \tag{5.33}$$
$$\frac{dN_3}{dt} = \lambda_2 N_2 - \lambda_3 N_3$$
$$\vdots \quad \vdots \qquad \vdots \tag{5.34}$$

Ein „säkulares" Gleichgewicht ist erreicht, wenn gilt:

$$\frac{dN_1}{dt} = \frac{dN_2}{dt} = \frac{dN_3}{dt} = \cdots = 0. \tag{5.35}$$

Dies geschieht natürlich nur für

$$\lambda_1 N_1 = \lambda_2 N_2 = \lambda_3 N_3 = \cdots \tag{5.36}$$

oder äquivalent

$$\frac{N_1}{\tau_1} = \frac{N_2}{\tau_2} = \frac{N_3}{\tau_3} = \cdots. \qquad (5.37)$$

Nun haben wir angenommen, τ_1 sei sehr groß und N_1 verändere sich quasi nicht ($dN_1/dt \approx 0$). Unter diesen Umständen befinden sich Tochterkern, Enkelin-Kern etc. alle sowohl im Gleichgewicht miteinander als auch im Gleichgewicht mit dem Mutterkern (das heißt, ihre Anzahl verändert sich effektiv nicht).

Natürliche Radioaktivität und radioaktive Datierung

In der Natur kommen etwa 60 radioaktive Kerne vor. Diese Zahl ist klein gegenüber der Anzahl der in Laboratorien erzeugten etwa 1000 radioaktiven Isotope. Zum Zeitpunkt der Entstehung der Erde waren alle Isotope etwa gleich häufig, so daß ihre Abwesenheit heute zur Altersbestimmung des Sonnensystems herangezogen werden kann. Man nimmt an, unser Sonnensystem ist ungefähr 10 Milliarden (10^{10} Jahre) alt. Deshalb kann es nicht überraschen, daß die meisten radioaktiven Isotope mit kürzerer Lebensdauer vollständig zerfallen sind.

Die natürlich vorkommenden radioaktiven Kerne besitzen häufig Ordnungszahlen zwischen $N = 81$ und $N = 92$ sowie Neutronenüberschuß. Die Existenz vieler Protonen in diesen Kernen führt trotzdem zu starker Coulomb-Abstoßung und Instabilität. Diese Kerne können durch Emission von α-Teilchen (zwei Neutronen und zwei Protonen) zerfallen. Die resultierenden Tochterkerne besitzen daher ein noch größeres Neutron-zu-Proton-Verhältnis und zerfallen meist unter Emission von β^--Teilchen. Ist der folgende Kern auch instabil, so schließen sich weitere α- und β^--Zerfälle an, bis das $N - Z$-Stabilitätstal (Abb. 2.3) erreicht ist. Da die Nukleonenzahl des α-Teilchens gleich vier ist und die des β^--Teilchens null, so bilden die abwechselnden α- und β^--Zerfälle Reihen, deren Ordnungszahlen sich um vier Einheiten unterscheiden.

Die schweren α-Strahler können in vier Reihen eingeteilt werden:

$$
\begin{array}{lll}
A = 4n & \text{Thorium-Reihe} & \\
A = 4n + 1 & \text{Neptunium-Reihe} & (5.38) \\
A = 4n + 2 & \text{Uran-Radium-Reihe} & \\
A = 4n + 3 & \text{Uran-Actinium-Reihe,} &
\end{array}
$$

dabei ist n eine ganze Zahl. Jede dieser Reihen ist mit dem historischen Namen des Mutterkerns mit der längsten Lebensdauer benannt. (Der Mutterkern der „Actinium"-Reihe ist in Wirklichkeit ^{235}U.) Die Lebensdauer der vier Kerne beträgt:

$$\tau(\text{Thorium}^{232}\text{Th}^{90}) \simeq 1,39 \cdot 10^{10} \text{ Jahre}$$
$$\tau(\text{Neptunium}^{237}\text{Np}^{93}) \simeq 2,2 \cdot 10^6 \text{ Jahre} \qquad (5.39)$$
$$\tau(\text{Uran}^{238}\text{U}^{92}) \simeq 4,5 \cdot 10^9 \text{ Jahre}$$
$$\tau(\text{„Actinium"}^{235}\text{U}^{92}) \simeq 7,15 \cdot 10^8 \text{ Jahre.}$$

Aus der Tatsache, daß das Alter unseres Universums etwa 10^{10} Jahre beträgt, folgt natürlich, daß sich die radioaktiven Isotope der Neptunium-Reihe auf der Erde nicht finden lassen. In der Natur lassen sich nur die Mutter-Kerne der anderen drei Reihen nachweisen. Die drei Isotope von Blei $^{208}\text{Pb}^{82}$, $^{206}\text{Pb}^{82}$ und $^{207}\text{Pb}^{82}$ sind die stabilen Endpunkte der Thorium-, Uran- und Actinium-Reihe. Zusätzlich zu den schweren Kernen existieren noch einige mittelschwere radioaktive Kerne in der Natur; wir nennen hier nur $^{40}\text{K}^{19}$ ($t_{1/2} \sim 1,3 \cdot 10^9$ Jahre) und $^{115}\text{In}^{49}$ ($t_{1/2} \sim 5 \cdot 10^{14}$ Jahre).

Eine wichtige Anwendung der Radioaktivität ist die Bestimmung des Alters von organischem, einige tausend Jahre altem Material. Die Methode beruht auf folgender einfacher Beobachtung. Unsere Atmosphäre enthält viele Gase, unter anderem ^{14}N und ^{12}C. Nun wird die Atmosphäre unablässig von energiereicher kosmischer Strahlung getroffen, welche in erster Linie Protonen und Photonen enthält. Diese kosmische Strahlung wechselwirkt nun mit den Kernen der Atmosphäre, dabei werden Teilchen mit geringerer Energie gebildet. Jedes langsame Neutron, welches auf diese Weise gebildet wird, kann von einem ^{14}N-Kern absorbiert werden, es entsteht ein radioaktives Kohlenstoffisotop:

$$^{14}\text{N}^7 + n \rightarrow {}^{14}\text{C}^6 + p. \qquad (5.40)$$

Das Kohlenstoffisotop ^{14}C zerfällt mit einer Halbwertszeit von 5730 Jahren durch β^--Emission:

$$^{14}\text{C}^6 \rightarrow {}^{14}\text{N}^7 + e^- + \bar{\nu}_e. \qquad (5.41)$$

Zu jedem bestimmten Zeitpunkt enthält unsere Atmosphäre in Form von Kohlendioxid (CO_2) einen gewissen Anteil an ^{12}C und einen kleinen Anteil ^{14}C. Lebende Organismen, zum Beispiel Bäume, nehmen CO_2 aus der Atmosphäre auf und damit beide Isotope. Die Aufnahme von CO_2 endet mit dem Tod des Organismus. Da ^{14}C radioaktiv ist, zerfällt es, während ^{12}C stabil bleibt. Daher verändert sich das relative Verhältnis beider Isotope zueinander in den Fossilien im Laufe der Zeit. Vergleichen wir dieses Verhältnis in einem Fossil mit dem in einem lebenden Organismus, so können wir das Alter des Fossils bestimmen. Wir können auch die Aktivität von ^{14}C im Fossil mit der im lebenden Organismus vergleichen und auf diese Weise das Alter berechnen. Man nennt diese Technik *radioaktive Datierung* oder ^{14}C-Datierung. Die Idee der Kohlenstoffdatierung stammt ursprünglich von Walter Libby und ist besonders bei archäologischen und anthropologischen Studien sehr wertvoll.

Beispiel 2

Als Beispiel wollen wir ein Stück Holz von 50 Gramm Gewicht betrachten. Es besitzt eine Aktivität von 320 Zerfällen pro Minute für ^{14}C. Die entsprechende Aktivität in einem lebenden Baum beträgt 12 Zerfälle pro Minute pro Gramm; wir wollen aus diesen Daten das Alter des Baumes bestimmen. (Die Halbwertszeit von ^{14}C ist 5730 Jahre.) Die anfängliche und die aktuelle Aktivität sind also

$$\mathscr{A}(t = 0) = 12 \, (\text{min g})^{-1}$$
$$\mathscr{A}(t) = \frac{320}{50} \, (\text{min g})^{-1}.$$

Aus der Definition der Aktivität folgt für das Verhältnis der Aktivitäten zu beiden Zeiten:

$$\mathscr{A}(t) = \left| \frac{dN}{dt} \right| = \lambda N(t) = \lambda N_0 e^{-\lambda t} = A(t = 0) e^{-\lambda t}.$$

Damit folgt

$$\lambda t = \ln \frac{A(t = 0)}{A(t)}$$

oder

$$t = \frac{1}{\lambda} \left(\frac{12 \cdot 50}{320} \right) \simeq \frac{5730a}{0{,}693} \cdot 0{,}626$$
$$\simeq 5170 \, \text{a}.$$

Das Stück Holz ist also etwa 5170 Jahre alt. Durch die Entwicklung von Kernmassenspektrometern ist es seit einiger Zeit möglich, sehr kleine Differenzen in den Konzentrationen von ^{12}C und ^{14}C in jedem beliebigen Material festzustellen. Verwendet man Proben von 1 mg (bei der älteren Zählratenmethode wurden etwa 1 g benötigt), so werden Empfindlichkeiten von $\sim 10^{-14}$ im Verhältnis ^{14}C/^{12}C erreicht. Wir haben in unserem Beispiel die Veränderungen der Konzentration von ^{14}C in der Atmosphäre vernachlässigt, die durch Zeitabhängigkeiten der kosmischen Strahlung oder durch atmosphärische Tests von Kernwaffen entstehen. Diese Veränderungen können gemessen und müssen natürlich bei der Bestimmung des Alters von Proben berücksichtigt werden.

Aufgaben

5.1   Um den Neutroneneinfangquerschnitt bei sehr kleinen Energien untersuchen zu können, müssen oft energiereiche (~ 1 MeV) Neutronen, die in Reaktoren entstehen, abgebremst (moderiert) werden. Man zeige, daß Paraffin ein besserer Moderator wäre als Aluminium, indem die maximale Energie berechnet wird, die ein Neutron durch Stoß mit einem Proton (im Paraffin) oder mit einem Al-Kern abgeben kann.

5.2   Man berechne die Energie, die bei der Spaltung von 1 g ^{235}U in ^{148}La und ^{87}Br freigesetzt wird. Man vergleiche das Ergebnis mit der bei der Fusion von Deuterium- und Tritiumkernen aus 1 g Tritiumwasser (T_2O) und 1g Deuteriumwasser (D_2O) entstehenden Energie.

5.3   Die Zählrate einer radioaktiven Quelle werde eine Minute in jeder Stunde gemessen. Die Ergebnisse lauten: 107, 84, 65, 50, 36, 48, 33, 25,.... Man trage die Zählrate über der Zeit graphisch auf und bestimme grob die mittlere Lebensdauer und die Halbwertszeit. Sind die Messpunkte sinnvoll, wenn man bedenkt, daß der erwartete Fehler von N gleich $\sqrt{N}$ ist? (*Hinweis*: Man verwende halblogarithmisches Papier und trage $\log N$ über t auf).

5.4   Ein Fund aus einer ägyptischen Pyramide enthält 1g Kohlenstoff mit der gemessenen Aktivität $4 \cdot 10^{-12}$ Ci. Wie alt ist der Fund, wenn in lebenden Bäumen das Verhältnis von $1,3 \cdot 10^{-12}$ für die Anzahl der $^{14}C/^{12}C$-Kerne gilt? Die Halbwertszeit von ^{14}C betrage 5730 Jahre.

5.5   Man nehme an, die Lebensdauer des Protons betrage 10^{33} Jahre. Wie viele Protonen zerfallen pro Jahr in einer Probe von 10^3 Tonnen Wasser? Wie groß ist diese Zahl im Jahre 2050?

5.6   Man berechne die Oberflächenenergien und Coulomb-Energien der folgenden Kerne:

$$^{228}\text{Th}, \quad ^{234}\text{U}, \quad ^{236}\text{U}, \quad ^{240}\text{Pu}, \quad ^{243}\text{Pu}. \tag{5.42}$$

Welcher Kern neigt am ehesten zur Spaltung aufgrund dieser Rechnung?

5.7   Wie groß ist der Verbrauch von ^{235}U Brennstoff in einem Kernreaktor mit 500 MW elektrischer Leistung, wenn der Wirkungsgrad bei der Umwandlung von Wärme in Elektrizität nur 5 Prozent beträgt?

5.8   Bei der Spaltung von ^{235}U beträgt das Verhältnis der Massen der beiden Spaltprodukte 3 zu 2. Wie groß ist das Verhältnis der Geschwindigkeiten beider Fragmente?

5.9   Wieviel Energie wird bei der Umwandlung von 1 g Wasserstoffatomen in Helium durch Kernfusion frei? Man vergleiche dies mit der bei der Spaltung von 1g ^{235}U erzeugten Energie.

5.10 Die Halbwertszeit von radioaktivem Kobalt-60 beträgt 5,26 Jahre.

(a)   Man berechne die mittlere Lebensdauer und die Zerfallskonstante.

(b)   Wie groß ist die Aktivität von 1 g ^{60}Co? Man gebe das Ergebnis in Curie und Rutherford an.

(c)   Wie schwer ist eine 10-Ci-Probe von ^{60}Co?

5.11 Atome der Sorte 1 zerfallen in Atome der Sorte 2, die wiederum in stabile Atome der Sorte 3 zerfallen. Die Zerfallskonstanten von 1 und 2 sind λ_1 bzw. λ_2. Bei $t = 0$ sei $N_1 = N_0$ und $N_2 = N_3 = 0$. Wie lauten die Werte von $N_1(t)$, $N_2(t)$ und $N_3(t)$ für beliebige spätere Zeiten t?

5.12 Die Aktivität eines bestimmten Materials verringert sich um den Faktor 8 innerhalb von 30 Tagen. Man bestimme die Halbwertszeit, die mittlere Lebensdauer und die Zerfallskonstante des Materials.

5.13 Für eine abgeplattete Kugel (Ellipsoid) mit der Exzentrizität x gilt für die große Halbachse a und die kleine Halbachse b in Abb. 5.2 die Beziehung $b = \sqrt{1 - x^2}a$. Das Volumen und die Oberfläche des Kernellipsoids seien mit $\frac{3}{3}\pi ab^2$ und $2\pi b(b + \frac{a\sin^{-1}x}{x})$ gegeben. Man zeige, daß mit $\epsilon = \frac{1}{3}x^2$ die Gleichung (5.5) für kleine x gilt. (*Hinweis*: Man nehme an, das Volumen ändere sich unter Störungen nicht; man entwickle die Funktionen von x und behalte alle Terme bis x^5 bei.) Wie kann man mit Hilfe des Ergebnisses zeigen, daß die Abhängigkeit von (5.6) richtig ist?

Empfohlene Literatur

Bevington, P. R. 1969. *Data Reduction and Analysis for the Physical Sciences.* New York (McGraw-Hill).

Evans, R. D. 1955. *The Atomic Nucleus.* New York (McGraw-Hill).

Frauenfelder, H. und Henley, E. M. 1991. *Subatomic Physics.* N.J.: Prentice-Hall, (Englewood Cliffs).

Williams, W. S. C. 1991. *Nuclear and Particle Physics.* London/New York, (Oxford Univ. Press).

6 Energieverluste in Medien

Einführende Bemerkungen

Physik ist eine experimentelle Wissenschaft und Experimente liefern die Grundlage unseres Naturverständnisses und des Verständnisses der physikalischen Gesetze. Wir haben bereits festgestellt, daß die Notwendigkeit von Experimenten nirgends größer ist als in der Kern- und Elementarteilchenphysik. Im subatomaren Bereich liefert die Streuung von Teilchen aneinander meist die ersten Informationen. Diese Experimente und die dabei verwandten Techniken sind an sich oft bereits so faszinierend wie die zugrunde liegende, zu untersuchende Struktur. Wir wollen in den nächsten drei Kapiteln die prinzipiellen Grundlagen sowie die Geräte für Experimente in der Kern- und Elementarteilchenphysik beschreiben. Die meisten modernen Experimente beruhen auf der Anwendung sehr komplizierter elektronischer und Computertechnik. Nur dadurch ist es möglich, eine Vorauswahl der interessantesten Ereignisse zu treffen und die enormen Datenmengen überhaupt verarbeiten zu können. Wir werden uns mit diesem wichtigen Gebiet der Experimentalphysik jedoch nicht beschäftigen, sondern beschränken uns auf die allgemeineren Ideen, die Beschleunigung von Teilchen auf hohe Energie und den Nachweis der bei subatomaren Zusammenstößen erzeugten Teilchen. Wir wollen mit der Diskussion des Nachweises der verschiedenen Teilchen beginnen und die Besprechung von Detektoren und Beschleunigern auf die beiden folgenden Kapitel verschieben.

Energieverluste

Damit ein Objekt nachgewiesen werden kann, muß es Spuren seiner Anwesenheit hinterlassen. Das bedeutet, es muß Energie auf seinem Wege verlieren. Im Idealfall hilft uns ein Detektor bei der Beobachtung von Teilchen, ohne sie in meßbarer Weise zu beeinflussen, wir werden jedoch später sehen, daß das nicht immer möglich ist. Unabhängig von der Form und Größe der Detektoren basieren sie alle auf der elektromagnetischen Wechselwirkung der Teilchen mit Materie. So können energiereiche geladene Teilchen Atome ionisieren und dabei Elektronen freisetzen; diese können beschleunigt und als kleine Ströme nachgewiesen werden. Die meisten elektrisch neutralen Teilchen können ebenso mit Materie wechselwirken und einen Teil oder ihre gesamte Energie auf geladene Kerne oder Atomelektronen des Mediums übertragen, die so als elektrische Signale gemessen werden können. Teilchen, wie zum Beispiel das Neutrino, die nicht elektromagnetisch wechselwirken und damit eine geringe Wahrscheinlichkeit für den Zusammenstoß mit Materie (das heißt, einen kleinen Wirkungsquerschnitt) besitzen, sind besonders schwer nachzuweisen. Wir wollen nun einige Arten des Energieverlustes von Teilchen beim Durchgang durch Materie diskutieren.

Geladene Teilchen

Fliegt ein geladenes Teilchen durch ein Medium, so tritt es primär mit den Atomelektronen im Medium in Wechselbeziehung. Besitzt nun das Teilchen genügend kinetische Energie, so kann es einen Teil davon durch Ionisierung der Atome entlang seines Weges oder durch Anregung derselben in höhere Zustände verlieren. Die angeregten Atome können dann durch Emission von Photonen wieder in ihre Grundzustände gelangen. Ist das Teilchen schwer, so wird seine Wechselwirkung mit den Elektronen (Rutherford-Streuung) seine Bahn kaum beeinflussen (siehe die Diskussion in Kapitel 1). Es kann auch zu drastischeren Zusammenstößen kommen, die Querschnitte sind dafür jedoch geringer, deshalb sind diese Ereignisse selten. So wird die meiste Energie im Medium durch Stöße mit Atomelektronen abgegeben.

Man beschreibt nun die Ionisationseigenschaften beliebiger Medien bequem mittels der Variable Bremsfähigkeit $S(T)$, die als die von einem einfliegenden Objekt pro Einheitslänge verlorene kinetische Energie definiert wird (man sagt auch Ionisationsenergieverlust oder einfach Energieverlust dazu).

$$S(T) = -\frac{dT}{dx} = n_{ion}\bar{I}, \tag{6.1}$$

dabei ist T die kinetische Energie, n_{ion} die Anzahl der Elektronen-Ionen-Paare, die pro Einheitsweg gebildet werden, und $\bar{I}$ bezeichnet die durchschnittliche Energie, die zur Ionisation eines Atoms im Medium benötigt wird. (Für große Ordnungszahlen kann man näherungsweise mit $10Z$ in eV rechnen.) Das negative Vorzeichen in (6.1) rührt daher, daß die Energie des Teilchens im Laufe der Bewegung abnimmt (die Änderung der kinetischen Energie zwischen x und $x + dx$, $dT = T(x + dx) - T(x)$ ist negativ). Die Bremsfähigkeit ist im allgemeinen für beliebige Medien eine Funktion der Energie des einfallenden Teilchens;

natürlich hängt sie auch von der Ladung des Teilchens ab. Wie wir später sehen werden, ist die Abhängigkeit von der Energie für relativistische Teilchen sehr schwach.

Da die Bremsfähigkeit nur elektromagnetische Wechselwirkungen beinhaltet, kann sie direkt ausgerechnet werden. Für relativistische Teilchen erhielten Hans Bethe und Felix Bloch den folgenden Ausdruck für $S(T)$:

$$S(T) = \frac{4\pi Q^2 e^2 nZ}{m\beta^2 c^2} \left[\ln\left(\frac{2m\beta^2 c^2}{\bar{I}} \cdot \gamma^2 \right) - \beta^2 \right]. \tag{6.2}$$

Dabei sind m die Ruhemasse des Elektrons, $\beta = v/c$ die Geschwindigkeit des Teilchens relativ zur Vakuumlichtgeschwindigkeit, γ ist der Lorentz-Faktor $(1 - \beta^2)^{-1/2}$ des Teilchens, $Q = ze$ seine Ladung, Z ist die Ordnungszahl (Kernladungszahl) der Atome des Mediums und n ist die Zahl der Atome pro Einheitsvolumen (gleich $\rho A_0 / A$, siehe (1.40)).

Die beim natürlichen α-Zerfall auftretenden Energien der emittierten α-Teilchen liegen bei einigen MeV, die relativistischen Korrekturen in (6.2) können daher vernachlässigt werden und wir erhalten die einfachere Form für $S(T)$:

$$S(T) = \frac{4\pi Q^2 e^2 nZ}{m\beta^2 c^2} \ln\left[\frac{2m\beta^2 c^2}{\bar{I}} \right]. \tag{6.3}$$

Werden jedoch in Beschleunigern erzeugte Teilchen verwandt oder liegt nukleare β-Emission vor, so sind die relativistischen Korrekturen wesentlich und wir müssen (6.2) verwenden. (Für Elektronen treten noch zusätzliche kleine Korrekturterme auf.) In Experimenten konnte die Gültigkeit des Ausdrucks für $S(T)$ für verschiedenste Medien und Teilchen und für einem großen Energiebereich bestätigt werden.

Denkt man an unsere Diskussion in Kapitel 1, so erscheint es rätselhaft, wieso der Energieverlust durch die Streuung an den Atomelektronen gegenüber der an den Kernen vorherrscht. Der Grund dafür liegt in der Tatsache, daß Streuung um große Winkel durch große Veränderungen in den Vektoren der Impulse hervorgerufen wird, die jedoch nicht unbedingt mit einem großen Energieverlust verbunden sein müssen. So tritt bei elastischer Streuung von α-Teilchen im nuklearen Coulomb-Feld eine deutliche Änderung des Impulses des α-Teilchens auf, durch die große Masse der Kerne ist der Energietransport jedoch sehr klein. Die Streuung an den schwach gebundenen Atomelektronen (und die Ionisation) sind inelastische Prozesse, die mit einem Energietransfer verbunden sind. Ein Impulstransfer von $0,1$ MeV/c auf ein Elektronentarget benötigt einen Energieaustausch von etwa 10 keV, der gleiche Impulstransfer auf einen Goldkern entspricht einem Energieaustausch von etwa $0,1$ eV. Die Abhängigkeit des Energieverlustes vom Inversen der Masse in (6.2) bestätigt also unsere Vermutung, daß, abgesehen von starken Kernstößen, die Streuung um kleine Winkel an

Atomelektronen der dominante Mechanismus der Energieabgabe für massive geladene Teilchen ist, die Materie durchqueren.

Durch die β^{-2}-Abhängigkeit in (6.2) sind die Energieverluste bei kleinen Geschwindigkeiten recht empfindlich von der Teilchenenergie abhängig. Deshalb führt diese v^{-2}-Abhängigkeit dazu, daß Teilchen mit verschiedener Ruhemasse (M), jedoch gleichem Impuls (p), durch ihren verschiedenen Energieverlust unterschieden werden können. Obwohl $S(T)$ nicht explizit von der Masse abhängt, kommt die effektive Masse, bei fixiertem Impuls, durch

$$S(T) \propto \frac{1}{v^2} = \frac{M^2\gamma^2}{p^2}$$

ins Spiel. Für kleine Geschwindigkeiten ($\gamma \approx 1$) erleiden damit Teilchen mit verschiedener Ruhemasse, jedoch gleichem Impuls, verschiedene Energieverluste.

Unabhängig von der Teilchenmasse nimmt die Bremsfähigkeit mit der Teilchengeschwindigkeit ab und $S(T)$ besitzt für $\gamma \cdot \beta \approx 3$ ein recht schmales Minimum (das Minimum erscheint für schwerere Teilchen bei größeren Impulsen). Das Minimum in (6.2) erscheint durch das Gegenspiel der Abnahme von $S(T)$ nach der v^2-Abhängigkeit (bei hohen Energien bleibt $\beta \simeq 1$) und der Zunahme durch den $\ln(\gamma^2)$-Term, der relativistische Effekte beschreibt. Zeichnet man die Bremsfähigkeit als Funktion von $\gamma\beta$ oder p/Mc, so ist $S(T)$ fast unabhängig von M und wir können sagen, $S(T)$ „skaliert" wie $\gamma\beta$ oder p/Mc (siehe Abb. 6.1).

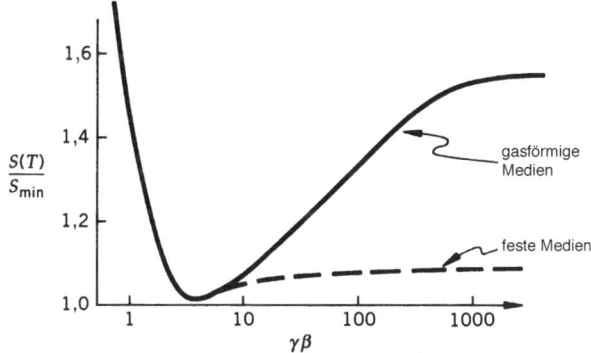

Abb. 6.1 Die Bremsfähigkeit für Teilchen relativ zu ihrem Minimalwert als Funktion von p/Mc oder $\gamma\beta$

Der relativistische $\ln(\gamma^2)$-Term in $S(T)$ nimmt für $\gamma\beta > 3$ ($v > 0,96c$) nicht mehr zu (Sättigung), da es vielleicht zu langreichweitigen, inneratomaren Abschirmungseffekten kommt, die in der Rechnung von Bethe und Bloch vernachlässigt wurden. Die gesamte Zunahme an Ionisation ist nach Experimenten nur etwa 50 Prozent größer als der gemessene Wert für ein „minimalionisierendes" Teilchen, das heißt für $v \simeq 0,96c$. Der relativistische Anstieg kann in gasförmigen Medien sehr gut beobachtet werden, für kondensierte Materie beträgt er nur einige Prozent. Man kann diesen Effekt verwenden, um durch den Unterschied im Energieverlust in Gasdetektoren für Energien mit $\gamma\beta > 3$ Teilchen voneinander zu unterscheiden .

Bei sehr hohen Energien wird der Ionisationsverlust, nach Sättigung des relativistischen Anstieges, eine von der Energie unabhängige Konstante, deshalb lassen sich Teilchen nur aufgrund ihres Ionisationsverlustes nicht unterscheiden. Außer für Gase kann die Bremsfähigkeit bei hohen Energien durch ihren Wert bei $\gamma\beta \simeq 3$ ganz gut approximiert werden (siehe auch den nächsten Abschnitt). Bei sehr geringen Energien wird die Bremsfähigkeit nach (6.2) unphysikalisch (negativ); allerdings ist verständlich, daß für sehr kleine Geschwindigkeiten der Teilchen die Ionisationsverluste ebenfalls sehr klein werden. In diesem Fall werden die Details der atomaren Struktur des Mediums wichtig; es ist möglich, daß das einfliegende Teilchen Elektronen einfängt und selbst atomare Systeme bildet.

Kennen wir die Bremsfähigkeit, so können wir die erwartete Reichweite eines beliebigen Teilchens im Medium berechnen, das heißt, den Weg, den das Teilchen zurücklegt, bevor seine kinetische Energie verbraucht ist und es zur Ruhe kommt:

$$R = \int_0^R \mathrm{d}x = \int_T^0 \frac{\mathrm{d}x}{\mathrm{d}T}dt = \int_0^T \frac{\mathrm{d}t}{S(T)}. \tag{6.4}$$

Bei niedrigen Energien besitzen zwei Teilchen mit der gleichen kinetischen Energie, jedoch verschiedener Masse, verschiedene Reichweite. Ein Elektron zum Beispiel mit einer kinetischen Energie von 5 MeV besitzt eine mehrere hundert Mal größere Reichweite als ein α-Teilchen der gleichen Energie. Bei hohen Energien, wenn die Reichweite praktisch proportional zur Energie ist, sind die Unterschiede im zurückgelegten Weg für Teilchen mit gleicher kinetischer Energie bedeutungslos.

Maßeinheiten des Energieverlustes und der Reichweite

Die Maßeinheit von $S(T)$ in (6.2) ist im cgs-System ein erg/cm. Meist gibt man den Energieverlust jedoch in MeV/cm oder mittels einer äquivalenten Dicke in g/cm^2 des Materials an, das heißt in MeV/(g/cm^2). Die Reichweite wird damit in cm oder g/cm^2 angegeben, dabei sind beide Einheiten durch die Dichte des

Mediums miteinander verbunden. Für $\gamma\beta \simeq 3$ kann der minimale Wert von $S(T)$ für ein Teilchen mit $z = 1$ näherungsweise wie folgt aus (6.2) berechnet werden:

$$S_{\text{min}} \simeq \frac{4\pi e^4 A_0 (\rho Z/A)}{mc^2\beta^2} \ln\left(\frac{2mc^2}{\bar{I}}\gamma^2\beta^2\right)$$

$$\simeq \frac{(12)(4{,}8 \cdot 10^{-10}\,\text{esu})^4 (6 \cdot 10^{23}\,\text{Atome/Mol})(\rho Z/A)}{(9{,}1 \cdot 10^{-18}\,\text{g})(3 \cdot 10^{10}\,\text{cm/s})^2 (9/10)}$$

$$\cdot \ln\left(\frac{2 \cdot 0{,}5 \cdot 10^6\,\text{MeV} \cdot 09}{10Z\,\text{eV}}\right)$$

$$\simeq 5{,}2 \cdot 10^6 (13{,}7 - \ln Z)\rho\frac{Z}{A}\,\text{erg/cm}.$$

Der $\ln Z$-Term ist relativ klein ($< 4{,}4$) und variiert nur wenig mit Z. Wir setzen daher $< Z > \simeq 20$ und erhalten näherungsweise:

$$S_{\text{min}} \simeq 5{,}6 \cdot 10^{-6}\rho\frac{Z}{A}\frac{\text{erg}}{\text{cm}} \cdot 6{,}3 \cdot 10^{-5}\,\text{MeV/erg}$$

$$\simeq 3{,}5\rho\frac{Z}{A}\,\text{in Einheiten von MeV/cm}$$

oder

$$S_{\text{min}} \simeq 3{,}5\frac{Z}{A}\,\text{in Einheiten von MeV/(g/cm}^2). \tag{6.5}$$

Wie wir bereits ausgeführt haben, beschreibt die Gleichung (6.5), die den Ionisationsverlust für ein minimal ionisierendes Teilchen mit Einheitsladung darstellt, ebenfalls eine Approximation für hohe Energien für den Ionisationsverlust in vielen Medien.

Beispiel 1

Die Reichweite eines 5-MeV-α-Teilchens in Luft beträgt genähert $R = 0{,}318T^{3/2}$ (in cm), dabei ist T in MeV einzusetzen. Das Verhältnis der Bremsfähigkeit von Aluminium zu Luft liegt bei etwa 1600. Man berechne die Reichweite der α-Teilchen in Aluminium in cm und in der äquivalenten Dicke in g/cm^2.

Die Reichweite in Luft beträgt $0{,}318 \cdot 5^{3/2} \simeq 3{,}56$ cm. Die Reichweite in Aluminium ist folglich $3{,}56/1600 = 2{,}225 \cdot 10^{-3}$ cm. Verwenden wir die Dichte von Aluminium gleich $2{,}7\,\text{g/cm}^3$, dann erhalten wir eine äquivalente Dicke des Materials von $(2{,}225 \cdot 10^{-3}\,\text{cm}) \cdot (2{,}7\,\text{g/cm}^3) \simeq 6{,}1 \cdot 10^{-3}\,\text{g/cm}^2$ oder $6{,}1\,\text{mg/cm}^2$.

Beispiel 2

Man berechne mit Hilfe der empirischen Formel für die Beziehung zwischen Reichweite und Energie eines Elektrons bei niederen Energien: $R(\text{g/cm}^2) = 0,53T(\text{MeV}) - 0,16$ die Energie eines Elektrons mit der Reichweite von $2,5\,\text{g/cm}^2$ in Aluminium.

Die Energie beträgt in MeV:

$$T = \frac{1}{0,53}(R + 0,16) = \frac{1}{0,53}(2,2 + 0,16) \simeq 5,0\text{MeV}.$$

Vergleicht man dies mit dem Ergebnis aus dem Beispiel 1, so sieht man, daß ein 5-MeV-Elektron eine 400 Mal größere Reichweite besitzt als ein 5-MeV-α-Teilchen.

Statistische Streuung, Mehrfachstreuung und statistische Prozesse

In unseren Beispielen betrachteten wir die Reichweiten von Teilchen in Materie, wir berechneten die Erwartungswerte auf der Basis phänomenologischer Ausdrücke. Im Mittel stimmen diese Werte mit dem Experiment gut überein, im einzelnen kommt es jedoch zu größeren Abweichungen zwischen den Messungen. Der Betrag der Abweichung der individuellen Teilchenreichweite vom Erwartungswert hängt von der Masse der Teilchen ab. So besitzt die Reichweite von α-Teilchen eine geringe Streuung, verglichen mit der für Elektronen mit der gleichen kinetischen Energie.

Die Erklärung dieses Phänomens liegt in der inhärenten statistischen Natur der Streuprozesse. Die vom einfliegenden Teilchen auf ein Targetteilchen übertragene Energie ist keine feste und eindeutige Größe, sondern liegt in einem Bereich von Werten, die funktional verteilt sind. Für die Rutherford-Streuung ist die Verteilungsfunktion durch Gleichung (1.78) gegeben. Kennt man eine solche Funktion, so kann der Erwartungswert und die Streuung um den Erwartungswert für beliebige Variablen berechnet werden, zum Beispiel für die auf das Target übertragene kinetische Energie. Jede endliche Streuung um den Mittelwert bringt zum Ausdruck, daß der Wechselwirkungsprozeß für jedes Ereignis etwas variiert. (Wir haben das Auftreten solcher Fluktuationen bereits bei der Diskussion der natürlichen Radioaktivität erwähnt.) Die Reichweite eines Teilchens in Materie ist also das Ergebnis einer Reihe von unabhängigen Stößen mit Atomelektronen des Mediums. Daher sollte es nicht überraschen, daß Fluktuationen im Energietransfer bei den einzelnen Stößen zu einer Streuung in der Reichweite der Teilchen mit identischer Energie führen können.

Ein anderer wichtiger Effekt mit statistischem Ursprung geht auf die Ablenkungen in den Winkeln zurück, die Teilchen durch Rutherford-Streuung an Atomelektronen erfahren. Die aufeinanderfolgenden Stöße addieren sich in einer zufälligen Art und Weise und erzeugen eine Nettoablenkung vom Einfallswinkel des einfliegenden Teilchens. Diese mehrfache Coulomb-Streuung erhöht den Weg, den jedes Teilchen zurücklegt, wenn es eine bestimmte Dicke eines Materials durchquert. Da die Mehrfachstreuung ein zufälliger Prozeß ist, muß der Mittelwert der Winkelablenkung für ein Ensemble von Teilchen, die eine Dicke L durchqueren, gleich null sein. Die Wurzel aus dem quadratischen Mittel (root mean square (rms)), oder die Standard-Abweichung $\theta_{rms} = \sqrt{\langle \theta^2 \rangle}$ des Raumwinkels bezüglich dieses „zufälligen Spazierganges", ist jedoch endlich und etwa gleich

$$\theta_{rms} \simeq \frac{20\text{MeV}}{\beta P c} z \sqrt{\frac{L}{X_0}}, \tag{6.6}$$

dabei ist z die Ladung des einfallenden Teilchens (in Einheiten von e), P ist der Impuls in MeV/c, βc die Geschwindigkeit und X_0 die Strahlungslänge des Mediums (siehe nächsten Abschnitt).

Beispiel 3

Man berechne die auf ein im Labor ruhendes Target übertragene mittlere kinetische Energie ($\langle T \rangle$) sowie die Streuung um den Mittelwert (ΔT) für einen Prozeß, der durch den Wirkungsquerschnitt

$$\frac{d\sigma}{dq^2} = e^{-8R^2 q^2} \tag{6.7}$$

charakterisiert wird. (Dies ist die genäherte Form der Abhängigkeit für die Streuung von Nukleonen für kleine q^2 an einem Kern mit dem Radius R, dabei ist q^2 in (GeV/c)^2 Einheiten gegeben. Das R hat natürlich nichts mit der in (6.4) definierten Reichweite zu tun.)

Die auf das Target übertragene kinetische Energie ist nach (1.75)

$$T = \frac{q^2}{2M}.$$

Man erhält also für den Mittelwert und das zweite Moment von T ($\langle T^2 \rangle$):

$$\langle T \rangle = \frac{\int_0^\infty (q^2/2M) e^{-8R^2 q^2} dq^2}{\int_0^\infty e^{-8R^2 q^2} dq^2} = \frac{1}{16MR^2}$$

$$\langle T^2 \rangle = \frac{\int_0^\infty (q^2/2M)^2 e^{-8R^2 q^2} dq^2}{\int_0^\infty e^{-8R^2 q^2} dq^2} = \frac{1}{128M^2 R^4}. \tag{6.8}$$

Zur Berechnung der Integrale verwandten wir die Formel

$$\int_0^\infty x^n e^{-ax}dx = n!/a^{n+1}. \tag{6.9}$$

Die Streuung von T, definiert als die Wurzel aus der Varianz, ist damit

$$\Delta T = [\langle (T - \langle T \rangle)^2 \rangle]^{1/2}$$
$$= [\langle T^2 \rangle - \langle T \rangle^2]^{1/2} = \frac{1}{16MR^2}. \tag{6.10}$$

Für unsere einfache exponentielle Abhängigkeit von q^2 ist die Streuung (Dispersion), oder die rms Varianz in $\langle T \rangle$ von Streuprozeß zu Streuprozeß, gleich dem Erwartungswert von T. Da M etwa dem Atomgewicht A in GeV-Einheiten entspricht und $R \sim 1{,}2A^{1/3}$ gilt, können wir schreiben:

$$\Delta T = T_{\text{rms}} = \langle T \rangle \simeq (20A^{5/3})^{-1} \text{ GeV}. \tag{6.11}$$

Wir sehen an dieser Stelle wieder, wie stark der Transfer der kinetischen Energie von der Targetmasse abhängt. Für eine Proton-Proton-Wechselwirkung ist $\langle T \rangle \sim$ 0,05 GeV, die übertragenen Impulse liegen bei $\sim 0{,}3$ GeV/c, für Proton-Blei-Stöße gilt $\langle T \rangle \sim 7$ keV! und der Impulstransfer beträgt $\sim 0{,}05$ GeV/c. (Diese Ergebnisse, inklusive der exponentiellen Formel für q^2, gelten nur für elastische Streuung und nicht für den Fall, daß die Kerne beim Stoß auseinanderbrechen.)

Energieverluste durch Bremsstrahlung

Obwohl die Gleichung (6.2) für den Fall der Rutherford-Streuung von massiven Geschoßteilchen abgeleitet wurde, gilt sie überraschenderweise auch für einfallende Elektronen. Die Streuung von Elektronen in Materie ist schwieriger zu beschreiben, da durch die kleine Elektronenmasse relativistische Korrekturterme bereits bei Energien von einigen hundert keV relevant werden. Außerdem können Elektronen wesentliche Bruchteile ihrer kinetischen Energie auf die Atomelektronen übertragen, mit denen sie zusammenstoßen; dabei kommt es zu sogenannter δ-Strahlung oder knock-on-Elektronen, die von den einfallenden (das heißt, gestreuten) Elektronen nicht unterschieden werden können. Diese Ununterscheidbarkeit zwingt dazu, bei der Berechnung der Querschnitte subtile quantenmechanische Methoden zu verwenden. Unabhängig davon liefert (6.2) nur bis zu Energien von 1 MeV eine gute Näherung für die Ionisationsverluste der Elektronen. (Der relativistische Anstieg ist bei Elektronen etwas kleiner als bei massiven Teilchen.)

Im Gegensatz zu massiven Teilchen unterliegen Elektronen gewöhnlich starken Beschleunigungen als Resultat ihrer Wechselwirkungen mit dem atomaren elektrischen Feld (und besonders mit dem starken Coulomb-Feld der Kerne). Diese Beschleunigungen führen zur Abstrahlung elektromagnetischer Wellen. Die Emission von Photonen, sie wird meist Bremsstrahlung genannt, ist ein sehr wichtiger Prozeß, durch den Elektronen, besonders ultrarelativistische, Energie verlieren. (Bei massiven Teilchen wird Bremsstrahlung erst oberhalb von Energien im 10^{12}-eV- oder TeV-Bereich wesentlich.) Für den gesamten Energieverlust der Elektronen, die Materie durchqueren, schreiben wir deshalb schematisch

$$\left(-\frac{dT}{dx}\right)_{tot} = \left(-\frac{dT}{dx}\right)_{ion} + \left(-\frac{dT}{dx}\right)_{brems}. \tag{6.12}$$

Man kann zeigen, daß das Verhältnis von Bremsstrahlung zu Ionisationsverlusten näherungsweise die Gestalt:

$$\frac{(dT/dx)_{brems}}{(dT/dx)_{ion}} \simeq \frac{TZ}{1200mc^2} \tag{6.13}$$

besitzt, dabei ist Z die Ordnungszahl des Mediums, m die Ruhemasse des Projektils (Elektrons) und T ist die kinetische Energie in MeV. Bei solch hohen Energien ist der Ionisationsverlust konstant (durch den Dichteeffekt abgesättigt) und durch (6.5) gegeben und der gesamten Energieverlust in (6.12) wird durch die Strahlung verursacht. (Dieser Sachverhalt ist in Abb. 6.2 dargestellt.) Nach (6.13) ist die abgestrahlte Energie bei hohen Energien proportional zur Energie des Elektrons, in diesem Falle definiert man die Strahlungslänge X_0 als nützliche Größe; sie ist der Weg, den ein Elektron zurücklegt, bis seine Energie auf das 1/e-fache der Anfangsenergie abgesunken ist. Wir erhalten nach (6.5) und (6.13)

$$\left(\frac{dT}{dx}\right)_{brems} = -\frac{T}{X_0}, \tag{6.14}$$

mit $X_0 \simeq 170A/Z^2$ in g/cm². Für hohe Energien ($\gamma\beta > 3$) ist die Darstellung der Ionisationsverluste als Funktion der Strahlungslänge von Nutzen. Wir definieren

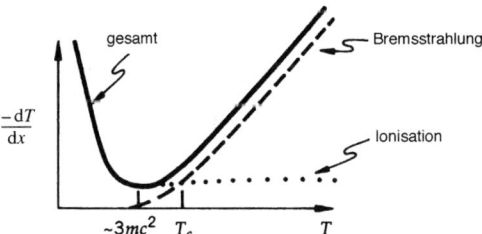

Abb. 6.2 Energieverluste von Elektronen in Materie als Funktion der Energie.

die kritische Energie T_c als den Punkt, an dem die Ionisationsverluste gleich den Bremsstrahlungsverlusten sind und schreiben weiter:

$$\left(\frac{dT}{dx}\right)_{\text{brems}} = \left(\frac{dT}{dx}\right)_{\text{ion}} = -\frac{T_c}{X_0}. \tag{6.15}$$

Es folgt aus (6.5) und (6.14) dann sofort $T_c \simeq 600/Z$ in MeV.

Die oben angegebenen Näherungen funktionieren, außer für sehr kleine Z, recht zuverlässig bei der Berechnung der Ionisationsverluste für hochenergetische Teilchen mit Einheitsladung sowie der Bremsstrahlungsverluste schneller Elektronen. Setzen wir X_0 von (6.14) in Gleichung (6.15) ein und setzen $A/Z = 2,2$ für $Z = 20$, dann erhalten wir $(dT/dx)_{\text{ion}} \simeq -1,6$ MeV/(g/cm^2). Diese Hochenergienäherung gilt mit etwa 30 Prozent Genauigkeit für alle Medien, ausgenommen Wasserstoff.

Eine wichtige Folgerung aus Gleichung (6.14) ist die Tatsache, daß hochenergetische Elektronen ihre Energie aufgrund der Bremsstrahlung exponentiell mit dem in Materie zurückgelegten Weg verlieren. Integriert man (6.14) zwischen einer Anfangsenergie T_0 und einem späteren Wert T, so folgt die Relation

$$T = T_0 e^{-x/X_0}. \tag{6.16}$$

Schnelle Elektronen verlieren also innerhalb der ersten Strahlungslängen den größten Teil ihrer Energie. Dieses charakteristische Verhalten spielt bei der Konstruktion von Elektronendetektoren eine große Rolle. Schwerere ultrarelativistische geladene Teilchen, die nicht strahlen, können ihre Energie nur durch Stöße mit Kernen (starke Wechselwirkungen) oder durch Ionisation verlieren.*

Beispiel 4

Als Beispiel einer Mehrfachstreuung wollen wir die typische Winkelablenkung eines 5-MeV-Protons beim Durchfliegen von 1 cm Argongas bei Atmosphärendruck und null Grad Celsius berechnen und dies mit dem Fall eines Elektrons mit gleicher kinetischer Energie vergleichen.

Die Strahlungslänge des gasförmigen Argon bei diesen Bedingungen beträgt etwa 105 m. Das Proton ist nichtrelativistisch, damit beläuft sich sein Impuls auf näherungsweise

$$\sqrt{2MT} \simeq \sqrt{2 \cdot 1000 \text{MeV}/c^2 \cdot 5\,\text{MeV}} \simeq 100\text{MeV}/c.$$

---

*Wir werden weiter unten sehen, daß Myonen massive geladene Teilchen sind, die keinen starken Wechselwirkungen unterliegen. Sie können damit weder strahlen noch ihre Energie durch Impulsaustausch mit Kernen verlieren. Deshalb besitzen Myonen Reichweiten, die direkt proportional zu ihren anfänglichen Energien sind. Die Abschirmung strahlungsempfindlicher Ausrüstung und des Personals gegen Beschuß mit hochenergetischen Myonen ist deshalb in der Hochenergiephysik wesentlich.

Die Geschwindigkeit des Protons berechnet sich damit zu

$$\sqrt{\frac{2T}{M}} \simeq \sqrt{\frac{2 \cdot 5\,\text{MeV}}{1000\,\text{MeV}/c^2}} \simeq 0,1c.$$

Das Elektron ist natürlich relativistisch, sein Impuls beträgt daher

$$\frac{E}{c} = \frac{T + mc^2}{c} \simeq 5,5\,\text{MeV}/c.$$

Die Geschwindigkeit des Elektrons liegt im wesentlichen bei c. Wir erhalten damit mittels (6.6) für das Proton

$$\theta_{\text{rms}}^{p} \simeq \frac{20}{0,1 \cdot 100} \sqrt{\frac{1,01}{105}} \simeq 0,02\,\text{rad} = 20\,\text{mrad}$$

und für das Elektron

$$\theta_{\text{rms}}^{e} \simeq \frac{20}{1 \cdot 5,5} \sqrt{\frac{0,01}{105}} \simeq 40\,\text{mrad}.$$

Wie wir aufgrund der kleineren Masse erwarten konnten, werden die Elektronen stärker von ihrer Einfallsrichtung abgelenkt als die schwereren Protonen. Da niederenergetische Elektronen eine deutlich größere Reichweite als massive Teilchen der gleichen kinetischen Energie besitzen, zeigen sie auch eine größere Streuung in der Reichweite.

Wechselwirkungen von Photonen mit Materie

Da Photonen elektrisch neutral sind, spüren sie die Coulomb-Kräfte nicht, denen geladene Teilchen ausgesetzt sind. Die Schlußfolgerung, daß sie deshalb Atome nicht ionisieren können, ist jedoch falsch. Photonen sind die Träger der elektromagnetischen Kraft und sie können auf vielfältige Weise mit Materie wechselwirken, die zu Ionisation und Energieverlust in einem Medium führen können.

Wir wollen die Schwächung von Licht (Photonen, Röntgenstrahlen, γ-Strahlen) in einem Medium durch einen effektiven Absorptionskoeffizienten μ beschreiben; er stellt den totalen Wirkungsquerschnitt für die Wechselwirkung des Photons mit Materie dar. μ wird im allgemeinen von der Energie oder Frequenz des einfallenden Lichtes abhängen. Bezeichnet $I(x)$ die Intensität der Photonen am Punkte x im Medium, dann gilt für die Veränderung der Intensität dI in einer infinitesimal dicken Schicht des Materials dx:

$$dI = I(x + dx) - I(x) = -\mu I(x)dx, \tag{6.17}$$

dabei beschreibt wie gehabt das negative Vorzeichen die Abnahme der Energie im Laufe der Bewegung durch das Medium. Integriert man diese Beziehung von einem Anfangswert I_0 zu einer bestimmten Intensität am Punkte x, so erhalten wir

$$\frac{\mathrm{d}I}{I} = -\mu \mathrm{d}x$$

oder

$$\int_{I_0}^{I} \frac{\mathrm{d}I}{I} = -\mu \int_{0}^{x} \mathrm{d}x$$

oder

$$I(x) = I_0 e^{-\mu x}. \tag{6.18}$$

Wie im Falle anderer statistischer Prozesse, zum Beispiel dem radioaktiven Zerfall, können wir eine Halbwertsdicke $x_{1/2}$ definieren, sie entspricht der Dicke einer Materialprobe, bei deren Durchqueren die Intensität der Photonen auf die Hälfte absinkt. Wir können nun eine Beziehung zu μ herstellen. Aus (6.18) folgt

$$I(x_{1/2}) = \frac{I_0}{2} = I_0 e^{-\mu x_{1/2}},$$

dies impliziert

$$\mu x_{1/2} = \ln 2$$

oder

$$x_{1/2} = \frac{\ln 2}{\mu} = \frac{0{,}693}{\mu}. \tag{6.19}$$

Wird $x_{1/2}$ in cm angegeben, so besitzt μ die Einheit cm^{-1}, lautet die Einheit von $x_{1/2}$ dagegen g/cm^2, dann wird μ in cm^2/g angegeben. Der Wert von μ^{-1} ist gleich der mittleren freien Weglänge für die Absorption oder der mittlere Weg, den ein Lichtstrahl zurücklegt, bevor seine Intensität auf das 1/e-fache des Anfangswertes abgesunken ist.

Wir wollen im folgenden einige spezifische Prozesse kurz diskutieren, die zur Absorption von Photonen in Materie führen.

Der photoelektrische Effekt

In diesem Prozeß werden niederenergetische Photonen durch gebundene Elektronen absorbiert, welche sofort darauf mit der kinetischen Energie T_e emittiert werden (siehe Abb. 6.3). Nennen wir die zur Freisetzung des Atomelektrons

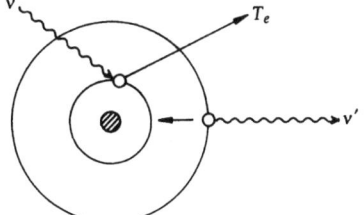

Abb. 6.3 Bildliche Darstellung des photoelektrischen Effektes.

benötigte Energie I_B (es ist das Negative der Bindungsenergie des Elektrons), und die Frequenz des Photons ν, dann fordert der Satz von der Erhaltung der Energie die Gültigkeit der Einsteinschen Relation

$$E_\gamma = h\nu = I_B + T_e$$

oder

$$T_e = h\nu - I_B. \tag{6.20}$$

Dabei entspricht I_B dem Bereich der Photonenenergien, unterhalb derer der Prozeß nicht stattfinden kann. Im Bereich der Röntgenstrahlung (keV) besitzt der photoelektrische Prozeß einen großen Wirkungsquerschnitt; ignoriert man die Normierung, dann folgt experimentell die Beziehung:

$$\sigma \sim \frac{Z^5}{(h\nu)^{7/2}} \quad \text{für} \quad E_\gamma < m_e c^2$$

$$\sigma \sim \frac{Z^5}{h\nu} \quad \text{für} \quad E_\gamma > m_e c^2. \tag{6.21}$$

Besonders wichtig ist der Prozeß bei Atomen mit großem Z, oberhalb der 1 MeV spielt er keine wichtige Rolle mehr. Stammt das emittierte Elektron aus einer inneren Schale des Atoms, so fällt ein weiter außen sitzendes Elektron auf die niedrigere Schale, um das stabilere leere Niveau zu füllen, das emittierte Elektron wird dadurch von einem Röntgenphoton begleitet, welches durch den sofort folgenden atomaren Übergang entsteht.

Compton-Streuung

Die Compton-Streuung ist das zum photoelektrischen Effekt analoge Ereignis für ein freies Elektron. Man kann es sich als Stoß zweier klassischer Teilchen – eines Photons mit der Energie $E = h\nu$ und dem Impuls $p = E/c$ und eines ruhenden Elektrons – vorstellen. Es gibt jedoch auch die folgende alternative Vorstellung. Das Elektron absorbiert ein einfallendes Photon und bildet ein elektronähnliches System mit einer unphysikalischen Masse (siehe Aufgabe 6.8);

dieses virtuelle System (das heißt, es existiert nur für eine sehr kurze Zeit, die durch die Unbestimmtheitsrelation $\tau \simeq \hbar/\Delta mc^2$ determiniert wird, dabei ist Δm die Unbestimmtheit der Masse des Systems) geht in einen Zustand über, der aus einem Elektron und einem Photon mit einer anderen Frequenz (Energie) besteht. Der Vorgang ist in Abb. 6.4 schematisch dargestellt.

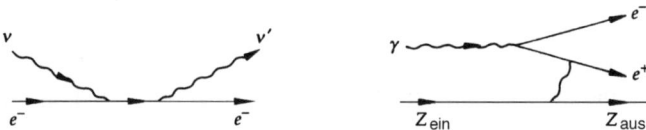

Abb. 6.4   Bildliche Darstellung der Compton-Streuung (links) und der Paarproduktion (rechts).

Die Kinematik der Streuung fordert, daß das Targetelektron frei sein muß. Deshalb spielt die Compton-Streuung für energiearme einfallende Photonen (deutlich unter 100 keV) kaum eine Rolle, da hier Effekte der atomaren Bindung wichtig sind. Behandelt man das Photon als Teilchen der Energie $h\nu$ und des Impulses $h\nu/c$ (die Ruhemasse ist Null) und verwendet man für das Elektron die vollständige relativistische Energie-Impuls-Relation, dann lautet die kinematische Beziehung zwischen der Frequenz des einfallenden und des gestreuten Photons (ν') für einen Streuwinkel θ wie folgt:

$$\nu' = \frac{\nu}{1 + (h\nu/mc^2)(1 - \cos\theta)}, \tag{6.22}$$

m ist hier die Ruhemasse des Elektrons. Wie man sieht, ist für jeden endlichen Streuwinkel die Energie des gestreuten Photons kleiner als die des einfallenden. Daher muß das einfallende Photon Energie auf das Elektron übertragen, welches damit eine Rückstoßenergie abhängig von Streuwinkel besitzt.

Bezüglich der speziellen Relativitätstheorie, der Quantisierung von Licht (das heißt, der Teilcheneigenschaften der Photonen) und der Quantentheorie war der Compton-Effekt eine der ersten wichtigen Bestätigungen der Gültigkeit der neuen physikalischen Ideen des 20. Jahrhunderts. Ignorieren wir wieder die Normierung, so skaliert der Wirkungsquerschnitt für die Compton-Streuung wie folgt:

$$\sigma \sim \frac{Z}{h\nu}, \tag{6.23}$$

dabei ist Z die Ordnungszahl des Mediums. Die Compton-Streuung dominiert im Energieverlust typischerweise im Bereich von 0,1 bis 10 MeV der Photonenenergien.

Paarbildung

Besitzt ein Photon genügend Energie, so kann es in Materie absorbiert werden und ein Paar entgegengesetzt geladener Teilchen erzeugen. Solche Teilchen-Umwandlungsprozesse können jedoch nur stattfinden, wenn keine Erhaltungssätze verletzt werden. Zusätzlich zum Ladungs- sowie Energie-Impuls-Erhaltungssatz schränken andere Quantenzahlen die Endzustände ein. Der am besten untersuchte Umwandlungsprozeß, die Paarbildung, beschreibt die Bildung eines Elektron-Positron-Paares (e^+e^-) und das Verschwinden eines Photons.

Ein masseloses Photon kann jedoch nicht in ein Paar massiver Teilchen umgewandelt werden, ohne den Energie-Impuls-Erhaltungssatz zu verletzen. Man sieht dies heuristisch am besten folgendermaßen. Wir wollen annehmen, daß Photon besäße eine kleine Ruhemasse (viel kleiner als die Ruhemasse des Elektrons). Im Ruhesystem des Photons ist seine Energie die Ruhemasse, die nahe bei Null liegt, im Endzustand ist die minimale Energie gleich der Summe der Ruhemassen der beiden Teilchen, die nach Voraussetzung wesentlich von Null verschieden sind. Deshalb können Prozesse wie die Paarbildung nur in Medien beobachtet werden, in denen ein Kern den Impuls absorbieren kann (jedoch nur sehr wenig Energie), da der Energie-Impuls-Erhaltungssatz gilt. Da die Masse des Positrons gleich der des Elektrons ist, liegt die Schwelle für die (e^+e^-)-Erzeugung bei $h\nu \sim 2mc^2 = 2 \cdot 0{,}511$ MeV $\sim 1{,}022$ MeV (siehe Aufgabe 6.9).

Der Wirkungsquerschnitt der Paarbildung skaliert im wesentlichen mit Z^2, wobei Z die Ordnungszahl des Mediums ist. Der Querschnitt steigt vom Schwellenwert sehr schnell an und dominiert alle Energieverlustmechanismen für Photonenenergien ≥ 10 MeV. Bei sehr hohen Energien (> 100 MeV) sättigt sich die e^+e^--Paarbildung und kann durch eine mittlere freie Weglänge für die Umwandlung (oder durch einen konstanten Absorptionskoeffizienten) charakterisiert werden. Diese ist im wesentlichen gleich der elektronischen Strahlungslänge des Mediums

$$X_{\text{Paar}} = (\mu_{\text{Paar}})^{-1} \simeq \frac{9}{7} X_0. \tag{6.24}$$

Es stellt sich natürlich die Frage, was mit dem durch die Umwandlung des Photons erzeugten Positron in Materie geschieht. Da die Positronen die Antiteilchen der Elektronen sind, bewegen sie sich wie Elektronen durch die Materie und verlieren ihre Energie mittels Ionisation oder Bremsstrahlung. Hat das Positron den größten Teil seiner kinetischen Energie verloren, so fängt es ein Elektron ein und bildet ein sogenanntes *Positronium*, ein Wasserstoffatom, bei dem das Proton durch ein Positron ersetzt ist. Im Gegensatz zu Wasserstoff ist das Positronium instabil und zerfällt (annihiliert) nach etwa 10^{-10} s in zwei Photonen

$$e^+ + e^- \to \gamma + \gamma. \tag{6.25}$$

Der Prozeß der Annihilation erzeugt zwei Photonen mit identischer Energie, die voneinander wegfliegen. Aufgrund des Energie-Impuls-Erhaltungsatzes besitzen beide Photonen exakt 0,511 MeV Energie. Deshalb liefert die Paarannihilation ein sehr deutliches, unverwechselbares Signal, welches auf Positronen schließen läßt. Man verwendet es auch zur Kalibrierung der niederenergetischen Bereiche des Detektors.

Die drei von uns besprochenen Prozesse liefern voneinander unabhängige Beiträge zur Absorption von Photonen in beliebigen Medien. Wir schreiben daher den Absorptionskoeffizienten als Summe dreier separater Koeffizienten

$$\mu = \mu_{\text{pe}} + \mu_{\text{Comp}} + \mu_{\text{Paar}}. \tag{6.26}$$

In Abb. 6.5 sind die unabhängigen Beiträge und ihre Summe als Funktion der Energie des Photons dargestellt.

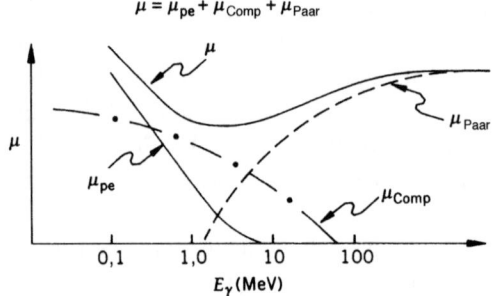

Abb. 6.5 Skizze des Photonenabsorptionskoeffizienten als Funktion der Energie für Materie mit relativ großem Z

Schließlich wollen wir zeigen, daß sich, im Rückblick auf die Behandlung der Rutherford-Streuung in Kapitel 1, jeder Absorptionskoeffizient zu einem Wirkungsquerschnitt in Beziehung setzen läßt. Jedes aus dem Strahl heraus gestreute Objekt führt zu einer Verminderung der Strahlintensität oder äquivalent zu einem Anstieg der Zählrate der Streuprozesse. Nach (1.39) ist der Anteil des einfallenden Strahls, der weggestreut oder verloren wird, proportional zum Wirkungsquerschnitt pro nuklearem Streuzentrum (σ) und zur Dicke des Targetmaterials ($\mathrm{d}x$):

$$\frac{\mathrm{d}n}{N_0} = \frac{A_0}{A}\rho\sigma\mathrm{d}x. \tag{6.27}$$

Dies ist genau das Negative von $\mathrm{d}I/I$ oder dem Anteil des Strahls, der der Absorption unterliegt und durch (6.18) gegeben ist. Vergleichen wir beide Terme, so erhalten wir die folgende Beziehung zwischen dem Wirkungsquerschnitt und dem Absorptionskoeffizienten:

$$\mu = \rho\frac{A_0}{A}\sigma = n\sigma, \tag{6.28}$$

dabei besitzt μ die Einheit cm^{-1} und n ist die Anzahl der Streuzentren pro cm^3; σ ist in cm^2 ausgedrückt. Gibt man μ in cm^2/g an, so ist n die Zahl der Atome pro Gramm Targetmaterial.

Beispiel 5

Der totale Absorptionskoeffizient für 5-MeV-Photonen in Blei liegt bei $0,04\,cm^2/g$. Wir nehmen als Dichte von Blei $11,3\,g/cm^3$ an, wie groß ist die Halbwertsdicke von Blei für diese γ-Quanten? Welche Dicke an Blei wäre nötig, um die Intensität solcher Photonen auf $0,06$ des Anfangswertes zu reduzieren?

Der Absorptionskoeffizient, gegeben in cm^{-1}, ist gleich $\mu = 0,04\,cm^2/g \cdot 11,3\,g/cm^3 = 0,45\,cm^{-1}$. Damit folgt $x_{1/2} = 0,693/\mu = 0,693/0,45\,cm^{-1} \simeq 1,53\,cm$. Dies ist die Dicke eines Bleitargets, welches die Intensität der Photonen auf die Hälfte reduziert. Um die Dicke zu bestimmen, die die Intensität auf sechs Prozent des Anfangswertes absenkt, verwenden wir (6.18):

$$\frac{I}{I_0} = e^{-\mu x}$$

oder

$$0,06 = e^{-\mu x}$$

oder

$$\ln(0,06) = -\mu x$$

oder

$$x = -\frac{\ln(0,06)}{\mu} = -\frac{\ln(0,06)}{0,45\,cm^{-1}} \simeq 6,2\,cm.$$

Charakterisieren wir die Reichweite der 5-MeV-Photonen in Materie durch das Inverse des Absorptionskoeffizienten (das heißt, durch die Absorptionslänge), dann erhalten wir eine typische Eindringtiefe oder Reichweite von $1/(0,45\,cm^{-1}) \simeq 2,2\,cm$, oder äquivalent $2,2\,cm \cdot 1,3\,g/cm^3 \simeq 25\,g/cm^2$. Vergleicht man dieses Ergebnis mit der Reichweite von Elektronen und α-Teilchen dieser Energie, so erkennt man, daß γ-Strahlen in diesem Energiebereich eine weitaus größere Reichweite besitzen.

Beispiel 6

Wie groß ist der Wirkungsquerschnitt, der einem Absorptionskoeffizienten von $0,45\,cm^{-1}$ für Photonen in Blei entspricht?

Wir verwenden die Beziehung (6.28):

$$\sigma = \frac{\mu}{n} = \frac{A}{A_0} \frac{\mu}{\rho}.$$

Mit $A_0 = 6{,}02 \cdot 10^{23}$, $A = 207{,}2$ g und $\rho = 11{,}3\,\text{g/cm}^3$ erhalten wir für den Wirkungsquerschnitt

$$\sigma = \left(\frac{207{,}2\,\text{g}}{6{,}02 \cdot 10^{23}} \right) \left(\frac{0{,}45\,\text{cm}^{-1}}{11{,}3\,\text{g/cm}^3} \right) \simeq 1{,}37 \cdot 10^{-23}\,\text{cm}^2 = 13{,}7\,\text{b}.$$

Beispiel 7

Die Strahlungslänge von Blei bei hohen Energien beträgt 5,6 mm. Wie groß ist der Absorptionskoeffizient und der Wirkungsquerschnitt für $e^+ e^-$- Paarbildung in einem Bleitarget?

Mittels Gleichung (6.24) berechnet sich der Absorptionskoeffizient für die Paarbildung zu $\mu \simeq (7/9) X_0^{-1} \simeq 1{,}39\,\text{cm}^{-1}$. Daraus folgt nach Beispiel 6 der Wirkungsquerschnitt zu $\sigma \simeq 42{,}3$ b. Wir vergleichen diesen Wert mit dem totalen (starken) Wirkungsquerschnitt für nukleare Wechselwirkungen mit Blei bei hohen Energien; er beträgt etwa 1,6 b. Wir schließen daraus, daß die mittlere freie Weglänge für nukleare Stöße in Blei bei etwa 15 cm liegt; zum Vergleich betrachte man die Strahlungslänge von 0,6 cm für elektromagnetische Wechselwirkungen. Deshalb wird bei hohen Energien viel weniger Blei benötigt, um Elektronen oder Photonen zu bremsen, als für stark wechselwirkende Teilchen notwendig ist.

Wechselwirkungen von Neutronen

Wir haben bereits mehrmals betont, daß sich Neutronen in vieler Hinsicht wie Protonen verhalten. Sie sind Bestandteile der Kerne, besitzen im wesentlichen die gleiche Masse, gleiche Kernzahl und gleichen Spin wie das Proton. Sie sind jedoch elektrisch neutral und können deshalb, wie das Photon, nicht direkt über die Coulomb-Kraft wechselwirken. (Obwohl die Neutronen ein kleines magnetisches Dipolmoment besitzen, führt dies zu keiner wesentlichen Interaktion mit Materie.)

Neutronen spüren die Coulomb-Kraft nicht, deshalb können sogar langsame Neutronen an Kernen gestreut oder von diesen eingefangen werden. Bei inelastischer Wechselwirkung können Neutronen die Kerne in angeregten Zuständen verlassen, die kurz darauf durch Emission von Photonen oder anderen Teilchen in den Grundzustand übergehen. Solche emittierten γ-Strahlen zum Beispiel können dann durch ihre charakteristischen Wechselwirkungen mit Materie nachgewiesen werden. Elastisch gestreute Neutronen übertragen einen Teil ihrer kinetischen Energie auf die Streuzentren, deren Rückstoß kann ebenfalls Signale liefern (zum Beispiel Ionisationen), mittels derer man auf die Anwesenheit von Neutronen schließen kann. Im Fall der elastischen Streuung von Neutronen an Kernen sowie bei Ionisationsverlusten ist es schwieriger, einen wesentlichen Teil der kinetischen Energie des Neutrons zu übertragen, wenn die Masse des Kerns groß ist (man erinnere sich an (1.75), für jeden Impulstransfer beträgt der Energietransfer $\frac{1}{2}(q/m)q$ mit der Kernmasse M). Deshalb verwendet man meist wasserstoffreiches Paraffin als Moderator zur Bremsung der energiereichen Neutronen (siehe auch Aufgabe 5.1).

Werden bei Stößen Neutronen erzeugt, so können diese sehr durchdringend sein, vor allem, wenn ihre Energie bei einigen MeV liegt und keine Wasserstoffkerne zur Verfügung stehen, die kinetische Energie der Neutronen zu absorbieren. Die Neutronenstrahlung („Albedo") an Beschleunigern und Reaktoren ist oft Quelle von Untergrundsignalen und kann nur durch Verwendung geeigneter Moderatoren und Materialien mit großem Neutronen-Einfangquerschnitt reduziert werden. (Man verwendet häufig Bor mit seinem großen Einfangvermögen für langsame Neutronen: $^{10}B + n \rightarrow ^{7}Li + \alpha$.)

Wechselwirkung von Hadronen bei hohen Energien

Alle Teilchen, die mittels der starken Kernkraft miteinander wechselwirken, nennt man *Hadronen*. Neutronen, Protonen, π-Mesonen und K-Mesonen sind die häufigsten Hadronen. Wir werden die inneren Eigenschaften dieser Teilchen in Kapitel 9 beschreiben, hier wollen wir uns ihren Wechselwirkungen untereinander zuwenden.

Protonen sind die Kerne der Wasserstoffatome und daher am leichtesten zu beschleunigen und als Teilchenstrahlen zu verwenden (siehe Kapitel 8). Wechselwirken Protonen mit anderen Protonen oder mit schwereren Targetkernen, so entstehen π-Mesonen, K-Mesonen, Neutronen und andere Hadronen. Bei geringen Strahlenergien (unterhalb von 2 GeV) unterscheiden sich die Wechselwirkungen zwischen Pionen und Nukleonen, Kaonen und Nukleonen sowie zwischen zwei Nukleonen deutlich. Bei diesen kleinen Energien verändert sich der Stoßquerschnitt zwischen zwei Hadronen stark mit der Energie (er oszilliert). Dies ist so, da einige hadronische Systeme bei bestimmten Energien Resonanzen bilden und andere nicht. Oberhalb von 5 GeV verändert sich der Wirkungsquerschnitt für die Hadron-Hadron-Wechselwirkung nur geringfügig (er fällt) mit der

Energie. Er erreicht ein typisches Minimum von etwa 20–40 mb ($\sim \pi R^2$) bei etwa 70–100 GeV und scheint dann logarithmisch mit der Energie zu wachsen.

Bei hadronischen Stößen sind der übertragene Impuls sowie die Ablenkwinkel klein und die Reichweiten liegen bei etwa 1 fm. Zentrale Stöße mit großem Impulsübertrag sind selten, jedoch für die Entwicklung des Verständnisses der Strukur der Hadronen interessant. Die typischen Werte für den Impulstransfer in hadronischen Reaktionen sind von der Ordnung $q^2 \simeq 0,1$ $(\text{GeV}/c)^2$. Die mittlere Multiplizität, oder die Anzahl der bei typischen hadronischen Stößen erzeugten Teilchen (meist Pionen), wächst logarithmisch mit der Energie; von 3 Teilchen bei 5 GeV zu etwa 12 Teilchen bei 500 GeV, mit großen Streuungen um den Mittelwert bei den individuellen Prozessen. Wechselwirken Hadronen also mit Materie, so zerbrechen sie an den Kernen, erzeugen Mesonen und andere Hadronen, die im weiteren dann ihre Energie in der Materie verlieren. Man kann so den Energieverlust der primären oder der sekundären Teilchen verwenden, um die Anfangsenergie der Hadronen zu bestimmen (siehe auch die Diskussion der Kalorimeter in Kapitel 7).

Aufgaben

6.1   Man bestimme die minimale Dicke von Aluminium in cm, die benötigt wird, um ein 3-MeV-α-Teilchen zu stoppen. Wie dick muß das Target sein, um ein 3-MeV-Elektron anzuhalten? (Man verwende die in den Beispielen 1 und 2 angegebene Näherungsformel für die Reichweite-Energie-Beziehung.)

6.2   Wieviel cm Stahl benötigt man, um ein 500-GeV-Myon zu stoppen, wenn das Myon seine Energie nur durch Ionisation verliert? (Man verwende (6.5) zur Berechnung.) Ist zur Absorption von 500-GeV-Elektronen dieses Material ausreichend? Wie sieht es im Falle von 500-GeV-Protonen aus?

6.3   Die Fehler durch Mehrfachstreuung setzen der Messung der Bewegungsrichtung geladener Teilchen oft eine Grenze. Mit welcher Genauigkeit kann der Einfallswinkel eines 500-GeV-Myons gemessen werden, nachdem es einem Meter in Eisen zurückgelegt hat?

6.4   Welcher Teil eines 100-GeV-Strahles von Photonen gelangt durch einen 2 cm dicken Bleiabsorber hindurch?

6.5   Der Einfangsquerschnitt für thermische Neutronen von ^{27}Al beträgt 233 mb. Wie weit kann ein Strahl solcher Neutronen im Mittel in Aluminium ($\rho = 2,7$ g/cm^3) eindringen, bevor die Hälfte des Strahles absorbiert worden ist? (Man beachte die Beziehung (6.27).)

6.6   Protonen und α-Teilchen mit 20 MeV Energie durchqueren eine 0,001 cm dicke Aluminiumfolie. Wieviel Energie verlieren sie dabei?

6.7   Man vergleiche die Bremsfähigkeit von Elektronen, Protonen und α-Teilchen in Kupfer für Teilchengeschwindigkeiten von $0,5\,c$.

6.8   Man berechne die Masse (das heißt $\sqrt{s}$) des virtuellen Elektrons in Abb. 6.4 für ein einlaufendes Elektron der Wellenlänge $1,25 \cdot 10^{-10}$ cm. Wie groß ist die mittlere Lebensdauer eines solchen Objektes? Man wiederhole die Rechnung mit einer Wellenlänge von $1,25 \cdot 10^{-12}$ cm.

6.9   Man betrachte den Stoß eines Photons mit einem Target der Masse M, welches sich anfänglich im Labor in Ruhe befindet. Man zeige, daß die minimale Laborenergie, die ein Photon benötigt, um ein e^+e^--Paar zu erzeugen, gleich $E_\gamma = 2m_ec^2(1 + (m_e/M))$ ist. (*Hinweis*: Man vergleiche die Ausdrücke für s in den Gleichungen (1.69) und (1.70).) Die untere Schwelle für die Paarbildung ist damit $2m_ec^2$.

6.10 Wie groß ist die mittlere freie Weglänge für Kernstöße von 10-GeV-Protonen in flüssigem Wasserstoff, wenn der totale Wirkungsquerschnitt 40 mb beträgt? (Man nehme eine Dichte von $0,07$ g/cm^3 für den flüssigen Wasserstoff an.)

6.11 Man beweise die kinematische Relation in Gleichung (6.22).

Empfohlene Literatur

Fernow, R. C. 1986. *Introduction to Experimental Particle Physics*. London/New York. (Cambridge Univ. Press).

Kleinknecht, K. 1986. *Detectors for Particle Physics*. London/New York. (Cambridge Univ. Press).

Knoll, G. F. 1989. *Radiation Detection and Measurement*. 2. Auflage. New York (Wiley).

Leo, W. R. 1987. *Techniques for Nuclear and Particle Physics Experiments*. New York/Berlin. (Springer-Verlag).

7 Teilchennachweis

Einführende Bemerkungen

Die Untersuchung der Stöße von Kernen und Teilchen oder der Zerfälle setzt Detektoren voraus, mit denen man die Produkte solcher Prozesse untersuchen kann. Da die subatomaren Teilchen zu klein sind, um visuell beobachtet werden zu können, verwendet man die Mechanismen des Energieverlustes, die wir im vorhergehenden Kapitel beschrieben haben, um solche Teilchen nachzuweisen. Wir werden im folgenden einige Techniken diskutieren, die für die Untersuchungen im subatomaren Bereich entwickelt wurden. Wir werden nur die einfachsten Prototypen der Detektoren beschreiben. Die ihnen zugrunde liegenden Prinzipien sind jedoch die gleichen, die in den kompliziertesten Geräten verwandt werden.

Ionisationsdetektoren

Ionisationsdetektoren sind zur Messung der Ionisation, die ein ein Medium durchquerendes Teilchen erzeugt, entwickelt worden. Soll die Zahl der nachgewiesenen Elektronen und positiven Ionen zur Bestimmung der Energie, die im Medium freigesetzt wird, dienen, so muß die Rekombination in Atome verhindert werden. Man erreicht dies durch ein genügend starkes elektrisches Feld im Medium. Dieses Feld trennt die Ladungen, sie driften zu den entgegengesetzten Elektroden und man verhindert auf diese Art und Weise die Rekombination.

Der Ionisationsdetektor besteht im wesentlichen aus einer mit einem leicht ionisierbaren Gas gefüllten Kammer. Die Kammer besitzt eine Kathode sowie eine Anode, an denen eine hohe relative Spannung (HV) anliegt; die Geometrie der Elektroden bestimmt die Kapazität des Gerätes. Das Arbeitsmedium sollte chemisch stabil (oder inert) sein, so daß die sich bewegenden Elektronen nicht sofort von den Molekülen des Mediums eingefangen werden. Gleichzeitig sollte das Medium unempfindlich gegen die Zerstörung durch Strahlung sein, damit sich nicht im Laufe der Zeit seine Reaktion auf ionisierende Teilchen verändert. Das Ionisierungspotential ($\bar{I}$) sollte niedrig sein, damit die Anzahl der pro Energieeinheit erzeugten Ionen möglichst groß ist.

Durchfliegt nun ein geladenes Teilchen einen empfindlichen Bereich des Detektors, so ionisiert es das Medium und erzeugt Elektronen-Ionen-Paare. Diese driften sofort entlang der elektrischen Feldlinien: die Elektronen zur Anode und die positiven Ionen zur Kathode. Erreichen sie die Elektroden, so induzieren sie ein Signal in Form kleiner Ströme, die durch einen Widerstand (R) fließen (siehe Abb. 7.1). Dies erzeugt nun einen Spannungsabfall, der mit einem Verstärker (A) nachgewiesen werden kann. Man analysiert das Signal des Verstärkers, um aus der Pulshöhe auf die Anzahl der erzeugten Ionisationen zu schließen. Diese Anzahl der Ionisationen hängt in erster Linie von der Dichte und der atomaren Struktur des zu ionisierenden Mediums ab und natürlich von der Energie und der Ladung des einfallenden Teilchens. Die Zahl der nachgewiesenen Ionisationen hängt jedoch von vielen technischen Faktoren ab, am stärksten von der Art und Größe des angelegten elektrischen Feldes oder der Hochspannung (siehe Abb. 7.2).

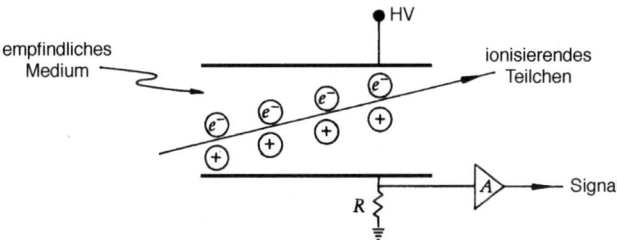

Abb. 7.1 Grundaufbau eines Ionisationsdetektors.

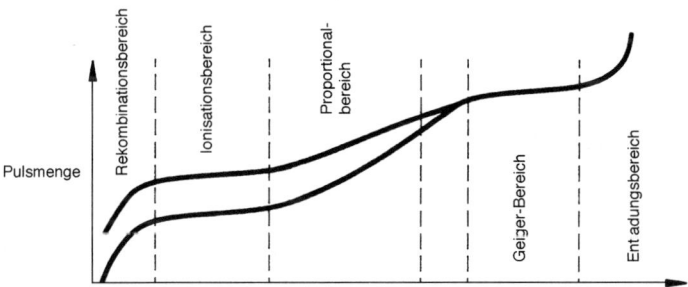

Abb. 7.2 Das Signalverhalten bei Ionisationsverlusten als Funktion der angelegten Spannung für stark ionisierende (obere Kurve) und minimal ionisierende (untere Kurve) Teilchen. In der Geiger-Region hängt das Signal weder von der Hochspannung noch von der Menge an verlorener Energie oder der erzeugten Ionisation ab.

Ist die Spannungsdifferenz zwischen den Elektroden klein, so können die Elektronen und Ionen kurz nach ihrer Erzeugung rekombinieren und nur ein kleiner Bruchteil der erzeugten Elektronen und Ionen erreicht die entsprechende Elektrode. Das entstehende Signal entspricht dann einer geringeren Anzahl erzeugter Elektronen und Ionen, als tatsächlich im Medium erzeugt wurden. Man nennt deshalb den Spannungsbereich, für den dies zutrifft, den Rekombinationsbereich.

Wird die Spannungsdifferenz über den Punkt, bei dem die Elektronen-Ionen-Paare rekombinieren können, erhöht, so entspricht das Signal der tatsächlichen Anzahl der Ionisationen. Man nennt diesen Bereich die *Ionisationsregion*.

Erhöht man die Spannung weiter, so werden die erzeugten freien Elektronen so stark beschleunigt, daß sie ihrerseits zusätzliche Atome ionisieren können. Man nennt diese Ionisation oft *Signalverstärkung* oder *Multiplikation*. Das Ausgangssignal ist in diesem Bereich größer, jedoch immer noch proportional zur Zahl der anfänglich erzeugten Ionen, deshalb heißt dieser Bereich die Proportionalzone. (Man sollte hier hervorheben, daß proportional nicht notwendigerweise bedeutet, daß das Signal linear mit der Spannung wächst.) Eine weitere Erhöhung der Potentialdifferenz führt zu Elektronen- und Ionenlawinen. In diesem sogenannten Geiger-Bereich erhöht sich die Energie der ursprünglich erzeugten Ionisationselektronen so ausreichend schnell, daß sie sofort andere Atome anregen oder ionisieren können, dadurch entstehen zusätzliche freie Elektronen und Photonen durch die Abregung der angeregten Atome. Dies führt zu neuen Elektronen-Ionen-Paaren und möglicherweise zu einer Entladung, das heißt, zu einem starken Signal, dessen Größe unabhängig von der Anfangsionisation ist. Für Spannungen schließlich oberhalb der Geiger-Zone kommt es zum Spannungsdurchbruch, der eine kontinuierliche Entladung des Mediums zur Folge hat, damit ist die Kammer für Ionisation durch einfliegende Teilchen nicht mehr empfindlich. Die meisten Detektoren arbeiten als Ionisationszählrohre, Proportionalzählrohre oder Geiger-Zählrohre, abhängig vom Einsatzgebiet; als Medium wird in fast allen Fällen Gas verwandt.

Ionisationszählrohre

Ionisationskammern oder *Ionisationszählrohre* arbeiten bei relativ geringen Spannungen und liefern daher keine Verstärkung des Originalsignals. Die Signalimpulse sind dadurch für einzelne minimalionisierende Teilchen sehr klein und man benötigt spezielle rauscharme Verstärker, um verwendbare Informationen zu erhalten. Für stark ionisierende Kernfragmente, oder einen Strom von vielen Teilchen, können die Signale jedoch deutlich genug sein, um einfach nachgewiesen werden zu können. Ionisationskammern reagieren nicht empfindlich auf Spannungsveränderungen und liefern sehr gut lineare Antworten für einen großen Bereich der Inputsignale. Da es im Medium nicht zu Verstärkung oder Entladung kommt, benötigen diese Zähler nur wenig Zeit, um wieder in den Ausgangszustand zurückzukehren; damit sind sie besonders für den Nachweis hoher Teilchendichten geeignet. Sie besitzen eine sehr gute Energieauflösung, die primär durch das elektronische Rauschen sowie durch die intrinsischen Fluktuationen bei der Erzeugung der Ionisationspaare begrenzt ist. Deshalb haben sich Ionisationskammern mit flüssigem Argon als „sammelnde" Detektoren in Hochenergie-Kalorimeter-Messungen bewährt (wir werden diesen Punkt später diskutieren). Geräte mit festem Medium, zuerst in der Kernphysik verwendet, werden inzwischen auch in der Hochenergiephysik eingesetzt. Gas-Ionisationskammern erweisen sich als zur Überwachung großer Strahlungsdosen geeignet, in der Vergangenheit wurden sie auch zur Messung der Reichweite von α-Teilchen, die aus Kernzerfällen stammen, eingesetzt.

Wir wollen nun zeigen, wie ein Ionisationszähler zur Bestimmung der Reichweite von 5,25-MeV-α-Teilchen, die von ^{210}Po emittiert werden, verwendet werden kann. Die Kammer habe die Form einer Flasche mit rundem Boden von etwa 6 cm Radius. Die Innenseite der Flasche ist mit Silber bedeckt und dient als eine Elektrode. Eine kleine Probe ^{210}Po (von etwa $10\,\mu$Ci) ist an einem geerdeten, isoliert aufgehängten Draht angebracht und befindet sich in der Mitte der Flasche. Dann wird in die Flasche das Arbeitsgas eingefüllt, wenn nötig, unter Druck, und verschlossen. (Alternativ kann man auch zwei parallele Platten verwenden; die Quelle der α-Teilchen befindet sich dann auf einer der beiden Platten.) An die Silberschicht wird nun eine Spannung angelegt und der Strom mittels eines Verstärkers überwacht (siehe Abb. 7.1). Ist das zu ionisierende Medium Luft, so sollte ein kleiner, aber nachweisbarer Strom erzeugt werden. Der Wert von $\bar{I}$ für Luft liegt bei etwa 30 eV; die durch ein α-Teilchen erzeugte Zahl von Elektronen-Ionen-Paaren ist deshalb

$$n = \frac{5{,}25 \cdot 10^6\,\text{eV}}{30\,\text{eV}} = 1{,}75 \cdot 10^5. \tag{7.1}$$

Die Aktivität der Quelle beläuft sich auf

$$\mathscr{A} = 10\,\mu\text{Ci} = (10 \cdot 10^{-6}) \cdot (3{,}7 \cdot 10^{10}) = 3{,}7 \cdot 10^5 \quad \alpha\text{-Teilchen/s}. \tag{7.2}$$

Dabei haben wir die Definition der Aktivität (5.30) verwandt. Die Zahl der pro Sekunde erzeugten geladenen Paare ist also

$$N = n\mathscr{A} = (1{,}75 \cdot 10^5) \cdot (3{,}7 \cdot 10^5\,/\text{s}) \simeq 6{,}5 \cdot 10^{10}/\text{s}. \tag{7.3}$$

Werden nun sowohl die positiven als auch die negativen Ladungen gesammelt, so entsteht ein Strom

$$\begin{aligned}
J = Ne &= 6{,}5 \cdot 10^{10}/\text{s} \cdot 1{,}6 \cdot 10^{-19}\,\text{C} \\
&= 1{,}04 \cdot 10^{-8}\,\text{C/s} = 1{,}04 \cdot 10^{-8}\,\text{A}.
\end{aligned} \tag{7.4}$$

Ströme dieser Größe können natürlich gemessen werden. (Für unser Gerät aus parallelen Platten beträgt der Strom nur 5 nA, da nur die Hälfte der α-Teilchen in die empfindliche (oder aktive) Zone des Detektors gelangen.)

Die Messung der Reichweite geschieht wie folgt. Der Strom wird als Funktion des abnehmenden Luftdruckes in der Flasche aufgezeichnet. So lange, wie die Dichte der Luft ausreicht, die α-Teilchen anzuhalten, bleibt der beobachtete Strom, da er die gesamte Ionisation darstellt, konstant. Sinkt der Druck unter den kritischen Wert, so verlieren die α-Teilchen nicht ihre gesamte kinetische Energie innerhalb des Gasvolumens, damit entstehen weniger Elektronen-Ionen-Paare innerhalb der aktiven Zone. Als Ergebnis sinkt der Strom mit dem Druck. Für eine Reichweite von 6 cm für α-Teilchen in Luft bei 25 Grad Celsius beträgt der kritische Druck P_{krit} 51 cm Quecksilbersäule. Man kann nun die Reichweite für jede andere Temperatur und jeden anderen Druck mit Hilfe der Gasgesetze berechnen. Für die Standardbedingungen $T = 288$ K und $P = 76$ cm Hg erhalten wir

$$R = R_{\text{krit}} \frac{P_{\text{krit}}}{P} \cdot \frac{T}{T_{\text{krit}}} = 6{,}0 \,\text{cm} \frac{51 \,\text{cm Hg}}{76 \,\text{cm Hg}} \cdot \frac{288 \,\text{K}}{298 \,\text{K}} = 3{,}9 \,\text{cm}. \tag{7.5}$$

Obwohl der beobachtete Strom, zumindest prinzipiell, ein absolutes Maß für die gesamte Energie ist, die in Form von Ionisation im Medium abgegeben wird, sollte man doch Ionisationskammern mit Signalen von Quellen mit bekannter Energie kalibrieren. Dies ist besonders wichtig, wenn sehr hohe Zählraten auftreten und die individuellen Impulse sehr rasch aufeinander folgend gezählt werden müssen. Unter diesen Bedingungen führen selbst geringfügige Verschmutzungen des Detektormediums (oft weniger als ein Teil pro einer Million) zu Signalverlusten, denn einige Elektronen auf dem Wege zur Anode werden von kontaminierten (elektronegativen) Molekülen angezogen und bilden negative Ionen, die deutlich langsamer driften als Elektronen. Sie tragen aufgrund der raschen Impulsfolge damit nicht zum Signal der Elektronen bei.

Proportionalzähler

Gas-Proportionalzähler arbeiten mit elektrischen Feldern von etwa 10^4 V/cm und erreichen typische Verstärkungen von ungefähr 10^5. Man erzeugt solche Felder durch dünne (10–50 μm im Durchmesser) metallische Drähte als Anoden bei einer zylindrischen Geometrie der Kammer. Da die Felder am intensivsten in der Nähe der axialen Anodendrähte sind, findet hier die Multiplikation der Ladungen, das heißt, die sekundäre Ionisation, statt. Für eine große Zahl von Gasen sind die Signale, sogar für minimal-ionisierende Teilchen, recht groß. Die Detektoren arbeiten in einem großen Hochspannungsbereich. Obwohl mit

Proportionalzählern absolute Energieverluste im Medium (Impulshöhen) gemessen werden können, reagiert das Signal durch die Abhängigkeit von der Multiplikation der Ionisation im Medium sehr empfindlich auf Veränderungen der Hochspannung.

Georges Charpak und seine Mitarbeiter entwickelten eine Variante des Proportionalzählers in Form der Vieldraht-Proportionalkammer (*multiwire proportional chamber* MWPC), die als Positionsdetektor in Hochenergiephysik-Experimenten Bedeutung erlangt hat. Die Idee ist in den Abb. 7.3 und 7.4 dargestellt. Man geht von einer Ebene von Anodendrähten aus, die sehr präzise positioniert sein müssen; der typische Abstand beträgt 2 mm. Solche Ebenen werden zwischen zwei ähnlichen Kathoden übereinandergestapelt (in Form eines Sandwiches), man benutzt auch häufig dünne Aluminiumfolien als Kathoden. Meist wird etwa 1 cm Platz zwischen den Anodenebenen und den Kathoden gelassen. Diese Dubletts werden dann vielfach in Superstrukturen eingebettet, meist befinden sich dünne Plexiglasscheiben an der Außenseite. Dann wird das Arbeitsgas zwischen die Elektroden geleitet. Meist werden mehrere Ebenen mit unterschiedlicher Orientierung der Anodendrähte übereinandergelegt. Fliegen geladene Teilchen durch das Medium, so erzeugen sie Ionen entlang ihres Weges, diese produzieren Impulse an den entsprechenden Drähten, die der Bahn des Teilchens am nächsten sind. Die Anodendrähte besitzen jede ihren eigenen Verstärker, sie funktionieren faktisch als unabhängige Proportionalzähler und können so die Position eines geladenen Teilchens mit der Genauigkeit des Abstandes zwischen den Drähten bestimmen.

Setzt man MWPC-Ebenen vor und hinter ein Magnetfeld, so kann man die Ladung der Teilchen aufgrund der Veränderung der Bahn beim Durchfliegen

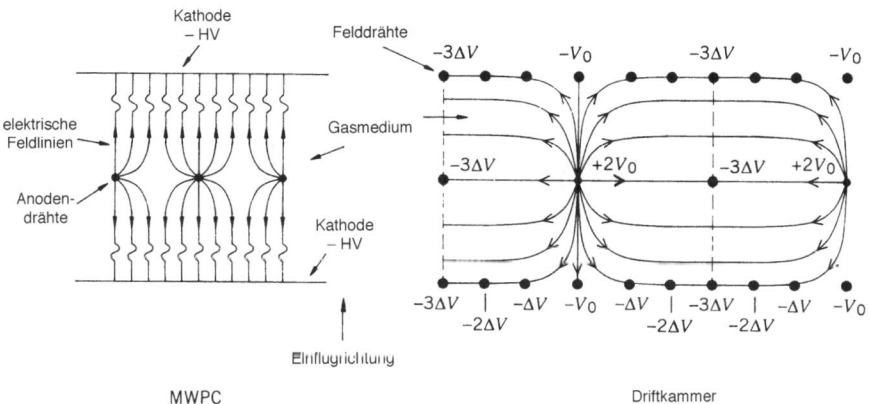

Abb. 7.3 Die Struktur des elektrischen Feldes in einer Vieldraht-Proportionalkammer (MWPC) und in einer Vieldraht-Driftkammer.

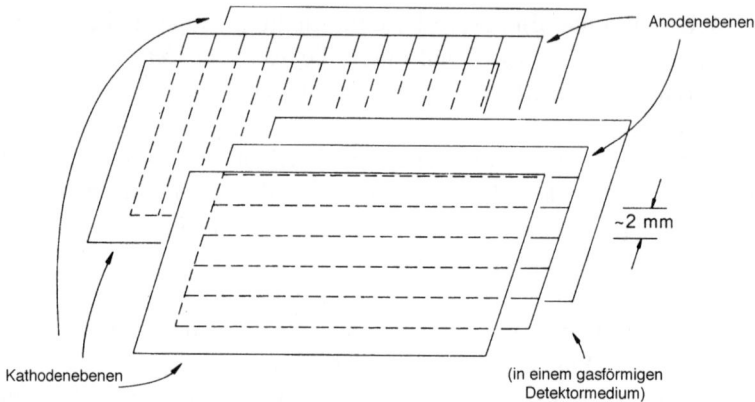

Abb. 7.4   Skizze der Geometrie von MWCP-Ebenen

des Magnetfeldes bestimmen. Dies gibt auch die Möglichkeit, den Impuls des Teilchens festzulegen. Das Prinzip ist in Abb. 7.5 gezeigt. Man beachte, daß sich ein Strahl aus Teilchen mit verschiedenem Anfangsimpuls aufspaltet. Dieser Effekt ist analog der Dispersion von Licht in einem Prisma. Die Position eines Teilchens beim Verlassen des Magnetfeldes wird durch seinen Impuls bestimmt. So kann eine Apparatur nach Abb. 7.5 als Spektrometer verwandt werden, um die Impulsverteilung von Teilchen in einem Strahl zu untersuchen.

Modifiziert man die Struktur des elektrischen Feldes in einer MWPC, so kann die Positionsmessung noch deutlich verbessert werden.

Die Struktur des elektrischen Feldes einer Driftkammer ist in Abb. 7.3 zu sehen. Die Idee einer Driftkammer ist ein relativ konstantes elektrisches Feld ($E = -\Delta V/\Delta x$) in jeder Zelle transversal zur normalen Einflugrichtung. Man er-

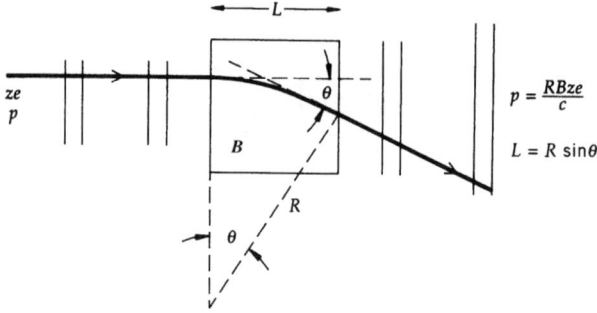

Abb. 7.5   Messung des Impulses eines geladenen Teilchens mittels MWPC. Die Bahn des Teilchens geht durch ein Gebiet mit konstantem Magnetfeld B (normal zur Ebene). Die Messung von θ und die Kenntnis von L und B liefert dann p.

reicht dies durch gleichförmige Veränderung des Potentials entlang benachbarter Kathodendrähte sowie Einsatz zusätzlicher „Feldformungsdrähte" zwischen den Anodendrähten. Diese zusätzlichen Drähte korrigieren den Feldverlauf so, daß ein annähernd konstantes elektrisches Potential zwischen den Anodendrähten entsteht. In den meisten Zellen driften die Ionisationselektronen mit der konstanten und geringen Geschwindigkeit von etwa 50 μm/ns oder 50 mm/μs. Sie erreichen den Bereich um die Anodendrähte und hier kommt es aufgrund des starken elektrischen Feldes in kurzer Zeit zur Multiplikation des Signals. Vergleicht man die Ankunft der Impulse mit einem schnellen externen Signal, so können die Wege, die gedriftet wurden, und damit sehr genau die Positionen der einfallenden Teilchen, bestimmt werden. Man erreicht leicht Genauigkeiten von 200 μm für einen Anodenabstand (oder eine Driftlänge) von etwa 1cm.

Geiger-Müller-Zähler

Ein *Geiger-Müller-Zählrohr*, oder einfach, ein *Geiger-Zähler*, ist ein Ionisationszähler, der im Geigerbereich der Hochspannung arbeitet, das heißt, die Spannung ist so hoch, daß jede Ionisation eine Gasentladung hervorruft, unabhängig von der Energie des nachzuweisenden Teilchens. Wir wollen das einfache Beispiel eines Elektrons mit 0,5 MeV betrachten, welches seine gesamte Energie im Zählervolumen verliert. Das Medium sei Helium mit einer mittleren Ionisationenergie von 42 eV. Die Zahl der erzeugten Elektronen-Ionen-Paare beträgt dann

$$N = 0{,}5 \cdot 10^6 \,\text{eV}/42\,\text{eV} \simeq 12000. \tag{7.6}$$

Würde der Detektor als Ionisationszähler mit einer Kapazität von 10^{-9} F = 1 nF arbeiten, dann hätte das resultierende Spannungssignal die Größe

$$V = Q/C = Ne/C = (12 \cdot 10^3)(1{,}6 \cdot 10^{-19}\,\text{C})/10^{-9}\,\text{F} \simeq 2 \cdot 10^{-6}\,\text{V},$$

natürlich ein sehr kleiner Wert. Arbeitet der Zähler jedoch im Geiger-Modus, so beträgt die Zahl der Ionen-Paare durch die Multiplikation etwa 10^{10}, unabhängig von der Elektronenenergie. Damit erreicht der Spannungsimpuls den gut meßbaren Wert von ungefähr 1,6 V.

Der technische Vorteil des Geiger-Zählers ist seine einfache Konstruktion und seine Unempfindlichkeit gegenüber Spannungsschwankungen. Für allgemeine Messungen von Kernstrahlungen ist er sehr nützlich, er besitzt jedoch zwei gravierende Nachteile. Man erhält erstens keine Angaben darüber, welcher Art die Ionisationen sind, die den Impuls auslösen. Und zweitens benötigt der Zähler aufgrund der großen Lawinen, die durch die Ionisationen induziert werden, sehr lange (etwa 1 ms), bis er wieder einsatzbereit ist. Während dieser recht großen Totzeit kann er demzufolge nicht messen und eignet sich so zum Nachweis hoher Zählraten nicht.

Szintillationsdetektoren

Die durch geladene Teilchen erzeugte Ionisation kann Atome und Moleküle im Medium auf höhere Energiezustände heben. Gehen diese Atome und Moleküle wieder in ihren Grundzustand über, so emittieren sie Licht, dies kann im Prinzip dazu verwandt werden, die Anwesenheit geladener Teilchen nachzuweisen. *Szintillatoren* sind Stoffe, die nach Durchgang eines geladenen Teilchens nachweisbare Photonen im sichtbaren Bereich des Spektrums emittieren. In der Kern- und Teilchenphysik werden im wesentlichen zwei Typen von Szintillatoren angewandt: die organischen oder Kunststoffszintillatoren und die anorganischen oder kristallinen Szintillatoren. Obwohl der Prozeß der Lichtemission für beide Typen unterschiedlich und recht kompliziert ist, ist er doch gut erforscht; wir werden ihn hier allerdings nicht im Detail besprechen. Organische Oszillatoren wie Anthracen oder Naphthalin senden meist ultraviolettes Licht als Folge der Abregung der Moleküle aus. Unglücklicherweise wird Licht dieser Frequenz sofort gedämpft, so daß dem Szintillator „Wellenlängen-Shifter" beigemischt wird, damit die Detektion der Photonen möglich ist. Das ursprünglich erzeugte Licht wechselwirkt mit dem Wellenlängen-Shifter, wodurch die Frequenz des Lichtes ins Sichtbare verschoben wird. Anorganische Kristalle, zum Beispiel NaI oder CsI, werden meist mit Aktivatoren versetzt, die durch Elektron-Loch-Paare, welche die einfallenden geladenen Teilchen im Kristallgitter erzeugt haben, angeregt werden; diese Aktivatoren gehen dann durch Emission von Photonen wieder in den Grundzustand über.

Organische Szintillatoren besitzen kurze Zerfallszeiten (typischerweise etwa 10^{-8} Sekunden), während anorganische Kristalle langsamer sind (etwa 10^{-6} Sekunden), obwohl es auch schnellere gibt. Deshalb eignen sich Kunststoffszintillatoren besser für Experimente mit großen Zählraten. Zur Erzeugung eines nachweisbaren Photons in einem Szintillator ist im allgemeinen mehr Energie nötig als für ein Elektron-Ion-Paar mittels Ionisation (meist um einen Faktor 10); da nun die anorganischen Szintillatoren mehr Licht erzeugen, sind sie allgemein besser für den niederenergetischen Bereich geeignet.

In den Pioniertagen der Kernphysik wurden verschiedene Phosphore verwendet und mit dem Auge betrachtet. Das in Szintillatoren entstehende Licht ist meist zu schwach, um auf diese Art gesehen werden zu können. Damit Szintillationslicht nachweisbar ist, muß das Szintillationsmaterial für dieses Licht durchlässig sein, es darf also keine kurze Dämpfungslänge für die interessierende Frequenz besitzen. Durch die geringe Intensität des emittierten Lichtes muß das Photonensignal verstärkt werden, um es zählen zu können. Meist verwendet man Photomultiplier (PM), die mit dem Szintillator direkt oder über Lichtleitkabel verbunden sind.

Ein Photomultiplier verwandelt ein schwaches Photonensignal in einen nachweisbaren elektrischen Impuls. Das Gerät besteht aus mehreren Teilen (siehe Abb. 7.6). Nach einem schmalen Eintrittsfenster folgt die Photokathode aus einem Material, welches nur schwach gebundene Valenzelektronen und einen großen Wirkungsquerschnitt für die Umwandlung von Photonen in Elektronen mittels photoelektrischem Effekt besitzt. Als Ergebnis erzeugt jedes einfallende Photon mit recht großer Wahrscheinlichkeit ein Elektron. (Die Kathodendurchmesser liegen meist bei 2–12 cm, es gibt jedoch auch größere PM.) Hinter der Kathode sind eine Reihe von Dynoden mit kleiner Austrittsarbeit angebracht. Diese Elektroden liegen auf ansteigendem Potential (der Unterschied zwischen zwei Dynoden liegt bei etwa 100–200V), man erreicht dies durch eine regelbare Gleichspannungsquelle und einen Spannungsteiler. Jede Dynode beschleunigt die erzeugten Elektronen bis zur nächsten Dynode und fügt durch Sekundäremission weitere Elektronen hinzu. Normalerweise befinden sich in PM 6–14 Dynodenstufen mit einer totalen Verstärkung von etwa 10^4–10^7 (der Multiplikationsfaktor pro Dynode liegt bei 3–5). Die Spannung wird zu den Elektroden durch am Ende des PM befindliche Anschlüsse geleitet, diese Anschlüsse sind direkt mit den im Vakuum der Röhre befindlichen Dynoden verbunden.

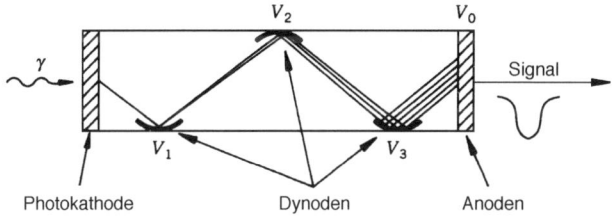

Abb. 7.6 Skizze der wichtigsten Elemente eines Photomultipliers. Die Röhren haben gewöhnlich 5 cm Durchmesser und etwa 20 cm Länge.

Die Umwandlungseffizienz für Quanten der Photokathoden liegt bei $\sim 0,25$ für Wellenlängen von etwa 400 nm. Das Endsignal wird meist von der Anode oder der letzten Dynode abgenommen. Abgesehen von statistischen Fluktuationen ist dieses Signal linear zur Menge des eingetretenen Lichtes auf der Photokathode. Obwohl die Zeiten, die die Elektronen benötigen, um den Weg zur Anode zurückzulegen, unterschiedlich sind (verschiedene Wege und verschiedene Geschwindigkeiten), so beträgt die Differenz doch nur einige Nanosekunden; das Signal ist schmal und kann, in Verbindung mit Kunststoffszintillatoren, sehr effektiv zur Triggerung anderer Detektorsysteme oder interessierender Ereignisse eingesetzt werden.

Die Verbindung eines Szintillators mit einem Photomultiplier stellt ein exzellentes Gerät zum Nachweis geladener Teilchen oder beliebiger Photonen oder Neutronen, die mit dem Szintillator wechselwirken, dar. Wir wollen als Beispiel den β-Zerfall von ^{60}Co betrachten:

$$^{60}\text{Co}^{27} \rightarrow {}^{60}\text{Ni}^{28} + e^- + \bar{\nu}_e. \tag{7.7}$$

Der ^{60}Ni Kern befindet sich nach dem Zerfall in einem angeregten Zustand und geht durch Emission zweier aufeinanderfolgender Photonen in den Grundzustand über: der erste Übergang beträgt 1,17 MeV, ihm folgt ein Photon von 1,33 MeV. Wir nehmen nun an, die ^{60}Co-Probe sei an einem Ende eines NaI(Tl)-Kristalls (Thallium-aktivierter NaI-Szintillator) angebracht und am anderen Ende des Kristalls befinde sich ein Photomultiplier. Da die zu erwartenden Signale klein sind, müssen der Kristall und der PM gut eingepackt sein, damit kein Licht von außen eindringen kann. Da die Kristalle, wie z.B. NaI, häufig hygroskopisch sind, müssen sie vor Zerstörung durch Feuchtigkeit geschützt werden. (Kunstoffszintillatoren besitzen diesen Nachteil nicht.)

Treffen die aus der Abregung des ^{60}Ni-Kerns stammenden Photonen den Szintillator, so wechselwirken sie mit ihm durch photoelektrischen Effekt, Compton-Streuung oder e^+e^--Paarbildung. Jedes Photon, welches mittels des photoelektrischen Effekts in ein Photoelektron umgewandelt wird, verliert seine gesamte Energie durch die Ionisation, die das emittierte Elektron hervorruft. Die Intensität des daraus folgenden Szintillationslichtes ist damit proportional zur Intensität des originalen Photons. Photonen, welche der Compton-Streuung unterliegen, verlieren jedoch nicht ihre gesamte Energie im Szintillator, es sei denn, er wäre sehr groß. Denn obwohl die gestreuten Elektronen oft ihre gesamte Energie abgeben, neigt das Photon dazu, den Szintillator zu verlassen. (Die Strahlungslänge von NaI beträgt 2,6 cm, die von Plastikszintillatoren liegt bei etwa 40 cm. Es überrascht daher nicht, daß bei nur einige Zentimeter großen Detektoren ein Teil der Energie der einfallenden Photonen nicht in Ionisationsenergie umgewandelt wird, sondern den Detektor verläßt.) Paarbildung ist für niederenergetische Photonen sehr unwahrscheinlich, geschieht sie jedoch, so verbleibt die kinetische Energie der Elektronen und Positronen im Szintillator, eventuell annihiliert das Positron mit einem Atomelektron und es entstehen zusätzlich zwei 0,511-MeV-Photonen.

Wird das niederenergetische Elektron in der Reaktion (7.7) vernachlässigt, so setzt sich die im NaI-Szintillator deponierte Energie aus zwei Anteilen zusammen. Zuerst ist da die gesamte Energie der Photonen, die in Photoelektronen umgewandelt wurde, und zweitens tritt ein kontinuierliches Spektrum auf, welches von den Rückstoßelektronen der Compton-Streuung stammt. Das Szintillationslicht und das Ausgangssignal des PM enthält damit Signale, die dem Energieverlust von 1,17 MeV und 1,33 MeV in Materie sowie kontinuierlichen Energien unterhalb dieser beiden Werte entsprechen. (Entstehen genügend 0,511-MeV-Photonen durch Annihilation von e^+e^--Paaren, so können diese ebenfalls Photoelektronen erzeugen, es entsteht so ein sehr wertvoller Kalibrierungspeak bei 0,511 MeV.) Die PM-Signale leitet man am besten durch einen Diskriminator, der die kleinen Signale von zufälligem Rauschen, welches durch thermische Elektronenemission an der Kathode und den Dynoden erfolgt, trennt. Nach der Diskriminierung werden die Pulse digitalisiert und einem Pulshöhenanalysegerät zugeführt (siehe Abb. 7.7). Durch die Fluktuationen im Ionisationsprozeß sowie Unterschiede in der Effizienz der Lichtverstärkung und Fluktuationen in den Elektronenmultiplikationen sind die 1,17-MeV- und 1,33-MeV-Signale nicht scharf, sondern besitzen eine Form, die Rückschlüsse auf die experimentelle Auflösung des Detektorsystems zuläßt. In Abb. 7.8 ist die erwartete Zählrate als Funktion der Pulshöhe dargestellt. (Die energetische Auflösung der NaI(Tl)-Kristalle liegt bei etwa 10 Prozent.) In unserer doch recht vereinfachten Diskussion haben wir die Möglichkeit der gleichzeitigen Beobachtung der gemeinsamen Signale der beiden emittierten Photonen nicht diskutiert, wir werden jedoch in Aufgabe 7.6 darauf zurückkommem.

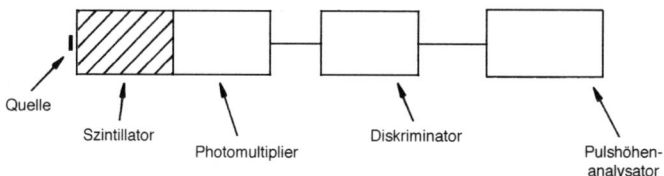

Abb. 7.7 Blockdiagramm des Versuchsaufbaus zur Messung der Zerfallsprodukte des ^{60}Co-Zerfalls.

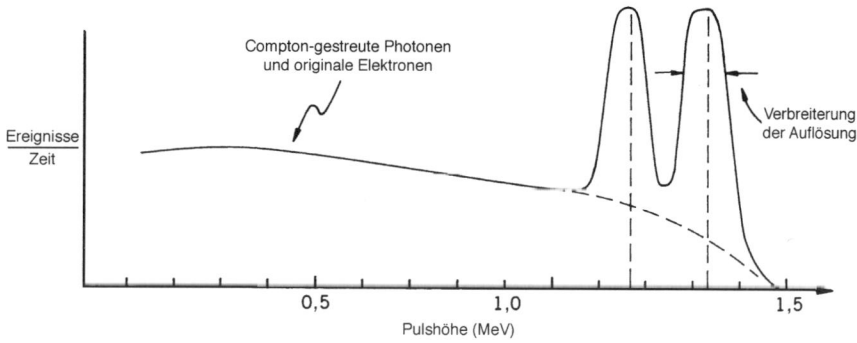

Abb. 7.8 Die Zählrate als Funktion der Impulshöhe für die Produkte des ^{60}Co-Zerfalls.

Flugzeiten

Wir haben bereits erwähnt, daß ein Szintillationszähler in Verbindung mit einem Photomultiplier eine sehr gute Zeitauflösung besitzt. Man erreicht bei sorgfältigem Experimentieren Zeitauflösungen von $2 \cdot 10^{-10}$ Sekunden (0,2 Nanosekunden). (Dies entspricht einer räumlichen Auflösung von 6 cm für Teilchen mit Lichtgeschwindigkeit.) Mit Arrays aus Szintillationsdetektoren kann man so die Flugzeit (*time of flight* TOF) von Teilchen und damit ihre Geschwindigkeit messen. Diese TOF-Messungen sind wichtig bei der Trennung von Teilchen mit gleichem Impuls, jedoch verschiedener Masse, die bei Stößen entstanden sind. Mißt man den Impuls (p) eines geladenen Teilchens im Magnetfeld (siehe Abb. 7.5) sowie seine Flugzeit (t), indem ein Szintillationsdetektor im Abstand L vom Entstehungspunkt des Teilchens ein Signal erzeugt, so kann die Geschwindigkeit und damit die Ruhemasse des Teilchens berechnet werden. Wir nehmen an, die Impulsmessung sei sehr präzise und wollen die Grenzen der TOF-Technik untersuchen.

Die Flugzeit entspricht gerade der zurückgelegten Wegstrecke, dividiert durch die Geschwindigkeit des Teilchens: $t = L/v$. Die Differenz in der Flugzeit zweier Teilchen mit den Massen m_1 und m_2 beträgt

$$\Delta t = t_2 - t_1 = L \left(\frac{1}{v_2} - \frac{1}{v_1} \right) = \frac{L}{c} \left(\frac{1}{\beta_2} - \frac{1}{\beta_1} \right). \tag{7.8}$$

Da wir den Impuls p kennen, folgt

$$\Delta t = \frac{L}{c} \left[\frac{E_2}{pc} - \frac{E_2}{pc} \right] = \frac{L}{pc^2} \left[(m_2^2 c^4 + p^2 c^2)^{1/2} - (m_1^2 c^4 + p^2 c^2)^{1/2} \right]. \tag{7.9}$$

Im nichtrelativistischen Grenzfall reduziert sich der Ausdruck auf die klassische Beziehung

$$\Delta t = \frac{L}{p} (m_2 - m_1) = \frac{L}{p} \Delta m, \tag{7.10}$$

für den interessantesten Fall $m_2 \simeq m_1 = m$ und $v_2 \simeq v_1 = v = \beta c$ erhalten wir

$$\Delta t = \frac{L}{\beta c} \frac{\Delta m}{m} = t \frac{\Delta m}{m}. \tag{7.11}$$

Verwenden wir weiter $v = L/t$, so folgt

$$\Delta v = v_2 - v_1 = -\frac{L}{t^2} \Delta t = -v \frac{\Delta t}{t} = -\frac{v^2}{L} \Delta t. \tag{7.12}$$

Für geringe Energien ($\beta \sim 0,1$) erhalten wir für Zeitauflösungen von $\Delta t \sim 2 \cdot 10^{-10}$ s und für Flugwege von 10^2 cm die respektable Geschwindigkeitsauflösung

$$|\Delta v| = \frac{v^2}{L} \Delta t \simeq \frac{(0,1 \cdot 3 \cdot 10^{10})^2}{10^2} \cdot 2 \cdot 10^{-10} \simeq 2 \cdot 10^7 \text{ cm/s.} \tag{7.13}$$

Da nun gilt $-\Delta v/v = \Delta t/t = \Delta m/m$, können so mittels TOF niederenergetische Teilchen gleichen Impulses mit Massendifferenzen von etwa 1 Prozent getrennt werden. Die relative Massenauflösung verschlechtert sich natürlich linear mit wachsendem Impuls und verbessert sich mit wachsender Weglänge.

Für den relativistischen Fall schreiben wir (7.9) um:

$$\Delta t = \frac{L}{c}\left[\left(1 + \frac{m_2^2 c^2}{p^2}\right)^{1/2} - \left(1 + \frac{m_1^2 c^2}{p^2}\right)^{1/2}\right]$$

$$\simeq \frac{L}{c}\left[1 + \frac{m_2^2 c^2}{2p^2} - 1 - \frac{m_1^2 c^2}{2p^2}\right] \simeq \frac{Lc}{2p^2}(m_2^2 - m_1^2). \tag{7.14}$$

Für $m_1 \simeq m_2$ und $v_1 \simeq v_2$ erhalten wir

$$\Delta t = \frac{Lc}{2}\left(\frac{m_2^2}{p^2} - \frac{m_1^2}{p^2}\right) = \frac{Lc}{2}\left[\frac{m_2^2}{m_2^2 \gamma_2^2 v_2^2} - \frac{m_1^2}{m_1^2 \gamma_1^2 v_1^2}\right]$$

$$\simeq \frac{Lc}{2}\left[\frac{1 - v_2^2}{v_2^2} - \frac{1 - v_1^2}{v_1^2}\right] \simeq \frac{Lc}{v^2}\frac{v_1 - v_2}{v} = -\frac{Lc}{v^2}\frac{\Delta V}{v}. \tag{7.15}$$

In diesem Falle ($v \simeq c$) erhalten wir für unsere Annahmen $\Delta t \simeq 2 \cdot 10^{-10}$ s und $L \simeq 10^2$ cm für die Geschwindigkeitsauflösung

$$|\Delta v| \simeq \frac{c^2}{L}\Delta t \sim \frac{(3 \cdot 10^{10})^2}{10^2} \cdot 2 \cdot 10^{-10} \simeq 2 \cdot 10^9 \text{ cm/s.} \tag{7.16}$$

Obwohl die Auflösung noch bei etwa 10 Prozent der Teilchengeschwindigkeit liegt, ist die relative Massenauflösung für $v \simeq c$ nicht so gut. Aus (7.15) folgt nämlich

$$\Delta t \simeq \frac{Lc}{2}\frac{(m_2 - m_1)(m_2 + m_1)}{p^2} \simeq \frac{Lmc}{p^2}\Delta m = Lc\frac{m^2}{p^2}\frac{\Delta m}{m} \simeq \frac{L}{c\gamma^2}\frac{\Delta m}{m}$$

und

$$\frac{\Delta m}{m} = \frac{c\gamma^2}{L}\Delta t = \gamma^2\frac{\Delta t}{t}. \tag{7.17}$$

Für Impulse ≥ 3 GeV/c und Massen von 1 GeV/c^2 ist $\gamma \geq 3$ und die Auflösung in der Massentrennung ist praktisch verloren gegangen. Natürlich ist unsere Rechnung nur von Wert, wenn der Flugweg nicht deutlich über 100 cm vergrößert werden kann. Für Festtarget-Experimente mit hoch relativistischen Teilchen ist dies vielleicht eine Alternative, für die meisten großen Stoßexperimente bedeutet die Vergrößerung des Flugweges eine Vergrößerung des Detektorsystems (siehe nächstes Kapitel), und dies kann sehr teuer sein. Außerdem kann der Flugweg nicht beliebig verlängert werden, wenn die interessanten Teilchen nur eine kleine Lebensdauer besitzen.

Die TOF-Technik kann ebenfalls zur Bestimmung der Impulse niederenergetischer Neutronen oder beliebiger Photonen, die mit unserem Szintillationsdetektor wechselwirken, verwandt werden. In diesen Fällen muß die Stoßzeit anders bestimmt werden, zum Beispiel aus der Wechselwirkungszeit, die durch einen Impuls, der von einem einfliegenden Strahlteilchen ausgelöst wird, gegeben wird. Die Zeitdifferenz zwischen dem Signal im Szintillator und einer gewissen „Startzeit" liefert dann die TOF für neutrale Teilchen.

Cherenkov-Detektoren

Bewegt sich ein geladenes Teilchen mit gleichförmiger Geschwindigkeit im Vakuum, so emittiert es keine Strahlung. Fliegt es jedoch durch ein dielektrisches Medium mit einem Brechungsindex > 1 mit einer Geschwindigkeit, die größer ist als die Lichtgeschwindigkeit in diesem Medium (das heißt $v > c/n$ oder $\beta > 1/n$), dann wird eine Strahlung emittiert, die man nach ihrem Entdecker Cherenkov-Strahlung nennt (Paul Cherenkov 1934). Die Richtung des emittierten Lichtes kann klassisch nach dem Huygenschen Prinzip berechnet werden, es ist kohärentes Licht, welches von angeregten Atomen und Molekülen, die auf dem Weg des durchfliegenden Teilchens liegen, emittiert wird. Der Effekt ist völlig analog zu sogenannten Schockwellen oder Stoßfronten, die von Überschallflugzeugen erzeugt werden. Der interessante Teil des Spektrums des emittierten Lichtes liegt im blauen und ultravioletten Bereich. Das blaue Licht kann mit herkömmlichen Photomultipliern nachgewiesen werden, während das ultraviolette Licht mittels photosensitiver Moleküle, die dem Arbeitsmedium der Gas-Ionisationskammer (z. B. MWPC) beigemischt sind, in Elektronen umgewandelt wird.

Der Winkel, unter dem Cherenkov-Strahlung emittiert wird, ist

$$\cos \theta_c = \frac{1}{\beta n}. \tag{7.18}$$

Die Intensität der erzeugten Strahlung pro Einheitslänge ist proportional zu $\sin^2 \theta_c$. Ist daher $\beta n > 1$, so kann Licht emittiert werden, für $\beta n < 1$ ist θ_c komplex und es kann kein Licht beobachtet werden. Der Cherenkov-Effekt liefert so eine Möglichkeit, zwei Teilchen mit gleichem Impuls, jedoch verschiedener Masse, voneinander zu unterscheiden. So besitzen 1-GeV-Protonen, -Kaonen und -Pionen Geschwindigkeiten von $\beta = 0,73$, $0,89$ und $0,99$. Damit diese Teilchen sichtbare Cherenkov-Strahlung emittieren, werden Stoffe mit unterschiedlichem Brechungsindex benötigt. So fordert die Emission von Licht durch Protonen eine untere Grenze von $n = 1,37$, Kaonen benötigen $n > 1,12$ und Pionen $n > 1,01$. Wir ordnen nun zwei Cherenkov-Detektoren hintereinander an, einer sei mit Wasser ($n = 1,33$) und einer mit Gas unter Druck ($n = 1,05$) gefüllt. Fliegt nun eine Mischung aus Protonen, Kaonen und Pionen durch die Zähler, so liefern Protonen überhaupt kein Signal, Kaonen emittieren Cherenkov-Strahlung nur im Wasserdetektor und die Pionen werden in beiden nachgewiesen. So lassen sich Teilchen durch unterschiedliche Schwellenwerte für die Cherenkov-Strahlung unterscheiden. Werden Detektoren auf diese Art und Weise betrieben, so nennt man sie Schwellendetektoren. (Die meisten großen Experimente, die zur Untersuchung des Protonenzerfalls durchgeführt werden, basieren auf dem Nachweis von Cherenkov-Strahlung, um die Zerfallsprodukte ($p \rightarrow e^+ + \pi^0$) zu identifizieren.)

Aus Gleichung (7.18) folgt weiterhin, daß sich Teilchen durch den Winkel, unter dem die Cherenkov-Strahlung emittiert wird, unterscheiden lassen. Für festes n ist der Winkel des Lichtkegels für Pionen größer als für Protonen und Kaonen. Man nennt Detektoren, die empfindlich für die Emissionswinkel sind, *differentielle Zähler*.

Die Entwicklung auf diesem Gebiet hat sich in den letzten Jahren verstärkt dem ultravioletten Bereich des Spektrums (~ 5 eV) zugewandt. Die UV-Photonen erzeugen durch Photoionisation Elektronen, die mit MWPC nachgewiesen werden. Bei hohen Energien können mehrere UV-Photonen von einem einzigen geladenen Teilchen emittiert werden. Diese Photonen sind auf einem Kegel mit dem Winkel θ_c um das einfallende Teilchen verteilt. Ordnet man nun einen ionisationsempfindlichen Zähler in der Flugrichtung des Teilchens an, so erzeugen die Elektronen, die durch die UV-Photonen freigesetzt werden, ein ringförmiges Muster. Man nennt die nach diesem Prinzip funktionierenden Detektoren Ringbild-Cherenkov-Detektoren (*ring imagining cherenkov detector* oder RICH-Zähler). Man verwendet sie häufig in Experimenten, bei denen viele Teilchen während der Stöße erzeugt werden.

Halbleiterdetektoren

Die Bildung eines Elektron-Loch-Paares in einem Halbleiter wie zum Beispiel Silicium oder Germanium benötigt eine Energie von nur etwa 3 eV; verwendet man diese Kristalle als feste Ionisationskammern, so liefern sie große Signale für sehr kleine Energieverluste im Medium. Deshalb erweisen sich Festkörperdetektoren gerade bei kleinen Energien als sehr brauchbar. Diese Geräte wurden in der Kernphsik für hochauflösende Energiemessungen entwickelt sowie zur Bestimmung der Reichweite und der Bremsfähigkeit von Kernfragmenten. In jüngerer Zeit haben sich Siliciumdetektoren auch in der Teilchenphysik für präzise Ortsmessungen geladener Teilchen durchgesetzt.

Da die Zahl der freien Ladungsträger, die in Halbleitern erzeugt werden, so groß ist und sowohl die Elektronen als auch die Löcher sehr beweglich sind, benötigt man nur sehr dünne Schichten der Kristalle (etwa 200–300 μm), um auch für minimal ionisierende Teilchen gute Signale zu erhalten. Man konstruiert diese Detektoren so, daß das Ausgangssignal proportional zum Ionisationsverlust ist, vorausgesetzt, das elektrische Feld im Medium ist stark genug, die Rekombination der Ladungsträger zu verhindern. Man erreicht dies durch sehr reine, hochohmige Halbleiter, die als Dioden mit einer Sperrspannung von etwa 100 V betrieben werden. Der Halbleiter befindet sich zwischen sehr dünnen leitenden Elektroden (die Dicke beträgt etwa 10μg/cm^2), die in elektrisch voneinander isolierten Streifen (oder anderen Mustern) auf der Oberfläche des Halbleiter-Wafer liegen. Meist werden Detektoren mit einer Fläche von 5×5 cm^2 verwandt, sie besitzen 20–50 μm breite Streifen und werden meist hintereinander geschaltet (wie die Ebenen der MWPC), um die Bahn der geladenen Teilchen mit einer Genauigkeit von einigen Mikrgesch ometern in der Flugrichtung zu bestimmen. Man verwendet diese Geräte zur Messung kleiner Stoßparameter und damit zur Entscheidung, ob ein geladenes Teilchen aus der primären Kollision stammt oder ein Zerfallsprodukt eines Teilchens ist, welches sich ein klein wenig vom Stoßpunkt entfernt hatte und dann zerfiel.

Stellt man zwei Siliciumdetektoren hintereinander, so kann man die kinetische Energie und die Geschwindigkeit von niederenergetischen Teilchen oder Kernfragmenten und damit ihre Ruhemasse bestimmen. Man plaziert den dünnen Halbleiter-Wafer auf die Vorderseite eines dickeren Detektors, der das Teilchen stoppen kann. Die Geschwindigkeit folgt aus der im dünnen Zähler gemessenen Bremsfähigkeit und die Masse aus der Reichweite oder dem totalen Verlust der kinetischen Energie im dickeren Kristall (oder in einem Array dünner Wafer).

Kalorimeter

Die Impulse der geladenen Teilchen können recht direkt mittels magnetischer Spektrometer (siehe Abb. 7.5) bestimmt werden. In manchen Situationen sind magnetische Messungen jedoch nicht möglich. So sind präzise magnetische Messungen bei hohen Energien schwierig und teuer, da sie große Magnetfelder in ausgedehnten räumlichen Gebieten erfordern oder sehr lange Detektoren, um kleine Winkelveränderungen messen zu können oder beides. Außerdem kann es sein, daß spezielle Konstruktionsanforderungen den Einsatz von Magneten nicht erlauben. Magnete können für die Messung der Energie neutraler Teilchen (zum Beispiel Neutronen oder Photonen) ebenfalls nicht eingesetzt werden. Unter diesen Umständen setzt man reine Kalorimeter ein, die nur die gesamte im Medium freigesetzte Energie messen. Ein *Kalorimeter* ist ein Gerät, welches die gesamte kinetische Energie eines Teilchens absorbiert und ein dieser Energiemenge proportionales Signal liefert. Eines der einfachsten Beispiele für ein Kalorimeter ist das oben beschriebene Gerät zur Bestimmung der Reichweite von α-Teilchen. In den frühen sechziger Jahren wurden große Kalorimeter entwickelt, vor allem zur Untersuchung der kosmischen Strahlung, sie sind inzwischen wichtige Werkzeuge bei der Messung der Energien von Teilchen, die in großen Beschleunigern erzeugt werden.

Bewegen sich hochenergetische Photonen durch Materie, so wissen wir, daß sie nur Energie verlieren, wenn sie sich in Elektron-Positron-Paare umwandeln. Die so entstehenden Elektronen und Positronen geben ihre Energie wie gehabt durch Ionisierung von Atomen ab; sind sie sehr schnell, so verlieren sie den größten Teil ihrer Energie durch Bremsstrahlung. Besitzen diese Photonen ihrerseits genügend hohe Energien, so erzeugen sie wieder Elektron-Positron-Paare, die dann Photonen abstrahlen und so weiter. Diese elektromagnetischen „Schauer" entwickeln sich zu einem Meer von niederenergetischen Photonen, Elektronen und Positronen, die all ihre Energie im Medium abgeben.

In gleicher Weise geben Hadronen ihre Energie durch eine Reihe von aufeinanderfolgenden Wechselwirkungen ab. Da Hadronen relativ schwer sind, können sie nur einen geringen Teil ihrer Energie durch Bremsstrahlung abgeben; sie verlieren ihre Energie durch mehrfache Kernstöße. So kann ein einfliegendes Hadron beim ersten Stoß mehrere Pionen erzeugen; diese Pionen kollidieren sofort mit anderen Kernen, wobei wieder Teilchen entstehen, und so weiter, bis die anfänglich große Energie des Hadrons in viele niederenergetische Teilchen umgewandelt worden ist, die ihre Energie durch Ionisation im Medium verlieren. Da in den meisten Materialien (besonders für $Z > 10$) die mittlere freie Weglänge für Kernwechselwirkungen deutlich größer ist als für elektromagnetische Wechselwirkungen (siehe das Beispiel 7 in Kapitel 6), benötigt man dickeres Material, um einen hadronischen Schauer zu erzeugen, als im Fall elektromagnetischer Schauer. Deshalb sind die zur Messung der Freisetzung elektromagnetischer Energie konstruierten Kalorimeter deutlich dünner als jene zur Absorption von Hadronen gedachten.

Wir wollen an dieser Stelle hervorheben, daß die energetischen Fluktuationen von Hadronen bei Wechselwirkung mit Materie recht groß sind, denn solche Stöße beinhalten oft die Erzeugung instabiler Teilchen, die als Zerfallsprodukte Neutrinos aufweisen. Da Neutrinos einen vernachlässigbaren Wirkungsquerschnitt besitzen, entziehen sie sich dem Nachweis und reduzieren so die Energie, die ein Hadron im Detektor freisetzt. Dies geschieht nach statistischen Gesetzen und erschwert so die Energiemessung für Hadronen. Zusätzliche Fluktuationen entstehen durch die Erzeugung neutraler Pionen. Diese Teilchen zerfallen sofort (nach etwa 10^{-16} s) in zwei Photonen, diese erzeugen nun ihrerseits zwei Schauer. Da diese Energie elektromagnetischer Natur ist, wird sie lokal freigesetzt, damit hängt die nachgewiesene Energie von der Struktur des Detektors ab (siehe unten). Aufgrund dieser Komplikationen ist die Energieauflösung

der hadronischen Kalorimeter schlechter als die für elektromagnetisch wechselwirkende Teilchen.

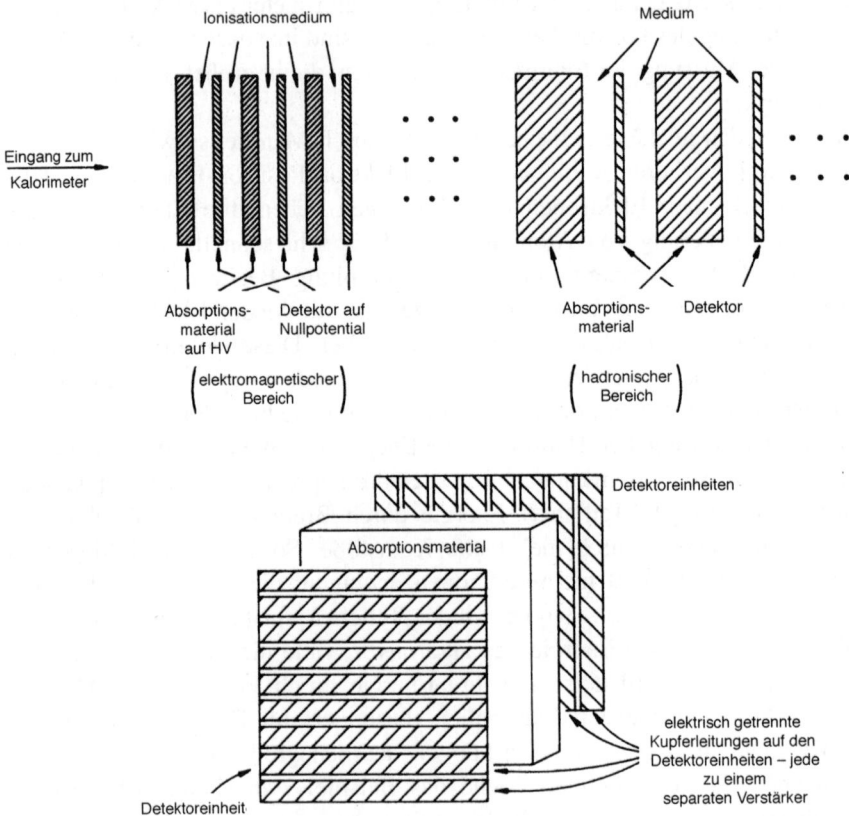

Abb. 7.9   Eine typische Schichtstruktur eines Sammelkalorimeters.

Wir haben die wichtigsten Mechanismen der Energieabgabe in Materie sowie die häufigsten Anwendungen dieser Mechanismen beim Nachweis der Teilchen bereits beschrieben. Ähnliche Prinzipien werden auch bei der Konstruktion
von Kalorimetern zugrundegelegt. So kann ein Kalorimeter, welches die Ioni-
sationserzeugung in einem Medium mißt, als Ionisationskammer (zum Beispiel
Flüssigargon-Kalorimeter) verwandt werden; durch die Erzeugung von Szintillationslicht sind sie Szintillationsdetektoren (zum Beispiel NaI); oder sie beschränken sich auf den Nachweis von Cherenkov-Strahlung (Bleiglas). Im Prinzip kann die Energie eines Teilchens auch aus der Erwärmung des Detektors
oder aus der freigesetzten akustischen Energie bestimmt werden, solche Techniken wurden in der Vergangenheit auch angewandt. Man kann Kalorimeter mit
homogenen Medien (zum Beispiel kristalline Szintillatoren oder Bleiglas) oder

als Sammeldetektoren konstruieren. Sammelkalorimeter enthalten in erster Linie totes Absorbermaterial, welches mit aktiven Sammeldetektoren durchsetzt ist, die die Energie der Schauer messen (siehe Ab. 7.9). Homogene Detektoren sind gewöhnlich empfindlich für die gesamte freigesetzte Energie und besitzen die beste Auflösung, sie sind jedoch gewöhnlich sehr teuer. Sammeldetektoren besitzen eine schlechte Auflösung, da sie verschiedenen zusätzlichen Fluktuationen unterliegen, sind aber meist billiger und einfacher zu konstruieren. So baut man große Sammelkalorimeter (mit Tausenden von individuellen Kanälen) mit einer Energieauflösung $\Delta E/E$ von etwa $0{,}20/\sqrt{E}$ für den Nachweis elektromagnetischer Komponenten und etwa $1{,}0/\sqrt{E}$ für hadronische Schauer (mit E in GeV). Die Verbesserung der relativen Auflösung mit steigender Energie kann auf die Abnahme der Fluktuationen zrückgeführt werden.)

Schichtdetektion

Stöße bei großen Energien erzeugen oft viele verschiedene Arten von Teilchen. So treten bei einem Ereignis zum Beispiel Elektronen, Myonen, Neutrinos und viele Pionen auf. Einige Teilchen sind stabil, andere kurzlebig. Um die Struktur des Stoßes aufzuklären und alle diese Teilchen bestimmen zu können, muß man oft alle diese Spezies messen, und zwar mit großer Genauigkeit. Moderne Spektrometersysteme, speziell an Beschleunigereinrichtungen, die wir im nächsten Kapitel diskutieren werden, sind in Schichtform konstruiert, wobei jede Schicht eine spezielle Funktion besitzt (siehe Abb. 7.10). Im Bereich sehr nahe der Wechselwirkungszone werden meist einige sehr dünne Siliciumdetektoren plaziert, die genaue Auskunft über die Bahnen der geladenen Teilchen liefern. (Der Grund, warum diese Materialien dünn sein müssen, liegt in der Minimierung der Fehler durch Mehrfachstreuung sowie der Verhinderung der Umwandlung der Teilchen in Photonen.) Diese Detektoren sind zusätzlich empfindlich für die charakteristischen Zerfälle der kurzlebigen Teilchen.

Für Collider (große Beschleuniger, bei denen zwei hochbeschleunigte Teilchenströme aufeinander treffen) folgt als nächste Schicht eine Gruppe von Driftkammern, die das Siliciumsystem umgeben. Meist befinden sich diese Kammern in einem axialen oder solenoidalen Magnetfeld, welches durch einen supraleitenden Ring, der um die Driftkammern geführt wird, erzeugt wird. (Wieder sind die Gründe für dünne Detektoren die Minimierung des Energieverlustes und mehrfacher Coulomb-Streuung innerhalb des Ringes, welche die Auflösung verschlechtern würden).

Die Signale der Silicium-Detektoren und der Driftkammern liefern Informationen über die Impulse aller geladenen Teilchen, die, ausgehend vom Wechselwirkungspunkt, die Detektoren durchfliegen.

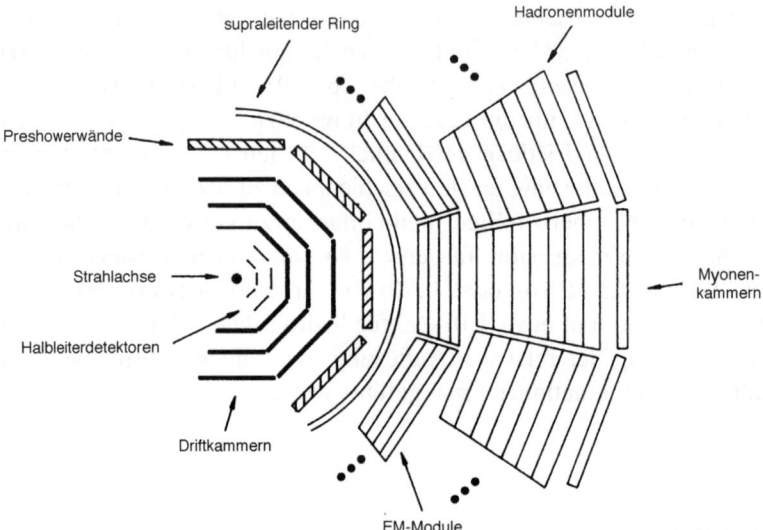

Abb. 7.10   Schematische Darstellung einer typischen Schichtdetektion für Hochenergie-experimente an Collidern.

Der nächste Schritt ist die Aufstellung von „Preshower"-Zähler-Segmenten, die normalerweise aus etwa 3 Strahlungslängen Absorber bestehen und denen Szintillationsdetektoren folgen. (Die Szintillationsdetektoren liefern ebenfalls Infomationen zur Flugzeit.) Die inneren Zähler sind recht dünn, so kommt es kaum zu Umwandlung in Photonen oder Bremsstrahlung der originalen Elektronen. Die Preshower-Zähler liefern den ersten Hinweis auf elektromagnetische Wechselwirkungen der Teilchen durch die Anwesenheit großer Pulshöhen, die von Photonen herrühren, die in e^+e^--Paare umgewandelt werden, oder von Elektronen, die Schauer im vorderen Teil der Zähler erzeugen. (Der Magnetfeldring kann als Teil des Absorbermaterials verwendet werden, wenn er den Preshower-Zählern vorangeht.)

Man kennt nun die Bahnen der geladenen Teilchen und besitzt Informationen über die Anwesenheit von Photonen und Elektronen. Der nächste Schritt beinhaltet die elektromagnetischen (EM) Kalorimeter. Diese EM-Kalorimeter bestehen meist aus etwa 25 Strahlungslängen eines Materials mit großem Z, dies entspricht meist einer freien Weglänge für hadronische Wechselwirkungen. Die Elektronen und Photonen verlieren praktisch all ihre Energie in den EM-Modulen, die Hadronen beginnen hier erst, mit Materie zu wechselwirken. Nach den EM-Kalorimetern folgen die deutlich dickeren hadronischen Kalorimeter, in denen die Hadronen den größten Teil ihrer Energie verlieren. (Die EM-Module sind meist etwa 30 cm dick, während die Dicke der hadronischen Kalorimeter ungefähr 150 cm beträgt, in Abhängigkeit vom Absorber und den eingebauten Detektoren.)

Teilchen, die die Kalorimeter verlassen, sind primär Neutrinos und hochenergetische Myonen (mit größeren Energien, als sie der Reichweite der Absorbermaterialien entsprechen). Man analysiert die Impulse der austretenden Myonen meist hinter den Kalorimetern und verfolgt ihre Bahnen rückwärts, um die Konsistenz mit den Angaben der inneren Detektoren herzustellen. Das heißt, nur die Neutrinos können nicht gezählt werden. Ihre Anwesenheit folgt aus dem Fehlen eines Teils des Impulses des Ereignisses (speziell in Ausbreitungsrichtung). Damit die Energie, die die Neutrinos davontragen, bestimmt werden kann, muß der Detektor um die Wechselwirkungszone herum so weit wie möglich geschlossen werden, damit keine strukturell wichtigen Elemente verloren gehen. Dies ist natürlich eine große Herausforderung an die Experimentatoren.

Aufgaben

7.1 Eine radioaktive Quelle emittiert α-Teilchen mit der kinetischen Energie von 4 MeV. Wie groß muß ein Magnetfeld sein, damit der Radius der Bahnkurve eines α-Teilchens 10 cm beträgt? (Hängt die Antwort von der Art des Mediums ab, in welchem das α-Teilchen emittiert wurde?) Man wiederhole die Rechnung für ein Elektron gleicher Energie.

7.2 Die Masse eines K^+ beträgt 494 MeV/c^2 und die eines π^+ 140 MeV/c^2. Man berechne mit 10 Prozent Genauigkeit den Impuls, bei welchem das System gerade in der Lage ist, ein π^+ aus einem K^+ zu erzeugen (bei einer Standardabweichung), wenn die rms-Zeitauflösung zweier Szintillationszähler, die sich in 2 m Abstand voneinander befinden, 0,2 ns beträgt. (*Hinweis*: siehe (7.9)).

7.3 Wie groß sind die Cherenkov-Winkel für Elektronen und Pionen mit einem Impuls von 1000 MeV/c für ein Medium mit $n = 1{,}4$? Wie groß ist das Verhältnis der emittierten Photonen für Elektronen und Pionen?

7.4 Es werden beim Durchgang eines geladenen Teilchens durch einen Zähler 10^6 Elektronen-Ionen-Paare gebildet. Das mittlere Ionisierungspotential des Medium betrage $\bar{I} = 30$ eV. Wie genau kann die freigesetzte Energie mit einem Geigerzähler, einem Ionisationszähler mit Verstärkung eins und mit einem Proportionalzähler mit der Verstärkung 10^6 und einem Fehler von 5 Prozent gemessen werden?

7.5 Wenn man den Impuls eines einfach geladenen 10-GeV/c-Teilchens mit einem Prozent Genauigkeit in einem 2-T-Magnetfeld messen will, wobei

ein 1 m langer Magnet verwendet wird, wie genau muß der Winkel gemessen werden (siehe Abb. 7.5)? Werden MWPC dazu benutzt, wie weit
müssen zwei Ebenen mit 2 mm Anodendraht-Abstand voneinander entfernt sein, um dieses Ziel zu erreichen? Als dritte Variante verwende man
mikrostrukturierte Siliciumdetektoren mit 25 μm Abstand zwischen den
Elektroden. Wie groß muß der Abstand zwischen beiden Geräten sein, um
wieder dieselbe Auflösung zu erreichen?

7.6   Man skizziere das Pulshöhenspektrum für den ^{60}Co-Zerfall, wenn beide
Photonen gleichzeitig emittiert werden, das heißt, innerhalb der Zeitauflösung des Detektors.

Empfohlene Literatur

Fernow, R. C. 1986. *Introduction to Experimental Particle Physics*. London/New York.
(Cambridge Univ. Press).

Kleinknecht, K. 1986. *Detectors for Particle Physics*. London/New York. (Cambridge
Univ. Press).

Knoll, G. F. 1989. *Radiation Detection and Measurement*. 2. Auflage. New York. (Wiley).

Leo, W. R. 1987. *Techniques for Nuclear and Particle Physics Experiments*. New
York/Berlin. (Springer-Verlag).

8 Beschleuniger

Einführende Bemerkungen

Beschleuniger sind sicher die bemerkenswertesten Geräte der modernen Wissenschaft. Sie sind Präzisionsinstrumente in gigantischer Größe. Sie lenken und beschleunigen Teilchen, die in wenigen Sekunden Millionen von Kilometern zurücklegen und positionieren diese Teilchen auf Mikrometer genau. Sie liefern genügend energiereiche Teilchen, um makroskopische Targets mit einem einzigen Impuls des Strahles verdampfen zu können. Aufgrund ihrer immensen Ausmaße und ihrer Komplexität sowie ihrer Symbolisierung der intellektuellen Leistungen und der Kreativität der Menschheit hat Robert R. Wilson sie mit den gotischen Kathedralen des mittelalterlichen Europa verglichen. Ihr Einfluß auf die Kern- und Elementarteilchenphysik, für die sie ursprünglich erdacht worden waren, ist gewaltig. Sie sind die Mikroskope zur Erforschung der Struktur der Kerne und Elementarteilchen, gäbe es keine Beschleuniger, so würden Kern- und Elementarteilchenphysik noch in den Kinderschuhen stecken.

Nach den Pionierarbeiten von Rutherford und seinen Mitarbeitern, die die Existenz eines Atomkerns innerhalb des Atoms zweifelsfrei nachgewiesen hatten, war klar geworden, daß Streuexperimente bei höheren Energien nötig sind, um den Kern untersuchen zu können. Verständlicherweise können Geschosse den Kern in mehrere Teile zerbrechen, die hinreichend Energie besitzen, um die Coulomb-Barriere zu überwinden. Ebenfalls bekannt war, daß ein Teilchen umso tiefer in den Kern eindringen kann, je größer seine Energie ist. Diese Erkenntnis entspricht einfach der Tatsache, daß große Impulsüberträge kleinen Abständen entsprechen und vice versa. Will man das Verhalten von Kernen und Elementarteilchen bei kurzen Abständen untersuchen, so benötigt man hochenergetische Teilchenstrahlen, die zum Impulstransfer auf Targets oder andere Teilchenstrahlen dienen.

Obwohl man in der kosmischen Strahlung eine Quelle von hochenergetischen Teilchen besitzt, sind die Ströme jedoch recht klein und die Energie kann nicht beeinflußt werden. Die Anregungen, die die Entdeckungen neuer Phänomene bei

Experimenten mit kosmischer Strahlung brachten, bestärkten nur den Wunsch nach Entwicklung von Techniken, Teilchen zu beschleunigen.

Die in den letzten 60 Jahren erzielte Vergrößerung der Energien der Beschleuniger ist bemerkenswert. Die ersten Beschleuniger in den dreißiger Jahren erzeugten Teilchenstrahlen mit Energien von einigen hundert keV, während die modernsten Beschleuniger, die um die Jahrtausendwende arbeiten sollen, Strahlenergien erzeugen, die um den Faktor 10^8 darüber liegen. Durch die Anwendung der Collidertechnik (siehe unten) liegt die Zunahme in der Energie (das heißt die im Schwerpunktsystem zur Verfügung stehende Energie) bei etwa 10^{13}. Solchen Verbesserungen entsprechen Unterschiede von 10^8 in der Auflösung von Abständen, man erwartet für die nächste Generation von Beschleunigern einen zu untersuchenden Größenbereich von 10^{-18} cm. Abgesehen von ihrer Anwendung in der Kern- und Elementarteilchenphysik spielen Beschleuniger in vielen Bereichen eine wichtige Rolle; in Experimenten der Festkörperphysik, in der Elektronikindustrie, in biomedizinischen und geophysikalischen Bereichen, bei der Lebensmittelverarbeitung und der Schmutzwasserbehandlung. Die Wissenschaft von den Beschleunigern ist nicht mehr länger nur Anhang zur Kern- und Elementarteilchenphysik, sondern eine eigenständige intellektuelle Disziplin.

Es gibt viele Möglichkeiten, geladene Teilchen zu beschleunigen, die für bestimmte Anwendungen verwandte Methode hängt von den Eigenschaften der Teilchenstrahlen ab, die sie besitzen sollen; von der Energie und den Strahlintensitäten und natürlich vom zur Verfügung stehenden Geld. Wir wollen im folgenden einige der wichtigsten Entwicklungen auf dem Gebiet der Teilchenbeschleunigung in den letzten 60 Jahren beschreiben.

Elektrostatische Beschleuniger

Cockcroft-Walton-Beschleuniger

Der Cockcroft-Walton-Beschleuniger ist der einfachste Typ eines Beschleunigers. Das Prinzip geht von Ionen aus, die durch Gruppen von Elektrodenreihen fliegen, die jeweils auf höherem Potential liegen. Im Normalfall werden zur Erzeugung der großen elektrischen Felder Spannungsverdopplungsschaltungen verwandt. Das Gerät besteht aus einer Ionenquelle (oft Wasserstoffgas) an dem einen Ende und einem Target am anderen Ende, die Elektroden liegen zwischen beiden. Die Elektronen werden entweder zugesetzt oder von den interessierenden Atomen abgestreift, damit so die zu beschleunigenden Ionen entstehen; diese fliegen dann durch eine Reihe von Beschleunigungsstrecken. Die kinetische Energie, die ein Ion mit der Ladung q nach Durchlaufen einer Potentialdifferenz v besitzt, ist einfach $T = qV$. John Cockcroft und Ernest Walton gelang es als ersten, dieses Prinzip zur Beschleunigung von Teilchen erfolgreich anzuwenden; sie benutzten ihr Gerät zur Spaltung von Lithiumkernen mittels 400-keV-Protonen. Die Cockcroft-Walton-Geräte können nur bis etwa 1 MeV gebaut werden, darüber hinaus kommt es zu Spannungsdurchschlägen, bei Spannungen über 1 MV treten Gasentladungen auf. Cockcroft-Walton-Beschleuniger können kommerziell erworben werden, sie werden meist als Injektoren großer Ströme (etwa 1 mA) bei mehretappigen Beschleunigungsprozessen verwandt.

Van de Graaff-Beschleuniger

Die Energie, die ein Teilchen (Ion), welches in einem Gleichspannungsgerät beschleunigt wird, aufnimmt, ist direkt proportional zur angelegten Spannung; deshalb ist die Konstruktion der Hochspannungsquelle sehr wichtig. Der Van de Graaff-Generator, benannt nach seinem Entwickler Robert van de Graaff, ist eine solche scharfsinnig konstruierte Spannungsquelle. Das Prinzip ist ganz einfach. Da die Ladung eines Leiters immer auf seiner äußeren Oberfläche sitzt, transportiert ein Ladung tragender Leiter, der einen ihn einhüllenden anderen Leiter berührt, alle seine Ladung auf diesen, unabhängig von dessen Potential. Dieses Prinzip verwendet man nun, die Ladungsmenge auf einem Leiter und damit die Spannung zu vergrößern.

Im Van de Graaff-Beschleuniger wird die Ladung auf einem Förderband in eine große metallische Hohlkugel befördert, dort wird sie abgenommen, wie es in Abb. 8.1 dargestellt ist. Das Förderband besteht aus isolierendem Material und läuft über motorgetriebene Rollen (R). Ein „Sprüher" (S), verbunden mit einem Funkenentladungsgerät, befördert positive Ionen auf das Förderband (die Elektronen gehen zu P). (Im Prinzip wird ein Gas durch Hochspannung ionisiert und die Ionen werden auf dem Förderband gesammelt.) Die Punkte, an denen die Ladungen auf das Band aufgesprüht oder injiziert werden, heißen *Corona-Punkte*. Das Förderband bringt nun die positiven Ladungen in die Hohlkugel, die auf positiver Spannung gehalten wird. Die Arbeit, die dazu benötigt wird, leisten die Motoren. Am oberen Ende des Förderbandes ist ein Kollektor C, der die positiven Ladungen sammelt und auf die Kugel leitet. Mit Hilfe dieser Technik werden Spannungen von etwa 12 MV erreicht. (Der Tandemgenerator ist eine Modifikation des Van de Graaff-Generators, bei dem negative Ionen die Beschleunigerröhre in einer Richtung durchlaufen, dann werden die Elektronen abgestreift und die dadurch nun positiven Ionen werden auf das Erdpotential am anderen Ende der Röhre beschleunigt. Dies verdoppelt die Beschleunigerenergie auf ≤ 25 MeV.)

Der Van de Graaff-Beschleuniger enthält eine evakuierte Röhre, durch die Ionen einer Ionenquelle auf ein Target beschleunigt werden. Diese Beschleunigerröhre ist aus metallischen Ringen gleichen Potentials, eingebettet in die aus isolierendem Material bestehende Röhre, aufgebaut. Das ganze Gerät befin-

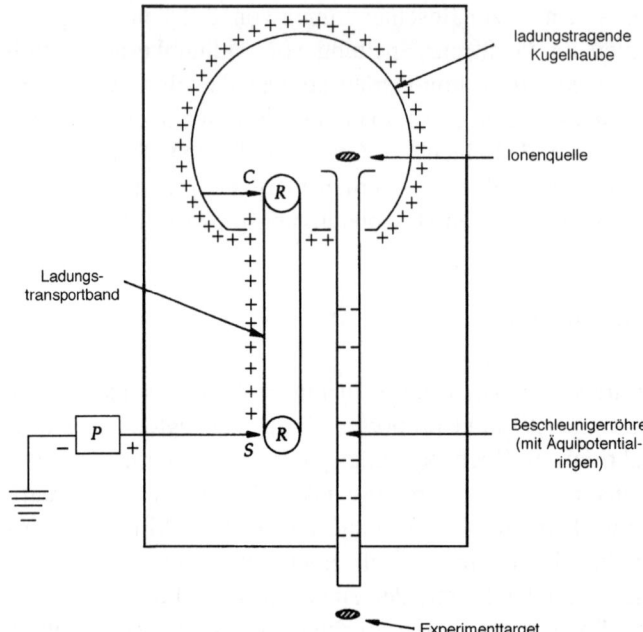

Abb. 8.1   Aufbauprinzip eines Van de Graaff-Beschleunigers.

det sich in einer Druckkammer, die ein inertes Gas (oft SF_6) enthält, welches den Durchschlag verhindern soll. Der Druck in einem Van de Graaff liegt bei etwa 15 atm, die Grenze für die Energie eines solchen Gerätes resultiert aus der Spannung, bei der es zum Durchschlag und zu Entladungen im Gas kommt.

Resonanzbeschleuniger

Das Zyklotron

Geräte mit fester Spannung besitzen bei der Energie, die sie produzieren können, eine innere Grenze, die durch Entladung und Spannungsdurchbruch bestimmt sind. Ein alternative Methode, die auf das Resonanzprinzip zurückgreift, ist für die Beschleunigung von Teilchen auf hohe Energie wichtiger geworden.

Das Zyklotron (oder der zyklische Beschleuniger) wurde zuerst von Ernest Lawrence gebaut und ist das einfachste nach diesem Prinzip funktionierende

Gerät (siehe Abb. 8.2). Der Beschleuniger besteht aus zwei hohlen, evakuierten D-förmigen Metallkammern (im weiteren mit D bezeichnet). Diese sind durch eine Wechselspannungsquelle miteinander verbunden. Das gesamte System befindet sich in einem starken Magnetfeld senkrecht zu den Ds. Das Zyklotron funktioniert wie folgt.

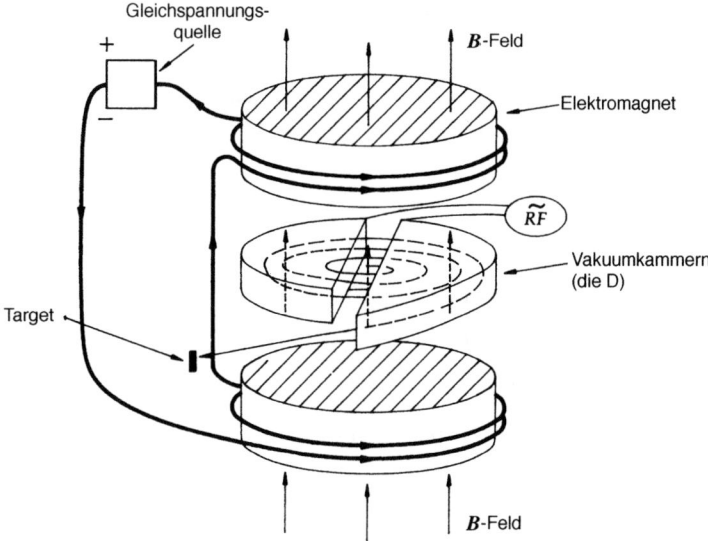

Abb. 8.2   Skizze der Bewegung in einem Zyklotron.

Obwohl die beiden hohlen Ds mit einer Hochspannungsquelle verbunden sind, existiert aufgrund des Abschirmungseffektes kein elektrisches Feld in den Ds. Im Spalt zwischen den Ds gibt es jedoch ein starkes Wechselfeld. Man stellt nun eine Ionenquelle in den Spalt zwischen den Ds, abhängig vom Vorzeichen der Spannung werden die Ionen in ein D hineingezogen. Die Bahnen der Ionen sind kreisförmig durch die Wirkung des Magnetfeldes. Befindet sich ein Ion in einem der beiden Ds, so spürt es das elektrische Feld nicht mehr, fährt jedoch mit seiner kreisförmigen Bahn fort, da das statische Magnetfeld weiter wirkt. Nach einem Halbkreis verläßt das Ion das D, hat sich nun die Richtung der Spannung geändert, so wird das Ion beschleunigt, bevor es in das andere D eindringt. Nach dem Verlassen des zweiten D kann eine Spannungsumkehr wieder zu einer Beschleunigung führen. Ist die Frequenz der Wechselspannung richtig eingestellt, so kann das Ion kontinuierlich beschleunigt werden und bewegt sich in größer werdenden Kreisbahnen, bis es dem Beschleuniger entnommen wird (zum Beispiel durch Abstellen des Magnetfeldes), um ein Target zu treffen.

Für nichtrelativistische Bewegung kann man die passende Frequenz für die Wechselspannung leicht aus der Tatsache berechnen, daß für eine Kreisbahn die magnetische Kraft die Zentripetalbeschleunigung erzeugt.

$$m \frac{v^2}{r} = q \frac{vB}{c}$$

oder

$$\frac{v}{r} = \frac{qB}{mc}. \tag{8.1}$$

Wie wir wissen, steht die Kreisfrequenz ω für eine Bewegung mit konstanter Geschwindigkeit zu Geschwindigkeit und Radius der Kreisbahn wie folgt in Beziehung:

$$\omega = \frac{v}{r}. \tag{8.2}$$

Damit können wir die Frequenz der Bewegung berechnen:

$$\nu = \frac{\omega}{2\pi} = \frac{qB}{2\pi mc} = \frac{1}{2\pi} \left(\frac{q}{m} \right) \frac{B}{c}. \tag{8.3}$$

Um die Beschleunigungen mit der Partikelbewegung zu synchronisieren, muß die Frequenz des elektrischen Feldes gleich ν sein. Man nennt diese Frequenz die *Zyklotron-Resonanzfrequenz*, sie ist der Grund, weshalb diese Geräte Resonanzbeschleuniger heißen. (8.3) definiert die Frequenz der Beschleunigung als Funktion anderer Parameter. Die maximale Energie, die ein Teilchen aufnehmen kann, wenn es bis zu einem Radius $r = R$ beschleunigt wird, lautet

$$T_{\max} = \frac{1}{2} m v_{\max}^2 = \frac{1}{2} m \omega^2 R^2$$
$$= \frac{1}{2} m \left(\frac{qB}{mc} \right)^2 R^2 = \frac{1}{2} \frac{(qBR)^2}{mc^2}. \tag{8.4}$$

Die letzte Gleichung verbindet die Stärke des Magnetfeldes und die Größe des Magneten mit der Energie, die einem Teilchen mit diesem Gerät gegeben werden kann. Für ein typisches Zyklotron ist $B \leq 2$ T, die Wechselspannung an den D liegt bei 200 kV, die Frequenz bei 10–20 MHz. Die maximale Energie für Protonen liegt bei diesen Zyklotronen bei etwa 20 MeV (die D besitzen Radien von etwa 30 cm), wie im nächsten Beispiel gezeigt wird.

Wird die Energie der geladenen Teilchen erhöht, so werden sie relativistisch und die in (8.3) berechnete Frequenz stimmt nicht mehr. Deshalb kann ein Zyklotron mit fester Frequenz Ionen nicht auf relativistische Energien beschleunigen. Bei Elektronen setzen relativistische Effekte bereits früher ein, es hat also wenig Sinn, Elektronen mit diesen einfachen Geräten zu beschleunigen. Um relativistische Energien zu erreichen, benötigt man Synchron-Beschleuniger.

Beispiel 1

Für ein Zyklotron mit einem Radius von $R = 0,4$ m und einem Magnetfeld von $B = 1,5\,\text{T} = 1,5 \cdot 10^4$ G berechnet sich die Frequenz der Wechselspannungsquelle und die maximale Energie, wenn Protonen beschleunigt werden sollen, wie folgt:

$$\nu = \frac{qB}{2\pi m_{\text{p}} c} = \frac{1}{2\pi} \frac{4,8 \cdot 10^{-10}\,\text{esu} \cdot c \cdot 1,5 \cdot 10^4\,\text{G}}{m_{\text{p}} c^2}$$

$$\simeq 4 \frac{4,8 \cdot 10^{-10}\,\text{esu} \cdot 1,5 \cdot 10^4\,\text{G} \cdot 3 \cdot 10^{10}\,\text{cm/s}}{6,28 \cdot 10^3\,\text{MeV}(1,6 \cdot 10^{-6}\,\text{erg/MeV})}$$

$$\simeq 22,8 \cdot 10^6\,\text{s}^{-1} = 22,8\,\text{MHz}.$$

$$T_{\text{max}} = \frac{1}{2} \frac{(qBR)^2}{m_{\text{p}} c^2} = \frac{1}{2} \frac{(4,8 \cdot 10^{-10}\,\text{esu} \cdot 1,5 \cdot 10^4\,\text{G} \cdot 40\,\text{cm})^2}{(1000\,\text{MeV})(1,6 \cdot 10^{-6}\,\text{erg/MeV})}$$

$$\simeq \frac{(3 \cdot 10^{-4})^2}{3,2 \cdot 10^{-3}} \simeq 2,8 \cdot 10^{-5}\,\text{erg} \simeq 17\,\text{MeV}.$$

Man beachte, daß wir bei der Rechnung passende cgs-Einheiten verwandt haben, das Ergebnis kann also auch in cgs-Einheiten ausgedrückt werden. Dies impliziert, daß 1 esu-Gauß gleich 1 erg/cm ist, in Übereinstimmung mit Aufgabe 2.4.

Linearbeschleuniger (Linac)

Linearbeschleuniger beschleunigen, wie der Name sagt, Teilchen entlang gerader Bahnen und nicht auf Kreisbahnen. Diese Geräte basieren auch auf dem Resonanzprinzip und funktionieren wie folgt. Eine Reihe von Röhren, genannt *Driftröhren*, befindet sich im Vakuum, die Röhren sind abwechselnd mit verschiedenen Polen cincs Hochfrequenzoszillators, wie in Abb. 8.3 gezeigt, verbunden. Zu einem gegebenen Zeitpunkt seien die Felder so wie dargestellt. Positive Ionen einer Quelle werden durch das elektrische Feld in die erste Röhre hinein beschleunigt. Wird nun die Spannung umgepolt, solange die Ionen sich in der Röhre befinden, können sie auf ihrem Weg von der ersten zur zweiten Röhre

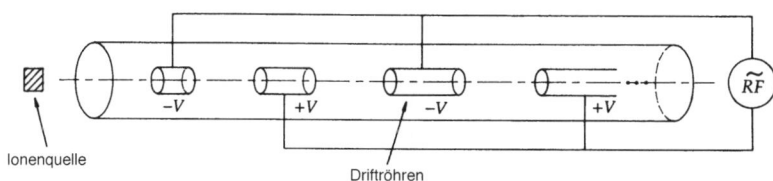

Abb. 8.3   Ein Linearbeschleuniger für Ionen.

wieder beschleunigt werden und so weiter. Werden die Teilchen beschleunigt, so werden sie immer schneller. Sind die Driftröhren alle von gleicher Länge, so stimmt die Phase zwischen der Teilchenposition und dem Potential der nächsten Röhre nicht überein, das heißt, es kommt nicht zu Beschleunigung. Um dies zu vermeiden, werden die Driftröhren entlang des Weges der Teilchen immer länger, so daß ein Generator mit einer festen Radiofrequenz (RF) alle Teilchen entlang des Weges korrekt beschleunigt.

Da Elektronen bereits bei geringen Energien relativistisch werden, funktionieren Elektronen-Linearbeschleuniger nach einem leicht modifizierten Prinzip. Die Elektronenquelle ist gewöhnlich ein heißes Drahtgeflecht, welches Elektronen emittiert. Diese Elektronen werden durch ein positives Potential beschleunigt und werden sehr schnell relativistisch. Dann werden Bündel dieser Elektronenstrahlen durch Beschleunigerröhren geleitet, die mit Mikrowellen-Energie aus Klystronen gespeist werden. Da Elektronen beim Beschleunigen leicht strahlen (daher der Name *Synchrotronstrahlung*), wird viel Energie benötigt, um ihre Energie zu vergrößern. Diese Leistung wird durch die Mikrowellenfelder geleistet, die in Phase mit den Elektronen in speziell geformten Wellenleitern laufen. Der längste Linearbeschleuniger ist der 2 Meilen lange Stanford Linear Accelerator Center (SLAC) Linac, der Elektronen bis auf 50 GeV beschleunigen kann.

Synchronbeschleuniger

Wollen wir Teilchen auf sehr hohe Energien beschleunigen, so müssen wir relativistische Effekte beachten. Die Bewegungsgleichung für relativistische Energien lautet für geladene Teilchen der Masse m mit der Ladung q in einem Magnetfeld $\boldsymbol{B}$

$$\frac{\mathrm{d}\boldsymbol{p}}{\mathrm{d}t} = q\frac{\boldsymbol{v} \times \boldsymbol{B}}{c} \tag{8.5}$$

oder

$$m\gamma\frac{\mathrm{d}\boldsymbol{v}}{\mathrm{d}t} = m\gamma\boldsymbol{v} \times \boldsymbol{\omega} = q\frac{\boldsymbol{v} \times \boldsymbol{B}}{c}, \tag{8.6}$$

wobei wir im letzten Schritt die Zentripetalkraft und die Lorentz-Kraft gleichgesetzt haben. Mit $|\boldsymbol{v}| \sim$ konstant $= c$ folgt die Resonanzbedingung aus (8.6) (man erinnere sich, die Achse der Kreisbewegung und das Magnetfeld stehen senkrecht zur Bewegungsrichtung):

$$\omega = \frac{qB}{m\gamma c}$$

oder

$$\nu = \frac{\omega}{2\pi} = \frac{1}{2\pi} \left(\frac{q}{m} \right) (1 - v^2/c^2)^{1/2} \frac{B}{c}. \tag{8.7}$$

Damit diese Beziehung während eines Beschleunigungszyklusses gelten kann, muß für $v \to c$ die Frequenz der Wechselspannung kleiner werden oder das Magnetfeld stärker oder beides. Geräte, bei denen das Magnetfeld konstant gehalten wird und die Frequenz variiert, nennt man *Synchrozyklotrone*. Im Falle, daß das Magnetfeld veränderlich ist, heißt das Gerät, unabhängig davon, ob die Frequenz konstant bleibt oder nicht, *Synchrotron*. In Elektronensynchrotronen wird die Frequenz festgehalten und das Magnetfeld verändert, während in Protonensynchrotronen beide Parameter variiert werden.

Man kann nun (8.7) verwenden, um die Parameter für Beschleunigungen auf beliebige Energien zu bestimmen. Wir wollen dazu erst (8.7) als Funktion des Impulses des beschleunigten Teilchen und des Radius der letzten Bahn schreiben. Für $v \simeq c$ folgt für die Frequenz der Bewegung:

$$\nu = \frac{1}{2\pi} \frac{v}{R} \simeq \frac{c}{2\pi R}. \tag{8.8}$$

Mit $p = m\gamma v \simeq m\gamma c$ erhalten wir unsere Beziehung zwischen p, B und R (siehe auch Abb. 7.5):

$$\frac{c}{2\pi R} = \frac{1}{2\pi} \left(\frac{q}{m} \right) \frac{1}{\gamma} \frac{B}{c}$$

oder

$$R = \frac{pc}{qB}. \tag{8.9}$$

Man schreibt dies häufig in den gemischten Einheiten der Beschleunigerwissenschaft

$$R \simeq \frac{p}{0,3B}. \tag{8.10}$$

Dabei ist p in GeV/c und B in T einzusetzen, R wird in Metern angegeben und q entspreche der Ladungsmenge eines Elektrons.

Wie wir sehen, wird der Impuls, unabhängig von der Natur der beschleunigenden Felder, vom Produkt aus größtem Radius und stärkstem Magnetfeld (oft finanziell) begrenzt. Zur Zeit liefern konventionelle Magnete Felder bis zu 2 T und supraleitende Magnete bis zu 9 T. Um Protonen auf 30 GeV/c zu beschleunigen, muß der Radius der letzten Bahn bei konventionellen Magneten

$$R \simeq \frac{p}{0,3B} \simeq \frac{30}{(0,3)(2)} = 50\,\text{m} \tag{8.11}$$

betragen. Ist der Beschleuniger ein Synchrozyklotron mit Elektromagneten eines Zyklotrons, so sind allein die Kosten für den Stahl der Magneten, abgesehen

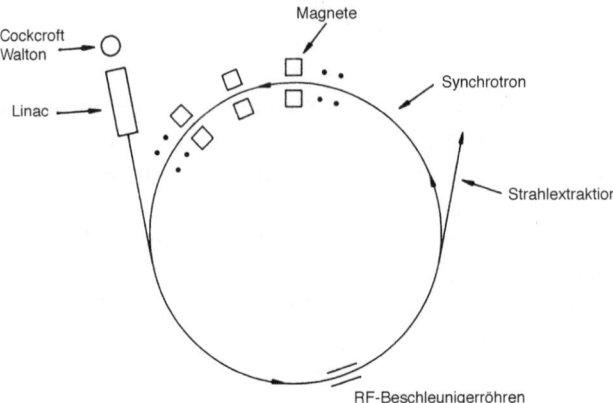

Abb. 8.4   Skizze eines Synchrotrons.

von allen Konstruktionsschwierigkeiten, immens. Das Volumen des Magneten bestimmt sich nach $\pi R^2 t$, wobei t die Dicke der Pole (jeder ungefähr 1 Meter) ist; für eine Dichte von 8 g/cm^3 ergibt dies eine Masse von rund $2 \cdot 10^8$ lb*, diese würde nach aktuellen Preisen allein etwa 100 Millionen Dollar kosten. Der Einsatz eines Synchrozyklotrons ist für Energien jenseits einiger hundert MeV nicht sinnvoll.

Synchrotrone im GeV Bereich (oder darüber) besitzen Magnete, die ringförmig angeordnet sind (siehe Abb. 8.4). Es werden Teilchen mit Energien von einigen hundert MeV (meist aus einem Linac) in eine schmale Vakuumkammer eingeschossen, die durch alle Magneten führt. Am Anfang sind die Magnetfelder klein, sie entsprechen der Energie der eingeschossenen Teilchen. Der Teilchenstrahl wird durch die Magnete gezwungen, sich auf Kreisbahnen innerhalb der Vakuumkammer zu bewegen. Um die Teilchen auf höhere Energien zu beschleunigen, werden Radiofrequenz(RF)-Sender in den Magnetring gestellt. Jedes Mal, wenn ein Teilchen durch den RF-Resonator fliegt, nimmt es einige MeV aus dem elektrischen Feld auf. Damit dies geschehen kann, müssen die Phasen der beschleunigenden Felder für verschiedene Resonatoren aufeinander sowie auf den Teilchenstrahl abgestimmt sein. Das Magnetfeld wächst ebenfalls während des Beschleunigungszyklus, damit nach (8.9) der Radius der Teilchen trotz wachsendem Impuls konstant bleibt.

Den meisten Platz im Ring nehmen die Magnete ein. Ebenfalls Platz benötigen die Vakuumanlage, die Stromversorgung und Kühlung der Magnete, die

---

*1 lb entspricht etwa 0,45 kg, damit liegt die Masse der Polschuhe bei 100 000 Tonnen (Anm. d. Übersetzers).

RF-Sender, Geräte für die Injektion sowie die Extraktion und für andere Dinge; ein Synchrotron enthält also viele „gerade" Strecken im Ring, an denen nicht abgelenkt wird. Die beschleunigten Teilchen bewegen sich auf Kreisbögen innerhalb der Magnete und auf Geraden zwischen ihnen. Um die angestrebten Energien zu erreichen, müssen die Teilchen die RF-Resonatoren und damit den Ring mehrere Millionen Mal durchlaufen. Daher ist es eine der wichtigsten Fragen, ob es überhaupt möglich ist, den Strahl für so viele Durchläufe in der kleinen Vakuumkammer zu halten. Diesem Problem wenden wir uns nun zu.

Phasenstabilität

Bevor wir mit der Beschreibung der verschiedenen Beschleuniger fortfahren, wollen wir das Prinzip der Phasenstabilität einführen. Betrachten wir die Wirkungsweise eines Synchrozyklotrons mit festem Magnetfeld und variablem elektrischem RF-Feld zwischen den beiden D. In den Ankunftszeiten der individuellen Strahlteilchen in den Gebieten des RF-Feldes zwischen den D gibt es eine gewisse endliche Streuung. Nach Abb. 8.5 wollen wir ein Teilchen pünktlich oder synchron nennen, welches zur Zeit τ des Beschleunigungszyklusses ankommt. Dieses Teilchen spürt ein elektrisches Feld E_0, welches es während seines Aufenthaltes zwischen den D beschleunigt. Ein Teilchen, welches früher in den Spalt eintritt, spürt ein etwas größeres Feld $E_>$. Deshalb ist es einer stärkeren Beschleunigungskraft (qE) im Spalt ausgesetzt. Dies vergrößert den Radius seiner nächsten Bahn und verschiebt den Zeitpunkt für den nächsten Eintritt in den Spalt nach hinten (in Richtung des synchronen Teilchens). Ein später ankom-

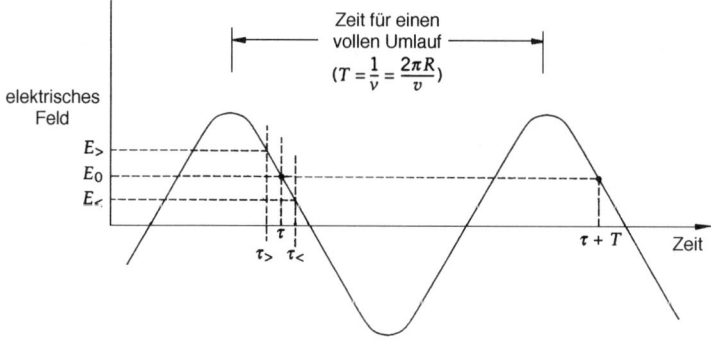

Abb. 8.5   Variation des elektrischen Feldes mit der Zeit im Spalt zwischen den D eines Synchrozyklotrons.

mendes Teilchen spürt dementsprechend eine schwächere Beschleunigungskraft $E_<$. Sein Bahnradius in D verkleinert sich und die Ankunftszeit für die nächste Beschleunigung verschiebt sich wieder zum synchronen Teilchen hin. Das synchrone Teilchen wird dann wieder durch E_0 beschleunigt, während andere Teilchen, kommen sie später an, weniger und Teilchen, die eher ankommen, stärker beschleunigt werden. Ähnliches geschieht beim nächsten und bei allen folgenden Zyklen. Teilchen, die an zufälligen Zeiten relativ zu τ ankommen, erfahren veränderliche Beschleunigungen oder Verzögerungen. Dieser selbstkorrigierende Effekt der Beschleunigungszyklen führt zur Gruppierung der Teilchen in Bündel, die zentriert um die synchronen Teilchen liegen. Dies ist die „RF-Struktur", von der man bei Beschleunigern spricht.

Ein ähnlicher Effekt tritt auch für die vertikale Bewegung im Magnetfeld des Zyklotrons auf. Bei großen Radien (das heißt, in der Nähe der Ecken) besitzen alle Ablenkungsmagnete Streufelder. Sie sind in Abb. 8.6 dargestellt.

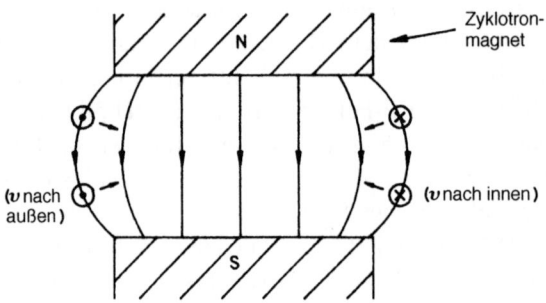

Abb. 8.6 Magnetisches Feld in einem Synchrozyklotron und seine Wirkung auf eine Ladung, die in der Nähe des Randes zirkuliert.

Bewegt sich unser Teilchen in der Ablenkebene (horizontale Kreise in Abb. 8.6), dann befinden sich einige Teilchen aufgrund der natürlichen Streuung der Winkel auf Bahnen, die aus der Mittelebene herausführen. Diese Teilchen spüren jedoch eine rücktreibende Lorentzkraft ($v \times B$), die die Divergenz zu verkleinern sucht. Sie drückt die Teilchen in die Mittelebene zurück. Je größer die Divergenz des Teilchenstrahles ist, um so stärker ist die vertikale Fokussierung. Für die Teilchen in der Mittelebene gibt es keine vertikale Korrekturkraft, für jede endliche Divergenz besitzt die Kraft jedoch eine vertikale Komponente.

Bei der Bewegung in Synchrotronen kommt es durch die Felder an den Eingangsöffnungen der einzelnen Magnete zu Korrekturen der vertikalen Bewegung. Die Streufelder an den Ecken der Magnete führen wie bei Synchrozyklotronen zu einer vertikalen Fokussierung der Teilchen in Richtung der Mittelebene. Durch die Dispersion in den Magnetfeldern fliegen die Teilchen mit größerem Impuls am Außenrand der Vakuumröhre auf den Kreisen mit dem größten Radius, während Teilchen mit kleineren Impulsen kleinere Kreise fliegen. Da $v \simeq c$, benötigen die Teilchen mit größeren Impulsen länger als Teilchen mit kleineren Impulsen, um durch den Ring zu fliegen, dies ergibt wieder eine Möglichkeit für korrektive Beschleunigungen in den RF-Resonatoren ähnlich den in Abb. 8.5 dargestellten.

Alle diese rücktreibenden Kräfte induzieren kleine Oszillationen um die Hauptbahn der synchronen Teilchen, sowohl quer zur Flugrichtung (man nennt dies Betatron-Oszillationen) als auch longitudinal (in Zeit oder Energie), Sychrotronbewegung genannt. Alle diese Effekte gestatten es, die Teilchen für sehr lange Zeit auf ihren Bahnen zu halten. Man nennt das gesamte Konzept, besonders jedoch die korrektive Natur der RF-Beschleunigungen, das Prinzip der Phasenstabilität. Es wurde unabhängig voneinander von Edwin McMillan und Vladimir Veksler entdeckt und bildet die Grundlage des stabilen Arbeitens fast aller modernen Hochenergiebeschleuniger.

In einem Protonensynchrotron werden die Teilchen zuerst mit einem Cockcroft-Walton-Beschleuniger (auf etwa 1 MeV) und dann in einem Linac (auf einige hundert MeV) beschleunigt, bevor sie in das Synchrotron eingeschossen werden. Die meisten dieser Geräte besitzen große Radien mit vielen Magneten, die in Form von Ringen um den kreisförmigen Weg der Teilchen aufgestellt sind. Das Magnetfeld wird auf einen konstanten Wert hochgefahren, von einigen hundert Gauß bis auf den Maximalwert, der davon abhängt, ob es sich um einen Zimmertemperaturmagneten oder einen supraleitenden Magneten handelt und wie groß der Umfang des Beschleunigers und der Anteil der Magnete am Beschleunigerring ist. Die Radiofrequenzen der beschleunigenden Felder liegen normalerweise zwischen 0,3 MHz und 50 MHz, sie hängen von der Energie der eingeschossenen Teilchen, der Anzahl der RF-Resonatoren, der Endenergie usw. ab. (In Abb. 8.4 findet man eine Skizze eines herkömmlichen Beschleunigerkomplexes.)

Da die Protonen nicht stark strahlen, bestehen Protonensynchrotrone im wesentlichen aus den Ablenkmagneten, die die Teilchen mit maximaler Energie auf ihren Bahnen halten. Damit ist die Größe des Gerätes durch die Endenergie festgelegt. Elektronen jedoch verlieren einen wesentlichen Teil ihrer Energie durch Synchrotronstrahlung (durch ihre kleine Masse und die zentripedale Beschleunigung in den Magneten), diese ist indirekt proportional zum Radius der Bahn. (Für $R = 50$ m beträgt der Energieverlust von 30-GeV-Elektronen rund 1,5 GeV pro Umlauf. Es ist schwierig, diese Energie durch Standard-Beschleunigungssysteme auszugleichen, da hier meist nur ≤ 10 MeV/m erreicht werden. Der Energieverlust wächst mit γ^4 und ist damit für Protonen bedeutungslos.) Elektronensynchrotrone besitzen deshalb größere Radien als Protonensynchrotrone der gleichen Energie, man benötigt sie, um sowohl die Strahlungsverluste zu reduzieren als auch Platz zu schaffen für die RF-Resonatoren. Das größte Protonensynchrotron steht im Fermi National Acelerator Laboratory (Fermilab). Sein Umfang beträgt vier Meilen und es besitzt zwei Magnetringsysteme, eines mit konventionellen Magneten für die Beschleunigung der Protonen von 8 GeV auf etwa 150 GeV, das andere aus supraleitenden Magneten, die die Protonen anschließend von 150 auf 900 GeV beschleunigen. (Die 8-GeV-Protonen kommen aus einem Booster-Synchrotron. Der Teilchenstrahl wird aus dem Fermilab-Linac in den Booster eingeschossen und nach Beschleunigung auf 8 GeV in den Hauptring geleitet. Manchmal werden die 150-GeV-Protonen nicht weiter beschleunigt, sondern in das Tevatron injiziert.)

Starke Fokussierung

In Hochenergiebeschleunigern sind die Fokussiereffekte durch die Streufelder der Ablenkmagnete sehr schwach, deshalb benötigt man stärkere Magnetfeldgradienten, um große Ströme von Teilchen auf ihren langen Bahnen zu halten, bis sie ihre Maximalenergie erreicht haben. Man erreicht die stärkere Fokussierung durch Quadrupolmagnete anstelle der Dipolmagnete der vorigen Beispiele. Diese Magnete wirken wie Linsen in der Optik, man betrachte dazu Abb. 8.7. Ein positives Teilchen nähere sich dem Magnetfeld entlang der Achse des Magneten ($x = y = 0$). Die Überlagerung der Magnetfelder führt dazu, daß es

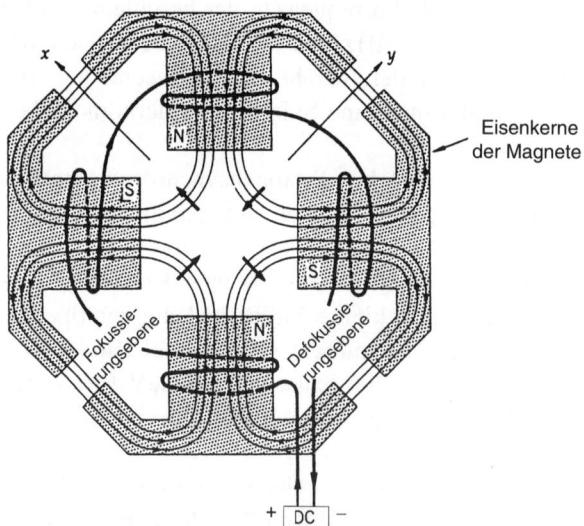

Abb. 8.7 Fokussierungs-/Defokussierungseigenschaften eines Quadrupolmagneten für positiv geladene Teilchen senkrecht zur Papierebene. Die Richtung der Windungen des Elektromagneten werden durch Pfeile angezeigt und symbolisieren positiven Strom. Die Magnetfeldlinien durch die Eisenkerne sind ebenfalls dargestellt.

zu keiner Ablenkung kommt. Bewegt sich das Teilchen jedoch mit $x = 0$ und $y \neq 0$, dann wird es beim Durchfliegen des Magnetfeldes sowohl für positive als auch für negative y-Werte in Richtung der Öffnung des Magneten (zu kleineren $|y|$) abgelenkt. Je größer die $|y|$ sind, um so stärker ist das Magnetfeld und dementsprechend die Ablenkung. Positiv geladene Teilchen werden also beim Durchfliegen des Quadrupolmagneten fokussiert.

Für Teilchen mit $y = 0$ und $x \neq 0$ ist der Effekt gerade umgedreht, die Teilchen werden vom Zentrum des Magneten weggelenkt oder defokussiert. Da sich die Magnetfelder in Quadrupolmagneten mit der Position ändern (das heißt entgegengesetzt gleich in zwei orthogonalen Ebenen), fokussiert der Magnet Teilchen in der einen Ebene und defokussiert sie in der anderen. Ordnet man nun solche Magnete entlang des Beschleunigerringes alternierend an, so können die Teilchen in beiden Ebenen fokussiert werden. Man nennt diesen Effekt das *Prinzip der alternierenden Gradienten* oder *starke Fokussierung*.

Das Prinzip der starken Fokussierung wurde unabhängig voneinander von Ernest Courant, Stanley Livingstone und Harland Snyder sowie von Nicholas Christofilos in den früher fünfziger Jahren vorgeschlagen und wurde erstmals beim Bau des 30-GeV-Protonenbeschleunigers, des Alternating Gradient Synchrotrons (AGS) im Brookhaven National Laboratory in den späten fünfziger Jahren angewandt. Beim Bau des AGS wurden die Polschuhe (und damit die Felder) in Form von Dipolmagneten gestaltet, um große alternierende Gradienten zu erhalten. Alle Hochenergiesynchrotrons verwenden heutzutage Quadrupolmagnete in Verbindung mit Dipolmagneten, um die Teilchen durch den Ring zu leiten, der Energietransfer erfolgt in den RF-Resonatoren. Die Verwendung getrennter Funktionen für die Dipolmagnete (die Teilchen ablenken und auf der Bahn mit festem Radius halten) und die Quadrupolmagnete (die Positionen der Teilchen auf den Bahnen korrigieren) wurde erstmals beim Bau der Beschleuniger des Fermilab realisiert.

So, wie Dipolmagnete schwach fokussierende Eigenschaften besitzen (diese entsprechen Quadrupoltermen in der Feldstruktur), so treten bei Quadrupolmagneten Komponenten höherer Ordnung auf. Korrekturwindungen (besonders zur Unterdrückung von Sextupoleffekten und Oktupolmomenten) werden so benötigt, damit die Strahlen über einen längeren Zeitraum stabil bleiben und nicht die Vakuumröhre verlassen. Haben die Teilchen ihre maximale Energie erreicht, so können sie auf ein Target gelenkt werden oder mit anderen Strahlen kollidieren.

Wir werden an dieser Stelle weder die Vielzahl der Injektions- und Extraktionstechniken diskutieren noch die Art und Weise, wie die Strahlen zu den externen Targets in den Experimentierzonen geleitet werden. Diese Verfahren basieren auf den gleichen elektromagnetischen Prinzipien, das heißt, der Verwendung von Dipolmagneten, Quadrupolmagneten und RF-Resonatoren. Sie bilden einen anderen wichtigen Zweig der Beschleunigerwissenschaft mit Anwendungen sowohl in Kern- und Elementarteilchenphysik als auch auf anderen Gebieten.

Kollidierende Strahlen

Wie wir wissen, ist bei Hochenergie-Streuexperimenten nicht die Laborenergie der stoßenden Teilchen, sondern die Energie im Schwerpunktsystem der Kollision entscheidend. Wir wollen an dieser Stelle einige wichtige Anmerkungen machen. Ein Teilchen mit der Masse m und der Energie E stoße mit einem ruhenden Teilchen gleicher Masse zusammen. Die beim Stoß im Schwerpunktsystem zur Verfügung stehende Energie ist durch den Ausdruck für $\sqrt{s}$ (1.69) gegeben:

$$E_{CM}^{tot} = \sqrt{s} = \sqrt{2m^2c^4 + 2mc^2E}. \tag{8.12}$$

Für sehr hohe Energien gilt

$$E_{CM}^{tot} \simeq \sqrt{2mc^2E}. \tag{8.13}$$

Dies ist der Anteil der Anfangsenergie, der zur Umwandlung und Erzeugung von Teilchen genutzt werden kann; der Rest ist nicht verwertbar, da er zur Bewegung des Schwerpunktes benötigt wird, um den Impuls beim Stoß zu erhalten. Damit ist ersichtlich, daß für Stöße gegen feste Targets die Energie im Schwerpunktsystem nur mit der Wurzel der Beschleunigerenergie wächst. Um also solche massiven Teilchen wie W- und Z-Bosonen mit Massen von $\simeq 90$ GeV/c^2 zu erzeugen, benötigt man enorme Laborenergien (die untere Schwelle für Z-Erzeugung bei p–p-Stößen liegt bei 4 TeV.)[*] Daher stellen Wechselwirkungen von Strahlteilchen mit festen Targets, abgesehen von speziellen Fragestellungen, eine nur recht ineffiziente Art der Nutzung der Beschleunigerenergie dar. Könnte man jedoch zwei separate Strahlen beschleunigen und sie frontal kollidieren lassen, dann befände sich der Schwerpunkt des Stoßes im Laborsystem in Ruhe und die gesamte Energie des Strahles stände für die Erzeugung neuer Teilchen zur Verfügung. Diese Idee ist die Grundlage der Collider oder *colliding-beam*-Beschleuniger.

Es gibt nun verschiedene Typen von Collidern. Einmal verwendet man gleichartige Teilchen, zum Beispiel schwere Ionen stoßen schwere Ionen, p stoßen p, oder verschiedene Teilchen, zum Beispiel Teilchen und Antiteilchen ($\bar{p}$ auf p oder e^- auf e^+) oder ganz verschiedene, zum Beispiel e^- auf p. (Man verwendet oft eine asymmetrische Energieverteilung, entweder wegen Vorteilen beim

---

[*]Als Verbesserung könnte vorgeschlagen werden, schwerere Targets, zum Beispiel Bleikerne oder Bleiklötze zu verwenden. Leider erhöht dies die Energie im Schwerpunktsystem nicht, außer für Wechselwirkungen, die durch Abstände im Bereich der Bleikerndurchmesser (~ 6 fm) oder der Bleiklötze (cm) charakterisiert werden. Um W- und Z-Bosonen zu erzeugen, müssen große Impulse übertragen werden, damit treten Stöße im Bereich der Compton-Wellenlänge dieser Teilchen (etwa 10^{-2} fm) auf. Deshalb geben schwerere Targets keinen Sinn, da es sich um Stöße zwischen dem Strahl und Protonen (tatsächlich den Bestandteilen innerhab der Protonen) und nicht zwischen einem Proton und einem ausgedehnten Target handelt.

Nachweis kurzlebiger Teilchen oder wenn es nicht möglich ist, Strahlen mit gleichem Impuls zu erzeugen. Dies ist zum Beispiel bei $e^- - p$-Stößen so, denn die Energie der Elektronen ist auf relativ geringe Werte aufgrund der großen Synchrotronstrahlungsverluste beschränkt und man konzentriert sich aus finanziellen Gründen meist auf das Erreichen der Höchstenergie für die Protonen. Für solch asymmetrischen Energieverteilungen ist natürlich der Schwerpunkt im Laborsystem nicht in Ruhe.) Collider können einen oder zwei unabhängige Magnetringsysteme besitzen. Für alle Collidersysteme, außer bei Teilchen-Antiteilchen-Collidern, sind unabhängige Magnetsysteme notwendig, bei letzteren können die Teilchen im Beschleunigerring auf Bahn gehalten werden, während die Antiteilchen den Ring in entgegengesetzter Richtung durchfliegen. Unabhängig davon, wieviele Magnetsysteme ein Collider besitzt, können die beiden Teilchenstrahlen gleichzeitig beschleunigt werden und gelangen dann auf Kollisionsbahnen, die sich in Sektoren mit den Detektoren kreuzen. Die Strahlen durchdringen einander und wechselwirken in den Stoßregionen, bis ihre Intensität wesentlich abgenommen hat (dies kann mehrere Stunden dauern – die Intensität vermindert sich aufgrund von Strahl-Strahl-Wechselwirkungen und Wechselwirkungen der Strahlen mit Restmolekülen in der Vakuumröhre). Dann werden sie aus dem Beschleuniger entfernt und der nächste Beschleunigungszyklus beginnt (Der Zeitraum der Beschleunigung und der Füllung ist deutlich kürzer als der Stoßzeitraum.)

Die auf den letzten Seiten besprochenen Ringsynchrotrone eignen sich als Collider für Protonen sehr gut. Bei Elektron-Positron-Collidersystemen eröffnen sich zwei Möglichkeiten. Einerseits können wieder Synchrotrone verwandt werden oder man geht zu linearen Collidern über. Letzteres Konzept ist kürzlich am SLAC entwickelt worden. Man baut zwei Beschleuniger, deren Strahlen dann zusammenstoßen. Der eine beschleunigt Elektronen, der andere Positronen. Haben die Strahlen ihre maximale Energie erreicht, so werden sie frontal aufeinandergeschossen. Deshalb hat man hier nur einen einzigen Zusammenstoß. Solche linearen Collider benötigen hohe Strahldichten und kleine Strahldurchmesser im Bereich von μm, damit die Zahl der Stöße ausreichend ist, um mit Ringcollidern konkurrieren zu können, bei denen ja mit Speichern gearbeitet wird, so daß es zu mehrfachen Stößen in den verschiedenen Wechselwirkungszonen kommt.

Collidersysteme erfordern, besonders wenn Antiteilchen im Spiele sind, mehr „Strahl-Gymnastik". Die Antiteilchen müssen zuerst erzeugt, abgetrennt, gespeichert, gesammelt und dann beschleunigt werden, wobei ihre Anzahl genügend groß sein muß, damit es zu genügend Wechselwirkungen mit dem anderen Strahl kommen kann. Die herkömmlichen Fokussierungsmechanismen für Synchrotrone reichen dafür nicht aus, man ist zur Entwicklung sogenannter „Kühltechniken" gezwungen, die die Impulse quer zur Strahlrichtung dämpfen, damit die Auffächerung des Strahls unterbleibt. Das Prinzip der stochastischen Kühlung geht auf Simon van der Meer zurück, es sichert, daß die Teilchenflüsse optimal bleiben. Die Idee ist, die transversale Position eines Teilchens an einer Stelle im Beschleunigerring zu messen und die Information entlang des Durch-

messers auf die andere Seite zu leiten, damit sie vor dem Teilchen da ist (dies
ist möglich, da das Teilchen den längeren Weg entlang des Kreisbogens nehmen muß). Mittels RF-Feldern wird dann die transversale Position der Teilchen
korrigiert und damit verhindert, daß sie die Bahn verlassen.

Der größte zur Zeit geplante Collider für Protonen ist der Supraleitende
Supercollider (SSC). Er soll zwei Ringe mit Magneten, die im wesentlichen
kreisförmig aufgestellt werden, besitzen, jeder Ring soll einen Durchmesser von
etwa 90 Kilometern aufweisen, etwa 4000 Dipolmagneten mit supraleitenden
Pohlschuhen besitzen, die bei etwa 7 T arbeiten sollen. Dazu kommen 1000
Quadrupolmagnete pro Ring und andere Korrekturmagnete. Die geplante Maximalenergie liegt bei 20 TeV pro Strahl, der gesamte Komplex wird sicherlich
beeindruckend werden. Die Kosten liegen bei einigen Milliarden Dollar, die
Detektoren in der Kollisionshalle werden soviel kosten wie der gesamte Beschleuniger von Fermilab. Die Abb. 8.8 und 8.9 versuchen, einen Eindruck von
der Komplexität des Systems zu vermitteln.

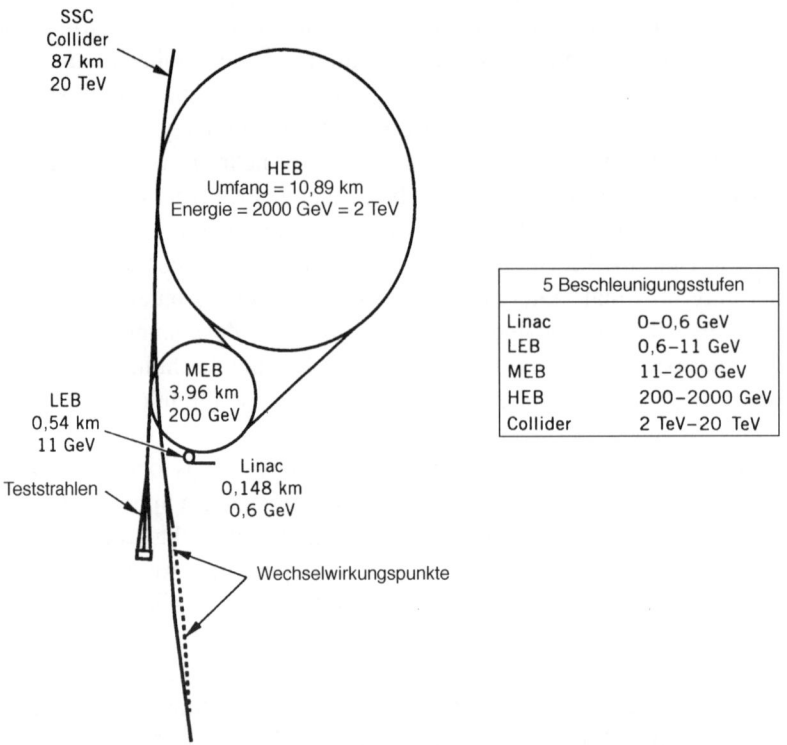

Abb. 8.8   Der geplante Injektionskomplex für den SSC. LEB, MEB und HEB bezeichnen die niederenergetischen, mittelenergetischen und hochenergetischen Booster oder
Synchrotrone.

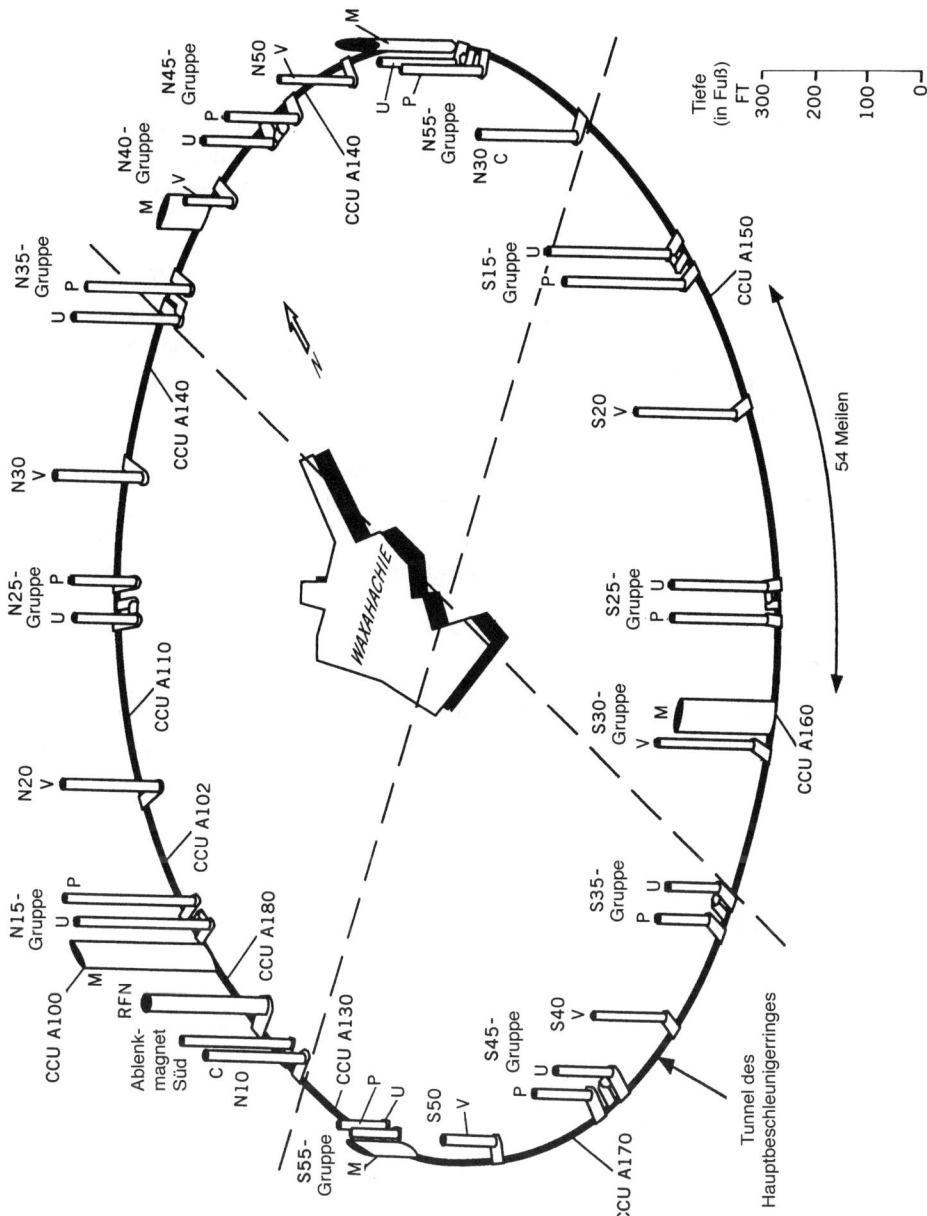

Abb. 8.9   Darstellung der Anordnung der Zugangsschächte und Servicestationen am SSC.

Aufgaben

8.1 Protonen sollen in einem Zyklotron durch ein elektrisches Feld mit 8 MHz beschleunigt werden. Man berechne das Magnetfeld und die maximale Energie der Protonen, wenn der Durchmesser des Magneten 1 m beträgt.

8.2 Um die Energie von 20 TeV zu erreichen, enthält der SCC-Ring etwa 4000 Dipolmagnete mit 16 Metern Länge, die mit etwa 7 T arbeiten. Das bedeutet, daß die Hälfte des 60-Meilen-Tunnels von Dipolmagneten eingenommen wird. Wie lang müßte der Tunnel eines einzelnen Synchrotrons sein, mit dem man für eine Festtargetkollision die gleiche Energie im Schwerpunkt ($\sqrt{s} = 40$ TeV) zur Verfügung hätte.

8.3 Wie groß ist die Ladungsmenge auf dem Pol eines Van de Graaff-Beschleunigers, wenn seine Kapazität 250 nF beträgt und er bei etwa 4 MV arbeitet? Wie lange dauert es, bis der Beschleuniger auf 4 MV aufgeladen ist, wenn das Transportband 0,2 mA Ladung tragen kann?

8.4 Man zeige, daß (8.10) aus (8.9) folgt und gehe dabei von cgs-Einheiten aus.

8.5 Man schlage einen Mechanismus vor, mit dem man einen beschleunigten Strahl aus einem kreisförmigen Beschleuniger extrahieren und auf ein externes Target lenken kann.

Empfohlene Literatur

Edwards, D. A. und M. J. Syphers. 1993. *Introduction to the Physics of High Energy Accelerators.* New York. (Wiley).

Livingstone, M. S. and J. Blewett. 1962. *Particle Accelerators.* New York. (McGraw-Hill).

Livingstone, M. S. 1969. *Particle Accelerators: A Brief History.* Cambridge, Mass. (Harvard Univ. Press).

Wilson, R. R. 1980 Sci. Am. Jan. **242** S.42.

9 Eigenschaften und Wechselwirkungen von Elementarteilchen

Einführende Bemerkungen

Als man 1932 das Neutron entdeckte, dachte man, daß Elektronen, Protonen und Neutronen die fundamentalen Bestandteile der Materie seien. Im Laufe der Zeit zeigten jedoch Experimente mit kosmischer Strahlung und beschleunigten Teilchen, daß eine Vielzahl von anderen Teilchen existiert, die ebenfalls als elementar zu betrachten sind. Im Abschnitt über den β-Zerfall sprachen wir bereits über die Familie der Leptonen sowie über einige ihrer Eigenschaften. Man weiß auf der anderen Seite von der Existenz verschiedener Hadronen, zum Beispiel π-Mesonen, K-Mesonen, ρ-Mesonen, Hyperonen sowie angeregte Zustände dieser Teilchen. Alle diese Objekte kann man als Elementarteilchen bezeichnen. Gewöhnlich nennt man ein Teilchen elementar, wenn es keine innere Struktur besitzt, das heißt, wenn es sich um Punktteilchen handelt. Nun kann die Struktur einer Probe nur bis zu einer gewissen Längenskala untersucht werden, wobei diese von der Energie des Experimentes abhängt. Deshalb ist die Aussage, ob ein Teilchen elementar ist oder nicht, immer nur vorläufig und muß durch Experimente bei höheren Energien neu entschieden werden. Wollen wir zum Beispiel die Struktur einer Materieprobe bei Größenordnungen von $\Delta r \leq 0,1$ fm untersuchen, so muß der transversale Impulsübertrag (Δp_T) auf die Probe mindest gleich

$$\Delta p_T \sim \frac{\hbar}{\Delta r} = \frac{\hbar c}{(\Delta r) c} \simeq \frac{197\,\text{MeV fm}}{(0,1\,\text{fm}) c} \sim 2000\,\text{MeV}/c \tag{9.1}$$

sein. Mit anderen Worten, die Energie der Teilchen, die zur Untersuchung dienen, muß sehr groß sein. Aus diesem Grund nennt man die Untersuchung von Elementarteilchen auch Hochenergiephysik.

Ist man im Besitz eines Beschleunigers mit höherer Energie als zuvor, so kann tiefer in die Struktur der Materie eingedrungen werden und man entdeckt vielleicht, daß einige Elementarteilchen gar nicht elementar sind. Genau dies geschah zum Beispiel bei Proton, Neutron, den π-Mesonen, den K-Mesonen und so weiter. So unterscheidet sich unsere Klassifizierung in elementare Teilchen und nicht elementare Teilchen von der vergangener Jahrzehnte stark. Wir wollen trotzdem mit der traditionellen (historischen) Perspektive beginnen und in einem späteren Kapitel zu den modernen Vorstellungen über Elementarteilchen kommen. Unser Ausgangspunkt ist die GeV/c^2-Massenskala, wir werden im folgenden die Eigenschaften der Elementarteilchen und ihre Wechselwirkungen rein phänomenologisch betrachten.

Kräfte

Mit den klassischen Kräften, das heißt Elektromagnetismus und Gravitation, sind wir recht vertraut. Wie wir wissen, unterliegt jedes Teilchen mit oder ohne Ruhemasse der gravitativen Anziehungskraft. (Daß Teilchen ohne Ruhemasse die Gravitation ebenfalls spüren, zeigt die Ablenkung von Licht in einem Gravitationsfeld, entscheidend ist die Energie.) Das Coulomb-Feld spüren jedoch nur elektrisch geladene Teilchen. Beide Kräfte sind langreichweitig; da das Photon der Träger der Coulomb-Wechselwirkung ist, schließen wir daraus, daß es keine Ruhemasse besitzen darf. Den Träger der Gravitationskraft nennt man Graviton, man nimmt an, seine Ruhemasse ist ebenfalls null. Aus unserer Diskussion der Phänomene in der Kernphysik wissen wir, daß noch zwei andere Arten von Kräften existieren, die für den subatomaren Bereich von Wichtigkeit sind. Die starke Kraft ist für die Bindung der Nukleonen im Kern verantwortlich, während die schwache Kraft bei Zerfällen wie dem β-Zerfall von Atomkernen auftritt. Diese beiden Kräfte besitzen kein klassisches Analogon und sind, im Gegensatz zur elektromagnetischen und zur gravitativen Kraft, kurzreichweitig. Damit kennen wir vier fundamentale Kräfte in der Natur:

1. Gravitation
2. Elektromagnetismus
3. Schwache Kraft
4. Starke Kraft

Da nun alle diese Kräfte zur gleichen Zeit wirksam sein können, stellt sich die Frage, wie sich entscheiden läßt, welche Kraft in einem speziellen Prozeß in Erscheinung tritt. Es zeigt sich, daß sich die Kräfte durch die Stärke ihrer Wechselwirkungen unterscheiden lassen. Die relativen Beträge der Stärke der vier Kräfte lassen sich durch Betrachtung ihrer effektiven Potentiale abschätzen, obwohl diese Potentiale vom Konzept her nichtrelativistisch sind. Man betrachte zwei Protonen mit dem Abstand r. Die potentielle Coulomb-Energie sowie das gravitative Potential berechnen sich zu

$$V_{\mathrm{em}}(r) = \frac{e^2}{r}$$

$$V_{\text{grav}}(r) = \frac{G_N m^2}{r}. \qquad (9.2)$$

Dabei ist G_N die Gravitationskonstante $(6{,}7 \cdot 10^{-39}\hbar c (\text{GeV}/c^2)^{-2})$ nach Newton und m bezeichnet die Masse des Protons. Wir wollen die potentiellen Energien im Fourier-transformierten Impulsraum (siehe (1.82)) darstellen. Ignorieren wir den Normierungsfaktor, so erhalten wir

$$V_{\text{em}}(q) = \frac{e^2}{q^2}$$

$$V_{\text{grav}}(q) = \frac{G_N m^2}{q^2}. \qquad (9.3)$$

Der Betrag des Impulsübertrages, der die Wechselwirkung charakterisiert, ist hier mit q bezeichnet. Der absolute Wert der potentiellen Energie nimmt also quadratisch mit dem Impulsübertrag ab.

Während nun die einzelnen Potentiale vom Impuls abhängen, ist das Verhältnis von V_{em} zu V_{grav} unabhängig von der Impulsskala. Wir erhalten für dieses Verhältnis

$$\frac{V_{\text{em}}}{V_{\text{grav}}} = \frac{e^2}{G_N m^2} = \left(\frac{e^2}{\hbar c}\right) \frac{1}{(mc^2)^2} \frac{\hbar c \cdot c^4}{G_N}$$

$$\simeq \left(\frac{1}{137}\right) \frac{1}{(1\,\text{GeV})^2} \frac{10^{39}\,\text{GeV}^2}{6{,}7} \simeq 10^{36}, \qquad (9.4)$$

wobei wir für die Masse des Protons $1\,\text{GeV}/c^2$ und für $e^2/\hbar c$ die elektromagnetische Feinstrukturkonstante eingesetzt haben. Wie man an Gleichung (9.4) sieht, ist die gravitative Kraft für Elementarteilchen deutlich schwächer als die elektromagnetische Kraft.

Erinnern wir uns nun, daß die starke und die schwache Kraft kurzreichweitig sind. Beide lassen sich durch Yukawa-Potentiale der folgenden Form beschreiben:

$$V_{\text{stark}} = \frac{g_s^2}{r} e^{-(m_\pi c^2 r)/\hbar c}$$

$$V_{\text{schwach}} = \frac{g_{\text{schwach}}^2}{r} e^{-(m_W c^2 r)/\hbar c}. \qquad (9.5)$$

Dabei sind g_s und g_{wk} die Kopplungskonstanten (Ladungen) der starken und der schwachen Wechselwirkung, m_π und m_W sind die Massen der die Kraft vermittelnden (ausgetauschten) Teilchen für beide Fälle. Transformieren wir wieder in den Impulsraum und vernachlässigen die Normierung, so erhalten wir

$$V_{\text{stark}} = \frac{g_s^2}{q^2 + m_\pi^2 c^2}$$

$$V_{\text{schwach}} = \frac{g_{\text{wk}}^2}{q^2 + m_{\text{W}}^2 c^2}.$$ (9.6)

Die Werte der Kopplungskonstanten werden durch Experimente bestimmt, man erhält so $g_{\text{s}}^2/\hbar c \simeq 15$ und $g_{\text{wk}}^2/\hbar c \simeq 0{,}004$. Aus unserer Diskussion in Kapitel 2 folgt, daß man das π-Meson ($m_\pi \simeq 140\,\text{MeV}/c^2$) als den Überträger der starken Kraft betrachten kann. Aus der Analyse schwacher Prozessen bei niederen Energien (zum Beispiel β-Zerfälle) erhält man phänomenologisch $m_{\text{W}} \simeq 80\,\text{GeV}/c^2$. Wir sind nun in der Lage, die Energie des Coulomb-Potentials mit den Energien der schwachen und der starken Wechselwirkung zu vergleichen. Wir wollen an dieser Stelle betonen, daß nun das Verhältnis der beiden Kräfte vom Impuls abhängt. Da wir die Wechselwirkung zweier Protonen betrachten, wählen wir natürlich die Protonenmasse als Impulsskala. Dann erhalten wir mit $q^2 c^2 = m^2 c^4 = 1(\text{GeV})^2$:

$$\begin{aligned}
\frac{V_{\text{stark}}}{V_{\text{em}}} &= \frac{g_{\text{s}}}{\hbar c}\frac{\hbar c}{e^2}\frac{q^2}{q^2 + m_\pi^2 c^2} = \frac{g_{\text{s}}}{\hbar c}\frac{\hbar c}{e^2}\frac{m^2 c^4}{m^2 c^4 + m_\pi^2 c^4} \\
&\simeq 15 \cdot 137 \cdot 1 \simeq 2 \cdot 10^3
\end{aligned}$$ (9.7)

$$\begin{aligned}
\frac{V_{\text{em}}}{V_{\text{schwach}}} &= \frac{e^2}{\hbar c}\frac{\hbar c}{g_{\text{wk}}^2}\frac{m^2 c^4 + m_{\text{W}}^2 c^4}{m^2 c^4} \\
&\simeq \frac{1}{137}\frac{1}{0{,}004}(80)^2 \simeq 1{,}2 \cdot 10^4.
\end{aligned}$$ (9.8)

Die starke Kraft ist also stärker als die elektromagnetische Kraft, welche auf der anderen Seite stärker als die schwache Kraft ist. Die Gravitation ist die schwächste der vier Kräfte. Für große Impulse der Ordung $\sim m_{\text{W}}$ werden die Energien und Wechselwirkungsstärken der elektromagnetischen und der schwachen Kraft vergleichbar und man erhält die Möglichkeit der Vereinigung beider Kräfte bei sehr hohen Energien. Da unsere Abschätzung nur qualitative Züge trägt, sollten die Verhältnisse der effektiven Potentiale in (9.7) und (9.8) nicht zu ernst genommen werden.

Die Unterschiede der Kräfte kommen auch in den verschiedenen Wechselwirkungszeiten charakteristischer Prozesse zum Ausdruck. Die typische Zeitskala für starke Wechselwirkungen liegt bei etwa 10^{-24} s, der Zeit etwa, die Licht benötigt, 1 fm (das heißt einen Protonendurchmesser) zurückzulegen. Elektromagnetische Wechselwirkungen besitzen Zeiten von 10^{-20}–10^{-16} s, während die typischen Zeiten für schwache Zerfälle bei ungefähr 10^{-13}–10^{-6} s liegen*. Im

---

*Wir betonen, daß es sich nur um typische Zeitskalen handelt. Spezielle Übergangsraten besitzen veränderliche Anteile, die auf Spineffekte und die Dichte der Endzustände („Phasenraum") zurückgehen, die Lebensdauer dieser Übergänge variiert deshalb stark. So ist die Lebensdauer des Neutrons mit etwa 900 s weit jenseits der Norm für schwache Zerfälle.

GeV-Bereich sind die Eigenschaften der vier fundamentalen Kräfte verschieden voneinander, man kann sie deshalb zur Klassifizierung der Elementarteilchen verwenden.

Elementarteilchen

Bevor man erkannte, daß die Quarks die fundamentalen Bestandteile der Kernmaterie sind, hatte man die Elementarteilchen in vier klassische Kategorien, die vom Wesen ihrer Wechselwirkungen bestimmt waren, eingeteilt. Dieses Schema ist in Tabelle 9.1 dargestellt. Alle Teilchen, eingeschlossen auch das Photon und das Neutrino, nehmen an der gravitativen Wechselwirkung teil. Das Photon kann zusätzlich mit jedem Teilchen wechselwirken, welches eine elektrische Ladung trägt. Alle geladenen Leptonen unterliegen sowohl der elektromagnetischen als auch der schwachen Wechselwirkung, die neutralen Leptonen können natürlich nicht direkt elektromagnetisch koppeln. (Deshalb ist das Neutrino bei β-Zerfällen so schlecht zu beobachten.) Leptonen unterliegen nicht der starken Wechselwirkung. Alle Hadronen (Mesonen und Baryonen) dagegen spüren die starke Kraft und nehmen an allen Wechselwirkungen teil. Weiter unten werden wir die Unterschiede zwischen Mesonen und Baryonen diskutieren; beide Teilchengruppen scheinen jedoch eine Struktur in der Größenordnung von einem Femtometer zu besitzen.

Tabelle 9.1 Einige verschiedene Typen von Elementarteilchen, die hochgestellten Vorzeichen an den Symbolen bezeichnen die elektrische Ladung der Teilchen.

Teilchen	Symbol	Massenbereich
Photon	γ	0
Leptonen	$e^-, \mu^-, \tau^-, \nu_e, \nu_\mu, \nu_\tau$	$\leq 10\,\mathrm{eV}/c^2$ bis $1{,}4\,\mathrm{GeV}/c^2$
Mesonen	$\pi^+, -\pi^-, \pi^0, K^+, K^-, K^0,$	
	$\rho^+, \rho^-, \rho^0, \ldots$	$135\,\mathrm{MeV}/c^2$ bis einige GeV/c^2
Baryonen	$p, n, \Lambda^0, \Sigma^+, \Sigma^-\Sigma^0,$	
	$\Delta^{++}, \Delta^0, N^{*0}, Y_1^{*+}, \Omega^-, \ldots$	$940\,\mathrm{MeV}/c^2$ bis einige GeV/c^2

Alle in der Natur vorkommenden Teilchen lassen sich als Fermionen oder Bosonen klassifizieren. Der Unterschied liegt in der Statistik, der sie genügen. Bosonen unterliegen der Bose-Einstein-Statistik, während Fermionen die Fermi-Dirac-Statistik erfüllen. Dieser Unterschied wird in der Struktur ihrer Wellenfunktionen deutlich. So ist die quantenmechanische Wellenfunktion für ein System identischer Bosonen symmetrisch unter der Vertauschung zweier Teilchen (oder ihrer Koordinaten). Das heißt:

$$\Psi_B(x_1, x_2, x_3, \ldots, x_n) = \Psi_B(x_2, x_1, x_3, \ldots, x_n). \tag{9.9}$$

Die quantenmechanische Wellenfunktion für ein System identischer Fermionen ist dagegen antisymmetrisch unter Vertauschung eines jeden Koordinatenpaares:

$$\Psi_F(x_1, x_2, x_3, \ldots, x_n) = -\Psi_F(x_2, x_1, x_3, \ldots, x_n). \tag{9.10}$$

So ist das Ausschließungsprinzip nach Pauli, welches es einem Paar identischer Fermionen verbietet, den gleichen Quantenzustand zu besetzen, automatisch in die antisymmetrische Fermionenwellenfunktion eingebaut. Denn betrachtet man (9.10) für $x_1 = x_2$, so ist die Wellenfunktion gleich ihrem negativen Wert und muß damit verschwinden. Man kann nun zeigen, daß alle Bosonen einen geradzahligen Spin-Drehimpuls besitzen, während der Spin für Fermionen nur halbzahlige Werte annehmen kann.

In einem späteren Abschnitt werden wir beschreiben, wie der Spin eines Elementarteilchen bestimmt werden kann, wir bemerken hier nur, daß das Photon und alle Mesonen Bosonen sind, während die Leptonen und alle Baryonen Fermionen sind. Alle bekannten Teilchen besitzen ein entsprechendes Antiteilchen. Diese Antiteilchen besitzen die gleiche Masse, jedoch ansonsten entgegengesetzte Quantenzahlen. Das Positron (e^+) als Antiteilchen des Elektrons besitzt so eine negative Leptonenzahl und eine positive Ladung. Das Antiproton ($\bar{p}$) ist einfach negativ geladen, die Baryonenzahl beträgt -1 im Gegensatz zum Proton, welches positiv geladen ist und eine positive Baryonen- oder Nukleonenzahl trägt. Manche Teilchen lassen sich nicht von ihren Antiteilchen unterscheiden. So ist das ungeladene Pion π^0 sein eigenes Antiteilchen. Es ist offensichtlich, daß alle Teilchen, die mit ihrem Antiteilchen identisch sind, zumindest elektrisch neutral sein müssen. Jedoch sind nicht alle neutralen Teilchen ihre eigenen Antiteilchen. Das Neutron zum Beispiel ist nicht geladen, das Antineutron ist jedoch von ihm verschieden, da es eine negative Baryonenzahl trägt und sein magnetisches Moment sich im Vorzeichen von dem des Neutron unterscheidet. Auch das Neutrino und das K^0-Meson besitzen, obwohl elektrisch neutral, echte Antiteilchen. Außer in offensichtlichen Fällen werden die Antiteilchen mit dem gleichen Symbol wie die Teilchen bezeichnet, jedoch mit entgegengesetzter Ladung oder einem Querstrich darüber. Hier einige Beispiele:

$$\begin{aligned}
\overline{e^-} &= e^+ \\
\overline{\pi^0} &= \pi^0 \\
\overline{\Sigma^-} &= \bar{\Sigma}^+ \\
\overline{K^+} &= K^-.
\end{aligned} \tag{9.11}$$

Quantenzahlen

Bereits bei der Behandlung von Phänomenen der Kernphysik war klar geworden, daß ein Großteil unserer physikalischen Intuition beim Verständnis subatomarer Vorgänge ohne Nutzen ist. Deshalb muß die experimentelle Beobachtung unser Führer sein. Die Eigenschaften der Elementarteilchen und ihre Wechselwirkungen sind noch mysteriöser und die meisten Einsichten erhalten wir aus Streuungen aneinander oder aus Beobachtungen von Umwandlungen ineinander. Da es, wie wir bereits ausgeführt haben, viele Elementarteilchen gibt, existieren auch viele solche Prozesse, die man untersuchen kann. Deshalb ist es wichtig, die Ergebnisse im Zusammenhang zu systematisieren, damit aus den Beobachtungen wirklich relevante Schlüsse gezogen werden können. Hierbei hilft uns nun unsere klassische Erfahrung. Wie wir wissen, können ein Prozeß oder eine Reaktion stattfinden, falls sie kinematisch erlaubt sind und keine bekannten Erhaltungssätze verletzen. So sind wir ziemlich sicher, daß ein den Ladungserhaltungssatz verletzender Prozeß niemals stattfinden wird. Diese Sicherheit beruht auf langjährigen Beobachtungen und einer zuverlässigen Theorie der elektromagnetischen Wechselwirkungen. Wir glauben nun, daß auch im subatomaren Bereich Erhaltungssätze gelten, wobei wir jedoch nicht alle relevanten Erhaltungsgrößen kennen, da uns ein vollständiges Verständnis der Kräfte fehlt. Deshalb sind wir gezwungen, aus Experimenten den Typ der Quantenzahlen, die erhalten bleiben, und die Erhaltungssätze zu bestimmen, die den verschiedenen Wechselwirkungen der Elementarteilchen entsprechen, um allgemeine Prinzipien formulieren zu können. Eines der offensichtlichsten Ergebnisse bei der Untersuchung von Elementarteilchenprozessen ist die Erhaltung der Zahl der Fermionen (wenn wir die fermionischen Antiteilchen als Fermionen mit entgegengesetzter Fermionenzahl betrachten), während die Zahl der Photonen und Mesonen nicht erhalten bleibt. Diese Beobachtungen legen nahe, die Erhaltung der Fermionenzahl als grundlegende Eigenschaft aller Wechselwirkungen zu betrachten, wir werden sie weiter unten ausführlicher behandeln.

Baryonenzahl

Oft ist es möglich, aus Unterschieden in den Größen der Übergangsraten oder aus der Abwesenheit kinematisch erlaubter Prozesse auf die Wirkung eines Erhaltungssatzes zu schließen. Betrachten wir den Zerfall

$$p \rightarrow e^+ + \pi^0. \tag{9.12}$$

Da das Proton viel schwerer ist als die Summe aus Pion und Positron und da der Zerfall den Satz von der Erhaltung der elektrischen Ladung erfüllt, sollte man erwarten, ihn in der Natur zu finden. Man beobachtet jedoch keinen Zerfall von Protonen. (Die obere Grenze für die Wahrscheinlichkeit der Reaktion (9.12) ist kleiner als 10^{-40}/s und damit vernachlässigbar.) Daher schließt man auf die Existenz eines Erhaltungssatzes, welcher diesen Zerfall verbietet. Nehmen wir an, Baryonen tragen eine additive, erhalten bleibende Quantenzahl, die man Baryonen- oder Nukleonenzahl nennt und die für alle Baryonen gleich 1 (und für alle Antibaryonen gleich -1) ist, wobei Photonen, Leptonen und Mesonen die Baryonenzahl Null tragen, dann ist das Fehlen des Prozesses leicht verständlich. Da das Proton das leichteste Baryon ist, folgt aus der Erhaltung der Baryonenzahl, daß es nicht zerfallen sollte.

Leptonenzahl

Für die Leptonen läßt sich ebenfalls eine Quantenzahl definieren. Alle Leptonen tragen die Leptonenzahl $L = 1$, während das Photon und die Hadronen keine Leptonenzahl besitzen. Die Einführung dieser Quantenzahl wird durch viele experimentelle Daten gerechtfertigt. Ein einfaches Beispiel ist der Prozeß:

$$e^- + e^+ \rightarrow \pi^- + \pi^+. \tag{9.13}$$

Bei hohen Energien ist diese Reaktion kinematisch erlaubt und sie erfüllt den Ladungserhaltungssatz; trotzdem wird sie nicht beobachtet. Die Erhaltung der Leptonenzahl sichert nun, daß dieser Prozeß nicht stattfinden kann*. Auch solche Prozesse wie

$$\mu^- \rightarrow e^- + \gamma \tag{9.14}$$
$$\mu^- \rightarrow e^- + e^+ + e^- \tag{9.15}$$

treten nicht auf, obwohl sie kinematisch erlaubt sind. Aus diesen Beobachtungsergebnissen kann man schließen, daß es verschiedene Leptonenzahlen innerhalb der Familien der Leptonen (siehe Tabelle 9.2) geben muß. So besitzt das Elektron und sein Neutrino (man erinnere sich an unsere Diskussion der Tatsache, daß jedes Lepton sein eigenes, von den anderen sich unterscheidendes Neutrino besitzt) die elektronische Leptonenzahl $L_e = 1$, während für die anderen Leptonen $L_e = 0$ gilt. Das Myon und sein Neutrino tragen die myonische Leptonenzahl $L_\mu = 1$, für die anderen Leptonen ist diese Quantenzahl gleich null. Die Verhältnisse für das Tauon und sein Neutrino sind analog. Man kann die Leptonenzahl eines jeden Teilchens dadurch als Summe der elektronischen, der myonischen und der tauonischen Leptonenzahl ausdrücken. Deshalb teilt man die Leptonen in drei Familien auf, und zwar (e^-, ν_e), (μ^-, ν_μ) und (τ^-, ν_τ),

---

*Die Erhaltung der Leptonenzahl erklärt auch das Fehlen des Protonenzerfalls im $e^+ \pi^0$-Kanal von (9.12).

Tabelle 9.2 Zuordnung der Leptonenzahlen

	elektronische Leptonenzahl L_e	myonische Leptonenzahl L_μ	tauonische Leptonenzahl L_τ	$L = L_e + L_\mu + L_\tau$
e^-	1	0	0	1
ν_e	1	0	0	1
μ^-	0	1	0	1
ν_μ	0	1	0	1
τ^-	0	0	1	1
ν_τ	0	0	1	1

wobei die zur Familie gehörige Leptonenzahl in allen hochenergetischen Prozessen erhalten bleibt. So erhält man eine Erklärung dafür, warum das Myon wie folgt zerfällt:

$$\mu^- \to e^- + \bar{\nu}_e + \nu_\mu. \tag{9.16}$$

Man beachte, daß beim in (9.12) dargestellten Protonenzerfall sich sowohl die Baryonenzahl- als auch die Leptonenzahlerhaltung ändert, die Kombination $B - L$ bleibt jedoch im Prozeß erhalten. Diese Tatsache ist für die Konstruktion von Modellen von großer Bedeutung.

Strangeness

Bei der Untersuchung von Schauern kosmischer Strahlung stellte man bald fest, daß einige Teilchen, die man später als K-Mesonen, Σ- und Λ^0-Baryonen identifizierte, in starken Prozessen entstanden (das heißt, mit großen Wirkungsquerschnitten in der Größenordnung von Millibarn), ihre Lebensdauer von etwa 10^{-10} s jedoch für schwache Wechselwirkungen charakteristisch war. Diese Teilchen entstanden immer paarweise, das heißt ein K in Verbindung mit einem Σ oder einem Λ^0. All dies erschien recht seltsam und man begann zu vermuten, daß eine neue Quantenzahl mit diesen Teilchen verbunden sein müßte. Man untersuchte solche spezifischen Prozesse wie:

$$\begin{aligned} \pi^- &\to p + K^0 + \Lambda^0 \\ \Lambda^0 &\to \pi^- + p \\ K^0 &\to \pi^+ + \pi^- \end{aligned} \tag{9.17}$$

und fand, daß das Λ^0 immer zusammen mit einem K^0 und niemals mit einem π^0 produziert wird. Man beobachtete ebenfalls, daß das Λ^0 zusammen mit einem K^+, jedoch niemals mit einem K^- entsteht:

$$\pi^- + p \to K^+ + \pi^- + \Lambda^0$$

$$\pi^- + p \not\rightarrow K^- + \pi^+ + \Lambda^0 \tag{9.18}$$
$$\pi^- + p \not\rightarrow \pi^- + \pi^+ + \Lambda^0.$$

Die Reaktionen

$$\pi^+ + p \rightarrow \Sigma^+ + K^+$$
$$\Sigma^+ \rightarrow n + \pi^+ \tag{9.19}$$
$$K^+ \rightarrow \pi^+ + \pi^0$$

zeigen, daß das Σ^+ immer zusammen mit einem K^+ jedoch niemals mit einem π^+ erzeugt wird. Wieder ist es möglich, daß Σ^0-Baryonen zusammen mit K^0-Mesonen entstehen, jedoch ist ein zusätzliches π^+ zur Erhaltung der elektrischen Ladung nötig. Analog dazu treten Σ^--Baryonen in Verbindung mit K^+-Mesonen in $\pi^- p$-Stößen auf, $\Sigma^+ K^-$-Endzustände gibt es jedoch nicht:

$$\pi^+ + p \rightarrow \Sigma^+ + \pi^+ + K^0$$
$$\pi^- + p \rightarrow \Sigma^- + K^+$$
$$\pi^- + p \not\rightarrow \Sigma^+ + K^- \tag{9.20}$$
$$\pi^- + p \not\rightarrow \Sigma^- + \pi^+. \tag{9.21}$$

Die Erzeugungsquerschnitte für Reaktionen der Art (9.17) und (9.19) für Pionenimpulse von etwa 1 GeV/c liegen bei 1 mb, während der gesamte Wirkungsquerschnitt für $\pi^\pm p$-Streuung circa 30 mb beträgt. Deshalb sind wir sicher, daß diese Erzeugungsprozesse starke Wechselwirkungen darstellen. Die im weiteren folgenden Zerfallsprozesse wurden ebenfalls studiert und man stellte fest, daß das mit $0,1c$ fliegende Λ^0 etwa $0,3$ cm fliegt, bevor es zerfällt. Die Lebensdauer dieses Baryons liegt damit bei

$$\tau_{\Lambda^0} \simeq \frac{0,3\,\text{cm}}{3 \cdot 10^9\,\text{cm/s}} = 10^{-10}\,\text{s}. \tag{9.22}$$

Auch für die anderen „seltsamen" (*strange*) Teilchen erhielt man eine Lebensdauer in diesem Bereich, so daß man annehmen muß, daß der Zerfall mittels einer schwachen Wechselwirkung stattfindet (siehe Abb. 9.1).

Das Rätsel konnte gelöst werden, als Murray Gell-Mann und Abraham Pais vorschlugen, diese Teilchen als Träger einer neuen additiven Quantenzahl, die sie *Strangeness* (Seltsamkeit) nannten, zu betrachten. Die Strangeness ist bei allen starken Prozessen eine Erhaltungsgröße, jedoch nicht bei schwachen Prozessen. Alle gewöhnlichen Mesonen und Baryonen (und das Photon) sind nicht-seltsame Teilchen ($S = 0$). Besitzt nun der Anfangszustand eines Prozesses, bei dem gewisse Teilchen immer miterzeugt werden, die Strangeness null, so muß sich die Strangeness des Endzustandes zu null addieren. Damit erhält man aus der Analyse solcher Reaktionen, daß die Strangeness von K^+- und K^0-Mesonen der von $\Sigma^\pm$, Σ^0 und Λ^0 entgegengesetzt sein muß. Wählen wir beliebig

$$S(K^0) = 1, \tag{9.23}$$

dann folgt

$$S(K^+) = S(K^0) = 1 \tag{9.24}$$

und

$$S(\Lambda^0) = S(\Sigma^+) = S(\Sigma^0) = S(\Sigma^-) = -1. \tag{9.25}$$

Aus Prozessen mit starker Wechselwirkung, wie zum Beispiel

$$
\begin{aligned}
K^- + p &\to \Xi^- + K^+ \\
\overline{K^0} + p &\to \Xi^0 + K^+,
\end{aligned}
\tag{9.26}
$$

folgt, daß die Kaskaden-Teilchen Ξ^0 und Ξ^- die Strangeness $S = -2$ besitzen, wenn für $\overline{K^0}$ und K^- $S = 1$ gilt. Letztere Zuweisung stimmt mit unserer Identifikation von K^- und $\overline{K^0}$ als Antiteilchen von K^+ und K^0 überein.

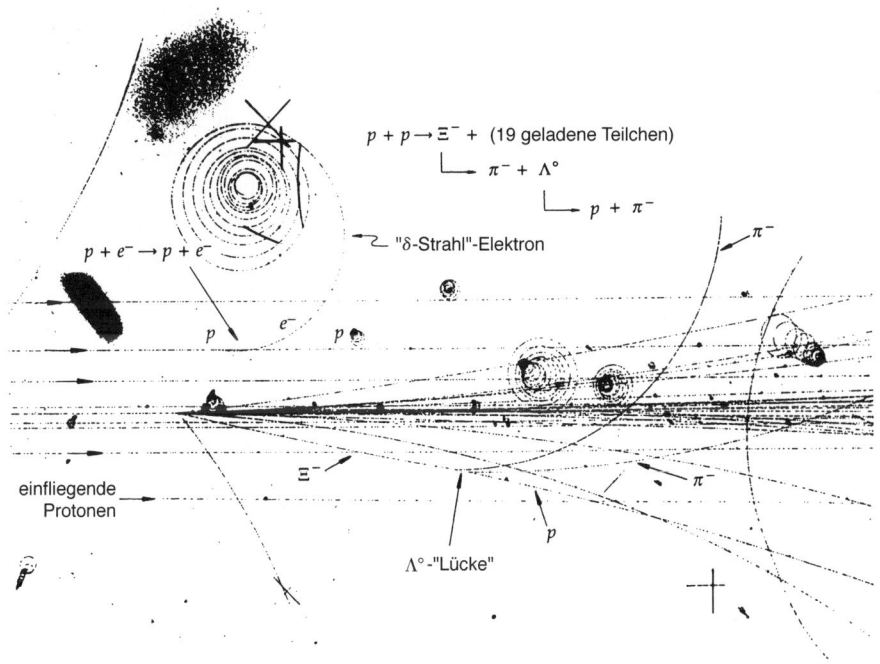

Abb. 9.1   Photographie verschiedener Teilchenwechselwirkungen und Zerfälle in einer Blasenkammer aus flüssigem Wasserstoff am Fermilab. Die Linien entsprechen den Bahnen geladener Teilchen, die die Wasserstoffatome ionisieren und dabei entlang ihres Weges in der überhitzten Flüssigkeit Blasen erzeugen (lokales Kochen). Die Krümmung der Teilchenbahnen wird durch ein Magnetfeld in der Kammer verursacht. Die Empfindlichkeit der Kammer dauert etwa 1 ms; eine lange Zeit im Vergleich zur Lebensdauer einiger Teilchen, deren Zerfall so beobachtet werden kann. Die einfallenden Teilchen sind 400-GeV-Protonen. Eines dieser Protonen wechselwirkt stark mit einem Targetproton (Kern eines Wasserstoffatoms) und erzeugt viele andere Teilchen.

Die schwachen Zerfälle erhalten die Strangeness nicht, wie wir an dieser Stelle noch einmal betonen müssen. Daraus folgt, daß wir Leptonen keine eindeutigen Strangeness-Quantenzahlen zuweisen können, wenn die Strangeness nur bei starken und elektromagnetischen Prozessen erhalten bleibt.

Isospin

Proton und Neutron sind Baryonen mit Spin $\frac{1}{2}$ mit im wesentlichen gleicher Masse. In ihren Eigenschaften als Nukleonen sind sie sich sehr ähnlich, das Proton ist allerdings positiv geladen, während das Neutron elektrisch neutral ist. Deshalb unterscheiden sich beide in ihren elektromagnetischen Wechselwirkungen und ihr magnetisches Dipolmoment besitzt entgegengesetztes Vorzeichen.

Seit langem schon weiß man, daß die starke Kraft nicht von der Ladung der Teilchen abhängt. Untersucht man Spiegelkerne (zum Beispiel ^{3}H, ^{3}He), so zeigt es sich, daß die Kräfte zwischen p–p, n–n und p–n im wesentlichen gleich sind. Streuexperimente haben im weiteren ergeben, daß, beseitigt man elektromagnetische Effekte durch Korrekturen, die Streuung zweier Protonen gleich der zweier Neutronen ist. Die starke Wechselwirkung unterscheidet also nicht zwischen Proton und Neutron. Würden wir uns eine Welt vorstellen, in der nur die starke Kraft existiert und elektromagnetische und schwache Wechselwirkungen abgeschaltet wären, so wären Proton und Neutron ununterscheidbar. (Die Welt, in der wir leben, verhält sich nicht so. Da die starke Kraft jedoch so viel stärker ist als die anderen, können wir vereinfachend annehmen, unsere Welt wäre dieser fiktiven Welt ähnlich und die anderen Kräfte lieferten kleine Korrekturen zu diesem vereinfachten Bild.) In dieser Welt nun können wir Proton und Neutron als zwei orthogonale Zustände ein und desselben Teilchens interpretieren, letzteres wollen wir Nukleon nennen. Die Zustände für Proton und Neutron schreiben wir dann wie folgt:

$$p = \begin{pmatrix} 1 \\ 0 \end{pmatrix}$$

$$n = \begin{pmatrix} 0 \\ 1 \end{pmatrix}. \tag{9.27}$$

Diese Bezeichnungstaktik ähnelt sehr der für die Beschreibung der Spinup- und Spin-down-Zustände von Spin-$\frac{1}{2}$-Teilchen verwandten, diese Teilchen sind bei Abwesenheit von die Rotationssymmetrie brechenden Wechselwirkungen (zum Beispiel Magnetfelder) ebenfalls ununterscheidbar. Die beiden Spin-Zustände sind energetisch entartet, bis wir ein externes Magnetfeld zuschalten, das eine Richtung im Raum auszeichnet und die Entartung der beiden Zustände aufhebt. In gleicher Weise interpretieren wir Proton und Neutron als in der Masse entartet aufgrund einer Symmtrie der starken Kraft (oder der Hamilton-Funktion der starken Kraft). Wir werden diese Symmetrie die Isotopenspin- oder Isospinsymmetrie nennen. In unserer physikalischen Realität wird diese Symmtrie durch die Anwesenheit von Elektromagnetismus und schwacher Kraft gebrochen, dadurch wird die Massenentartung aufgehoben und es ist möglich, zwischen Proton und Neutron zu unterscheiden.

Wir haben bereits in Kapitel 2 bemerkt, daß neben Proton und Neutron auch die drei π-Mesonen π^+, π^0 und π^- fast identische Massen besitzen. Auch die Wirkungsquerschnitte für Streuung der verschiedenen Pionen an Protonen und Neutronen sind gleich, wenn elektromagnetische Effekte herauskorrigiert werden. Die starke Kraft unterscheidet also nicht zwischen den unterschiedlichen π-Mesonen. Deshalb interpretieren wir die drei π-Mesonen als verschiedene Zustände eines Teilchens, des π-Mesons, und stellen die Pionenzustände wie folgt dar:

$$\pi^+ = \begin{pmatrix} 1 \\ 0 \\ 0 \end{pmatrix}$$

$$\pi^0 = \begin{pmatrix} 0 \\ 1 \\ 0 \end{pmatrix} \tag{9.28}$$

$$\pi^- = \begin{pmatrix} 0 \\ 0 \\ 1 \end{pmatrix}.$$

Diese drei Zustände sind in unserer hypothetischen Welt massenentartet. Die Analogie zum Spin entspricht in diesem Fall den drei Spinprojektionen eines $J = 1$-Teilchens, die für eine rotationsinvariante Hamilton-Funktion energetisch entartet sind.

Auf analoge Weise lassen sich das (K^+, K^0)-Dublett, das $(\overline{K^0}, K^-)$-Dublett und das $(\Sigma^+, \Sigma^0, \Sigma^-)$-Triplett als verschiedene Zustände eines Teilchens K, $\bar{K}$ und Σ auffassen. Alle bekannten Hadronen lassen sich so in Multipletts klassifizieren, welche einer Quantenzahl entsprechen, die mit dem Spin große Ähnlichkeit besitzt. Wir werden diese Quantenzahl den starken Isotopenspin oder Isospin nennen, seine Erhaltung entspricht der Invarianz der starken Hamilton-Funktion unter Isospintransformationen. Diese Transformationen wirken analog den Rotationen im Fall des Spins, sie finden jedoch in einem internen Hilbert-Raum statt und nicht in der Raum-Zeit. Die Isospinquantenzahl (oder der I-Spin) bleibt nach allen Beobachtungen für starke Wechselwirkungen erhalten (sie ist eine Symmetrie der starken Kraft). In elektromagneti-

schen und schwachen Prozessen scheint sie jedoch keine Erhaltungsgröße zu
sein.

In Tabelle 9.3 finden wir die starken Isospinquantenzahlen für verschiedene
Hadronen, die sich aus Streuexperimenten ergeben. Die Zuordnung der dritten Komponente oder der Projektion des Isospin in Tabelle 9.3 ist so gewählt,
daß alle Teilchen mit größerer positiver Ladung einen größeren Wert für I_3
aufweisen. Wir bevorzugen die Bezeichnung I_3 auch gegenüber der konventionellen Bezeichnung I_z, um zu verdeutlichen, daß der Isospin keine Raum-Zeit-
Symmetrie ist. Leptonen oder Photonen weisen wir keine Isospinquantenzahl zu,
da nur die starke Kraft unter Isospintransformationen invariant ist und somit eine
eindeutige Zuweisung von Quantenzahlen nur in starken Prozessen möglich ist.
Photonen und Leptonen nehmen an starken Prozessen nicht teil, deshalb können
sie keine eindeutigen Isospinquantenzahlen erhalten. Wir werden in Kapitel 13
sehen, daß eine andere Symmetrie, die sogenannte *schwache Isospinsymmetrie*,
existiert, die für das Standardmodell, welches Leptonen *und* Quarks enthält,
wesentlich ist.

Tabelle 9.3 Zuordnung von Isospinquantenzahlen
für eine Reihe von relativ langlebigen Hadronen

Hadronen	Masse (MeV/c^2)	I	I_3
p	983,3	1/2	1/2
n	939,6	1/2	$-1/2$
π^+	139,6	1	1
π^0	135,0	1	0
π^-	139,6	1	-1
K^+	494,6	1/2	1/2
K^0	497,7	1/2	$-1/2$
$\bar{K}^0$	497,7	1/2	1/2
K^-	494,6	1/2	$-1/2$
η^0	548,8	0	0
Λ^0	1115,6	0	0
Σ^+	1189,4	1	1
Σ^0	1192,6	1	0
Σ^-	1197,4	1	-1
Ω^-	1672,4	0	0

Für starke Wechselwirkungen bleibt der Isospin erhalten, man kann dies aus
dem Vergleich verschiedener Produktions- und Zerfallsprozesse schließen. Wir
werden diese Details im Zusammenhang mit speziellen Beispielen und Aufgaben
in Kapitel 10 behandeln.

Die Gell-Mann-Nishijima-Relation

Es mag den Anschein haben, als ob die Zuweisungen der Strangenessquantenzahlen in (9.23) und die anderen Entscheidungen recht ad hoc geschehen sind. Tatsächlich stand dahinter die phänomenologische Tatsache, daß die elektrische Ladung eines Hadrons zu seinen anderen Quantenzahlen durch die Gell-Mann-Nishijima-Relation in Beziehung gesetzt werden kann:

$$Q = I_3 + Y/2 = I_3 + (B + S)/2. \tag{9.29}$$

Hierbei ist $Y = B + S$ die sogenannte starke Hyperladung. (Wir werden bald im Zusammenhang mit dem Standardmodell sehen, daß die schwache Hyperladung eine andere Beziehung erfüllt, die dann für alle Teilchen gilt.) In Tabelle 9.4 findet man die Quantenzahlen für einige langlebige Hadronen. Sie sind alle mit (9.29) konsistent.

Tabelle 9.4 Quantenzahlen einer Auswahl von relativ langlebigen Hadronen

Hadronen	Q	I_3	B	S	$Y = B + S$
π^+	1	1	0	0	0
π^0	0	0	0	0	0
π^-	-1	-1	0	0	0
K^+	1	1/2	0	1	1
K^0	0	$-1/2$	0	1	1
η^0	0	0	0	0	0
p	1	1/2	1	0	1
n	0	$-1/2$	1	0	1
Σ^+	1	1	1	-1	0
Λ^0	0	0	1	-1	0
Ξ^-	-1	$-1/2$	1	-2	-1
Ω^-	-1	0	1	-3	-2

Durch die Entdeckung neuer Teilchen mit neuartigen „Flavor"-Quantenzahlen wie zum Beispiel „charm" oder „bottom" zusätzlich zur Strangeness war es nötig, die Gell-Mann-Nishijima-Relation für diese zu verallgemeinern. Man definiert dann die Hyperladung als Summe der Baryonenzahl, der Strangeness und der neuen Flavorquantenzahlen. Nach dieser Modifikation gilt die ursprüngliche Form

$$Q = I_3 + \frac{Y}{2} \tag{9.30}$$

für alle Hadronen. Da die Ladung und der Isospin in allen starken Prozessen erhalten bleiben, folgt daraus, daß auch die Hyperladung in diesen Reaktionen erhalten bleibt. Tatsächlich gilt, daß Strangeness und jede Flavorzahl unabhängig voneinander erhalten bleiben.

Erzeugung und Zerfall von Resonanzen

In den Kapiteln 2 und 4 waren wir bereits auf die Existenz von Resonanzen und angeregten Zuständen der Grundniveaus gestoßen. Im Bereich der Elementarteilchen findet man ebenfalls angeregte Zustände der Hadronen, diese Resonanzen besitzen eine typische Lebensdauer von etwa 10^{-23} s. Es gibt nun zwei Wege, diese kurzlebigen Teilchen zu beobachten. Wir wollen zuerst das Teilchen $\Delta(1232)$ betrachten, es handelt sich hier um einen π–N-Zustand mit $I = \frac{3}{2}$ (vier verschiedene Ladungszustände). Dieses Teilchen war das erste seiner Art, welches von Enrico Fermi und Mitarbeitern bei der Untersuchung von π–N-Streuung als Funktion der Energie gefunden wurde. Man nennt diese Art der direkten Suche nach angeregten hadronischen Zuständen S-Kanal- oder Formations-Untersuchungen. Mittels eines Pionenstrahls wird die Streuwahrscheinlichkeit an einem Nukleonentarget (das heißt $\sigma_{\pi N}$) als Funktion des Impulses der Pionen, oder äquivalent der invarianten Masse $\sqrt{s}$ des π–N-Systems, gemessen (siehe (1.69)). In Abb. 9.2 sind die Ergebnisse der elastischen Streuung bei kleinen Energien an Protonen dargestellt. Man erkennt ein Ansteigen, beginnend bei der Schwelle (bei etwa 1080 MeV/c^2, dies entspricht etwa der Summe der Massen von Proton und Pion) bis zu einem Maximum bei $M_\Delta \sim 1230$ MeV/c^2; die Breite des Peaks besitzt eine gemessene Halbwertsbreite von $\Gamma_\Delta \sim 100$ MeV/c^2. Das Anregungsspektrum kann im wesentlichen durch ein Lorentz- oder Breit-Wigner-Profil (nach Gregory Breit und Eugene

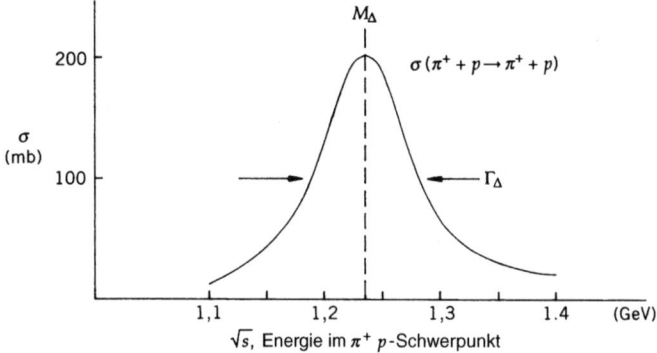

Abb. 9.2   Skizze des Streuungsquerschnittes für elastische Streuung von Pionen an Nukleonen bei kleinen Energien

Wigner) charakterisiert werden. Man interpretiert diesen Peak nun als Resonanz im π–N-System oder als angeregten Zustand des Nukleons. Die intrinsische Massenungenauigkeit, die durch die beobachtete Breite der Linie entsteht (nach Korrektur der kleinen Effekte, die mit der Auflösung des Experimentes zusammenhängen), entspricht einer Lebensdauer von etwa

$$\tau_\Delta \sim \frac{\hbar}{\Gamma_\Delta c^2} \simeq \frac{6{,}6 \cdot 10^{-22}}{100\,\text{MeV}}\,\text{MeV s} \simeq 10^{-23}\,\text{s}. \tag{9.31}$$

Natürlich lassen sich auf diese Weise nicht alle angeregten Zustände der Hadronen finden. So lassen sich Resonanzen unter Pionen in Formationsexperimenten nicht erzeugen, da die zur Untersuchung solcher Systeme notwendigen Flußdichten unrealistisch hoch sein müssen. Objekte wie das ρ-Meson wurden in den Endprodukten von Reaktionen gefunden, die die Produktion von vielen Pionen beinhalten. So ist die folgende Reaktion, wenn sie bei fester Energie untersucht wird, eine reiche Quelle von ρ^0-Mesonen:

$$\pi^- + p \to \pi^+ + \pi^- + n. \tag{9.32}$$

Man erkennt die Anwesenheit einer Resonanz unter den Endprodukten durch Auftragen der invarianten Masse oder $\sqrt{s_{\pi\pi}}$ des $\pi^+\pi^-$-Systems (siehe (1.69)). Die Reaktion (9.32) verläuft über den Zwischenschritt

$$\pi^- + p \to \rho^0 + n,$$

dem die Reaktion

$$\rho^0 \to \pi + \pi^- \tag{9.33}$$

folgt, denn nach dem Zerfall des ρ^0 bleiben die beiden Pionen korreliert. Der Grund liegt in der Erhaltung von Energie und Impuls während des Zerfalls:

$$\begin{aligned} E_\rho &= E_{\pi^+} + E_{\pi^-} \\ \boldsymbol{p}_\rho &= \boldsymbol{p}_{\pi^+} + \boldsymbol{p}_{\pi^-}, \end{aligned} \tag{9.34}$$

deshalb bestimmt die invariante Masse der beiden Pionen die Masse von ρ^0, das heißt

$$M_\rho^2 c^4 = (E_\rho^2 - p_\rho^2 c^2) = (E_{\pi^+} + E_{\pi^-})^2 - (\boldsymbol{p}_{\pi^+} + \boldsymbol{p}_{\pi^-})^2 c^2) = s_{\pi\pi}. \tag{9.35}$$

Tragen wir nun die Verteilung der effektiven oder invarianten Masse der beiden Pionen für viele Ereignisse nach Reaktion (9.32) auf, das heißt die Zahl der Ereignisse als Funktion von $\sqrt{s_{\pi\pi}}$, so muß, trägt die Reaktion (9.33) zum Geschehen bei, bei $\sqrt{s_{\pi\pi}} = M_\rho$ ein Peak auftreten. In Abbildung 9.3 zeigen wir ein typisches Ergebnis für die Reaktion (9.32) mit einem Peak bei $M_\rho = 760$ MeV/c^2. Die Breite des Peaks liegt bei $\Gamma_\rho \sim 150$ MeV/c^2, man sieht, daß es sich um eine starke Reaktion handelt.

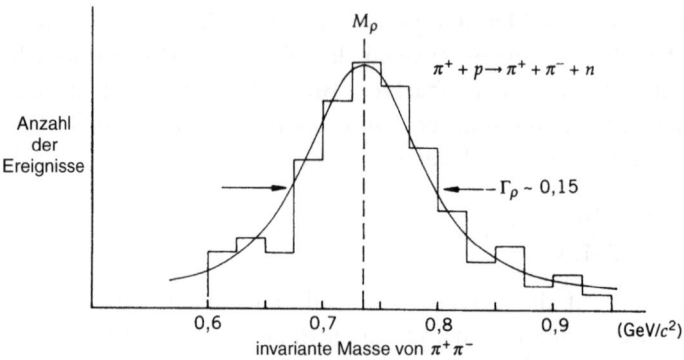

Abb. 9.3   Skizze der invarianten Masse von $\pi^+\pi^-$-Paaren nach (9.32)

Die Tatsache, daß die Resonanzen ein Breit-Wigner-Profil besitzen, ist eine intrinsische Konsequenz des Charakters des Zerfalls eines Quantenzustandes. Die Zeitabhängigkeit der Amplitude eines jeden Zustandes mit der Lebensdauer $\hbar/\Gamma$ und einem mittleren Massenwert von $M = M_0$ kann im eigenen Ruhesystem in der folgenden Form geschrieben werden (siehe auch unsere Diskussion zur Zeitentwicklung in Kapitel 12):

$$\psi(t) \sim e^{-(i/\hbar)(M_0 - i(\Gamma/2))t} \quad \text{(für } t > 0\text{).} \tag{9.36}$$

Dies führt zum exponentiellen Zerfall des Zustandes mit der Lebensdauer $\hbar/\Gamma$:

$$|\psi(t)|^2 \sim e^{-\Gamma t/\hbar}. \tag{9.37}$$

Die Fourier-Transformation von (9.36) liefert die Amplitude im Energie- (oder Massen-)raum:

$$\psi(M) \sim \int_0^\infty \mathrm{d}t\, \psi(t) e^{(i/\hbar)Mt}. \tag{9.38}$$

Dieser Ausdruck kann leicht integriert werden und man erhält, abgesehen von einer Normierungskonstanten, das Resultat:

$$\psi(M) \simeq \frac{1}{(M - M_0) + i(\Gamma/2)}, \tag{9.39}$$

durch Quadrieren erhält man das Lorentz- oder Breit-Wigner-Profil für die Resonanz bei $M = M_0$:

$$|\psi(t)|^2 \sim \frac{1}{(M - M_0)^2 + \Gamma^2/4}. \tag{9.40}$$

Untersuchung des Spins

Die Spins der stabilen Elementarteilchen lassen sich im Prinzip durch einen Stern-Gerlach-Versuch bestimmen. Danach zeigt uns die Aufspaltung eines Teilchenstrahls in einem Magnetfeld, daß das Elektron sowie das Proton den Spin-Drehimpuls $\frac{1}{2}$ besitzen. Das Neutrino besitzt per Definition den Spin $\frac{1}{2}$, damit der Drehimpuls beim β-Zerfall eine Erhaltungsgröße ist. Der Spin des Photons folgt aus klassischen Eigenschaften der elektromagnetischen Wellen. Wie wir wissen, wird das elektromagnetische Feld durch ein Vektorpotential beschrieben, daraus folgt, daß das Photon ein Vektorteilchen mit Spin 1 ist; seine Wellenfunktion ist damit proportional zu einem Polarisationsvektor ϵ. Der Spin-1-Zustand besitzt normalerweise drei Projektionen des Drehimpulses entsprechend $s_z = 1, 0, -1$. Sich ausbreitende elektromagnetische Wellen sind jedoch transversal, das heißt, das physikalische Photon besitzt keinen longitudinalen Freiheitsgrad. Man erkennt dies daran, daß der Feldstärkevektor des elektrischen Feldes E und der des magnetischen Feldes B sowie der Polarisationsvektor des Photons senkrecht auf der Ausbreitungsrichtung ($\hat{k} = k/k$) stehen:

$$E = \epsilon E_0 e^{i(k \cdot r - \omega t)}, \quad B = \hat{k} \times E, \tag{9.41}$$

und daß die Bedingungen

$$k \cdot E, \quad k \cdot B, \quad k \cdot \epsilon \tag{9.42}$$

erfüllt sind. Diese Eigenschaften des Photons bedingen seine Masselosigkeit, letzteres folgt aus der Invarianz der Maxwell-Gleichungen unter Eichtransformationen der elektrischen Potentiale. (Weitere Einzelheiten findet man in Kapitel 13.) Der Spin des π^0-Teilchens kann aus der Tatsache abgeleitet werden, daß es in zwei Photonen zerfällt. Im Ruhesystem des π^0 müssen die beiden Photonen in entgegengesetzte Richtungen mit entgegengesetzt gleichem Impuls emittiert werden (siehe Abb. 9.4). Wir bezeichnen mit k den relativen Impuls der beiden Photonen und mit ϵ_1 und ϵ_2 die beiden Polarisationsvektoren. Der Endzustand des Zerfalls besteht aus zwei identischen Bosonen und damit muß die Wellenfunktion, die dem Produkt der beiden Photonenwellenfunktionen entspricht, symmetrisch bezüglich des Austausches der beiden Photonen sein. Die Wellenfunktionen sind nun wie gesagt proportional den Polarisationsvektoren. Die einzigen Möglichkeiten, einen Ausdruck aus den Vektoren k, ϵ_1 und ϵ_2 zu

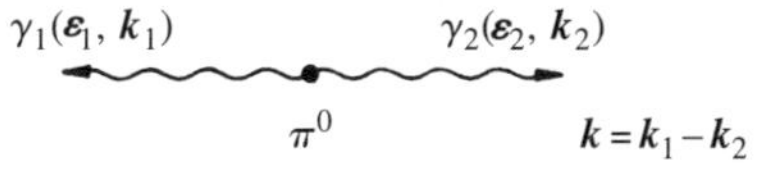

$\gamma_1(\epsilon_1, k_1)$ $\gamma_2(\epsilon_2, k_2)$

π^0 $k = k_1 - k_2$

Abb. 9.4 Der Zerfall eines π^0 in zwei Photonen, betrachtet im Ruhesystem des Pions

bilden, der linear in ϵ_1 und ϵ_2 und symmetrisch bezüglich der Vertauschung der Photonenvariablen ist, lauten

$$k \times (\epsilon_1 \times \epsilon_2), \quad k \cdot (\epsilon_1 \times \epsilon_2), \quad \epsilon_1 \cdot \epsilon_2. \tag{9.43}$$

Der erstere verschwindet, da die Polarisationsvektoren zu k transversal liegen:

$$k \times (\epsilon_1 \times \epsilon_2) = (k \cdot \epsilon_2)\epsilon_1 - (k \cdot \epsilon_1)\epsilon_2 = 0$$

Wir sehen also, daß die einfachsten Kombinationen, die allen Symmetrieanforderungen genügen, die beiden Skalarprodukte in (9.43) sind. Man kann die Ebenen der Polarisation messen und es zeigt sich, daß sie rechtwinklig zueinander stehen. Daraus folgt nun, daß die Wellenfunktion des Endzustandes proportional dem Skalarprodukt

$$k \cdot (\epsilon_1 \times \epsilon_2) \tag{9.44}$$

ist. Damit der Zerfall des π^0 stattfindet (das heißt, die Übergangsamplitude von null verschieden ist), muß die Wellenfunktion des Pions eine Komponente besitzen, die der Wellenfunktion des Endzustandes der beiden Photonen entspricht. Daraus folgt, daß sich die Pionen-Wellenfunktion unter Rotationen wie ein Skalar verhalten muß. Also muß das Pion den Spin null besitzen.

Der Spin des K^0-Mesons bestimmt sich analog dazu aus dem Zerfall $K^0 \to 2\pi^0$. Im Ruhesystem des K^0 besitzen die beiden Pionen wieder entgegengesetzt gleichen Impuls (siehe Abb. 9.5). Der Endzustand des Systems besteht aus zwei Spin-Null-Teilchen, damit ist der Gesamt-Drehimpuls des Endzustandes und der

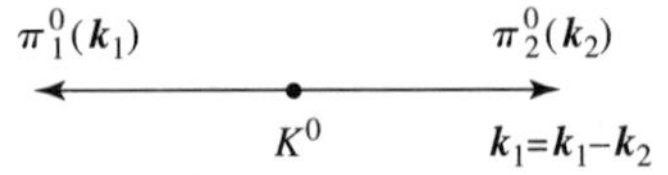

$$\pi_1^0(k_1) \qquad\qquad \pi_2^0(k_2)$$
$$\overleftarrow{\quad\bullet\quad} \overrightarrow{\qquad\qquad}$$
$$K^0 \qquad\quad k_1 = k_1 - k_2$$

Abb. 9.5   Der Zerfall eines K^0-Mesons in zwei π^0-Mesonen, vom Ruhsystem des Kaons betrachtet

Spin von K^0 gleich dem relativen Bahndrehimpuls der beiden Pionen. Da die beiden Pionen identische Bosonen sind, muß die Wellenfunktion ebenfalls symmetrisch unter Vertauschung der beiden Teilchen sein. Wenn l den Bahndrehimpuls des Endzustandes bezeichnet, dann ist der Bahnanteil der Wellenfunktion des Endzustandes proportional der sphärischen Kugelflächenfunktion $Y_{l,m}(\theta, \phi)$. Unter Vertauschung der beiden Teilchen verhalten sich diese Wellenfunktionen wie folgt (siehe Kapitel 3):

$$Y_{l,m}(\theta, \phi) \to (-1)^l Y_{l,m}(\theta, \phi). \tag{9.45}$$

Damit nun der Endzustand symmetrisch unter der Vertauschung der beiden Teilchen ist, kann l nur gerade Werte annehmen. Der Spin des K^0 kann also nur 0, 2, 4 oder 6 usw. betragen.

Da Pionen den Spin null besitzen, ist der einzige Vektor im Ruhesystem des K^0-Mesons, der den Endzustand beschreibt, der relative Impuls der beiden π^0-Mesonen, das heißt k. Unter einer Vertauschung der Pionen ändert k

sein Vorzeichen, die einfachste Wellenfunktion, die aus diesem Vektor konstruiert werden kann und alle Symmetrieforderungen des Endzustandes erfüllt, ist demnach ein Skalar (das heißt eine Funktion von $k \cdot k$).

Die Wellenfunktion für das K^0-Meson muß deshalb ein Skalar sein, K_0 ist also ein Spin-Null-Teilchen. Die Zerfallscharakteristiken der K-Mesonen schließen eine Zuweisung von $J = 2, 4, \ldots$ aus. Die Winkelverteilung der π^0-Mesonen im Kaon-Ruhesystem zeigt nichts, woraus ein anderer Wert als $l = 0$ geschlußfolgert werden könnte.

Wir wollen uns nun der Bestimmung des Spins von einigen Baryonen zuwenden. Dazu analysieren wir den folgenden Stoß eines energiereichen π^0-Mesons mit einem ruhenden Proton:

$$\pi^- + p \to K^0 + Y_1^{*0}, \tag{9.46}$$

wobei das Hyperon (seltsame Baryon) Y_1^{*0} sofort zerfällt:

$$Y_1^{*0} \to \pi^0 + \Lambda^0. \tag{9.47}$$

Die Strahlachse, das heißt die Richtung des einfallenden Pions im Labor, sei die Achse der Quantelung des Drehimpulses. Die Komponenten des Bahndrehimpulses in dieser Richtung der Bewegung des Pions verschwinden ($L_\pi \sim r \times p_\pi$ ist rechtwinklig zu p_π). Außerdem ist der Spin des Pions null. Die Projektion des gesamten Drehimpulses auf die Bewegungsrichtung ist für den Anfangszustand durch die Projektion des intrinsischen Spins des Protons s_z gegeben:

$$j_z = s_z(p) = \pm\frac{1}{2}. \tag{9.48}$$

Wir wollen uns an dieser Stelle auf Ereignisse beschränken, bei denen das K^0-Meson und das Hyperon Y_1^{*0} entlang der Strahlachse erzeugt werden, das heißt in Vorwärts- oder Rückwärtsrichtung bezüglich des Massenzentrums von (9.46). Entlang dieser Achse verschwindet wieder der relative Bahndrehimpuls des K_0–Y_1^{*0}-Systems, da der Spin von K_0 null ist, folgt aus der Erhaltung des Drehimpulses

$$s_z(Y_1^{*0}) = s_z(p) = \pm\frac{1}{2}. \tag{9.49}$$

Daraus können wir schließen, daß der Spin des Hyperons gleich $\frac{1}{2}$ oder einem größeren halbzahligen Wert ist. Um den exakten Wert zu erlangen, muß (9.47) im Detail analysiert werden. Mißt man die Komplexität der Zerfallswinkelverteilung im Ruhesystem von Y_1^{*0}, so erhält man für den Spin des Hyperons den Wert $\frac{3}{2}$.

Man hat in den vergangenen Jahren mittels ähnlicher Untersuchungen von hochenergetischen Prozessen und Zerfällen die Spins vieler Hadronen bestimmt. Dabei fand man eine Möglichkeit, einige Teilchen zueinander in Beziehung zu setzen und sie in Gruppen mit gleichen Quantenzahlen einzuordnen.

Verletzung von Quantenzahl-Erhaltungssätzen

Wie wir in den letzten Abschnitten gesehen haben, scheint es so, daß alle Quantenzahlen in starken Prozessen erhalten bleiben. Bei elektromagnetischen oder schwachen Wechselwirkungen ist dies jedoch nicht unbedingt der Fall. Wir wollen das an einigen Beispielen illustrieren.

Schwache Wechselwirkungen

In der Natur lassen sich drei Klassen von schwachen Prozessen beobachten: (a) hadronische Zerfälle, an denen nur Hadronen beteiligt sind; (b) semileptonische Prozesse, bei denen sowohl Leptonen als auch Hadronen auftreten und schließlich (c) rein leptonische Prozesse. Die drei Zerfälle

$$
\begin{aligned}
\Lambda^0 &\rightarrow \pi^- + p \\
n &\rightarrow p + e^- + \overline{\nu}_e \\
\mu^- &\rightarrow e^- + \overline{\nu}_e + \nu_\mu
\end{aligned}
\tag{9.50}
$$

sind Beispiel für die drei Klassen von Prozessen. Da die meisten der starken Quantenzahlen für Leptonen nicht definiert sind, hat es keinen Sinn, ihre Erhaltung in leptonischen Prozessen zu diskutieren. Selbst bei semileptonischen Prozessen können wir nur von der Erhaltung oder Verletzung von Quantenzahlen zwischen den Anfangs- und Endzuständen der Hadronen sprechen. Wir wollen nun einige Beispiele betrachten.

Hadronische schwache Zerfälle

Man betrachte die folgenden Zerfälle von Hadronen in andere Hadronen:

$$
\begin{array}{llll}
\Lambda^0 & \rightarrow \pi^- & + p \\
I_3 = 0 & I_3 = -1 & I_3 = 1/2 \\
S = -1 & S = 0 & S = 0 \\[6pt]
\Sigma^+ & \rightarrow p & + \pi^0 \\
I_3 = 1 & I_3 = 1/2 & I_3 = 0 \\
S = -1 & S = 0 & S = 0 \\[6pt]
K^0 & \rightarrow \pi^+ & + \pi^- \\
I_3 = -1/2 & I_3 = 1 & I_3 = -1 \\
S = 1 & S = 0 & S = 0 \\[6pt]
\Xi^- & \rightarrow \Lambda^0 & + \pi^- \\
I_3 = -1/2 & I_3 = 0 & I_3 = -1 \\
S = -2 & S = -1 & S = 0
\end{array}
\tag{9.51}
$$

Wir sehen, daß sowohl der Isospin als auch die Strangeness in schwachen Prozessen nicht erhalten bleiben, die Auswahlregel für solche Verletzungen lautet

$$|\Delta I_3| = 1/2, \quad |\Delta S| = 1. \tag{9.52}$$

Wir sollten hinzufügen, daß beide Varianten $\Delta I = 1/2$ und $\Delta I = 3/2$ in diesen Prozessen möglich sind; die $\Delta I = 3/2$-Übergänge werden jedoch stark unterdrückt, wie man aus Experimenten weiß.

Semileptonische Prozesse

Wir wollen wieder nur einige Beispiele anführen, um das Wesentliche dieser Zerfälle zu zeigen. Wir betonen an dieser Stelle nochmals, daß nur die Quantenzahlen der Anfangs- und Endzustände der Hadronen betrachtet werden.

$$
\begin{array}{lll}
n & \to p & + e^- + \overline{\nu}_e \\
I_3 = -1/2 & I_3 = 1/2 & \\
S = 0 & S = 0 &
\end{array}
$$

$$
\begin{array}{ll}
\pi^- & \to \mu^- + \bar{\nu}_\mu \\
I_3 = -1 & I_3 = 0 \\
S = 0 & S = 0
\end{array}
$$

$$
\begin{array}{lll}
\pi^+ & \to \pi^0 & + e^+ \nu_e \\
I_3 = 1 & I_3 = 0 & \\
S = 0 & S = 0 &
\end{array}
$$

$$
\begin{array}{ll}
K^+ & \to \mu^+ + \nu_\mu \\
I_3 = 1/2 & \\
S = 1 &
\end{array} \tag{9.53}
$$

$$
\begin{array}{lll}
K^+ & \to \pi^0 & + \mu^+ \nu_\mu \\
I_3 = 1/2 & I_3 = 0 & \\
S = 1 & S = 0 &
\end{array}
$$

$$
\begin{array}{lll}
\Lambda^0 & \to p & e^- + \overline{\nu}_e \\
I_3 = 0 & I_3 = 1/2 & \\
S = -1 & S = 0 &
\end{array}
$$

$$
\begin{array}{lll}
\Sigma^+ & \to n & + e^- + \overline{\nu}_e \\
I_3 = -1 & I_3 = -1/2 & \\
S = -1 & S = 0 &
\end{array}
$$

Die semileptonischen Zerfälle können, wie man hier sieht, in zwei Typen eingeteilt werden. Beim ersteren tritt keine Veränderung der Strangeness auf. Man nennt diese Prozesse *strangeness-erhaltend* und schreibt dafür $|\Delta S| = 0$. In diesen Reaktionen gilt $|\Delta I_3| = 1$. Die die Strangeness erhaltenden semileptonischen Prozesse erfüllen damit die folgenden Bedingungen:

$$|\Delta S| = 0, \quad |\Delta I_3| = 1, \quad \Delta I = 1. \tag{9.54}$$

Die zweite Klasse semileptonischer Prozesse ist nicht strangeness-erhaltend. Man nennt diese Zerfälle dann *strangeness-verändernd*, für diese gilt:

$$|\Delta S| = 1, \quad |\Delta I_3| = 1/2, \quad \Delta I = 1/2 \text{ oder } 3/2. \tag{9.55}$$

Die Prozesse mit $\Delta I = 3/2$ werden wieder stark unterdrückt.

Elektromagnetische Prozesse

Zum Abschluß wollen wir noch einige Beispiele für elektromagnetische Zerfälle betrachten, um ihre wesentlichen Eigenschaften nennen zu können. Da dem Photon keine starken Quantenzahlen zugeordnet werden können, werden nur die Veränderungen der Quantenzahlen der Hadronen betrachtet:

$$
\begin{aligned}
&\pi^0 &&\to \gamma + \gamma \\
&I_3 = 0 \\
&S = 0 \\
\\
&\eta^0 &&\to \gamma + \gamma \\
&I_3 = 0 \\
&S = 0 \\
\\
&\Sigma^0 &&\to \Lambda^0 + \gamma \\
&I_3 = 0 &&\;\; I_3 = 0 \\
&S = -1 &&\;\; S = -1
\end{aligned}
\tag{9.56}
$$

Wie man sieht, ist die Strangeness in elektromagnetischen Prozessen eine Erhaltungsgröße, während der Isospin nicht erhalten bleibt. Im allgemeinen gilt:

$$|\Delta S| = 0, \quad |\Delta I_3| = 0, \quad \Delta I = 1 \text{ oder } 0. \tag{9.57}$$

In den folgenden Kapiteln wollen wir versuchen, alle diese Ergebnisse in einen theoretischen Rahmen zu fassen, der den Namen Standardmodell der Elementarteilchenphysik trägt.

Aufgaben

9.1 Welche Quantenzahlen sind in den folgenden Reaktionen keine Erhaltungsgrößen? Handelt es sich um starke, schwache, elektromagnetische Wechselwirkungen oder keine von diesen?

(a) $\Omega^- \rightarrow \Xi^0 + \pi^-$.

(b) $\Sigma^+ \rightarrow \pi^+ + \pi^0$.

(c) $n \rightarrow p + \pi^-$.

(d) $\pi^0 \rightarrow \mu^+ + e^- + \bar{\nu}_e$.

(e) $K^0 \rightarrow K^+ + e^- + \bar{\nu}_e$.

(f) $\Lambda^0 \rightarrow p + e^-$.

9.2 Welche Quantenzahlen werden in den folgenden Prozessen nicht erhalten? Sind die Reaktionen stark, schwach oder elektromagnetisch?

(a) $\Lambda^0 \rightarrow p + e^- + \bar{\nu}_e$.

(b) $K^- + p \rightarrow K^+ + \Xi^-$.

(c) $K^+ + p \rightarrow K^+ + \Sigma^+ + \bar{K}^0$.

(d) $p + p \rightarrow K^+ + K^+ + n + n$.

(e) $\Sigma^+(1385) \rightarrow \Lambda^0 + \pi^+$.

(f) $\bar{p} + n \rightarrow \pi^- + \pi^0$.

(Siehe das *CRC Handbook* für Eigenschaften der Teilchen.)

9.3 Ein π^0-Meson mit einem Impuls von 135 GeV/c zerfällt in zwei Photonen. Man berechne mit 10% Genauigkeit, wie weit das Pion fliegt, bevor es zerfällt, wenn seine Lebensdauer $8{,}5 \cdot 10^{-17}$ s beträgt? Wie groß ungefähr ist der kleinste Öffnungswinkel zwischen beiden Photonen im Laborsystem?

9.4 Wir werden in Kapitel 13 sehen, daß die Hadronen aus Bestandteilen aufgebaut sind, die man Quarks nennt. Mesonen sind demzufolge Quark-Antiquark-Zustände und Baryonen bestehen aus drei Quarks. Alle Quarks tragen die Baryonenzahl $\frac{1}{3}$, die anderen Quantenzahlen findet man in Tabelle 9.5. Alle Quarks außer dem t-Quark sind bereits beobachtet worden. Die Quantenzahlen der Antiquarks sind genau entgegengesetzt denen der Quarks. Der Isospin der Quarks kann aus einer generalisierten Gell-Mann-Nishijima-Relation abgeleitet werden. Das Quarksystem uds kann in mehreren Isospinzuständen existieren. Wie groß ist der Wert von I_3 für diese Kombination? Welche Möglichkeiten gibt es für den Gesamtisospin der uds-Zustände? Entsprechen diese bekannten Teilchen? (Siehe zum Beispiel das *CRC Handbook*.)

Tabelle 9.5 Eigenschaften der Quarks

Quark	Symbol	eff. Masse (GeV/c^2)	elektr. Ladung (e)	„Flavor"-Quantenzahlen			
				Strangeness	Charm	Bottom	Top
Up	u	klein	$\frac{2}{3}$	0	0	0	0
Down	d	klein	$-\frac{1}{3}$	0	0	0	0
Strange	s	0,2	$-\frac{1}{3}$	-1	0	0	0
Charm	c	1,5	$\frac{2}{3}$	0	1	0	0
Bottom	b	4,7	$-\frac{1}{3}$	0	0	-1	0
Top	t	> 90	$\frac{2}{3}$	0	0	0	1

9.5   Man gebe die Baryonenzahl, die Hyperladung und den Isospin der folgenden Quarksysteme an: (a) $u\bar{s}$, (b) $c\bar{d}$, (c) uud, (d) ddc, (e) $s\bar{s}$. Man versuche, mit Hilfe des *CRC Handbook* diesen Zuständen bekannte Teilchen zuzuordnen.

9.6   Man betrachte die folgenden Zerfälle:

(a) $N^+(1535) \rightarrow p + \eta^0$.
(b) $\Sigma^+(1189) \rightarrow p + \pi^0$.
(c) $\rho^0(770) \rightarrow \pi^0 + \gamma$.

Man bestimme die Art der Wechselwirkungen in den einzelnen Fällen aus den Eigenschaften der Teilchen (siehe *CRC Handbook*). Welche Quantenzahlen werden nicht erhalten? Wie groß sind die möglichen Werte für den Bahn-Drehimpuls der Endzustände?

Empfohlene Literatur

Frauenfelder, H. und Henley, E. M. 1991. *Subatomic Physics*. N.Y.: Prentice-Hall, (Englewood Cliffs).

Griffiths, D. 1987. *Introduction to Elementary Particles*. New York. (Wiley).

Williams, W. S. C. 1991. *Nuclear and Particle Physics*. London/New York. (Oxford Univ. Press).

10 Symmetrien

Einführende Bemerkungen

Wie wir im letzten Kapitel gesehen haben, gibt es Quantenzahlen, die in starken Prozessen Erhaltungsgrößen sind, in schwachen und elektromagnetischen
Reaktionen jedoch nicht erhalten bleiben. Diese spezifischen Beobachtungen
müssen eine inhärente Eigenschaft der wirkenden Kräfte widerspiegeln. Deshalb
ist ein Verständnis des Ursprungs der Erhaltungsprinzipien und der Bedingungen, unter denen sie verletzt werden, wichtig, um eine quantitative Beschreibung
der Wechselwirkung von Elementarteilchen geben zu können. Wir wenden uns
deshalb zuerst der Frage zu, wann Erhaltungssätze in physikalischen Theorien
auftreten. Die überraschend einfache Antwort lautet, daß man für jede einem
physikalischen System zugrunde liegende Symmetrie bei einer Transformation
der Koordinaten oder anderer dynamischer Variablen eine erhaltene „Ladung"
(Quantenzahl) definieren kann, die dieser Symmetrie entspricht. Gibt es auf der
anderen Seite eine dem System zugehörige Erhaltungsgröße, dann liegt dem ein
Symmetrie- oder Invarianzprinzip zugrunde. Man nennt diese Feststellung das
Noether-Theorem (nach Emmy Noether); es verursacht gewaltige Einschränkungen möglicher physikalischer Theorien. In diesem Kapitel wollen wir einige
Konsequenzen diskutieren, die mit Symmetrien von physikalischen Systemen
im Zusammenhang stehen.

Symmetrien im Lagrange-Formalismus

Mit einfachen Worten gesagt, jede Menge von Transformationen, die die Bewegungsgleichungen eines Systems unverändert läßt, definiert eine Symmetrie des
physikalischen Systems. Nun lassen sich Symmetrien sowohl in der klassischen
als auch in der Quantenphysik im Lagrange- oder im Hamilton-Formalismus
diskutieren. Wir werden uns in diesem Abschnitt dem Lagrange-Formalismus

zuwenden, da dieser für die Untersuchung relativistischer Systeme, denen unser Interesse gilt, bestens geeignet ist.

Man betrachte vorerst ein isoliertes, nichtrelativistisches physikalisches System, welches aus zwei Teilchen besteht, die durch ein Potential miteinander wechselwirken, welches nur vom Relativabstand der beiden Teilchen abhänge. Die gesamte kinetische Energie und die potentielle Energie des Systems sind durch folgende Ausdrücke gegeben:

$$T = \frac{1}{2}m_1\dot{r}_1^2 + \frac{1}{2}m_2\dot{r}_2^2 \tag{10.1}$$
$$V = V(r_1 - r_2).$$

Dabei bezeichnen m_1 und m_2 die Massen der Teilchen, r_1 und r_2 ihre Koordinaten relativ zu einem gewählten Ursprung. Die Bewegungsgleichungen (Newtonsche Gleichungen) oder die „dynamischen Gleichungen" des Systems lauten dann:

$$m_1\ddot{r}_1 = -\nabla_1 V(r_1 - r_2) = -\frac{\partial}{\partial r_1}V(r_1 - r_2) \tag{10.2}$$

$$m_2\ddot{r}_2 = -\nabla_2 V(r_1 - r_2) = -\frac{\partial}{\partial r_2}V(r_1 - r_2), \tag{10.3}$$

$$\tag{10.4}$$

dabei bedeutet $(\partial/\partial r_i V(r_1 - r_2))$:

$$\hat{x}\frac{\partial}{\partial x_i}V_i + \hat{y}\frac{\partial}{\partial y_i}V + \hat{z}\frac{\partial}{\partial z_i}V$$

mit $i = 1, 2$; $\hat{x}$, $\hat{y}$ und $\hat{z}$ sind Einheitsvektoren in x-, y- und z-Richtung unseres Koordinatensystems.

Verschieben wir nun den Ursprung des Koordinatensystems um einen konstanten Vektor $-a$, das heißt, transformieren wir die Koordinaten wie folgt:

$$r_1 \rightarrow r_1' = r_1 + a$$
$$r_2 \rightarrow r_2' = r_2 + a, \tag{10.5}$$

dann verändern sich die Bewegungsgleichungen (10.2, 10.3) des Systems nicht. Dies folgt aus der einfachen Tatsache

$$V(r_1 - r_2) \rightarrow V(r_1 + a - r_2 - a) = V(r_1 - r_2). \tag{10.6}$$

Die Verschiebung des Ursprungs des Koordinatensystems definiert also eine Symmetrie des Zwei-Teilchen-Systems; wir sagen, es ist unter räumlicher Verschiebung invariant, das heißt, seine Eigenschaften hängen nicht von der Wahl des Ursprunges eines Koordinatensystems ab. Die Folge dieser Symmetrie ist recht interessant. Wir schließen aus der Form des Potentials, daß die Gesamtkraft, die auf das System wirkt, verschwindet:

$$F_{\text{tot}} = F_1 + F_2 = -\nabla_1 V(r_1 - r_2) - \nabla_2 V(r_1 - r_2) = 0. \tag{10.7}$$

(Dies folgt aus $(\partial V/\partial r_1) = -(\partial V/\partial r_2)$.) Damit gilt für den Gesamtimpuls des Systems

$$\frac{\mathrm{d}\boldsymbol{P}_{\mathrm{tot}}}{\mathrm{d}t} = \boldsymbol{F}_{\mathrm{tot}} = 0. \tag{10.8}$$

Mit anderen Worten bedeutet dies, daß der Gesamtimpuls des Systems erhalten bleibt – er ist eine Konstante der Bewegung und zeitunabhängig.

Man könnte nun denken, daß dieses Ergebnis zufällig ist und nur für das Zwei-Körper-System gilt. Es zeigt sich aber, daß jeder Symmetrie eine erhaltene Größe entspricht. Um dies zu zeigen, wollen wir die dynamischen Gleichungen unseres Systems umschreiben.

$$\frac{\mathrm{d}}{\mathrm{d}t}\frac{\partial T}{\partial \dot{\boldsymbol{r}}_1} = -\frac{\partial V}{\partial \boldsymbol{r}_1}$$
$$\frac{\mathrm{d}}{\mathrm{d}t}\frac{\partial T}{\partial \dot{\boldsymbol{r}}_2} = -\frac{\partial V}{\partial \boldsymbol{r}_2}, \tag{10.9}$$

dabei ist T die in (10.1) definierte kinetische Energie. (Wir verwenden hier wieder unsere abkürzende Notation, jede Gleichung repräsentiert in Wahrheit drei unabhängige Gleichungen: $(\mathrm{d}/\mathrm{d}t)(\partial T/\partial \dot{q}) = -(\partial V/\partial q)$ mit $q = x_i, y_i, z_i$ und $i = 1, 2$.) Definieren wir weiter die Funktion

$$L = T - V, \tag{10.10}$$

dann sind die Koordinaten und Geschwindigkeiten eines Teilchens unabhängige Variablen und wir können den Inhalt der dynamischen Gleichungen schematisch in der Form

$$\frac{\mathrm{d}}{\mathrm{d}t}\frac{\partial L}{\partial \dot{\boldsymbol{r}}_i} - \frac{\partial L}{\partial \boldsymbol{r}_i} = 0, \quad i = 1, 2 \tag{10.11}$$

schreiben. Die Größe $L(\boldsymbol{r}_i, \dot{\boldsymbol{r}}_i)$ nennt man Lagrange-Funktion des Systems und es gilt

$$\frac{\partial L}{\partial \dot{\boldsymbol{r}}_i} = \frac{\partial T}{\partial \dot{\boldsymbol{r}}_i} = m_i \dot{\boldsymbol{r}}_i = \boldsymbol{p}_i. \tag{10.12}$$

Die Hamilton-Funktion ($H = T + V = 2T - L$) kann nun mittels der Gleichungen (10.1) und (10.12) in der Form

$$H = \sum_{i=1}^{2} [\boldsymbol{p}_i \cdot \dot{\boldsymbol{r}}_i - L(\boldsymbol{r}_i, \dot{\boldsymbol{r}}_i)] \tag{10.13}$$

geschrieben werden.

Alle Betrachtungen können recht einfach auf kompliziertere Systeme übertragen werden, die Lagrange-Funktion eines Systems mit n Freiheitsgraden (das heißt, mit n Koordinaten und n Geschwindigkeiten) besitzt die Gestalt

$$L = L(q_i, \dot{q}_i), \quad i = 1, 2, \ldots, n. \tag{10.14}$$

Die zugehörigen, man sagt auch konjugierten Impulse zu den Koordinaten q_i werden wie in (10.12) definiert:

$$p_i = \frac{\partial L}{\partial \dot{q}_i}, \quad i = 1, 2, \ldots, n, \tag{10.15}$$

die allgemeinen dynamischen Gleichungen der Bewegung lauten in Analogie zu (10.11)

$$\frac{\mathrm{d}}{\mathrm{d}t} \frac{\partial L}{\partial \dot{q}_i} - \frac{\partial L}{\partial q_i} = 0$$

oder

$$\frac{\mathrm{d}p_i}{\mathrm{d}t} = \frac{\partial L}{\partial q_i}, \quad i = 1, 2, \ldots, n. \tag{10.16}$$

Wir wollen nun annehmen, die Lagrange-Funktion eines physikalischen Systems sei unabhängig von einigen Koordinaten, die wir q_m nennen wollen. Dann gilt für diese speziellen m:

$$\frac{\partial L}{\partial q_m} = 0. \tag{10.17}$$

Die dynamischen Gleichungen ergeben dann für $i = m$:

$$\frac{\mathrm{d}}{\mathrm{d}t} p_m = 0. \tag{10.18}$$

Hängt also die Lagrange-Funktion eines physikalischen Systems nicht explizit von einer gegebenen Koordinate ab, dann ist der dazu konjugierte Impuls eine Erhaltungsgröße. Die Unabhängigkeit von bestimmten Koordinaten führt dazu, daß die Lagrange-Funktion bei Translationen (Umdefinierung) dieser Koordinaten invariant sein muß. Damit wird klar, daß zwischen der Invarianz und den entsprechenden Erhaltungsgrößen eine Verbindung besteht.

So sahen wir zum Beispiel in Kapitel 1, daß durch die Umformulierung des Zwei-Körper-Problems auf die Relativkoordinate $r = r_1 - r_2$ und die Koordinate des Massenmittelpunktes R_{CM} die potentielle Energie und damit die Lagrange-Funktion unabhängig von R_{CM} ist. Daraus folgt nun, daß der zugehörige Impuls P_{CM}, der Gesamtimpuls des Systems, konstant ist – wir haben dies bereits durch die Gleichung (10.8) zum Ausdruck gebracht.

Als zweites einfaches Beispiel wollen wir den freien Rotor betrachten. Bei Abwesenheit aller Kräfte besitzt das System nur kinetische Energie und wir schreiben dafür

$$L = T = \frac{1}{2} I \dot{\theta}^2. \tag{10.19}$$

Dabei ist I das Trägheitsmoment des Rotors und $\dot{\theta}$ die Winkelgeschwindigkeit. Diese Lagrange-Funktion ist von der Winkelkoordinate unabhängig, damit gilt

$$p_\theta = \frac{\partial L}{\partial \dot{\theta}} = I \dot{\theta} = \text{konstant}. \tag{10.20}$$

Das Fehlen einer Abhängigkeit der Lagrange-Funktion des Rotors von θ führt damit zu einer Rotationsinvarianz des Systems, und der Wert des Drehimpulses des Systems ist konstant. Man kann, das wollen wir hier noch einmal betonen, diese Schlußfolgerungen verallgemeinern. In Tabelle 10.1 findet man einige Transformationen und die zugehörigen Erhaltungsgrößen, wenn physikalische Systeme invariant unter diesen Transformationen sind.

Tabelle 10.1 Invarianz eines Systems unter einer Transformation und die entsprechende Erhaltungsgröße

Transformation	Erhaltungsgröße im System
räumliche Translation	Impuls
zeitliche Translation	Energie
räumliche Rotation	Drehimpuls
Rotation im Isospin-Raum	Isospin

Auch die Aussage, daß für jede Erhaltungsgröße in einem physikalischen System ein zugrundeliegendes Invarianzprinzip existiert, das heißt, die Umkehrung der obigen Aussage besitzt Gültigkeit. Da man diesen Sachverhalt besser sieht, wenn er im Hamilton-Formalismus ausgedrückt wird, wollen wir uns nun diesem zuwenden.

Symmetrien im Hamilton-Formalismus

Da der Hamilton-Formalismus der klassischen Mechanik ganz natürlich in die Quantenmechanik übergeht, ist die Diskussion von Symmetrien in diesem Kontext recht erhellend. Die Hamilton-Funktion $H(q_i, p_i)$ eines Systems mit n Freiheitsgraden ist eine Funktion von n Koordinaten und n Impulsen. Man erhält nun die Bewegungsgleichungen aus den Hamiltonschen Beziehungen (Differentialgleichungen erster Ordnung):

$$\frac{\mathrm{d}q_i}{\mathrm{d}t} = \dot{q}_i = \frac{\partial H}{\partial p_i} \tag{10.21}$$

$$\frac{\mathrm{d}p_i}{\mathrm{d}t} = \dot{p}_i = \frac{\partial H}{\partial q_i}, \quad i = 1, 2, \ldots, n. \tag{10.22}$$

Wir wollen an dieser Stelle die Notation mittels Poisson-Klammern einführen. Im allgemeinen definiert man sie für zwei Funktionen von q_i und p_i als Funktion ihrer partiellen Ableitungen nach diesen Variablen:

$$\{F(q_i, p_i), G(q_i, p_i)\} = \sum_{i=1}^{n} \left(\frac{\partial F}{\partial q_i} \frac{\partial G}{\partial p_i} - \frac{\partial F}{\partial p_i} \frac{\partial G}{\partial q_i} \right)$$
$$= -\{G(q_i, p_i), F(q_i, p_i)\}. \tag{10.23}$$

Wir erhalten damit für die Poisson-Klammern der Koordinaten und Impulse

$$\{q_i, q_j\} = 0$$
$$\{p_i, p_j\} = 0 \tag{10.24}$$
$$\{q_i, p_j\} = -\{p_j, q_i\} = \delta_{ij},$$

wobei δ_{ij} das Kronecker-Symbol bezeichnet; es ist gleich eins für $i = j$ und null für $i \neq j$. (Beim Übergang zur Quantenmechanik gehen die Poisson-Klammern auf ganz natürliche Art und Weise in die Vertauschungsregeln der Operatoren über.) Mit Hilfe der Klammern können wir nun schreiben:

$$\{q_i, H\} = \sum_j \left(\frac{\partial q_i}{\partial q_j} \frac{\partial H}{\partial p_j} - \frac{\partial q_i}{\partial p_j} \frac{\partial H}{\partial q_j} \right)$$
$$= \sum_j \delta_{ij} \frac{\partial H}{\partial p_j} = \frac{\partial H}{\partial p_i}$$

und

$$\{p_i, H\} = \sum_{i=1}^{n} \left(\frac{\partial p_j}{\partial q_j} \frac{\partial H}{\partial p_j} - \frac{\partial p_i}{\partial p_j} \frac{\partial H}{\partial q_j} \right)$$
$$= -\sum_j \delta_{ij} \frac{\partial H}{\partial q_j} = -\frac{\partial H}{\partial q_i}. \tag{10.25}$$

Damit erhalten die dynamischen Gleichungen (10.21, 10.22) die Gestalt:

$$\dot{q}_i = \{q_i, H\}$$
$$\dot{p}_i = \{p_i, H\}. \tag{10.26}$$

(Zur Herleitung der Beziehungen (10.25) haben wir die Tatsache verwandt, daß q_i und p_i unabhängige Variablen sind und damit die partiellen Ableitungen $\partial q_i / \partial q_j$ und $\partial p_i / \partial p_j$ für $i \neq j$ sowie alle $\partial q_i / \partial p_j$ und $\partial p_i / \partial q_j$ verschwinden.) Hängt eine physikalische Observable $\omega(q_i, p_i)$ nicht explizit von der Zeit ab, dann folgt aus der Kettenregel der Differentiation und aus (10.21), (10.22), daß die zeitliche Entwicklung durch die Beziehung

$$\frac{d\omega(q_i, p_i)}{dt} = \{\omega(q_i, p_i), H\} \tag{10.27}$$

gegeben ist.

Infinitesimale Verschiebungen

Wir wollen zunächst eine infinitesimale Verschiebung der Koordinaten der Form

$$q_i \rightarrow q_i' = q_i + \epsilon_i$$
$$p_i \rightarrow p_i' = p_i \tag{10.28}$$

betrachten. Dabei stellen die ϵ_i die infinitesimal kleinen (beliebigen) konstanten Verschiebungsparameter dar. Wir können die infinitesimale Veränderung auch folgendermaßen beschreiben.

$$\delta_\epsilon q_i = q_i' - q_i = \epsilon_i$$
$$\delta_\epsilon p_i = p_i' - p_i = 0. \tag{10.29}$$

Definieren wir nun eine Funktion der Gestalt

$$g = \sum_j \epsilon_j p_j, \tag{10.30}$$

dann erhalten wir

$$\frac{\partial g}{\partial q_i} = \frac{\partial(\sum_j \epsilon_j p_j)}{\partial q_i} = 0$$
$$\frac{\partial g}{\partial p_i} = \frac{\partial(\sum_j \epsilon_j p_j)}{\partial p_i} = \sum_j \epsilon_j \delta_{ij} = \epsilon_i. \tag{10.31}$$

Mit Hilfe der Definition der Poisson-Klammern in Gleichung (10.23) können wir nun schreiben:

$$\{q_i, g\} = \sum_j \left(\frac{\partial q_i}{\partial q_j} \frac{\partial g}{\partial p_j} - \frac{\partial q_i}{\partial p_j} \frac{\partial g}{\partial q_j} \right)$$
$$= \sum_j \delta_{ij} \epsilon_j = \epsilon_i = \delta_\epsilon q_i \tag{10.32}$$
$$\{p_i, g\} = \sum_j \left(\frac{\partial p_i}{\partial q_j} \frac{\partial g}{\partial p_j} - \frac{\partial p_i}{\partial p_j} \frac{\partial g}{\partial q_j} \right) = 0 = \delta_\epsilon p_i.$$

Dabei haben wir (10.29) verwandt, um die Poisson-Klammern zu den infinitesimalen Veränderungen der dynamischen Variablen in Beziehung zu setzen. Mit Hilfe von (10.23) oder (10.24) kann man zeigen, daß die ursprünglichen und die transformierten Variablen die gleichen Poisson-Klammer-Relationen erfüllen, das heißt:

$$\{q_i', q_j'\} = 0 = \{p_i', p_j'\}$$
$$\{q_i', p_j'\} = \delta_{ij}. \tag{10.33}$$

Die infinitesimalen Verschiebungen von Gleichung (10.28) erhalten damit die kanonische Struktur der Poisson-Klammern, man nennt diese Transformationen kanonische Transformationen.

Da die Hamilton-Funktion eine Funktion der Koordinaten und Impulse ist, kann ihre Veränderung unter der Transformation (10.28) mit Hilfe der Kettenregel der Differentiation berechnet werden:

$$
\begin{aligned}
\delta_\epsilon H &= \sum_i \left(\frac{\partial H}{\partial q_i} \delta_\epsilon q_i + \frac{\partial H}{\partial p_i} \delta_\epsilon p_i \right) \\
&= \sum_i \frac{\partial H}{\partial q_i} \epsilon_i = \sum_i \left(\frac{\partial H}{\partial q_i} \frac{\partial g}{\partial p_i} - \frac{\partial H}{\partial p_i} \frac{\partial g}{\partial q_i} \right) \\
&= \{H, g\}.
\end{aligned}
\tag{10.34}
$$

Für den mittleren Rechenschritt wurde (10.31) verwandt. Verändert sich die Hamilton-Funktion unter infinitesimalen Translationen nicht, das heißt, gilt

$$
\delta_\epsilon H = \{H, g\} = 0,
\tag{10.35}
$$

dann schreiben wir

$$
H(q_i', p_i') = H(q_i, p_i).
\tag{10.36}
$$

Da die Poisson-Klammern zwischen den p_i und q_i sich nicht ändern, stimmen daher die transformierten dynamischen Gleichungen mit den Originalgleichungen (10.26) überein. Das bedeutet:

$$
\begin{aligned}
\dot{q}_i' &= \{q_i', H(q_i', p_i')\} = \{q_i, H(q_i, p_i)\} \\
\dot{p}_i' &= \{p_i', H(q_i', p_i')\} = \{p_i, H(q_i, p_i)\}.
\end{aligned}
\tag{10.37}
$$

Diese Gleichungen beschreiben die gleiche Bewegung wie (10.26). Wir erhalten das im ganzen sehr allgemeine Ergebnis, daß, ändert sich H unter einer infinitesimalen Transformation nicht, dann definiert diese Transformation eine Symmetrie der dynamischen Gleichungen des Systems. In unserem Beispiel sind die Verschiebungen eine Symmetrie des Systems, wenn die Hamilton-Funktion sich bei Verschiebungen nicht ändert.

Betrachtet man die Gleichungen (10.32) und (10.34), dann sieht man, daß die Veränderungen in den q_i, p_i und in H unter infinitesimalen Verschiebungen durch eine Poisson-Klammer mit g dargestellt werden kann. Durch Anwendung der Prozedur, die zu Gleichung (10.34) führt, kann man zeigen, daß die Veränderung jeder Variable durch seine Poisson-Klammer mit g berechnet werden kann. Wir stellen uns deshalb vor, die Funktion g erzeugt die infinitesimale Translation und nennen g die *Erzeugende* der Transformation. Damit folgt aus den Gleichungen (10.27), (10.35) und (10.30), daß infinitesimale Verschiebungen eine Symmetrie unseres physikalischen Systems sind, wenn gilt:

$$
\frac{dg}{dt} = \{g, H\} = 0
$$

oder

$$\frac{dp_i}{dt} = \{p_i, H\} = 0. \tag{10.38}$$

Mit anderen Worten, sind Verschiebungen eine Symmetrie des Systems, dann bleibt der Impuls erhalten, und umgekehrt, ist der Impuls eine Erhaltungsgröße, dann ist das System unter Verschiebungen invariant. Wir erhalten also das gleiche Ergebnis wie in (10.18) mit Hilfe des Lagrange-Formalismus.

Infinitesimale Rotationen

Wir wollen als nächstes Beispiel infinitesimale Rotationen in einem zweidimensionalen System betrachten. Wie wir wissen, werden endliche räumliche Drehungen um die z-Achse um den Winkel θ durch die Menge der Transformationsgleichungen

$$\begin{aligned} x' &= c\cos\theta - y\sin\theta \\ y' &= x\sin\theta + y\cos\theta \end{aligned} \tag{10.39}$$

beschrieben. Für infinitesimal kleines θ ersetzten wir $\cos\theta$ durch $1 - \theta^2/2$ und $\sin\theta$ durch θ und erhalten in erster Ordnung in θ für die Transformation

$$\begin{aligned} x' &= x - \theta y \\ y' &= \theta x + y. \end{aligned} \tag{10.40}$$

Mittels Matrixschreibweise gelangen wir zu folgender Gestalt:

$$\begin{pmatrix} x' \\ y' \end{pmatrix} = \begin{pmatrix} 1 & -\theta \\ \theta & 1 \end{pmatrix} \begin{pmatrix} x \\ y \end{pmatrix}. \tag{10.41}$$

Die Ausdrücke $\delta_\theta x$ und $\delta_\theta y$ definieren die Veränderungen der x- und y-Koordinate und wir erhalten

$$\delta_\theta \begin{pmatrix} x \\ y \end{pmatrix} = \begin{pmatrix} x' - x \\ y' - y \end{pmatrix} = \theta \begin{pmatrix} -y \\ x \end{pmatrix} = \begin{pmatrix} 0 & -\theta \\ \theta & 0 \end{pmatrix} \begin{pmatrix} x \\ y \end{pmatrix}. \tag{10.42}$$

Damit können wir die infinitesimale Rotation um die z-Achse mit Hilfe verallgemeinerter Koordinaten und Impulse wie folgt schreiben:

$$\begin{aligned} q_1 &\to q_1' = q_1 - \epsilon q_2 \\ q_2 &\to q_2' = q_2 + \epsilon q_1 \\ p_1 &\to p_1' = p_1 - \epsilon p_2 \\ p_2 &\to p_2' = p_2 + \epsilon p_1. \end{aligned} \tag{10.43}$$

(Man identifiziere q_1, q_2 mit x, y und p_1, p_2 mit p_x, p_y.) Äquivalent dazu können wir schreiben:

$$\begin{aligned}
\delta_\epsilon q_1 &= q_1' - q_1 = -\epsilon q_2 \\
\delta_\epsilon q_2 &= q_2' - q_2 = \epsilon q_1 \\
\delta_\epsilon p_1 &= p_1' - p_1 = -\epsilon p_2 \\
\delta_\epsilon p_2 &= p_2' - p_2 = \epsilon p_1.
\end{aligned} \qquad (10.44)$$

Wir wollen wieder zur Matrixschreibweise übergehen und die Koordinaten und Impulse als Spaltenvektoren schreiben.

$$\begin{aligned}
\delta_\epsilon \begin{pmatrix} q_1 \\ q_2 \end{pmatrix} &= \epsilon \begin{pmatrix} -q_2 \\ q_1 \end{pmatrix} = \begin{pmatrix} 0 & -\epsilon \\ \epsilon & 0 \end{pmatrix} \begin{pmatrix} q_1 \\ q_2 \end{pmatrix} \\
\delta_\epsilon \begin{pmatrix} p_1 \\ p_2 \end{pmatrix} &= \epsilon \begin{pmatrix} -p_2 \\ p_1 \end{pmatrix} = \begin{pmatrix} 0 & -\epsilon \\ \epsilon & 0 \end{pmatrix} \begin{pmatrix} p_1 \\ p_2 \end{pmatrix}
\end{aligned}$$

in Übereinstimmung mit (10.41). Definieren wir nun eine Funktion $g(q_i, p_i)$ proportional zur dritten oder z-Komponente des Bahndrehimpulses, das heißt zu $(\boldsymbol{r} \times \boldsymbol{p})_z$:

$$g = \epsilon(q_1 p_2 - q_2 p_1) = \epsilon l_z, \qquad (10.45)$$

dann erhalten wir

$$\begin{aligned}
\frac{\partial g}{\partial q_1} &= \epsilon p_2 & \frac{\partial g}{\partial q_2} &= -\epsilon p_1 \\
\frac{\partial g}{\partial p_1} &= -\epsilon q_2 & \frac{\partial g}{\partial p_2} &= \epsilon q_1.
\end{aligned} \qquad (10.46)$$

Mit Hilfe der Definition der Poisson-Klammern folgt dann

$$\begin{aligned}
\{q_1, g\} &= \frac{\partial g}{\partial p_1} = -\epsilon q_2 = \delta_\epsilon q_1 \\
\{q_2, g\} &= \frac{\partial g}{\partial p_2} = \epsilon q_1 = \delta_\epsilon q_2 \\
\{p_1, g\} &= -\frac{\partial g}{\partial q_1} = -\epsilon p_2 = \delta_\epsilon p_1 \\
\{p_2, g\} &= -\frac{\partial g}{\partial q_2} = \epsilon p_1 = \delta_\epsilon p_2.
\end{aligned} \qquad (10.47)$$

Man kann nun zeigen, daß die Poisson-Klammern unter den Transformationen (10.43) invariant sind, die Veränderung der Hamilton-Funktion berechnet sich wie folgt:

$$\delta_\epsilon H = \sum_{i=1}^{2} \left(\frac{\partial H}{\partial q_i} \delta_\epsilon q_i + \frac{\partial H}{\partial p_i} \delta_\epsilon p_i \right)$$

$$= \sum_{i=1}^{2} \left(\frac{\partial H}{\partial q_i} \frac{\partial g}{\partial p_i} - \frac{\partial H}{\partial p_i} \frac{\partial g}{\partial q_i} \right)$$
$$= \{H, g\} = -\{g, H\}, \tag{10.48}$$

dabei wurden die Gleichungen (10.47) und (10.23) verwandt. Wie im Falle der infinitesimalen Verschiebung sehen wir, daß die Rotation eine Symmetrie der dynamischen Gleichungen ist, wenn die Hamilton-Funktion invariant unter solchen Rotationen ist, das heißt:

$$\delta_\epsilon H = -\{g, H\} = 0. \tag{10.49}$$

Daraus folgt mittels (10.27)

$$\{g, H\} = \frac{dg}{dt} = \epsilon \frac{dl_z}{dt} = 0. \tag{10.50}$$

Sind die Rotationen um die z-Achse also Symmetrieoperationen des Systems, dann bleibt die z-Komponente des Drehimpulses erhalten. Umgekehrt gilt, ist die z-Komponente des Drehimpulses eine Erhaltungsgröße, dann ist das System invariant unter Drehungen um die z-Achse.

Wie man zeigen kann, gibt es für jede infinitesimale Transformation eine Erzeugende der Transformation. Ein physikalisches System ist unter einer solchen Transformation invariant, wenn die entsprechende Erzeugende eine Erhaltungsgröße ist und umgekehrt, bleibt die Erzeugende einer infinitesimalen Transformation erhalten, dann ist diese Transformation eine Symmetrie des Systems.

Symmetrien in der Quantenmechanik

Der Übergang von der klassischen Mechanik zur Quantenmechanik läßt sich am besten innerhalb des Hamilton-Formalismus beschreiben. In der Quantenmechanik werden klassische Observable durch hermitesche Operatoren dargestellt und die Poisson-Klammern werden durch die entsprechenden Vertauschungsregeln ersetzt. Die klassischen Erzeugenden infinitesimaler Transformationen werden dadurch zu Operatoren, die Symmetrietransformationen sowohl für Operatoren als auch für Vektoren im Hilbert-Raum definieren. Nun lassen sich diese Symmetrietransformationen auf zwei Wegen einführen – entweder durch Transformation der Zustandsvektoren im Hilbert-Raum oder durch Transformation der Operatoren, die auf die Vektoren wirken. Das klassische Analogon dazu sind die passive und die aktive Transformation als Wege, in der klassischen Physik Transformationen einzuführen.

In der Quantenmechanik korrespondiert jede beobachtbare Größe mit dem Erwartungswert eines hermiteschen Operators in einem bestimmten Quantenzustand. Die zeitliche Entwicklung ist, hängt der Operator nicht explizit von der Zeit ab, durch das Ehrenfestsche Theorem gegeben (man vergleiche mit (10.27)):

$$\frac{d}{dt}\langle Q \rangle = \frac{1}{i\hbar}\langle [Q, H] \rangle = \frac{1}{i\hbar}\langle (QH - HQ) \rangle, \tag{10.51}$$

dabei bezeichnet

$$\langle Q \rangle = \langle \psi | Q | \psi \rangle \tag{10.52}$$

den Erwartungswert des Operators Q im Zustand $|\psi\rangle$. Damit wird klar, daß eine beobachtbare Größe dann und nur dann erhalten bleibt, wenn der zugehörige Operator mit der Hamilton-Funktion kommutiert. Für jeden Quantenzustand gilt also

$$\frac{d}{dt}\langle Q \rangle = 0$$

dann und nur dann, wenn

$$[Q, H] = 0 \tag{10.53}$$

erfüllt ist.

Dies ist das quantenmechanische Analogon zu den Gleichungen (10.38) und (10.50) und wir schließen daraus, daß die durch den Operator Q erzeugte infinitesimale Transformation eine Symmetrie der Theorie definiert. Als Folge dieser Symmetrie ist der Erwartungswert von Q in jedem Quantenzustand unabhängig von der Zeit, das heißt, er bleibt erhalten. Ist andererseits der Erwartungswert von Q in jedem Quantenzustand konstant, dann erzeugt Q eine Symmetrie des zugrundeliegenden physikalischen Systems.

Sind zwei Operatoren in der Quantenmechanik vertauschbar, so lassen sie sich gleichzeitig diagonalisieren, das heißt, sie besitzen einen gemeinsamen vollständigen Satz von Eigenfunktionen. Besitzt die Hamilton-Funktion eine durch den Operator Q definierte Symmetrie, dann sind die Energieeigenzustände ebenfalls Eigenfunktionen von Q und werden durch die Quantenzahlen, die den Eigenwerten von Q entsprechen, bezeichnet. Diese Quantenzahlen bleiben nun in jedem physikalischen Prozeß erhalten, wenn die Hamilton-Funktion dieser Wechselwirkung (Zerfall oder Reaktion) invariant unter der Symmetrietransformation ist. Für Übergänge, deren Hamilton-Funktion nicht invariant unter Symmetrietransformationen ist, sind die Quantenzahlen keine Erhaltungsgrößen. Damit läßt sich verstehen, warum einige Quantenzahlen erhalten bleiben, während die Erhaltung in verschiedenen Prozessen verletzt wird; dieses Prinzip stellt den ersten Schritt bei der Konstruktion physikalischer Theorien fundamentaler Wechselwirkungen dar.

Als Beispiel für Quantensymmetrien wollen wir erneut die Verschiebung diskutieren. Wir wollen uns der Einfachheit halber auf eine Dimension beschränken und betrachten eine infinitesimale Verschiebung in x-Richtung um einen festen

Betrag ϵ. Die Transformation soll auf den Zustandsvektor wirken und nicht auf den Operator, obwohl beide Verfahren äquivalent sind. Für $x \to x + \epsilon$ mit reellem ϵ verändert sich die Wellenfunktion eines gegebenen Zustandsvektors wie folgt[*]

$$\psi(x) \to \psi(x + \epsilon) = \psi(x) - \epsilon \frac{\mathrm{d}\psi(x)}{\mathrm{d}x} + O(\epsilon^2). \tag{10.54}$$

Unter dieser Transformation verändert sich der Erwartungswert der Hamilton-Funktion auf folgende Weise:

$$\begin{aligned}
\langle H \rangle &= \int_{-\infty}^{\infty} \mathrm{d}x \psi^*(x) H(x) \psi(x) \\
&\to \langle H' \rangle = \int_{-\infty}^{\infty} \mathrm{d}x \psi^*(x - \epsilon) H(x) \psi(x - \epsilon) \\
&= \int_{-\infty}^{\infty} \mathrm{d}x \psi^*(x) H(x) \psi(x) - \epsilon \int_{-\infty}^{\infty} \mathrm{d}x \frac{\mathrm{d}\psi^*}{\mathrm{d}x} H(x) \psi(x) \\
&\quad - \epsilon \int_{-\infty}^{\infty} \mathrm{d}x \psi^*(x) H(x) \frac{\mathrm{d}\psi}{\mathrm{d}x} + O(\epsilon^2).
\end{aligned}$$

Durch partielle Integration des mittleren Integrals erhalten wir

$$\begin{aligned}
&\int_{-\infty}^{\infty} \mathrm{d}x \frac{\mathrm{d}\psi^*(x)}{\mathrm{d}x} H(x) \psi(x) \\
&= \int_{-\infty}^{\infty} \mathrm{d}x \left[\frac{\mathrm{d}}{\mathrm{d}x} (\psi^* H \psi) \right] - \int_{-\infty}^{\infty} \mathrm{d}x \psi^* \frac{\mathrm{d}}{\mathrm{d}x} (H\psi).
\end{aligned}$$

Da unsere Wellenfunktion aus Gründen der Normierung im Unendlichen verschwindet, ist der erste Term auf der rechten Seite gleich null und es gilt

$$\langle H' \rangle = \langle H \rangle - \epsilon \int_{-\infty}^{\infty} \mathrm{d}x \psi^*(x) \left(H \frac{\mathrm{d}}{\mathrm{d}x} - \frac{\mathrm{d}}{\mathrm{d}x} H \right) \psi(x) + O(\epsilon^2)$$

oder

$$\langle H' \rangle = \langle H \rangle - \frac{i\epsilon}{\hbar} \langle [H, p_x] \rangle + O(\epsilon^2). \tag{10.55}$$

Im letzten Schritt haben wir den Impulsoperator mit der räumlichen Ableitung gleichgesetzt:

$$p_x \to -i\hbar \frac{\mathrm{d}}{\mathrm{d}x}. \tag{10.56}$$

Vergleicht man diese Herleitung mit den Gleichungen (10.30) und (10.34), so sieht man, daß in erster Ordnung von ϵ der Quantenoperator (G) der infinitesimalen Verschiebung mit dem Impulsoperator identifiziert werden kann:

$$g = \epsilon G = -\frac{i\epsilon}{\hbar} p_x, \tag{10.57}$$

---

[*]Man beachte, daß für $x \to x + \epsilon$ die Veränderung in der Wellenfunktion durch $\psi(x) \to \psi(x - \epsilon)$ beschrieben wird. (Siehe dazu ein Standardwerk über Quantenmechanik.)

und daß die Hamilton-Funktion unter Verschiebung in x-Richtung invariant ist, wenn

$$[p_x, H] = 0 \tag{10.58}$$

gilt. Weiter gilt nach dem Ehrenfestschen Theorem, daß $\langle p_x \rangle$ konstant ist, wenn (10.58) gültig ist. Die Hamilton-Funktion eines freien Teilchens mit der Masse m in einer Dimension besitzt natürlich diese Invarianz:

$$H_{\text{freies Teilchen}} = \frac{p_x^2}{2m}. \tag{10.59}$$

Die Energieeigenzustände freier quantenmechanischer Teilchen sind, wie wir wissen, ebene Wellen, die Eigenzustände des Impulsoperators ebenfalls.

Stetige Symmetrien

Die Symmetrietransformationen einer Theorie lassen sich, grob gesprochen, in zwei Kategorien einteilen: die Symmetrien der ersten Gruppe hängen stetig von einer Parametermenge ab, die der zweiten sind diskrete Symmetrien in der Art von Reflexionen oder Spiegelungen. Alle bisher in diesem Kapitel behandelten Symmetrien waren stetiger Art, da sie von einem beliebigen Transformationsparameter (ϵ) abhängen. Im nächsten Kapitel wollen wir uns den diskreten Transformationen zuwenden, doch vorher wollen wir unser Wissen über stetige Symmetrien noch etwas vertiefen.

Nur im Falle der stetigen Symmetrien hat es Sinn, von infinitesimalen Transformationen zu sprechen. Jede endliche Transformation kann als Reihe sukzessiver infinitesimaler Transformationen beschrieben werden. Das erkennt man wie folgt. Aus (10.54) sieht man, daß die Wirkung einer infinitesimalen Verschiebung entlang der x-Achse auf den Zustandsvektor $|\Psi\rangle$ durch den Operator

$$U_x(\epsilon) = 1 - \frac{i\epsilon}{\hbar} p_x \tag{10.60}$$

gegeben ist.

Der einer endlichen Verschiebung entlang der x-Achse entsprechende Operator $U_x(\alpha)$, wobei α keine infinitesimale Größe ist, kann wie folgt erzeugt werden. Dazu betrachten wir zuerst N sukzessive infinitesimale Verschiebungen um den Betrag ϵ. Dies entspricht einer gesamten Verschiebung um den Weg $N\epsilon$, der Operator, der diese Verschiebung erzeugt, entspricht dem Produkt von N infinitesimalen Verschiebungen in Folge, das heißt:

$$U_x(N\epsilon) = \left(1 - \frac{i\epsilon}{\hbar} p_x\right)_1 \left(1 - \frac{i\epsilon}{\hbar} p_x\right)_2 \cdots \left(1 - \frac{i\epsilon}{\hbar} p_x\right)_N = \left(1 - \frac{i\epsilon}{\hbar} p_x\right)^N. \tag{10.61}$$

Da ϵ eine infinitesimale Größe ist, ist $N\epsilon$ ebenfalls infinitesimal für alle endlichen N. Wird N jedoch sehr groß, gehen wir also zum Limit $\epsilon \to 0$ und $N \to \infty$ über, so kann das Produkt endlich werden. Wir definieren den Parameter der endlichen Verschiebung α als $\alpha = N\epsilon$ für $\epsilon \to 0$ und $N \to \infty$. Wir können uns eine endliche Verschiebung aus unendlich vielen infinitesimalen Verschiebungen zusammengesetzt denken. Dann erhält man für den Operator der endlichen Verschiebung

$$
\begin{aligned}
U_x(\alpha) &= \lim_{\substack{N \to \infty \\ \epsilon \to 0 \\ N\epsilon \to \alpha}} \left(1 - \frac{i\epsilon}{\hbar} p_x\right)^N \\
&= \lim_{\substack{N \to \infty \\ \epsilon \to 0 \\ N\epsilon \to \alpha}} \left(1 - \frac{i\alpha}{N\hbar} p_x\right)^N = e^{-(i\alpha/\hbar)p_x}.
\end{aligned} \tag{10.62}
$$

Wir erhalten den Operator für die endliche Verschiebung einfach durch Potenzieren der Erzeugenden der infinitesimalen Verschiebungen. (Für Verschiebungen entlang der anderen Achsen erhält man natürlich analoge Ergebnisse.)

Im allgemeinen definieren Symmetrietransformationen das, was man mathematisch als „Gruppe" bezeichnet. (Die Grundlagen der Gruppentheorie findet man in Anhang D.) Zwei aufeinanderfolgende Verschiebungen lassen sich so als eine einzige Verschiebung auffassen. Ebenso ergeben zwei sukzessive Rotationen eine einzelne Rotation. Die Regeln, nach denen zwei Transformationen kombiniert werden (man nennt sie auch die Gruppeneigenschaften der Transformation), sind durch die Vertauschungsregeln (die „Algebra") der Erzeugenden eindeutig bestimmt. Im Fall der Verschiebung entlang der x-Achse sind die Erzeugenden die miteinander vertauschbaren Impulsoperatoren

$$
[p_x, p_x] = 0. \tag{10.63}
$$

Allgemein vertauschen alle Impulsoperatoren (entlang verschiedener Achsen) miteinander:

$$
[p_i, p_j] = 0, \quad i, j = x, y \text{ oder } z. \tag{10.64}
$$

Man nennt diese Algebren deshalb auch kommutative oder abelsche Algebren (nach Niels Abel). Aus den Gleichungen (10.52)–(10.54) folgt damit

$$
\begin{aligned}
U_j(\alpha)U_k(\beta) &= e^{-(i/\hbar)\alpha p_j} e^{-(i/\hbar)\beta p_k} \\
&= e^{-(i/\hbar)\beta p_k} e^{-(i/\hbar)\alpha p_j} \\
&= U_k(\beta)U_j(\alpha), \quad k, j = x, y, z
\end{aligned} \tag{10.65}
$$

und

$$U_x(\alpha)U_x(\beta) = e^{-(i/\hbar)\alpha p_x}e^{-(i/\hbar)\beta p_x}$$
$$= e^{-(i/\hbar)(\alpha+\beta)p_x} = U_x(\alpha + \beta) = U_x(\beta)U_x(\alpha). \qquad (10.66)$$

Wie man hier sieht, bilden Verschiebungen eine kommutative oder abelsche Gruppe. Die Größe der zwei Verschiebungen ist dabei nicht relevant. Allerdings besitzen nicht alle Symmetrietransformationen diese Eigenschaft. Wie wir wissen, werden die infinitesimalen Drehungen in der Quantenmechanik durch Drehimpulsoperatoren erzeugt (auch in der klassischen Physik erzeugt der Drehimpuls Drehungen mittels der Poisson-Klammern):

$$L_1 = x_2 p_3 - x_3 p_2$$
$$L_2 = x_3 p_1 - x_1 p_3 \qquad (10.67)$$
$$L_3 = x_1 p_2 - x_2 p_1.$$

Diese Definitionen erfüllt die folgende Quantenalgebra (Vertauschungsrelation):

$$[L_j, L_k] = \sum_l i\hbar\epsilon_{jkl}L_l, \qquad j, k, l = 1, 2, 3. \qquad (10.68)$$

Mit ϵ_{jkl} ist hier das Levi-Civita-Symbol bezeichnet, es ist gleich eins für zyklische Vertauschung der Indizes, gleich -1 für nichtzyklische Vertauschung und null, wenn ein Index doppelt auftritt. (10.68) definiert die einfachste nichtkommutative Algebra (die Erzeugenden vertauschen nicht), man nennt sie auch nichtabelsche Algebren. Eine Folge dieser Nichtvertauschbarkeit ist es, daß sich die Gruppe der Rotationen anders verhält als die der Verschiebungen. Denn im Gegensatz zu Verschiebungen in zwei verschiedene Richtungen sind Drehungen um zwei verschiedene Achsen nicht kommutativ, die Reihenfolge der Rotationen ist entscheidend.

Die Gruppe der räumlichen Drehungen in drei Dimensionen (man nennt sie die $SO(3)$) besitzt eine algebraische Struktur, die der $SU(2)$ sehr ähnlich ist. Letztere ist bei gewissen inneren Symmetrien relevant und wird durch die Eigenschaften von unitären (2×2)-Matrizen mit der Determinante eins charakterisiert. Die $SU(2)$-Gruppe der Transformationen dreht Vektoren im Hilbert-Raum analog zur Drehung im Raum, wir werden gleich darauf zurückkommen.

Die Zustände quantenmechanischer Systeme werden durch Vektoren in einem abstrakten Hilbert-Raum definiert. So, wie normale Vektoren im Konfigurationsraum (Koordinatenraum) gedreht werden können, geschieht es auch mit den Vektoren in einem internen Hilbert-Raum, die einem quantenmechanischen Zustand entsprechen. Stetige Symmetrien von Quantensystemen können daher sowohl mit Symmetrien der Raum-Zeit als auch mit inneren Symmetrien verbunden sein. Die Transformationen im Hilbert-Raum verändern die Raum-Zeit-Koordinaten nicht, deshalb sind diese bei allen solchen Transformationen fest.

Wir wollen ein Zwei-Niveau-System betrachten, dessen Grundzustände durch die Vektoren

$$\begin{pmatrix} \psi_1(x) \\ 0 \end{pmatrix} \quad \text{und} \quad \begin{pmatrix} 0 \\ \psi_2(x) \end{pmatrix}$$

dargestellt werden. Eine allgemeine Drehung in diesem inneren Raum des zwei-dimensionalen Systems besitzt die Form

$$\delta \begin{pmatrix} \psi_1(x) \\ \psi_2(x) \end{pmatrix} = - \sum_{j=1}^{3} i\epsilon_j \frac{\sigma_j}{2} \begin{pmatrix} \psi_1(x) \\ \psi_2(x) \end{pmatrix}. \tag{10.69}$$

Dabei sind die σ_j die (2×2)-Spin-Matrizen nach Pauli und die infinitesimalen Erzeugenden der $SU(2)$ werden wie folgt definiert:

$$I_j = \frac{\sigma_j}{2}, \quad j = 1, 2, 3 \tag{10.70}$$

$$\sigma_1 = \begin{pmatrix} 0 & 1 \\ 1 & 0 \end{pmatrix}, \quad \sigma_2 = \begin{pmatrix} 0 & -i \\ i & 0 \end{pmatrix}, \quad \sigma_3 = \begin{pmatrix} 1 & 0 \\ 0 & -1 \end{pmatrix}. \tag{10.71}$$

Aus den Eigenschaften der Pauli-Matrizen folgt, daß die I_j die in (10.68) dargestellte Algebra der Drehimpulsoperatoren erfüllen[*].

Ist die Hamilton-Funktion des Systems unter solchen inneren Rotationen invariant, dann existiert eine erhaltene Quantenzahl und wir bezeichnen die beiden Zustände durch die Eigenwerte zum Beispiel des I_3-Operators. Die Zustände $\begin{pmatrix} \psi_1(x) \\ 0 \end{pmatrix}$ und $\begin{pmatrix} 0 \\ \psi_2(x) \end{pmatrix}$ sind in der Tat Eigenzustände von I_3 mit den Eigenwerten $\pm\frac{1}{2}$. (Man erinnere sich, daß die I_j nicht vertauschen, deshalb kann nur ein Operator diagonalisiert werden.) Entspricht nun diese Drehung einer Symmetrie des Systems, dann sind die beiden Zustände in der Energie entartet. (Hier drängt sich wieder die Analogie zu den Spin-up- und Spin-down-Zuständen auf, die ja für rotationsinvariante Systeme ebenfalls energetisch entartet sind.) Die im letzten Kapitel diskutierten Transformationen des starken Isospins entsprechen internen Drehungen und die Entartung von Proton- und Neutronmasse kann als Folge der Invarianz der starken Hamilton-Funktion unter einer solchen inneren Symmetrietransformation verstanden werden.

---

[*]Beschränken wir uns auf den Fall $\epsilon_1 = 0$, $\epsilon_2 = 0$ und $\epsilon_3 = \epsilon$, dann besitzt die innere Rotation die Form

$$\delta \begin{pmatrix} \psi_1(x) \\ \psi_2(x) \end{pmatrix} = \frac{\epsilon}{2} \begin{pmatrix} -\psi_2(x) \\ \psi_1(x) \end{pmatrix}. \tag{10.72}$$

Durch Vergleich mit (10.42) sieht man, daß durch die Interpretation der beiden Komponenten der Wellenfunktion als Koordinaten in einem inneren Raum die Analogie zu Drehungen im normalen Raum noch deutlicher wird.

Beispiel: Isospin

Um den soeben dargestellten Formalismus noch deutlicher zu machen, wollen wir seine Anwendung auf den Isospin erläutern. Existiert eine Isospinsymmetrie, dann gehen wir davon aus, daß unser Spin-up-Proton (p) mit $I_3 = \frac{1}{2}$ und unser Spin-down-Neutron (n) mit $I_3 = -\frac{1}{2}$ ununterscheidbar sind. (In diesem Abschnitt bezeichnet I_3 die Quantenzahl, die der Projektion des Spins zugeordnet ist, das heißt, den Eigenwert des I_3-Operators.) Wir können nun neue Neutronen- und Protonenzustände als lineare Überlagerungen der $|p\rangle$- und $|n\rangle$-Vektoren definieren. Mit (10.72) (im Vergleich mit (10.39) und (10.42)) folgt, daß eine endliche Drehung unsere Vektoren im Isospinraum um einen beliebigen Winkel θ um die I_2-Achse zu den transformierten Vektoren $|p'\rangle$ und $|n'\rangle$ führt:

$$
\begin{aligned}
|p'\rangle &= \cos\frac{\theta}{2}|p\rangle - \sin\frac{\theta}{2}|n\rangle \\
|n'\rangle &= \sin\frac{\theta}{2}|p\rangle + \cos\frac{\theta}{2}|n\rangle.
\end{aligned}
\tag{10.73}
$$

Wir wollen nun fragen, welche Auswirkungen diese Invarianz auf die Nukleon-Nukleon-Wechselwirkung hat. Unser Zwei-Nukleonen-Zustand im Hilbert-Raum läßt sich als Funktion von fundamentaleren Zuständen schreiben, die entweder symmetrisch oder antisymmetrisch unter der Vertauschung von Teilchen sind. Man erhält so die folgenden vier Zustände:

$$
\begin{aligned}
|\psi_1\rangle &= |pp'\rangle, & |\psi_2\rangle &= \frac{1}{\sqrt{2}}(|pn\rangle + |np\rangle) \\
|\psi_3\rangle &= |nn'\rangle, & |\psi_4\rangle &= \frac{1}{\sqrt{2}}(|pn\rangle - |np\rangle).
\end{aligned}
\tag{10.74}
$$

Nehmen wir an, I_3 sei wie im Falle des normalen Spins eine additive Quantenzahl, dann lautet die Zuordnung der Isospinprojektionen: $|\psi_1\rangle$ und $I_3 = +1$; $|\psi_2\rangle$, $|\psi_4\rangle$ und $I_3 = 0$ sowie $|\psi_3\rangle$ und $I_3 = -1$. Wir wollen nun die Wirkung der Isospin-Transformation auf zum Beispiel $|\psi_1\rangle$ und $|\psi_4\rangle$ untersuchen. Nach Gleichung (10.73) transformieren sich die Zustände schematisch wie folgt:

$$
\begin{aligned}
|\psi_1'\rangle &= |(\cos\frac{\theta}{2}p - \sin\frac{\theta}{2}n)(\cos\frac{\theta}{2}p - \sin\frac{\theta}{2}n)\rangle \\
&= \cos^2\frac{\theta}{2}|pp\rangle - \cos\frac{\theta}{2}\sin\frac{\theta}{2}(|pn\rangle + |np\rangle) + \sin^2\frac{\theta}{2}|nn\rangle \\
&= \cos^2\frac{\theta}{2}|\psi_1\rangle - \frac{1}{\sqrt{2}}\sin\theta|\psi_2\rangle + \sin^2\frac{\theta}{2}-|\psi_3\rangle
\end{aligned}
\tag{10.75}
$$

$$|\psi'_4\rangle = \frac{1}{\sqrt{2}}(|(\cos\frac{\theta}{2}p - \sin\frac{\theta}{2}n)(\sin\frac{\theta}{2}p + \cos\frac{\theta}{2}n)\rangle$$

$$-|(\sin\frac{\theta}{2}p + \cos\frac{\theta}{2}n)(\cos\frac{\theta}{2}p - \sin\frac{\theta}{2}n)\rangle)$$

$$= \frac{1}{\sqrt{2}}(\cos^2\frac{\theta}{2} + \sin^2\frac{\theta}{2})(|pn\rangle - |np\rangle) = |\psi_4\rangle. \tag{10.76}$$

Wie wir sehen, ist $|\psi_4\rangle$ völlig unempfindlich gegen Drehungen. Dieser Zustand muß deshalb einer skalaren („Singulett") Kombination entsprechen und stellt damit den Zustand $I = 0, I_3 = 0$ des Nukleonensystems dar. Berechnet man die Veränderung von $|\psi_2\rangle$ und $|\psi_3\rangle$ unter Drehungen, dann zeigt sich, daß sich die drei verbleibenden Zustände ineinander transformieren, analog der Transformation der drei Komponenten eines Vektors unter räumlichen Drehungen. Gilt nun Isospininvarianz, so bedeutet dies, daß die drei Zustände $|\psi_1\rangle, \psi_2\rangle$ und $|\psi_3\rangle$, denen die Werte $I_3 = 1, 0$ und -1 zugeordnet sind, ununterscheidbar sind in dem Sinne, daß sie energetisch entartet sind. Alle drei Zustände sind völlig äquivalent, wenn bei der Nukleon-Nukleon-Wechselwirkung Isospin- oder n-p-Symmetrie herrscht. Daraus folgt, daß jedes Zwei-Nukleonen-System entweder ein $I = 0$-Singulett oder ein $I = 1$-Triplett im Isospin-Raum darstellt. Der Singulett- und die drei Triplettzustände sind unabhängig voneinander; die drei Unterzustände von $I = 1$ sind ununterscheidbar, falls im System eine Isospin-Symmetrie vorliegt.

Auf ähnliche Weise lassen sich nun Drei-Nukleonen-Systeme formen. Man erhält zwei Dubletts mit $I = \frac{1}{2}$ und ein unabhängiges Quartett von Zuständen mit $I = \frac{3}{2}$. So lassen sich analog zur Kombination von Drehimpulszuständen die Multipletts im Isospinraum aufbauen.

Eine wichtige Anwendung der Isospininvarianz ist die Berechnung relativer Übergangsraten für Zerfälle oder Reaktionen. Als Beispiel wollen wir zeigen, wie der Zerfall des $\Delta(1232)$ in ein Pion und ein Nukleon berechnet wird. Wir hatten in Kapitel 9 erwähnt, daß $\Delta(1232)$ eine π-N-Resonanz ist, die Fermi und seine Mitarbeiter bei der Streuung von π-Mesonen an Nukleonen entdeckt hatten. Die $\Delta(1232)$-Familie besteht aus vier Teilchen, die den vier geladenen Zuständen und den vier Projektionen des Isospins eines $I = \frac{3}{2}$-Multipletts entsprechen. Um den Zerfall in ein Pion und ein Nukleon berechnen zu können, muß man sich vergegenwärtigen, daß bei Isospin-Symmetrie die Zerfallsraten für $\Delta^{++}(1232)$, $\Delta^+(1232)$, $\Delta^0(1232)$ und $\Delta^-(1232)$ gleich sein müssen, da sich die Mitglieder des Multipletts bei starken Wechselwirkungen nicht unterscheiden lassen. Zusätzlich ist klar, daß sich sowohl p und n als auch π^+, π^0 und π^- unter der Transformation (10.73) ineinander umwandeln. Deshalb ist die Zerfallsrate für einen Prozeß mit einem Neutron als Endzustand gleich der eines Prozesses, bei dem ein Proton erzeugt wird und ähnlich für die drei Pionen. Wir stellen daher eine Tabelle auf, die die möglichen Anfangszustände von

Tabelle 10.2 Übergangsraten für $\Delta \to \pi + N$ bei Isospinsymmetrie

Zustand von Δ	I_3	Endzustand	Rate	Lösung
Δ^{++}	$\frac{3}{2}$	$p\pi^+$	1	1
Δ^+	$\frac{1}{2}$	$p\pi^0$	x	$\frac{2}{3}$
		$n\pi^+$	$1-x$	$\frac{1}{3}$
Δ^0	$-\frac{1}{2}$	$p\pi^-$	y	$\frac{1}{3}$
		$n\pi^0$	$1-y$	$\frac{2}{3}$
Δ^-	$-\frac{2}{3}$	$n\pi^-$	1	1

$\Delta(1232)$ und alle möglichen π- und N-Kombinationen enthält, welche die Ladungserhaltung nicht verletzen und fügen die Forderung nach Isospininvarianz oder Ladungssymmetrie für den starken Zerfall hinzu. Die Tabelle 10.2 zeigt diese Zusammenstellung. Durch die Forderung, daß die Summe der $p\pi^0$- und $n\pi^+$-Raten beim Δ^+-Zerfall sowie der $p\pi^-$- und $n\pi^0$-Raten beim Δ^0-Zerfall zu eins addieren, sichern wir, daß alle Mitglieder des Multipletts äquivalent sind im Sinne, daß ihre Zerfallsraten, die wir auf eins normiert haben, gleich sind. Wir fordern nun, daß die Raten für die Zerfälle, die ein p oder ein n erzeugen, gleich sind:

$$1 + x + y = (1 - x) + (1 - y) + 1. \tag{10.77}$$

Die Wahrscheinlichkeiten der Erzeugung der drei Pionen seien ebenfalls identisch:

$$1 + (1 - x) = x + (1 - y) = y + 1. \tag{10.78}$$

Obwohl wir mehr Gleichungen als Unbekannte haben, existiert eine konsistente Lösungsmenge, die wir in Tabelle 10.2 angegeben haben. Man erkennt, daß zum Beispiel $\Delta^+(1232)$ doppelt so oft in $p + \pi^0$ zerfällt wie in $n + \pi^+$, und $\Delta^0(1232)$ zerfällt nur halb so oft in $p + \pi^-$ wie in $n + \pi^0$ und so weiter. Diese relativen Zerfallsraten sind ausschließlich durch die Isospinsymmetrie bestimmt. Die Tatsache, daß die Übergangsraten mit experimentellen Daten übereinstimmen, läßt darauf schließen, daß der Isospin eine Symmetrie der starken Wechselwirkung ist und sowohl I als auch I_3 bei starken Prozessen erhalten bleiben. Die von uns berechnete Lösung hätte man auch einer Tabelle mit Clebsch-Gordan-Koeffizienten entnehmen können, die die Kopplung der Drehimpulse beschreiben. Wir halten unser Beispiel, es stammt von Robert Adair und Ilya Shmushkevich, jedoch für eine instruktive Alternative.

Lokale Symmetrien

Stetige Symmetrien – ob raum-zeitliche oder innere – lassen sich in zwei Gruppen einteilen. Die erste Gruppe enthält Transformationen mit konstanten, das heißt, globalen Parametern, damit ist die Transformation an allen Punkten der Raum-Zeit gleich. In diesem Fall nennt man die Symmetrietransformation global. Alle bisher von uns behandelten stetigen Symmetrien fallen in diese Kategorie und wie wir gesehen haben, bedeutet Invarianz einer Theorie unter diesen Transformationen die Erhaltung einer Ladung (Quantenzahl). Hängt im Gegensatz dazu der Transformationsparameter von den raum-zeitlichen Koordinaten ab – die Größe der Transformation ist also von Punkt zu Punkt verschieden – dann nennt man eine solche Transformation lokal. In diesen Fällen müssen reale physikalische Kräfte eingeführt werden, um die Symmetrie zu erhalten. Wir wollen als Beispiel die zeitunabhängige Schrödinger-Gleichung betrachten

$$H\psi(r) = \left(-\frac{\hbar^2}{2m}\nabla^2 + V(r) \right) \psi(r) = E\psi(r). \tag{10.79}$$

Ist $\psi(r)$ eine Lösung dieser Gleichung, dann ist es auch $e^{i\alpha}\psi(r)$, wobei α ein konstanter Parameter ist. Jede quantenmechanische Wellenfunktion kann, mit anderen Worten, nur bis auf eine konstante Phase definiert werden, eine konstante Phasentransformation ist also eine Symmetrie des quantenmechanischen Systems. Diese Art der Transformation erhält die Wahrscheinlichkeitsdichte des quantenmechanischen Zustandes und die Erhaltung der elektrischen Ladung hängt mit dieser globalen Phasentransformation zusammen.

Als nächstes wollen wir eine lokale Phasentransformation betrachten

$$\psi(r) \rightarrow e^{i\alpha(r)}\psi(r). \tag{10.80}$$

Die Phase hängt also explizit von den Raumkoordinaten ab, jeder Punkt im Raum besitzt eine andere Phase. (Wir wollen betonen, daß sich die Raum-Zeit-Koordinaten nicht ändern, nur der Parameter der Phasentransformation ist von Punkt zu Punkt verschieden.) Unter der lokalen Phasentransformation (10.80) bringt der Gradient einen inhomogenen Term ins Spiel:

$$\nabla\left[e^{i\alpha(r)}\psi(r) \right] = e^{i\alpha(r)}[i(\nabla\alpha(r))\psi(r) + \nabla\psi(r)] \neq e^{i\alpha(r)}\nabla\psi(r). \tag{10.81}$$

Da die rechte Seite von (10.79) unter der Transformation homogen bleibt, kann die Schrödinger-Gleichung also nicht invariant unter lokalen Phasentransformationen sein.

Es ist jedoch möglich, daß die Transformation (10.80) eine Symmetrie der Schrödinger-Gleichung wird, wenn wir einen modifizierten Gradienten einführen, der ein beliebiges Vektorpotential enthält:

$$\nabla \rightarrow \nabla - iA(r). \tag{10.82}$$

Weiter muß gefordert werden, daß sich das Vektorpotential unter der lokalen Transformation wie folgt verhält:

$$A(r) \rightarrow A(r) + \nabla\alpha(r).$$ (10.83)

Nun transformiert sich der modifizierte Gradient unter (10.80) wie gewünscht

$$(\nabla - iA(r))\psi(r) \rightarrow (\nabla - iA(r) - i(\nabla\alpha(r)))(e^{i\alpha(r)}\psi(r)$$
$$= e^{i\alpha(r)}(\nabla - iA(r))\psi(r).$$ (10.84)

Die lokale Phasentransformation (10.80) ist damit eine Symmetrie der modifizierten zeitunabhängigen Schrödinger-Gleichung

$$\left(-\frac{\hbar^2}{2m}(\nabla - iA(r))^2 + V(r)\right)\psi(r) = E\psi(r),$$ (10.85)

wenn sich das zusätzliche Vektorpotential wie in (10.83) transformiert. Bei der Forderung (10.83) handelt es sich um eine Eichtransformation analog denen der Maxwell-Gleichungen und es wird deutlich, daß Invarianz unter einer lokalen Phasentransformation die Einführung zusätzlicher Felder notwendig macht. Man nennt diese Felder *Eichfelder* (*gauge fields*) (in unserem Beispiel kann $A(r)$ als das elektromagnetische Vektorpotential identifiziert werden); es kommt so zur Einführung definierter physikalischer Kräfte. Die Symmetriegruppe der einparametrigen Phasentransformation (10.80) ist abelsch (kommutativ), man nennt sie $U(1)$-Gruppe. (Wir werden in Kapitel 13 darauf zurückkommen.)

Obwohl wir das sehr einfache Modell einer lokalen Phasentransformation besprochen haben, besitzen die allgemeinen Schlußfolgerungen, und zwar die Einführung zusätzlicher Felder zur Erhaltung der lokalen Symmetrieeigenschaften, für kompliziertere Systeme ebenfalls Gültigkeit. Die Beobachtung, daß zusätzliche Kräfte eingeführt werden müssen, um eine lokale Symmetrie zu erhalten, ist für die Konstruktion physikalischer Theorien von besonderem Interesse. Man kann das Argument umdrehen und annehmen, daß die verschiedenen fundamentalen Kräfte in der Natur durch Theorien beschrieben werden, deren lokale Invarianz eben diese Kräfte erzeugt. Man spricht in diesem Sinne vom *Eichprinzip* (*gauge principle*) und nennt die Theorien *Eichtheorien* (*gauge theories*). Gerade sie sind es, die uns heute ein Verständnis der grundlegenden Wechselwirkungen in der Natur liefern.

Aufgaben

10.1 Man wende die Isospinzerlegung auf den Zerfall des $I = 1$, ρ-Mesons an: $\rho^+ \to \pi^+\pi^0$, $\rho^- \to \pi^-\pi^0$, $\rho^0 \to \pi^+\pi^-$ und $\rho^0 \to \pi^0\pi^0$ und zeige (mit der Methode von Adair und Shmushkevich), daß die Reaktion $\rho^0 \to \pi^0\pi^0$ auf der Basis der Isospininvarianz verboten ist.

10.2 Man bestimme die Verhältnisse der Übergangsraten für folgende Zerfälle unter der Annahme der Invarianz der starken Wechselwirkung unter Drehungen im Isospinraum:

(a) Für ein $I = \frac{3}{2}$, K^*-Meson

$$\frac{K^{*++} \to K^+\pi^+}{K^{*+} \to K^+\pi^0}, \quad \frac{K^{*+} \to K^+\pi^0}{K^{*+} \to K^0\pi^+}, \quad \frac{K^{*-} \to K^0\pi^-}{K^{*0} \to K^+\pi^-}. \quad (10.86)$$

(b) Welche Ergebnisse würde man für diese Prozesse erhalten, wenn das Kaon den Isospin $I = \frac{1}{2}$ besäße?

10.3 N^*-Baryonen sind angeregte $I = \frac{1}{2}$-Zustände des Nukleons. Man vergleiche, auf der Basis der Isospininvarianz der starken Kraft, die Unterschiede zwischen N^*- und Δ-Zerfällen in ein π–N-System nach Tabelle 10.2.

10.4 Wie lauten die möglichen Werte für den Isospin für die folgenden Systeme: (a) Ein π^+-Meson und ein Antiproton: (b) zwei Neutronen; (c) ein π^+-Meson und ein λ^0; (d) ein π^+- und ein π^0-Meson?

Empfohlene Literatur

Frauenfelder, H. und Henley, E. M. 1991. *Subatomic Physics*. N.Y.: Prentice-Hall. (Englewood Cliffs).

Goldstein, H. 1980. *Classical Mechanics*. Readings, Mass. (Addison-Wesley).

Griffiths, D. 1987. *Introduction to Elementary Particles*. New York. (Wiley).

Sakurei, J. J. 1964. *Invariance Principles and Elementary Particles*. Princeton, N. J. (Princeton Univ. Press).

Williams, W. S. C. 1991. *Nuclear and Particle Physics*. London/New York. (Oxford Univ. Press).

Siehe auch Standardtexte zur Quantenmechanik, zum Beispiel Das, A. und A. C. Melissinos. 1986. *Quantum Mechanics*. New York. (Gordon& Breach).

11 Diskrete Transformationen

Einführende Bemerkungen

Alle Transformationen – ob es sich um raum-zeitliche oder innere Transformationen handelt – lassen sich als Veränderungen in einem Referenzsystem verstehen. Sowohl stetige als auch diskrete Transformationen können so behandelt werden. Das letzte Kapitel handelte von stetigen Symmetrien, wir wollen uns nun den diskreten Transformationen zuwenden.

Parität

Die Parität, man nennt sie auch räumliche Inversion, ist eine Transformation von einem rechtshändigen Koordinatensystem in ein linkshändiges oder vice versa. Die Vektoren der Raum-Zeit verändern sich unter dieser von uns P genannten Transformation wie folgt:

$$\begin{pmatrix} ct \\ x \\ y \\ z \end{pmatrix} \xrightarrow{P} \begin{pmatrix} ct \\ -x \\ -y \\ -z \end{pmatrix}. \tag{11.1}$$

Man beachte, daß sich die Inversion von einer räumlichen Drehung unterscheidet, da aus einem rechtshändigen Koordinatensystem durch keine Kombination von Drehungen ein linkshändiges werden kann. Drehungen sind stetige Transformationen, während die Inversion der Raum-Koordinaten dies nicht ist. Deshalb ist es verständlich, daß in der Quantenmechanik die den Drehungen und der Inversion entsprechenden Quantenzahlen verschieden sein werden.

In der klassischen Physik wechseln alle Komponenten der Orts- und Impulsvektoren bei Inversion ihr Vorzeichen, während der Betrag erhalten bleibt:

$$r \xrightarrow{P} -r$$

$$p = m\dot{r} \xrightarrow{P} -m\dot{r} = -p$$

$$r = (r \cdot r)^{1/2} \xrightarrow{P} [(-r) \cdot (-r)]^{1/2} = (r \cdot r)^{1/2} = r \qquad (11.2)$$

$$p = (p \cdot p)^{1/2} \xrightarrow{P} [(-p) \cdot (-p)]^{1/2} = (p \cdot p)^{1/2} = p.$$

Diese Beziehungen definieren das Verhalten normaler skalarer und vektorieller
Größen bei Inversion. Es gibt jedoch Skalare und Vektoren, die sich nicht analog
den Gleichungen (11.2) transformieren. Ein Beispiel ist der Bahndrehimpuls, der
sich bei Drehungen wie ein Vektor verhält, so daß wir erwarten, daß er auch bei
Inversion ein Vektor ist.

$$L = r \times p \xrightarrow{P} (-r) \times (-p) = r \times p = L. \qquad (11.3)$$

Dies ist jedoch genau das entgegengesetzte Vorzeichen wie erwartet. Man nennt
solche Vektoren *Pseudovektoren* oder *axiale Vektoren*. Es gibt auch eine Klasse
von Skalaren, zum Beispiel das Volumen eines Parallelepipeds, die sich gerade
entgegengesetzt zu normalen Skalaren transformieren:

$$a \cdot (b \times c) \xrightarrow{P} (-a) \cdot (-b \times -c) = -a \cdot (b \times c). \qquad (11.4)$$

Diese Größen heißen *Pseudoskalare*. Einen Vektor kann man durch einen Index
bezeichnen (das heißt, durch seine Komponenten). In der Physik gibt es Objekte
mit mehr als einem Index, die *Tensoren*. Das Quadrupolmoment, der Maxwellsche Spannungstensor und der relativistische elektromagnetische Feldstärketen-
sor $F_{\mu\nu}$ sind Beispiele für solche Tensoren zweiten Ranges (Objekte mit zwei
Indizes).

Eine wichtige Eigenschaft der Parität ist, daß zwei aufeinanderfolgende
Transformationen das Koordinatensystem unverändert lassen:

$$r \xrightarrow{P} -r \xrightarrow{P} r. \qquad (11.5)$$

Denken wir uns P als Operator der Paritätstransformation, dann folgt aus (11.5)

$$P^2|\psi\rangle = +1|\psi\rangle. \qquad (11.6)$$

Die Eigenwerte des Paritätsoperators sind damit $+1$. Ist unsere Theorie paritätsinvariant, das heißt Invarianz der Hamilton-Funktion unter Koordinateninversion, dann muß, wie bereits gesagt, P mit H vertauschen:

$$[P, H] = 0. \qquad (11.7)$$

Sind aber P und H vertauschbar, dann sind die Eigenzustände der Hamilton-Funktion auch Eigenzustände von P mit den Eigenwerten $+1$ oder -1. Da sich die Wellenfunktionen wie folgt bei Paritätstransformationen verhalten:

$$\psi(x) \overset{P}{\to} \psi(-x), \tag{11.8}$$

können die stationären Zustände des Hamilton-Operators, die eine bestimmte Parität besitzen, als gerade oder ungerade Funktionen klassifiziert werden. Als Beispiel wollen wir den eindimensionalen harmonischen Oszillator betrachten. Die Hamilton-Funktion ist hier paritätsinvariant:

$$H = \frac{p^2}{2m} + \frac{1}{2}m\omega^2 x^2 \overset{P}{\to} \frac{(-p)^2}{2m} + \frac{1}{2}m\omega^2(-x)^2 = H, \tag{11.9}$$

wir wissen außerdem, daß die Energieeigenzustände, die Hermite-Polynome, entweder gerade oder ungerade Funktionen von x sind, niemals jedoch eine Mischung gerader und ungerader Funktionen.

Als nächstes wollen wir ein rotationsinvariantes System in drei Dimensionen betrachten. Wie wir aus Kapitel 10 wissen, sind hier die Energieeigenzustände gleichzeitig Eigenzustände des Drehimpulsoperators. Die Wellenfunktion des Systems besitzt folgende Struktur:

$$\psi_{nlm}(\boldsymbol{r}) = R_{nl}(r)Y_{lm}(\theta, \phi), \tag{11.10}$$

dabei sind die $Y_{lm}(\theta, \phi)$ die Kugelflächenfunktionen aus Kapitel 3. Die Paritätstransformation hat in Kugelkoordinaten die Form:

$$\begin{aligned} r &\overset{P}{\to} r \\ \theta &\overset{P}{\to} \pi - \theta \\ \phi &\overset{P}{\to} \pi + \phi \end{aligned} \tag{11.11}$$

und die Kugelflächenfunktionen verhalten sich unter der Transformation wie folgt:

$$Y_{lm}(\theta, \phi) \overset{P}{\to} Y_{lm}(\pi - \theta, \pi + \phi) = (-1)^l Y_{lm}(\theta, \phi). \tag{11.12}$$

Wir können somit die Transformationseigenschaften jeder Wellenfunktion unter Parität, die Eigenfunktion des Bahndrehimpulses ist, angeben.

$$\psi_{nlm}(\boldsymbol{r}) \overset{P}{\to} (-1)^l \psi_{nlm}(\boldsymbol{r}). \tag{11.13}$$

Im allgemeinen können quantenmechanische Wellenfunktionen zusätzlich eine innere (intrinsische) Parität oder Phase besitzen, die von den räumlichen Transformationen (11.13) unberührt bleiben. Deshalb transformiert ein allgemeiner quantenmechanischer Zustand, der durch Eigenfunktionen des Bahndrehimpulses beschrieben wird, bei Paritätstransformationen wie folgt:

$$\psi_{nlm}(\boldsymbol{r}) \overset{P}{\to} \eta_\psi(-1)^l \psi_{nlm}(\boldsymbol{r}), \tag{11.14}$$

wobei η_ψ die intrinsische Parität des Quantenzustandes beschreibt. Man kann sich die innere Parität analog zum intrinsischen Spin, der zum Bahndrehimpuls hinzugefügt wird und so den Gesamtdrehimpuls ergibt, denken. Aufgrund von Gleichung (11.6) erfüllt die innere Parität die Bedingung

$$\eta_\psi^2 = 1. \tag{11.15}$$

Damit können wir die Gesamtparität eines quantenmechanischen Zustandes definieren

$$\eta_{\text{tot}} = \eta_\psi (-1)^l. \tag{11.16}$$

Eine genaue Analyse relativistischer Quantentheorien zeigt, daß Bosonen die gleiche intrinsische Parität wie ihre Antiteilchen besitzen, während die innere Parität der Fermionen entgegengesetzt der ihrer Antiteilchen ist.

Die klassische Newtonsche Bewegungsgleichung für ein Punktteilchen besitzt die Form

$$m \frac{\mathrm{d}^2 r}{\mathrm{d}t^2} = F. \tag{11.17}$$

Ist F elektromagnetischer oder gravitativer Natur, so können wir schreiben:

$$F = \frac{C}{r^2} \hat{r}, \tag{11.18}$$

wobei C eine Konstante sei. Da bei Koordinateninversion natürlich rechte und linke Seite von Gleichung (11.17) und (11.18) ihr Vorzeichen wechseln, sind die Newtonschen Gleichungen für elektromagnetische und gravitative Wechselwirkungen invariant unter Inversion. Für die Maxwell-Gleichungen gilt dies ebenfalls.

Ist die Parität eine gute Symmetrie, dann kann die innere Parität verschiedener Teilchen durch die Untersuchung von Zerfalls- oder Erzeugungsreaktionen bestimmt werden, wie wir in den Beispielen sehen werden. Man sollte jedoch beachten, daß eine absolute Parität für Systeme nicht definiert werden kann, da eine Veränderung der Paritäten aller Zustände keine physikalische Konsequenz besitzt. Diese Situation tritt bei der Definition eines absoluten Vorzeichens der Ladung oder anderer Quantenzahlen ebenfalls auf. Deshalb benötigt man eine Konvention zur Definition der intrinsischen Parität für Objekte, die sich wesentlich voneinander unterscheiden – entweder durch den Besitz einer elektrischen Ladung, Strangeness oder einer anderen Charakteristik. Es besteht deshalb Übereinkunft, die innere Parität des Protons, des Neutrons und des λ-Hyperons als $+1$ zu definieren. Dann lassen sich die Paritäten der anderen Teilchen relativ zu diesen Zuweisungen mittels Experimenten bestimmen.

Ist die Parität eine Erhaltungsgröße, dann schrankt sie die moglichen Zerfallsprozesse, die sich experimentell beobachten lassen, ein. Wir betrachten als Beispiel den Zerfall von A in seinem Ruhesystem in die Teilchen B und C:

$$A \rightarrow B + C. \tag{11.19}$$

Bezeichnet nun J den Spin des zerfallenden Teilchens, dann fordert die Erhaltung des Drehimpulses, daß der gesamte Drehimpuls des Endzustandes gleich J sein muß. Besitzen speziell die beiden Zerfallsprodukte den Spin null, dann ist ihr relativer Bahndrehimpuls (l) gleich dem Spin von A:

$$l = J. \tag{11.20}$$

Die Erhaltung der Parität ergibt dann

$$\eta_A = \eta_B \eta_C (-1)^l = \eta_B \eta_C (-1)^J. \tag{11.21}$$

Ist der Spin des zerfallenden Teilchens ebenfalls null, dann gilt für den Prozeß (11.19)

$$\eta_A = \eta_B \eta_C. \tag{11.22}$$

In diesem Fall sind die folgenden Zerfälle erlaubt:

$$
\begin{aligned}
0^+ &\rightarrow 0^+ + 0^+ \\
0^+ &\rightarrow 0^- + 0^- \\
0^- &\rightarrow 0^+ + 0^-.
\end{aligned}
\tag{11.23}
$$

Dabei bedeutet $J^P = 0^+ (0^-)$ ein spinloses Teilchen mit der Parität $+1(-1)$. Aus den gleichen Gründen sind bei Paritätserhaltung die folgenden Zerfälle nicht erlaubt:

$$
\begin{aligned}
0^+ &\nrightarrow 0^+ + 0^- \\
0^- &\nrightarrow 0^+ + 0^+ \\
0^- &\nrightarrow 0^- + 0^-.
\end{aligned}
\tag{11.24}
$$

Beispiel 1: Parität des π^--Mesons

Wir wollen die Absorption eines niederenergetischen (oder, wie es meist bezeichnet wird, gebremsten) π^--Mesons an einem Deuteriumkern betrachten:

$$\pi^- + d \rightarrow n + n. \tag{11.25}$$

Bezeichnen l_i und l_f die Bahndrehimpulse des Anfangs- und des Endzustandes, dann folgt aus der Erhaltung der Parität

$$\eta_\pi \eta_d (-1)^{l_i} = \eta_n \eta_n (-1)^{l_f}. \tag{11.26}$$

Dabei sind η_π, η_d und η_n die inneren Paritäten der drei Teilchen. Da die intrinsische Parität des Deuterons gleich $+1$ ist und $\eta_n^2 = +1$ gilt, erhalten wir

$$\eta_\pi = (-1)^{l_f - l_i} = (-1)^{l_f + l_i}. \tag{11.27}$$

Wie man weiß, ist der Anfangszustand der Einfangreaktion ein $l_i = 0$-Zustand, daraus folgt

$$\eta_\pi = (-1)^{l_f}. \tag{11.28}$$

Da der Spin des Deuterons gleich $J_d = 1$ ist, bleiben die folgenden Möglichkeiten für den Zustand der beiden Neutronen bestehen:

$$
\begin{aligned}
|\psi_{nn}^{(1)}\rangle &= |J = 1, S = 1, l_f = 0 \,\text{oder}\, 2\rangle \\
|\psi_{nn}^{(2)}\rangle &= |J = 1, S = 1, l_f = 1\rangle \\
|\psi_{nn}^{(3)}\rangle &= |J = 1, S = 0, l_f = 1\rangle.
\end{aligned}
\tag{11.29}
$$

Dabei entspricht der $S = 0$-Zustand dem antisymmetrischen Spinzustand ($\uparrow\downarrow - \downarrow\uparrow$), während der Zustand mit $S = 1$ durch den symmetrischen Spinzustand ($\uparrow\downarrow + \downarrow\uparrow$) gegeben ist. Da die beiden Neutronen identische Fermionen sind, muß ihre Wellenfunktion antisymmetrisch sein, damit sind alle Varianten außer $|\psi_{nn}^{(2)}\rangle$ ausgeschlossen und wir erhalten das Ergebnis, daß das Pion ein Pseudoskalar mit der intrinsischen Parität $\eta_\pi = -1$ ist.

Beispiel 2: Parität von $\Delta(1232)$

Das $\Delta(1232)$ ist, wie wir aus Kapitel 9 wissen, eine π–N-Resonanz, die stark in ein Pion und ein Nukleon zerfällt:

$$\Delta(1232) \rightarrow \pi + N. \tag{11.30}$$

Die Parität des Δ-Teilchens kann daher wie folgt beschrieben werden

$$\eta_\Delta = \eta_\pi \eta_N (-1)^l, \tag{11.31}$$

dabei ist l der relative Bahndrehimpuls des Endzustandes. Wie wir wissen, gilt $\eta_\pi = -1$ und $\eta_N = +1$ nach Definition. Damit ist die Parität eindeutig durch die Bahnwellenfunktion des Endzustandes gegeben. Aus der Winkelverteilung der π und N im Ruhesystem von Δ folgt $l = 1$ und damit für Δ die Parität $\eta_\Delta = +1$. (Der Spin des Δ-Teilchens beträgt $J = \frac{3}{2}$.)

Verletzung der Parität

Bis ans Ende der fünfziger Jahre glaubte man, daß die Parität eine Symmetrie aller fundamentalen Wechselwirkungen sei. Man war also der Überzeugung, daß die Physik, die in einem rechtshändigen Koordinatensystem beschrieben wird, die gleiche sei wie die in einem linkshändigen dargestellte. Allerdings fand man Anfang der fünfziger Jahre zwei Prozesse, die sehr rätselhaft waren.

$$\theta^+ \rightarrow \pi^+ + \pi^0 \qquad (11.32)$$
$$\tau^+ \rightarrow \pi^+ + \pi^+ + \pi^-.$$

Das Interessante an diesen Zerfällen war die Tatsache, daß die beiden zerfallenden Teilchen gleiche Masse und gleiche Lebensdauer besaßen. (Beide Teilchen haben zusätzlich den Spin null, dies wird unsere Darstellung weiter vereinfachen.) Man ist natürlich geneigt, θ^+ und τ^+ als ein und dasselbe Teilchen zu betrachten. Dann kommt es aber zur Verletzung der Parität. Man erinnere sich, daß im Ruhesystem des zerfallenden Teilchens der gesamte Drehimpuls des Anfangszustandes null ist (die beiden Teilchen sind spinlos!). Die Endzustände bestehen nur aus Pionen, die ebenfalls keinen Spin besitzen. Daraus folgt, daß der relative Bahndrehimpuls des $\pi^+\pi^0$-Endzustandes verschwindet ($l_f = 0$). Beim $\pi^+\pi^+\pi^-$-Endzustand ist es etwas komplizierter, da im Endzustand zwei relative Drehimpulse existieren (das heißt, der relative Drehimpuls der beiden π^+ und der von π^-), wir wissen jedoch aus Experimenten, daß für beide $l = 0$ gilt. Damit lassen sich die intrinsischen Paritäten von θ^+ und τ^+ aus den inneren Paritäten der π-Mesonen bestimmen. Da letztere Pseudoskalare sind ($\eta_{\pi^+} = \eta_{\pi^-} = \eta_{\pi^0} = -1$), folgt

$$\eta_{\theta^+} = \eta_{\pi^+}\eta_{\pi^0} = 1$$
$$\eta_{\tau^+} = \eta_{\pi^+}\eta_{\pi^+}\eta_{\pi^-} = -1. \qquad (11.33)$$

Ist die Parität eine Erhaltungsgröße, so besitzen θ^+ und τ^+ entgegengesetzte innere Parität und sie können daher nicht verschiedenen Zerfallskanälen eines Teilchens entsprechen. Man kann jedoch auch annehmen, daß es sich bei θ^+ und τ^+ um ein Teilchen handelt, die Parität aber nicht erhalten bleibt. Deshalb untersuchten Tsung-Dao Lee und Chen-Ning Yang systematisch alle experimentell bekannten schwachen Zerfälle und zeigten, daß die Erhaltung der Parität nicht evident ist. Sie postulierten, daß die schwache Wechselwirkung die Parität verletzt und schlugen Experimente zur Überprüfung ihrer Vermutung vor, die sie auch bestätigten. Man interpretiert nun die Zerfälle (11.32) als die beiden Zerfallsmoden des K^+-Mesons:

$$K^+ \rightarrow \pi^+ + \pi^0 \qquad (11.34)$$
$$K^+ \rightarrow \pi^+ + \pi^+ + \pi^-,$$

wobei die Parität nicht erhalten bleibt.*

---

*Das Antiteilchen von K^+, das K^--Meson, besitzt zu (11.32) und (11.34) analoge Zerfallskanäle der Art

$$K^- \rightarrow \pi^- + \pi^0$$

und

$$K^- \rightarrow \pi^- + \pi^+ + \pi^-. \qquad (11.35)$$

Ein wichtiges Experiment, welches die Verletzung der Parität bei schwachen Zerfällen deutlich zeigt, ist der β-Zerfall von ^{60}Co. Die Experimentiertechnik ist einfach, jedoch wirkungsvoll, wir wollen deshalb den Vorgang kurz darstellen. Man betrachte den Zerfall

$$^{60}\text{Co} \rightarrow \, ^{60}\text{Ni} + e^- + \bar{\nu}_e. \qquad (11.36)$$

Dieser Prozeß ist äquivalent dem β-Zerfall des Neutrons. Man verwendet einen Kristall Kobaltsalz, dessen Kernspins durch ein starkes äußeres Magnetfeld ausgerichtet werden. Man verringert die Temperatur des Salzes auf etwa 0,01 K, um die thermische Bewegung, die zu Depolarisation der Kernspins führt, zu unterdrücken. Die Winkelverteilung (θ_e) der emittierten Elektronen mißt man relativ zur Richtung des äußeren Magnetfeldes. Man fand nun, daß die Elektronen bevorzugt entgegengesetzt zur Feldrichtung emittiert werden, das heißt, entgegengesetzt zur Spinrichtung der Kobaltkerne. Bezeichnet s den Spin von ^{60}Co und p den Impuls der emittierten Elektronen, dann zeigt das Experiment, daß der Erwartungswert von θ_e endlich und negativ ist:

$$\langle \cos \theta_e \rangle = \left\langle \frac{s \cdot p}{|s||p|} \right\rangle = \left\langle \psi \Big| \frac{s \cdot p}{|s||p|} \Big| \psi \right\rangle \; < 0. \qquad (11.37)$$

Da der Spin nun ein Drehimpuls und damit ein axialer Vektor ist, ändert unter Paritätstransformation die Observable $< \cos \theta_e >$ ihr Vorzeichen:

$$\langle \cos \theta_e \rangle = \left\langle \frac{s \cdot p}{|s||p|} \right\rangle \xrightarrow{P} \left\langle \frac{s \cdot (-p)}{|s||p|} \right\rangle$$
$$= - \left\langle \frac{s \cdot p}{|s||p|} \right\rangle = -\langle \cos \theta_e \rangle. \qquad (11.38)$$

Sollen aber rechtshändige und linkshändige Koordinatensysteme physikalisch äquivalent sein, dann sollte in beiden Systemen der gleiche Erwartungswert beobachtet werden, das heißt, bei Paritätserhaltung sollte $\langle \cos \theta_e \rangle$ gleich seinem negativen Wert und damit gleich null sein:

$$\langle \cos \theta_e \rangle \sim \langle s \cdot p \rangle = 0. \qquad (11.39)$$

Daraus schließt man, daß die Elektronen mit gleicher Wahrscheinlichkeit für $\cos \theta_e > 0$ und $\cos \theta_e < 0$ emittiert werden müßten. Der endliche negative Wert, der in Wirklichkeit beobachtet wird, zeigt, daß beide Koordinatensysteme eben nicht äquivalent sind und bei schwachen Prozessen die Paritätserhaltung verletzt wird. Wir wissen inzwischen sogar, dank der Experimente von Mme. C. S. Wu und ihren Mitarbeitern, daß die Paritätserhaltung bei schwachen Prozessen maximal verletzt wird. Das Grundprinzip dieser Versuche und auch späterer Experimente, die diesen Befund bestätigten, ist die Messung des Erwartungswertes einer Größe, die bei Paritätserhaltung verschwinden sollte.

Zeitumkehr

Die Zeitumkehr entspricht, einfach gesagt, der Invertierung der Zeitachse oder der Richtung des Zeitflusses. In der klassischen Mechanik lautet die Transformation wie folgt:

$$t \xrightarrow{T} -t$$
$$r \xrightarrow{T} r \tag{11.40}$$
$$p = m\dot{r} \xrightarrow{T} -m\dot{r} = -p$$
$$L = r \times p \xrightarrow{T} r \times (-p) = -L$$

Die in (11.17) angegebene Newtonsche Bewegungsgleichung ist eine Gleichung zweiter Ordnung in den Zeitableitungen und damit unter Zeitumkehr invariant, sowohl für elektromagnetische als auch für gravitative Kräfte. Auch die Maxwell-Gleichungen sind, wie man zeigen kann, invariant. Allerdings sind nicht alle makroskopischen Systeme zeitumkehr-invariant. Die statistische Mechanik definiert für makroskopische Systeme eine eindeutige Richtung des Zeitflusses, und zwar diejenige, in der die Entropie (Unordnung) zunimmt. Es scheint jedoch, als ob mikroskopische Systeme eine Zeitumkehr-Invarianz besitzen. Die Implementation der Zeitumkehr-Symmetrie in einen theoretischen Formalismus ist jedoch im Vergleich zu anderen Symmetrien nicht so einfach.

Wir wollen an dieser Stelle die zeitabhängige Schrödinger-Gleichung betrachten

$$i\hbar\frac{\partial \psi}{\partial t} = H\psi. \tag{11.41}$$

Da sie eine Gleichung erster Ordnung in der Zeitableitung ist, ist sie offensichtlich unter der einfachsten Zeitinversion

$$\psi(r, t) \xrightarrow{T} \psi(r, -t) \tag{11.42}$$

nicht invariant. Fordern wir jedoch als Transformationsvorschrift für die Wellenfunktion unter Zeitumkehr folgendes:

$$\psi(r, t) \xrightarrow{T} \psi^*(r, -t), \tag{11.43}$$

dann erhalten wir bei reellem H für die konjugiert komplexe Schrödinger-Gleichung den Ausdruck

$$-i\hbar\frac{\partial \psi^*}{\partial t}(r, t) = H\psi^*(r, t). \tag{11.44}$$

Für $t \to -t$ gilt dann

$$i\hbar\frac{\partial \psi^*}{\partial t}(r, -t) = H\psi^*(r, -t). \tag{11.45}$$

Man kann also die Schrödinger-Gleichung invariant unter Zeitumkehr machen, das heißt, ψ und die zeitinvertierte Lösung erfüllen die gleiche Gleichung, wenn die Zeitumkehr für quantenmechanische Wellenfunktionen wie in (11.43) definiert wird.

Der Operator für die Zeitumkehr überführt damit eine Wellenfunktion in ihr konjugiert komplexes Gegenstück. (Man nennt solche Operatoren *antilinear*.) Da die zeitabhängigen Wellenfunktionen notwendigerweise komplex sind, können die quantenmechanischen Wellenfunktionen nicht Eigenfunktionen des Zeitumkehr-Operators sein. Deshalb existiert keine Quantenzahl, die mit der Zeitumkehr-Invarianz verbunden ist. Physikalisch bedeutet jedoch die Invarianz unter Zeitumkehr, daß die Übergangsamplituden für den Prozeß $i \rightarrow f$ gleich denen von $f \rightarrow i$ sind:

$$|M_{i \rightarrow f}| = |M_{f \rightarrow i}|. \tag{11.46}$$

Dabei bezeichnet $M_{i \rightarrow f}$ das Matrixelement für den Übergang von einem Anfangszustand $|i\rangle$ in einen Endzustand $|f\rangle$. Man nennt Gleichung (11.46) das Prinzip des detaillierten Gleichgewichtes. Es besagt, daß die quantenmechanische Wahrscheinlichkeit für einen Prozeß gleich der für den zeitumgekehrten Prozeß ist. Wie wir an dieser Stelle betonen wollen, kann die Übergangsrate für beide Prozesse jedoch verschieden sein. Die Raten sind durch die Goldene Regel von Fermi gegeben:

$$W_{i \rightarrow f} = \frac{2\pi}{\hbar} |M_{i \rightarrow f}|^2 \rho_f \tag{11.47}$$

$$W_{f \rightarrow i} = \frac{2\pi}{\hbar} |M_{f \rightarrow i}|^2 \rho_i$$

mit ρ_f und ρ_i als den Zustandsdichten der Endprodukte der beiden Reaktionen. Diese können nun, abhängig von den Massen der beteiligten Teilchen, verschieden sein, damit sind auch die Raten verschieden, obwohl ein detailliertes Gleichgewicht vorliegt. Durch viele Experimente wurde gezeigt, daß das Prinzip des detaillierten Gleichgewichtes gültig ist, man kann es zur Bestimmung der Spins von Teilchen verwenden, indem die Raten für Hin- und Rückreaktion verglichen werden.

Die Invarianz unter Zeitumkehr scheint experimentell für fast alle fundamentalen Prozesse zu gelten. Der spektakulärste Test dieses Invarianzprinzips für elektromagnetische Wechselwirkungen ist die Suche nach einem elektrischen Dipolmoment des Neutrons. Obwohl das Neutron keine elektrische Ladung besitzt, kann man ein magnetisches Dipolmoment beobachten; ein Indiz für eine ausgedehnte Ladungsverteilung innerhalb des Neutrons. Sind der Mittelpunkt der positiven und der negativen Ladungsverteilung nicht gleich, dann besitzt das Neutron ein elektrisches Dipolmoment. Die Stärke dieses Dipolmomentes bestimmt sich aus einfachen Dimensionsbetrachtungen zu

$$\mu_{el} \leq ed \simeq e \cdot 10^{-13}\,\mathrm{cm} \simeq 10^{-13}\,e \cdot \mathrm{cm}, \tag{11.48}$$

denn die typische Größe des Neutrons und damit der größtmögliche Abstand der Ladungszentren liegt bei $d \simeq 10^{-13}$cm. Da die einzige ausgezeichnete Richtung für das Neutron seine Spinachse ist, muß bei einem nicht verschwindenden elektrischen Dipolmoment dieses in diese Richtung zeigen. Man sucht also nach einem endlichen Wert für $\langle \boldsymbol{\mu}_{\mathrm{el}} \cdot \boldsymbol{s} \rangle$. Die zur Zeit beste obere Grenze liegt bei

$$\mu_{\mathrm{el}} \leq 10^{-25}\, e \cdot \mathrm{cm}. \tag{11.49}$$

Dies ist natürlich mit der Annahme eines verschwindenden Momentes konsistent, da der Wert 12 Größenordnungen kleiner als unser naiver Wert (11.48) ist.

Ein endlicher Wert für μ_{el} und damit ein endlicher Erwartungswert für $\langle \boldsymbol{\mu}_{\mathrm{el}} \cdot \boldsymbol{s} \rangle$ würde die T-Invarianz verletzen. Unter Zeitumkehr transformiert sich nämlich der Operator für die Projektion des elektrischen Dipolmomentes auf die Spinrichtung wie folgt:

$$\boldsymbol{\mu}_{\mathrm{el}} \cdot \boldsymbol{s} \xrightarrow{T} \boldsymbol{\mu}_{\mathrm{el}} \cdot (-\boldsymbol{s}) = -\boldsymbol{\mu}_{\mathrm{el}} \cdot \boldsymbol{s}, \tag{11.50}$$

denn μ transformiert wie $\sim e\boldsymbol{r}$ und verändert sich damit bei Zeitumkehr nicht. Der Spin als Drehimpuls verändert dementgegen sein Vorzeichen (siehe (11.40)). Also gilt

$$\langle \boldsymbol{\mu}_{\mathrm{el}} \cdot \boldsymbol{s} \rangle \xrightarrow{T} -\langle \boldsymbol{\mu}_{\mathrm{el}} \cdot \boldsymbol{s} \rangle \tag{11.51}$$

und damit muß diese Größe verschwinden, wenn die Zeitumkehr eine Symmetrie des Systems ist. Wir können also den Wert aus (11.49) als obere Grenze für die T-Verletzung bei elektromagnetischen Wechselwirkungen interpretieren. Allerdings ist dies nicht ganz eindeutig, denn unter Paritätstransformation erhalten wir

$$\langle \boldsymbol{\mu}_{\mathrm{el}} \cdot \boldsymbol{s} \rangle \xrightarrow{P} \langle (-\boldsymbol{\mu}_{\mathrm{el}}) \cdot \boldsymbol{s} \rangle = -\langle \boldsymbol{\mu}_{\mathrm{el}} \cdot \boldsymbol{s} \rangle. \tag{11.52}$$

Ein endliches elektrisches Dipolmoment kann also auch als Folge einer Paritätsverletzung auftreten. Wie man aus Experimenten weiß, ist die Parität bei elektromagnetischen Prozessen eine Erhaltungsgröße, während sie bei schwachen Prozessen nicht erhalten bleibt. Deshalb kann die Existenz eines elektrischen Dipolmomentes aus einem Wechselspiel elektromagnetischer und schwacher Wechselwirkungen folgen. Tatsächlich erwartet man einen kleinen Beitrag für das elektrische Dipolmoment aus schwachen Prozessen. Alles oberhalb dieses Wertes kann als Verletzung der T-Invarianz in elektromagnetischen Prozessen oder als neuer physikalischer Mechanismus gewertet werden. Die obere Grenze für das elektrische Dipolmoment des Neutrons (welches mit der oberen Grenze des elektrischen Dipolmomentes des Elektrons vergleichbar ist) ist so eine Schranke für T-Verletzung bei elektromagnetischen und für P-Verletzung bei schwachen Wechselwirkungen.

Ladungskonjugation

Sowohl Parität als auch Zeitumkehr sind räumliche Symmetrietransformationen. Man kann nun fragen, ob es auch im inneren Hilbert-Raum der quantenmechanischen Zustände diskrete Symmetrien gibt. Die Ladungskonjugation ist eine solche Symmetrie. Die Raum-Zeit-Koordinaten bleiben wieder unverändert, die diskrete Transformation berührt nur die inneren Eigenschaften der quantenmechanischen Zustände.

Man erinnere sich, daß die Definition des Elektrons als Teilchen und des Positrons als Antiteilchen beliebig ist. Die Definition von positiver und negativer Ladung, positiver und negativer Strangeness, die Zuweisung von Baryonenzahlen etc. sind alle Ergebnis von Konventionen. Hat man sich einmal entschieden, so können die anderen Quantenzahlen relativ zu dieser Zuweisung gemessen werden. Die Ladungskonjugation invertiert die inneren Quantenzahlen der Zustände und überführt damit Teilchen in ihre Antiteilchen. Klassisch stellt sich die Ladungskonjugation als Transformation der elektrischen Ladung dar:

$$Q \xrightarrow{C} -Q. \tag{11.53}$$

Da die elektrische Ladung die Quelle der elektrischen und magnetischen Felder ist, folgt aus dieser Transformation

$$\begin{aligned} \boldsymbol{E} &\xrightarrow{C} -\boldsymbol{E} \\ \boldsymbol{B} &\xrightarrow{C} -\boldsymbol{B}. \end{aligned} \tag{11.54}$$

(Dies folgt einfach aus der Tatsache, daß beide Felder linear in der Ladung sind.) Damit erkennt man, daß die Maxwell-Gleichungen unter dieser Transformation invariant sind.

Für einen quantenmechanischen Zustand $|\psi(q, \boldsymbol{r}, t)\rangle$, wobei Q alle inneren Quantenzahlen wie Ladung, Leptonenzahl, Baryonenzahl und Strangeness beschreibt, führt Ladungskonjugation zur Invertierung aller Ladungen

$$|\psi(q, \boldsymbol{r}, t)\rangle \xrightarrow{C} |\psi(-Q, \boldsymbol{r}, t)\rangle. \tag{11.55}$$

Damit kann ein Zustand nur dann Eigenzustand des Operators der Ladungskonjugation C sein, wenn er zumindest elektrisch neutral ist. Das Photon zum Beispiel, das Positroniumatom ($e^- - e^+$), das π^0-Meson usw. können Eigenzustände von C sein. Aber nicht alle ladungsneutralen Zustände sind Eigenzustände von C (sie können andere, von null verschiedene, innere Quantenzahlen tragen). So sind die folgenden Zustände keine Eigenzustände von C:

$$\begin{aligned} |n\rangle &\xrightarrow{C} |\bar{n}\rangle \\ |\pi^- p\rangle &\xrightarrow{C} |\pi^+ \bar{p}\rangle \\ |K^0\rangle &\xrightarrow{C} |\overline{K^0}\rangle. \end{aligned} \tag{11.56}$$

Da zwei aufeinanderfolgende Ladungskonjugationen den Zustand unverändert lassen, betragen die Eigenwerte von C, oder die Ladungsparitäten des Eigenzustandes, plus oder minus eins. Aus (11.54) folgt, daß das Photon, das heißt, das Quantum der elektromagnetischen Wechselwirkung, die Ladungsparität -1 besitzt:

$$\eta_C(\gamma) = -1. \tag{11.57}$$

Ist die Ladungskonjugation eine Symmetrie der Theorie, das heißt, gilt

$$[C, H] = 0, \tag{11.58}$$

dann bleiben die Ladungsparitäten bei allen Prozessen erhalten. Wie wir wissen, sind die elektromagnetischen Prozesse invariant unter Ladungskonjugation (man erinnere sich, daß die Maxwell-Gleichungen unter C ihre Gestalt nicht ändern). Aus dem Zerfall des π^0-Mesons

$$\pi^0 \rightarrow \gamma + \gamma \tag{11.59}$$

folgt dann, daß bei Erhaltung der Ladungsparität das π^0-Meson gerade ist:

$$\eta_C(\pi^0) = \eta_c(\gamma)\eta_C(\gamma) = (-1)^2 = +1. \tag{11.60}$$

Die Invarianz unter Ladungskonjugation hat Einschränkungen in den möglichen Zerfällen zur Folge. So kann ein π^0-Meson nicht in eine ungerade Anzahl von Photonen zerfallen, da sonst die Erhaltung der C-Parität verletzt wäre:

$$\pi^0 \not\rightarrow n\gamma \quad n \text{ ungerade.} \tag{11.61}$$

Während die Ladungskonjugation eine Symmetrie der elektromagnetischen und der starken Kraft ist, kann man zeigen, daß dies für schwache Prozesse nicht gilt. Die Ladungskonjugation verändert, wie wir wissen, die Raum-Zeit-Koordinaten nicht. Deshalb wird die Händigkeit eines Quantenzustandes durch solche Transformationen nicht berührt. Daher gilt unter Ladungskonjugation

$$|\nu_L\rangle \xrightarrow{C} |\bar{\nu}_L\rangle \tag{11.62}$$

$$|\bar{\nu}_R\rangle \xrightarrow{C} |\nu_R\rangle.$$

Die unteren Indices L und R beziehen sich auf die rechts- oder linkshändigen Neutrinos (oder Antineutrinos). Nun gibt es aber keine Anzeichen für die Existenz von rechtshändigen Neutrinos oder linkshändigen Antineutrinos. Deshalb kann der ladungskonjugierte Prozeß zum β-Zerfall nicht stattfinden und damit ist C keine Symmetrie dieser Wechselwirkungen. Obwohl nun sowohl P als auch C bei schwachen Wechselwirkungen keine Symmetrien sind, scheint dies für die Kombination CP zu gelten. Man sieht dies wie folgt:

$$|\nu_L\rangle \xrightarrow{P} |\nu_R\rangle \xrightarrow{C} |\bar{\nu}_R\rangle$$

$$||\bar{\nu}_R\rangle \xrightarrow{P} |\bar{\nu}_L\rangle \xrightarrow{C} |\nu_L\rangle. \tag{11.63}$$

Die Kombination der Operationen C und P überführt physikalische Zustände wieder in physikalische Zustände, während dies für die einzelnen Operationen offensichtlich nicht gilt. Wir werden allerdings im nächsten Kapitel sehen, daß die CP-Operation nicht für alle schwachen Prozesse eine Symmetrie darstellt.

CPT-Theorem

Wie wir gesehen haben, werden die Symmetrien P, T und C bei einigen Prozessen verletzt. Georg Lüders, Wolfgang Pauli und Julian Schwinger zeigten jedoch unabhängig voneinander, daß die Operation CPT eine Symmetrie jeder unter Lorentz-Transformationen invarianten Theorie sein muß. Das bedeutet, selbst wenn die einzelnen Transformationen keine Symmetrien der Theorie darstellen, muß das Produkt der drei Operationen eine Symmetrie sein. Man nennt diesen Sachverhalt CPT-Theorem. Dieses Theorem führt zu interessanten Schlußfolgerungen, die wir im folgenden kurz angeben wollen.

1. Aus der CPT-Invarianz folgt, daß Teilchen mit ganzzahligem Spin die Bose-Einstein-Statistik und Teilchen mit halbzahligem Spin die Fermi-Dirac-Statistik erfüllen. Daraus folgen nun weitere Implikationen für relativistische Theorien; ein Operator mit ganzzahligem Spin wird mittels Kommutator-Relationen quantisiert, während man zur Quantisierung von Operatoren mit halbzahligem Spin Antikommutator-Relationen verwenden muß.
2. Aus der CPT-Invarianz folgt, daß Teilchen und Antiteilchen gleiche Masse und gleiche Lebensdauer besitzen.
3. Weiter folgt aus der Invarianz unter CPT-Transformationen, daß die inneren Quantenzahlen der Antiteilchen denen der Teilchen entgegengesetzt sind.

Das CPT-Theorem deckt sich mit allen zur Zeit bekannten experimentellen Beobachtungen, es scheint, daß CPT eine echte Symmetrie aller Wechselwirkungen ist.

Aufgaben

11.1 Das $\rho^0(770)$ besitzt $J^P = 1^-$ und zerfällt stark in $\pi^+\pi^-$-Paare. Man erkläre mittels Symmetrie- und Drehimpulsbetrachtungen, warum der Zerfall $\rho^0(770) \to \pi^0\pi^0$ verboten ist.

1.2 Wie lautet die ladungskonjugierte Reaktion zu $K^- + p \rightarrow \bar{K}^0 + n$? Kann ein $K^- p$-System Eigenzustand des Ladungskonjugationsoperators sein? Man betrachte analog dazu die Reaktion $\bar{p} + p \rightarrow \pi^+ \pi^-$.

11.3 Welche Winkelverteilung der $\rho^0 \rightarrow \pi^+ + \pi^-$-Produkte kann im Ruhesystem von ρ^0 erwartet werden, wenn die ρ^0-Mesonen im Zustand mit der Spinprojektion $J_z = 0$ entlang ihrer Flugrichtung erzeugt werden? (Man verwende Anhang B für die genäherten $Y_{l,m}(\theta, \phi)$.) Wie lautet die Antwort, wenn das ursprüngliche Meson die Spinprojektion $J_z = +1$ besitzt?

11.4 Das Ξ^- besitzt $J^P = \frac{1}{2}^+$. Es zerfällt mittels schwacher Kraft in ein λ^0 und ein π^-. Wie groß sind die relativen Bahndrehimpulse für das $\Lambda \pi^-$-System mit $J_\Lambda^P = \frac{1}{2}^+$ und $J_\pi^P = 0^-$.

11.5 Welche der folgenden Reaktionen werden durch C-Invarianz verboten? (a) $\omega^0 \rightarrow \pi^0 + \gamma$; (b) $\eta' \rightarrow \rho^0 + \gamma$; (c) $\pi^0 \rightarrow \gamma + \gamma + \gamma$; (d) $J/\Psi \rightarrow \bar{p} + p$; (e) $\rho^0 \rightarrow \gamma + \gamma$. (Man überprüfe im *CRC Handbook*, ob diese Reaktionen stattfinden.)

11.6 Obwohl die Bahnwellenfunktion für jedes starke $\pi - N$-System die Parität des Zustandes determiniert, müssen verschiedene l-Werte nicht notwendigerweise verschiedene Winkelverteilungen bei den Zerfällen ergeben. Man zeige, daß eine $\pi - N$-Resonanz mit $J = \frac{1}{2}, J_z = +\frac{1}{2}$ für $l = 0$ und für $l = 1$ gleich zerfällt. Des weiteren zeige man, daß der Zerfall eines $J = \frac{3}{2}, J_z = +\frac{1}{2}, \pi - N$-Systems die gleiche Winkelverteilung für $l = 1$ und für $l = 2$ erzeugt. (*Hinweis*: Man entwickle die Wellenfunktionen der Zustände nach Produkten der $S = \frac{1}{2}$-Spinzustände und der passenden Kugelflächenfunktionen $Y_{l,m}(\theta, \phi)$.)

Empfohlene Literatur

Frauenfelder, H. und Henley, E. M. 1991. *Subatomic Physics*. N.Y.: Prentice-Hall. (Englewood Cliffs).

Goldstein, H. 1980. *Classical Mechanics*. Readings, Mass. (Addison-Wesley).

Griffiths, D. 1987. *Introduction to Elementary Particles*. New York. (Wiley).

Sakurei, J. J. 1964. *Invariance Principles and Elementary Particles*. Princeton, N. J. (Princeton Univ. Press).

Williams, W. S. C. 1991. *Nuclear and Particle Physics*. London/New York. (Oxford Univ. Press).

Siehe auch Standardlehrbücher zur Quantenmechanik, zum Beispiel Das, A. und A. C. Melissinos. 1986. *Quantum Mechanics*. New York. (Gordon & Breach).

12 Neutrale Kaonen und *CP*-Verletzung

Einführende Bemerkungen

Die schwache Wechselwirkung verletzt, wie wir wissen, sowohl die *P*- als auch die *C*-Symmetrie. Bis in die sechziger Jahre glaubte man jedoch, daß die Kombination *CP* eine Symmetrie aller Kräfte ist. Wie wir bald sehen werden, gibt es aber Prozesse, die auch die *CP*-Symmetrie verletzen. Da die *CP*-Operation einen physikalischen Teilchenzustand in einen physikalischen Antiteilchenzustand überführt (man vergleiche dazu (11.62) und (11.63)), bedeutet die Invarianz unter *CP*-Operation eine Teilchen-Antiteilchen-Symmetrie in der Natur. Dem steht allerdings die Tatsache gegenüber, daß unser Universum durch Materie dominiert wird und Antimaterie kaum vorkommt; alles spricht für eine Teilchen-Antiteilchen-Asymmetrie im Universum. Daraus folgt die Annahme, daß die *CP*-Operation keine Symmetrie der fundamentalen Wechselwirkungen darstellt. Wir werden in diesem Kapitel die Verletzung von *CP* in schwachen Prozessen untersuchen. Dabei muß bedacht werden, daß, gilt uneingeschränkt die *CPT*-Symmetrie, dann folgt aus der Verletzung der *CP*-Symmetrie automatisch auch eine Verletzung der *T*-Symmetrie. Aus der Verletzung der Invarianz der Theorie unter *CP*-Operationen folgt deshalb die Existenz mikroskopischer (subatomarer) Systeme, deren Zeit eindeutig in eine Richtung fließt.

Neutrale Kaonen

Im vorangegangenen Kapitel hatten wir das Rätsel um die beiden Teilchen θ und τ durch den Zerfall von $\theta^+(\theta^-)$ und $\tau^+(\tau^-)$ als verschiedene Zerfallskanäle des $K^+(K^-)$ interpretiert. In diesem Kapitel wollen wir die analogen Zerfälle der neutralen Kaonen betrachten. Wir konzentrieren uns dabei auf die hadronischen

Endzustände:

$$\theta^0 \rightarrow \pi^0 + \pi^0$$
$$\theta^0 \rightarrow \pi^+ + \pi^-$$
$$\tau^0 \rightarrow \pi^0 + \pi^0 + \pi^0$$
$$\tau^0 \rightarrow \pi^+ + \pi^- + \pi^0. \tag{12.1}$$

Nun stellt sich natürlich sofort die Frage, wie wir den θ^0- und τ^0-Teilchen die Zustände K^0 und $\overline{K^0}$ zuordnen können. Dazu betrachten wir zuerst Erzeugung und Zerfall der neutralen Kaonen.

Beide neutrale Kaonen werden in Prozessen mit starker Wechselwirkung der folgenden Art erzeugt:

$$K^- + p \rightarrow \overline{K^0} + n$$
$$K^+ + n \rightarrow K^0 + p$$
$$\pi^- + p \rightarrow \Lambda^0 + K^0. \tag{12.2}$$

In diesen Reaktionen werden die Kaonen in Zuständen mit eindeutiger Strangeness erzeugt. Es gilt $S = +1$ für K^0 und $= -1$ für $\overline{K^0}$. Das K^0 kann als $I_3 = -\frac{1}{2}$-Isospinpartner des K^+ und $\overline{K^0}$ als der $I_3 = \frac{1}{2}$-Isospinpartner von K^- identifiziert werden. $\overline{K^0}$ ist das Antiteilchen von K^0 und unterscheidet sich von diesem zum Beispiel durch die Strangeness. Die in den obigen Prozessen erzeugten neutralen Kaonen sind instabil und zerfallen nach einer gewissen Wegstrecke l im Labor (in einer Zeit t_{Lab}) durch schwache Wechselwirkungen. Dieser Weg steht zur Eigenzeit mittels der Geschwindigkeit v des Kaons in Verbindung

$$l = v t_{\text{Lab}} = v \gamma t_{\text{eigen}}, \quad \gamma = \left(1 - \frac{v^2}{c^2}\right)^{-1/2}. \tag{12.3}$$

Das Mittel der Eigenzeit ist nun gerade die Lebensdauer τ_{K^0} von K^0:

$$\tau_{K^0} = \langle t_{\text{eigen}} \rangle. \tag{12.4}$$

Mißt man die Geschwindigkeit und die Zerfallslänge (l) eines K^0-Mesons, dann läßt sich die Eigenzeit und aus einer Mittelung vieler Ereignisse die Lebensdauer bestimmen. Da das $\overline{K^0}$ das Antiteilchen des K^0 ist, müssen nach dem CPT-Theorem beide Teilchen identische Massen und Lebensdauer besitzen.

In Abbildung 12.1 sind nun die bemerkenswerten Ergebnisse der Untersuchungen von τ_{K^0} gezeigt. Anstelle einer einzigen charakteristischen Zerfallszeit (exponentielle Abnahme), die man für jeden eindeutigen Eigenzustand der Hamilton-Funktion eines freien Teilchens erwarten würde, zeigen die Daten zwei verschiedene Lebensdauern jeweils für K^0 und $\overline{K^0}$. Die einzige Deutung dieser Tatsache besteht in der Annahme, daß die K^0- und $\overline{K^0}$-Zustände eine Superposition zweier verschiedener Zustände mit verschiedener Lebensdauer sind: ein

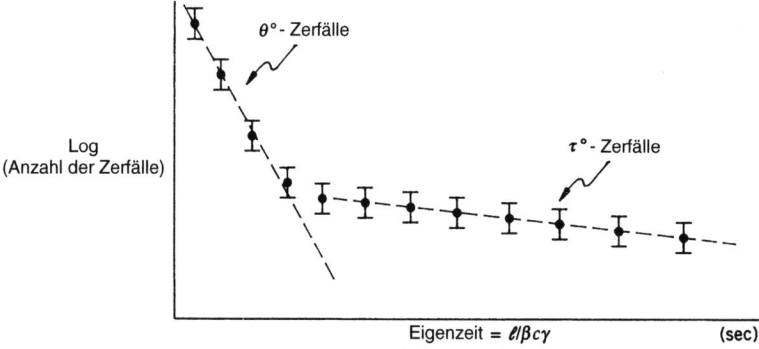

Abb. 12.1 Verteilung der Eigenzeiten für K^0 oder $\overline{K^0}$, berechnet aus ihren Geschwindigkeiten und Reichweiten vor dem Zerfall.

kurzlebiger Zustand K_1^0 und ein länger lebender Zustand K_2^0. Die Zerfallsereignisse von K_1^0 entsprechen dem θ^0-Zerfall (Zwei-Pionen-Kanäle) und die Zerfälle von K_2^0 dem Zerfall von τ^0 (Drei-Pionen-Zerfälle). Die Untersuchungsergebnisse der Zerfälle von K^0 und $\overline{K^0}$ stimmen miteinander völlig überein in dem Sinne, daß Zerfallsmoden und Lebensdauer der K_1^0- und K_2^0-Komponenten in beiden Fällen gleich sind:

$$\tau_1 \simeq 0{,}9 \cdot 10^{-10}\,\text{s} \tag{12.5}$$
$$\tau_2 \simeq 5 \cdot 10^{-8}\,\text{s}.$$

Die Tatsache, daß K_0 und $\overline{K^0}$ in gleicher Weise zerfallen können:

$$K^0 \rightarrow \pi^0 + \pi^0 \tag{12.6}$$
$$\overline{K^0} \rightarrow \pi^0 + \pi^0$$

spricht dafür, daß sich diese Teilchen bei schwacher Wechselwirkung in höherer Ordnung mischen können. Obwohl K^0 und $\overline{K^0}$ durch ihre Strangeness unterscheidbare Teilchen sind und durch orthogonale Zustände dargestellt werden, bleiben die Zustände bei Einsetzen der schwachen Wechselwirkung im Laufe der Zeit nicht orthogonal. Deshalb benutzen beide Teilchen bei schwacher Wechselwirkung den gleichen Zerfallskanal; wir haben hier eine Konsequenz der Nichterhaltung der Strangeness durch die schwache Kraft vor uns.

Aus diesem Grund sind Übergänge zwischen K^0 und $\overline{K^0}$ möglich, zum Beispiel mittels $2\pi^0$-Zwischenzuständen (siehe Abb. 12.2):

$$K^0 \overset{H_{\text{sch}}}{\rightarrow} \pi^0 + \pi^0 \overset{H_{\text{sch}}}{\rightarrow} \overline{K^0}. \tag{12.7}$$

Die K^0- und $\overline{K^0}$-Teilchenzustände können daher, obwohl sie Eigenzustände der starken Hamilton-Funktion H_{st} sind, nicht Eigenzustände der schwachen

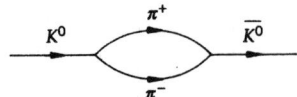

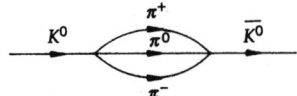

Abb. 12.2 Mögliche Transformationen von K^0 in $\overline{K^0}$.

Hamilton-Funktion H_{sch} sein. Somit gilt schematisch für starke Wechselwirkungen:

$$\langle \overline{K^0}|K^0\rangle = 0$$
$$\langle \overline{K^0}|H_{\mathrm{st}}|K^0\rangle = 0$$

mit $H_{\mathrm{st}}|K^0\rangle = m^2_{K^0}|K^0\rangle$, $H_{\mathrm{st}}|\overline{K^0}\rangle = m^2_{\overline{K^0}}|\overline{K^0}\rangle$ und $m_{K^0} = m_{\overline{K^0}} \simeq 498\,\mathrm{MeV}/c^2$,

$$S|K^0\rangle = +1|K^0\rangle, \qquad S|\overline{K^0}\rangle = -1|\overline{K^0}\rangle,$$
$$I_3|K^0\rangle = -\frac{1}{2}|K^0\rangle, \qquad I_3|\overline{K^0}\rangle = \frac{1}{2}|\overline{K^0}\rangle,$$

während für die schwache Wechselwirkung gilt:

$$\langle \overline{K^0}|H_{\mathrm{sch}}|K^0\rangle \neq 0. \tag{12.8}$$

Da der Zerfall der K-Mesonen ein schwacher Prozeß ist, kann man die beobachteten Teilchen K_1^0 und K_2^0 als Eigenzustände von H_{sch} mit eindeutiger Lebensdauer betrachten. Da nun sowohl K^0 als auch $\overline{K^0}$ scheinbar Superpositionen der K_1^0- und K_2^0-Zustände sind, müssen K_1^0 und K_2^0 auch Superpositionen von K_0 und $\overline{K^0}$ sein.

CP-Eigenzustände neutraler Kaonen

Um die linearen Überlagerungen der Zustände zu bestimmen, die Eigenzustände der schwachen Hamilton-Funktion sind, wollen wir der Einfachheit halber annehmen, daß die *CP*-Operation eine Symmetrie der schwachen Wechselwirkung ist. Wir konstruieren also lineare Superpositionen von K^0 und $\overline{K^0}$, die Eigenzustände von *CP* sind. Wir wählen nun die Phasen für die K^0- und $\overline{K^0}$-Zustände wie folgt:

$$CP|K^0\rangle = -C|K^0\rangle = -|\overline{K^0}\rangle \tag{12.9}$$
$$CP|\overline{K^0}\rangle = -C|\overline{K^0}\rangle = -|K^0\rangle.$$

Dabei haben wir die Tatsache beachtet, daß K-Mesonen Pseudoskalare sind und damit ungerade intrinsische Paritäten besitzen. Wir definieren mit Hilfe dieser Gleichungen zwei lineare orthonormale Kombinationen von K^0 und $\overline{K^0}$, die Eigenzustände des CP-Operators sind:

$$|K_1^0\rangle = \frac{1}{\sqrt{2}}(|K^0\rangle - |\overline{K^0}\rangle) \tag{12.10}$$

$$|K_2^0\rangle = \frac{1}{\sqrt{2}}(|K^0\rangle + |\overline{K^0}\rangle).$$

Die Anwendung des CP-Operators auf diese Zustände ergibt dann

$$CP|K_1^0\rangle = \frac{1}{\sqrt{2}}(CP|K^0\rangle - CP|\overline{K^0}\rangle)$$

$$= \frac{1}{\sqrt{2}}(-|\overline{K^0}\rangle + |K^0\rangle) = \frac{1}{\sqrt{2}}(|K^0\rangle - |\overline{K^0}\rangle) = |K_1^0\rangle$$

$$CP|K_2^0\rangle = \frac{1}{\sqrt{2}}(CP|K^0\rangle + CP|\overline{K^0}\rangle) = \frac{1}{\sqrt{2}}(-|\overline{K^0}\rangle - |K^0\rangle)$$

$$= -\frac{1}{\sqrt{2}}(|K^0\rangle + |\overline{K^0}\rangle) = -|K_2^0\rangle. \tag{12.11}$$

Die beiden Zustände $|K_1^0\rangle$ und $|K_2^0\rangle$ können, obwohl sie unterschiedliche Strangeness tragen, als Eigenzustände von CP mit den Eigenwerten $+1$ und -1 definiert werden. Bleibt CP in schwachen Prozessen erhalten, so identifizieren wir K_1^0 und K_2^0 mit θ^0 und τ^0. Tatsächlich gilt im Ruhesystem von θ^0, daß die beiden π^0-Mesonen den Bahnderehimpuls null besitzen müssen ($l = 0$); der Endzustand $\pi^0\pi^0$ ist damit ein Eigenzustand von CP mit dem Eigenwert $+1$. Dies entspricht unserer Zuweisung von K_1^0 zum θ^0-Zerfallskanal:

$$\theta^0 = K_1^0 \rightarrow \pi^0 + \pi^0. \tag{12.12}$$

Analog gilt aufgrund der Tatsache, daß Pionen Pseudoskalare sind, daß der Endzustand des $3\pi^0$-Zerfallsmodus von τ^0 ein Eigenzustand von CP mit dem Eigenwert -1 ist. So können wir K_2^0 mit dem Zerfall von τ^0 identifizieren:

$$\tau^0 = K_2^0 \rightarrow \pi^0 + \pi^0 + \pi^0. \tag{12.13}$$

Man beachte, daß der Impuls (und damit der Phasenraum oder die Dichte der Zustände), der für den Zwei-Körper-Zerfall in (12.12) möglich ist, deutlich größer ist als der Phasenraum für den Drei-Körper-Zerfall nach (12.13). Ist unsere Analyse richtig, so sollte die Zerfallsrate für K_1^0 auch größer sein als die von K_2^0; das heißt, die Lebensdauer der beiden Teilchen sollte deshalb verschieden sein – K_1^0 sollte kürzer leben als K_2^0. Diese Vorhersage der beiden verschiedenen Lebensdauern war in der Tat ein wichtiges Ergebnis der Untersuchung des Problems durch Murray Gell-Mann und Abraham Pais vor der Entdeckung des K_2^0.

Strangenessoszillation

Invertieren wir die Beziehungen (12.10), so erhalten wir

$$|K^0\rangle = \frac{1}{\sqrt{2}}(|K_1^0\rangle + |K_2^0\rangle) \tag{12.14}$$

$$|\overline{K^0}\rangle = -\frac{1}{\sqrt{2}}(|K_1^0\rangle - |K_2^0\rangle).$$

Die Wechselwirkungen der K^0- und $\overline{K^0}$-Mesonen lassen sich wie folgt verstehen. In den starken Prozessen, die zur Bildung der Mesonen führen (siehe (12.2)), werden nur die Eigenzustände der starken Hamilton-Funktion, $|K^0\rangle$ und $|\overline{K^0}\rangle$, gebildet. Nach (12.14) sind diese Zustände Superpositionen der Zustände $|K_1^0\rangle$ und $|K_2^0\rangle$, die Eigenzustände der schwachen Hamilton-Funktion sind. (Die Eigenwerte der Masse und Lebensdauer von K_1^0 und K_2^0 werden weiter unten diskutiert.) Zum Zeitpunkt ihrer Entstehung entsprechen K^0 und $\overline{K^0}$ den spezifischen Überlagerungen von K_1^0 und K_2^0 nach Gleichung (12.14). Beginnt sich nun diese spezielle Mischung der $|K_1^0\rangle$- und $|K_2^0\rangle$-Zustände im Vakuum auszubreiten, dann zerfallen sowohl K_1^0 als auch K_2^0. Der Zustand $|K_1^0\rangle$ zerfällt jedoch deutlich schneller als $|K_2^0\rangle$ und nach einer gewissen Zeit bleibt von den anfänglichen $|K_0\rangle$- oder $|\overline{K^0}\rangle$-Zuständen nur die $|K_2^0\rangle$-Komponente übrig. Nach (12.10) wissen wir aber, das K_2^0 aus gleichen Teilen K^0 und $\overline{K^0}$ besteht. Ein reiner K^0- oder $\overline{K^0}$-Zustand entwickelt sich letztlich in einen Zustand mit gemischter Strangeness. Man nennt dieses auch experimentell gesicherte Phänomen $K^0 - \overline{K^0}$- oder Strangenessoszillation. Um die Anwesenheit eines $\overline{K^0}$-Mesons nach der Zeitentwicklung eines reinen K^0-Zustandes nachzuweisen, untersucht man die Wechselwirkungen neutraler Kaonen als Funktion des Abstandes vom Erzeugungspunkt der Kaonen. An diesem Punkt befinde sich das System in einem reinen $S = +1$-Zustand, zerfällt jedoch die K_1^0-Komponente, so beginnt sich die $\overline{K^0}$-Komponente zu entwickeln und wechselwirkt stark mit dem Medium (zum Beispiel Protonen), dabei werden Hyperonen mit $S = -1$ gebildet:

$$\overline{K^0} + p \rightarrow \Sigma^+ + \pi^+ + \pi^- \tag{12.15}$$
$$\overline{K^0} + p \rightarrow \Lambda^0 + \pi^+ + \pi^0.$$

Die Erhaltung der Strangeness erlaubt auf der anderen Seite die Erzeugung von Hyperonen aus K^0-Mesonen nicht:

$$K^0 + p \not\rightarrow \Sigma^+ + \pi^+ + \pi^-$$
$$K^0 + p \not\rightarrow \Lambda^0 + \pi^+ + \pi^0.$$

Der Nachweis von Hyperonen im Medium ist daher ein Signal, welches die Existenz von $\overline{K^0}$-Mesonen anzeigt. In der Nähe des Erzeugungspunktes der K^0-

Mesonen gibt es kein $\overline{K^0}$, deshalb findet man in Experimenten auch keine sekundären Reaktionen der Art (12.15). Verfolgt man die entweichenden Kaonen weiter, ist jedoch die Anwesenheit von $\overline{K^0}$ evident, wie man aus dem Nachweis von Hyperonen schlußfolgern kann.

Das Phänomen der $K^0 - \overline{K^0}$-Oszillation gestattet es, kleine Differenzen zwischen K_1^0 und K_2^0 zu messen. Die dabei verwendete Technik gleicht der früher besprochenen, die man zur Suche nach einem endlichen Wert für die Masse des Neutrinos verwendet. Ebenso sucht man nach Oszillationen zwischen Neutron und Antineutron. Allerdings ist das $K^0 - \overline{K^0}$-System bisher das einzige System, welches diesen interessanten Quanteneffekt besitzt.

K_1^0-Regeneration

Wir wollen uns nun einem anderen interessanten Prozeß des K^0–$\overline{K^0}$-Systems, der K_1^0-Regeneration, zuwenden. Abraham Pais und Oreste Piccioni waren die ersten, die auf diese Regeneration aufmerksam machten. Man geht dabei von der Tatsache aus, daß der Wirkungsquerschnitt für Wechselwirkungen von $\overline{K^0}$ mit Nukleonen größer ist als der von K^0. (Man sollte auch $\sigma(\overline{K^0}N) > \sigma(K^0N)$ erwarten, da $\overline{K^0}$–N-Stöße die gleichen Teilchen erzeugen wie K^0–N-Stöße und zusätzlich noch Hyperonen entstehen (siehe (12.15)).) Wir betrachten nun einen Strahl von K^0-Mesonen, der sich im Vakuum (durch K_1^0-Zerfall) in einen reinen K_2^0-Strahl verwandelt. Die K_2^0-Mesonen sollen nun mit einem Target wechselwirken. Da die Absorption der $\overline{K^0}$-Komponente größer ist als die der K^0-Komponente von K_2^0, verändert sich das Mischungsverhältnis von K_0 und $\overline{K^0}$ im K_2^0-Strahl. Für den Fall, daß alle $\overline{K^0}$-Mesonen durch Wechselwirkung mit dem Target aus dem Strahl entfernt wurden, bleibt ein reiner K^0-Strahl, und damit eine gleichwertige Mischung von K_1^0 und K_2^0, zurück. Beginnt man also mit einem K_2^0-Strahl und leitet diesen durch ein Medium, so können die K_1^0-Mesonen regeneriert werden. Dieser Effekt wurde im Experiment gut bestätigt.

Der K_1^0-Regenerationseffekt erscheint auf den ersten Blick etwas exotisch, es gibt jedoch in der Optik eine einfache Analogie; die Absorption von linear polarisiertem Licht. So, wie man K^0 und $\overline{K^0}$ durch die Basisvektoren K_1^0 und K_2^0 ausdrücken kann und umgekehrt, läßt sich Licht, welches entlang der Richtungen $\hat{x}$ oder $\hat{y}$ polarisiert ist, durch die Polarisationsvektoren $\hat{u}$ und $\hat{v}$ beschreiben, die relativ zu $\hat{x}$ und $\hat{y}$ um den Winkel 45 Grad gedreht sind (siehe Abb. 12.3). Schicken wir Licht, das linear entlang $\hat{y}$ polarisiert ist, durch einen Filter, der Licht entlang $\hat{v}$ absorbiert (ein Filter also, der zu $\hat{y}$ um 45 Grad gedreht ist), dann ist das durchgelassene Licht in Richtung $\hat{u}$ polarisiert. Dieses Licht kann nun in die Richtungen $\hat{x}$ und $\hat{y}$ zerlegt werden und ergibt eine gleichwertige Mischung beider Komponenten. Beginnt man also mit in $\hat{y}$-Richtung polarisier-

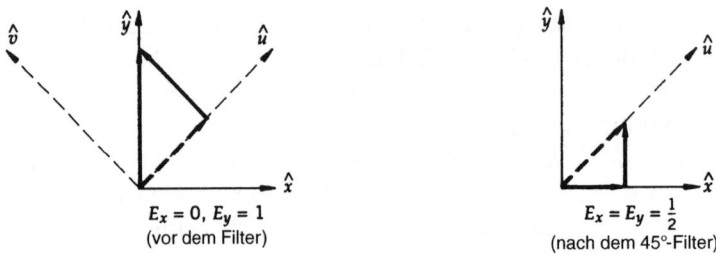

Abb. 12.3 Polarisationsvektor eines elektrischen Feldes vor und nach einem Filter, der Licht im Winkel von 45 Grad ($\hat{u}$) durchläßt.

tem Licht (oder mit einem $\overline{K^0}$-Strahl), und absorbieren wir die Komponente in Richtung $\hat{v}$ (schwächen selektiv die $\overline{K^0}$-Komponente von K_2^0), dann entsteht eine Komponente, die orthogonal zur Polarisation des Ausgangslichtes polarisiert ist, nämlich in $\hat{x}$-Richtung (der orthogonale K_1^0-Zustand wird regeneriert).

Verletzung der *CP*-Invarianz

Da $|K_2^0\rangle$ ein Zustand mit dem *CP*-Eigenwert -1 ist, kann ein solcher Zustand, für den Fall, daß *CP* eine Erhaltungsgröße der schwachen Kraft ist, nicht in zwei Pionen zerfallen. Die folgenden Übergänge sollten also nicht auftreten:

$$K_2^0 \not\to \pi^0 + \pi^0 \tag{12.16}$$
$$K_2^0 \not\to \pi^+ + \pi^-.$$

Ein Experiment von James Christenson, James Cronin, Val Fitch und René Turlay aus dem Jahre 1963 zeigte aber, daß die langlebige Komponente von K^0 in der Tat in zwei Pionen zerfällt. Daraus folgt, daß die langlebige und die kurzlebige Komponente von K^0 nicht die K_1^0- und K_2^0-Zustände sein müssen, die ja Eigenzustände von *CP* sind, wir nennen sie deshalb K_L^0 und K_K^0 (L für Lang und K für Kurz). Die Häufigkeit der Zerfälle von K_L^0 in $\pi^0\pi^0$ und $\pi^+\pi^-$ beträgt etwa 0,1% der Gesamtrate:

$$\frac{K_L^0 \to \pi^+\pi^-}{K_L^0 \to \text{alle}} = 2 \cdot 10^{-3}, \quad \frac{K_L^0 \to \pi^0\pi^0}{K_L^0 \to \text{alle}} = 9 \cdot 10^{-4}. \tag{12.17}$$

Aus der Lebensdauer von K_L^0 und K_K^0 (12.5) folgt, daß die Zerfallsrate von $K_L^0 \to 2\pi$ das etwa $5 \cdot 10^{-6}$-fache der Zerfallsrate des kurzlebigen K_K^0 in zwei Pionen beträgt.

Das Experiment von Cronin, Fitch und Mitarbeitern enthielt einen reinen K^0-Strahl mit einem Impuls von ~ 1 GeV/c in einer etwa 15 Meter langen evakuierten Röhre. Die kurzlebige Komponente im Strahl sollte vollständig zerfallen sein, wenn dieser am Ende der Röhre angelangt ist ($\langle l_{K_s^0}\rangle = \gamma\beta c\tau_{K_s^0} \sim 6$ cm). Das Ziel des Experimentes war die Suche nach 2π-Zerfällen am Ende der Röhre, um einen besseren oberen Grenzwert für den 2π-Zerfall von K_2^0 zu erhalten, stattdessen fand man jedoch 2π-Zerfälle, die das erste Anzeichen einer Verletzung der *CP*-Invarianz waren.

Wie wir bereits am Anfang des Kapitels betonten, ist die Verletzung der *CP*-Symmetrie wichtig für das Verständnis der Materie-Antimaterie-Asymmetrie im Universum. Der Charakter der *CP*-Verletzung ist jedoch in gewissem Sinne ungewöhnlich. So ist die Paritätsverletzung in schwachen Prozessen maximal, die *CP*-Verletzung jedoch nur infinitesimal. Praktisch kann man die *CP*-Quantenzahlen als Erhaltungsgrößen betrachten. Die *CP*-Verletzung manifestiert sich nur in einigen isolierten Systemen wie dem K^0–$\overline{K^0}$-System. Man kann also die *CP*-Transformation fast immer als Symmetrie des Systems betrachten.

Anders als die Paritätsverletzung läßt sich die *CP*-Verletzung nicht so einfach in die Theorien einbauen. Zwei mögliche Zugänge gibt es dafür:

1. Man geht davon aus, daß die schwache Hamilton-Funktion unter *CP*-Transformationen nicht invariant ist; damit sind die Eigenzustände der Hamilton-Funktion nicht Eigenzustände des *CP*-Operators. In diesem Fall sind die physikalischen Zustände Überlagerungen von *CP*-geraden und *CP*-ungeraden Zuständen.

2. Die Alternative dazu ist die Annahme, daß die Hamilton-Funktion *CP*-invariant ist und daß damit ihre Eigenzustände auch Eigenzustände von *CP* sind. Es existiert dann jedoch eine zusätzliche Wechselwirkungs-Hamilton-Funktion, die nur auf solche Systeme wie das der K^0-Mesonen wirkt. Diese neue Hamilton-Funktion ist nicht *CP*-invariant und damit die Quelle der *CP*-Verletzung.

Wir wollen die beiden Möglichkeiten etwas detaillierter untersuchen.

Im ersten Fall ist die Hamilton-Funktion unter *CP*-Transformationen nicht invariant. Die Verletzung der Invarianz ist jedoch sehr klein. Wir erwarten deshalb, daß die Eigenzustände der physikalischen Teilchen sich nur infinitesimal von den Eigenzuständen des *CP*-Operators unterscheiden. Wir definieren die beiden Eigenzustände der schwachen Hamilton-Funktion wie folgt:

$$
\begin{aligned}
|K_{\mathrm{K}}^0\rangle &= \frac{1}{\sqrt{2(1+|\epsilon|^2)}}\left((1+\epsilon)|K^0\rangle - (1-\epsilon)|\overline{K^0}\rangle\right) \\
&\quad - \frac{1}{\sqrt{2(1+|\epsilon|^2)}}\left[(|K^0\rangle - |\overline{K^0}\rangle) + \epsilon(|K^0\rangle + |\overline{K^0}\rangle)\right] \\
&= \frac{1}{\sqrt{(1+|\epsilon|^2)}}(|K_1^0\rangle + \epsilon|K_2^0\rangle)
\end{aligned}
\tag{12.18}
$$

$$|K_L^0\rangle = \frac{1}{\sqrt{2(1+|\epsilon|^2)}}((1+\epsilon)|K^0\rangle + (1-\epsilon)|\overline{K^0}\rangle)$$

$$= \frac{1}{\sqrt{2(1+|\epsilon|^2)}}\left[(|K^0\rangle + |\overline{K^0}\rangle) + \epsilon(|K^0\rangle - |\overline{K^0}\rangle)\right]$$

$$= \frac{1}{\sqrt{(1+|\epsilon|^2)}}(|K_2^0\rangle + \epsilon|K_1^0\rangle). \tag{12.19}$$

Hier ist ϵ ein infinitesimaler, komplexer Parameter, der die Abweichung der K_L^0-und K_K^0-Zustände von den wahren *CP*-Eigenzuständen und damit die Verletzung der *CP*-Symmetrie im System beschreibt. Wir haben, mit anderen Worten, die physikalischen kurz- und langlebigen neutralen Kaonen als Mischungen der *CP*-Eigenzustände konstruiert. Diese können also nicht Eigenzustände von *CP* sein, wie man sich leicht überzeugen kann:

$$CP|K_K^0\rangle = \frac{1}{\sqrt{(1+|\epsilon|^2)}}(CP|K_1^0\rangle + \epsilon CP|K_2^0\rangle)$$

$$= \frac{1}{\sqrt{(1+|\epsilon|^2)}}(|K_1^0\rangle - \epsilon|K_2^0\rangle) \neq |K_K^0\rangle. \tag{12.20}$$

$$CP|K_L^0\rangle = \frac{1}{\sqrt{(1+|\epsilon|^2)}}(CP|K_2^0\rangle + \epsilon CP|K_1^0\rangle)$$

$$= \frac{1}{\sqrt{(1+|\epsilon|^2)}}(-|K_2^0\rangle + \epsilon|K_1^0\rangle) \neq -|K_L^0\rangle. \tag{12.21}$$

Diese neuen physikalischen Zustände sind nicht einmal mehr orthogonal:

$$\langle K_L^0|K_K^0\rangle = \frac{1}{1+|\epsilon|^2}((\langle K_2^0| + \epsilon^*\langle K_1^0|)(|K_1^0\rangle + \epsilon|K_2^0\rangle)$$

$$= \frac{1}{1+|\epsilon|^2}(\epsilon\langle K_2^0|K_2^0\rangle + \epsilon^*\langle K_1^0|K_1^0\rangle)$$

$$= \frac{\epsilon + \epsilon^*}{1+|\epsilon|^2} = \frac{2\,\mathrm{Re}\,\epsilon}{1+|\epsilon|^2} = \langle K_S^0|K_K^0\rangle. \tag{12.22}$$

Dieses Fehlen der Orthogonalität ist in gewissem Sinne erwartet, da beide Zustände die ·gleichen Zerfallskanäle verwenden (zum Beispiel die 2π- und 3π-Moden), und dieses Fehlen von Orthogonalität ist ein anderes Maß für das Ausmaß der *CP*-Verletzung. In diesem Szenario ist es nur der Zustand $|K_1^0\rangle$, der in zwei Pionen zerfällt. Da $|K_L^0\rangle$ eine kleine Beimischung von $|K_1^0\rangle$ enthält, besitzt es jedoch ebenfalls eine kleine Wahrscheinlichkeit, in zwei Pionen zu zerfallen.

Wir wollen nun das Verhältnis der Zerfallsamplituden von K_L^0 und K_K^0 durch die komplexen Zahlen η_{+-} und η_{00} parametrisieren.

$$\eta_{+-} = \frac{\mathrm{Amp}\,(K_L^0 \to \pi^+ + \pi^-)}{\mathrm{Amp}\,(K_K^0 \to \pi^+ + \pi-)} \tag{12.23}$$

$$\eta_{00} = \frac{\text{Amp}\,(K_\text{L}^0 \to \pi^0 + \pi^0)}{\text{Amp}\,(K_\text{K}^0 \to \pi^0 + \pi^0)}$$

Während diese Zerfälle in den Kanälen $\Delta I = \frac{1}{2}$ oder $\frac{3}{2}$ möglich sind, zeigt es sich in Experimenten, daß die Amplitude für $\Delta I = \frac{3}{2}$ stark unterdrückt wird. Wir nehmen deshalb der Einfachheit halber an, die Zerfälle finden bei $\Delta I = \frac{1}{2}$ statt, dies impliziert, daß das 2π-System im $I = 0$-Zustand der Isospins ist. Aus den Definitionen von $|K_K^0\rangle$ und $|K_L^0\rangle$ in (12.18) und (12.19) folgt dann

$$\eta_{+-} = \eta_{00} = \epsilon. \tag{12.24}$$

Wir erwarten also in diesem Fall, daß die beiden Verhältnisse der Amplituden für die Zerfallskanäle in (12.23) gleich sind. Die experimentellen Ergebnisse bestätigen diesen Schluß:

$$\begin{aligned}
|\eta_{+-}| &= (2{,}27 \pm 0{,}02) \cdot 10^{-3}\\
\phi_{+-} &= (47 \pm 1)\,\text{grd}\\
|\eta_{00}| &= (2{,}25 \pm 0{,}02) \cdot 10^{-3}\\
\phi_{00} &= (47 \pm 2)\,\text{grd}.
\end{aligned} \tag{12.25}$$

wobei wir die Parametrisierungen

$$\eta_{pm} = |\eta_\pm| e^{i\phi_\pm} \tag{12.26}$$

und

$$\eta_{00} = |\eta_{00}| e^{i\phi_{00}} \tag{12.27}$$

verwandt haben.

Für das andere Szenario, in dem wir angenommen haben, daß die physikalischen Zustände *CP*-Eigenzustände sind und die *CP*-Verletzung der Existenz einer zusätzlichen schwächeren Hamilton-Funktion zuschreiben, die direkt zum Zerfall der Kaonen beiträgt, gibt es viele mögliche Modelle. Man nennt diese Modelle in Abhängigkeit von der erwarteten Stärke der Wechselwirkungen meist minischwache oder superschwache Theorien. In diesen Theorien ist die *CP*-Verletzung eine Eigenschaft der Kaonen und tritt bei anderen Systemen nicht auf. Die einfachste dieser phänomenologischen Theorien, die mit dem Experiment im Einklang sind, ist die superschwache Theorie von Lincoln Wolfenstein. Hier verändert die *CP* verletzende Hamilton-Funktion die Strangeness von K^0 um zwei Einheiten ($|\Delta S| = 2$). In diesem Modell ist die *CP*-Verletzung ein Prozeß erster Ordnung und demzufolge ist die Stärke der Hamilton-Funktion deutlich schwächer. Die superschwache Hamilton-Funktion ist in der Tat etwa 10^{-8} Mal schwächer als die konventionelle schwache Hamilton-Funktion. (Daher auch der Name superschwache Theorie.) Man erhält in dieser Theorie das experimentell bestätigte Ergebnis $\eta_{+-} = \eta_{00}$, und sie ist mit dem ersteren Szenario identisch, zumindest wenn der $\Delta I = \frac{3}{2}$-Kanal vernachlässigt wird. Die

Hinzunahme des $\Delta I = \frac{3}{2}$-Kanals verändert die Vorhersagen der Theorie nicht, liefert jedoch kleine Beiträge zu Größen, die das Standardmodell für das erste Szenario vorhersagt. Obwohl im Moment die superschwache Theorie noch mit den Experimenten übereinstimmt, wird im allgemeinen angenommen, daß die *CP*-Verletzung von der Nichtinvarianz der schwachen Hamilton-Funktion herrührt. Die Frage, ob ein direkter Zerfall der K_2^0-Komponente in zwei Pionen existiert, kann noch nicht befriedigend beantwortet werden.

Zeitliche Entwicklung und Analyse des K^0–$\overline{K^0}$-Systems

Tritt keine schwache Wechselwirkung auf, so sind, wie wir wissen, die Zustände $|K^0\rangle$ und $|\overline{K^0}\rangle$ Eigenzustände der starken Hamilton-Funktion und beschreiben verschiedene Teilchen- und Antiteilchenzustände. Diese sind stationäre Zustände in einem zweidimensionalen Hilbert-Raum und können mit den Basisvektoren

$$|K^0\rangle \rightarrow \begin{pmatrix} 1 \\ 0 \end{pmatrix} \tag{12.28}$$

$$|\overline{K^0}\rangle \rightarrow \begin{pmatrix} 0 \\ 1 \end{pmatrix}$$

identifiziert werden. Nun kann jeder normierte allgemeine Zustand in diesem Raum als lineare Überlagerung dieser beiden Zustände geschrieben werden:

$$|\psi\rangle = \frac{1}{(|a|^2 + |b|^2)^{1/2}} (a|K^0\rangle + b|\overline{K^0}\rangle)$$

$$\rightarrow \frac{1}{(|a|^2 + |b|^2)^{1/2}} \begin{pmatrix} a \\ b \end{pmatrix}. \tag{12.29}$$

Bei Anwesenheit einer schwachen Kraft sind die Zustände (12.28) jedoch nicht mehr stationär. Sie können in mehreren schwachen Kanälen zerfallen. Die Beschreibung des K^0–$\overline{K^0}$-Systems erfordert in diesem Fall eine Erweiterung unseres Hilbert-Raumes durch die Hinzunahme der anderen Endzustände. Wir können uns aber auch auf den zweidimensionalen Hilbert-Raum beschränken und so unsere Rechnung vereinfachen, indem wir eine effektive Hamilton-Funktion einführen, die den Zerfall beschreibt. Da wir ein System beschreiben, dessen Zustände im Laufe der Zeit zerfallen, das heißt, deren Wahrscheinlichkeiten nicht erhalten bleiben, ist die effektive Hamilton-Funktion nicht länger hermitesch (siehe dazu auch (9.36)). Trotzdem wird die Zeitentwicklung eines allgemeinen zweidimensionalen Vektors in diesem Raum durch die zeitabhängige Schrödinger-Gleichung beschrieben

$$i\hbar \frac{\partial |\psi(t)\rangle}{\partial t} = H_{\text{eff}} |\psi(t)\rangle. \tag{12.30}$$

Dabei ist nun H_{eff} ein komplexer (nichthermitescher) 2×2-Matrixoperator, den wir in der Form

$$H_{\text{eff}} = M - \frac{i}{2}\Gamma \tag{12.31}$$

mit

$$M = \frac{1}{2}(H_{\text{eff}} + H_{\text{eff}}^{\dagger})$$
$$\Gamma = i(H_{\text{eff}} + H_{\text{eff}}^{\dagger})$$

schreiben. Dann gilt

$$M^{\dagger} = M \quad \text{oder} \quad M_{jk}^{*} = M_{kj}$$
$$\Gamma^{\dagger} = \Gamma \quad \text{oder} \quad \Gamma_{jk}^{*} = \Gamma_{kj}, \quad j, k = 1, 2. \tag{12.32}$$

Γ und M sind hier hermitesche 2×2-Matrizen. Ist Γ ungleich null, so gilt

$$H_{\text{eff}}^{\dagger} \neq H_{\text{eff}}. \tag{12.33}$$

Wie wir sehen, kann H_{eff}, da sie Zerfälle beschreiben soll, nicht hermitesch sein. Weiter nehmen wir an, Γ sei mit der Lebensdauer der Zustände verbunden.

Wir erhalten nun für die Zeitentwicklung von $|\psi\rangle$ aus (12.30):

$$i\hbar \frac{\partial |\psi(t)\rangle}{\partial t} = H_{\text{eff}}|\psi(t)\rangle = \left(M - \frac{i}{2}\Gamma \right) |\psi(t)\rangle$$
$$-i\hbar \frac{\partial \langle\psi(t)|}{\partial t} = \langle\psi(t)|H_{\text{eff}}^{\dagger} = \langle\psi(t)| \left(M + \frac{i}{2}\Gamma \right). \tag{12.34}$$

Man kann nun leicht zeigen, daß aus diesen Gleichungen die Beziehung

$$\frac{\partial \langle\psi(t)|\psi(t)\rangle}{\partial t} = -\frac{1}{\hbar}\langle\psi(t)|\Gamma|\psi(t)\rangle \tag{12.35}$$

folgt. Da die Zerfälle die Wahrscheinlichkeit des Systems reduzieren, muß die Matrix Γ für jeden Zustand in unserem zweidimensionalen Raum die Forderung

$$\langle\psi(t)|\Gamma|\psi(t)\rangle \geq 0 \tag{12.36}$$

erfüllen. Mit anderen Worten, die Matrix Γ muß verschwindende oder positive Eigenwerte besitzen. Wie vorausgesetzt, beschreibt Γ die Zerfallscharakteristiken des Systems. Die Eigenwerte der Matrix M, die den Realteilen der Energieniveaus des Systems entsprechen, definieren die Massen der Zustände in ihrem eigenen Ruhesystem ($p = 0$). Man nennt deshalb M die *Massenmatrix* und Γ die *Zerfallsmatrix*.

Stellen wir H_{eff} als allgemeine 2×2-Matrix der Form

$$H_{\text{eff}} = \begin{pmatrix} A & B \\ C & D \end{pmatrix} \tag{12.37}$$

dar, so folgt aus Gleichung (12.28)

$$\langle K^0 | H_{\text{eff}} | K^0 \rangle = A$$
$$\langle \overline{K^0} | H_{\text{eff}} | \overline{K^0} \rangle = D. \tag{12.38}$$

Die Forderung nach Invarianz von H_{eff} unter *CPT*-Transformation liefert die Bedingung

$$A = D. \tag{12.39}$$

Wir schreiben deshalb die allgemeine Form von H_{eff} konsistent mit der *CPT*-Invarianz wie folgt:

$$H_{\text{eff}} = \begin{pmatrix} A & B \\ C & A \end{pmatrix}. \tag{12.40}$$

Wir wollen nun die Eigenzustände von H_{eff} konstruieren. Dazu parametrisieren wir die zwei Eigenzustände:

$$|K_{\text{K}}^0\rangle = \frac{1}{(|p|^2 + |q|^2)^{1/2}} (p|K^0\rangle + q|\overline{K^0}\rangle)$$

$$\rightarrow \frac{1}{(|p|^2 + |q|^2)^{1/2}} \begin{pmatrix} p \\ q \end{pmatrix}$$

$$|K_{\text{L}}^0\rangle = \frac{1}{(|r|^2 + |s|^2)^{1/2}} (r|K^0\rangle + s|\overline{K^0}\rangle)$$

$$\rightarrow \frac{1}{(|r|^2 + |s|^2)^{1/2}} \begin{pmatrix} r \\ s \end{pmatrix}, \tag{12.41}$$

wobei p, q, r, s komplexe Zahlen sind, die die K_{K}^0- und K_{L}^0-Eigenzustände von H_{eff} definieren, während die Eigenwerte im Ruhesystem des Teilchens ($p = 0$) gleich $m_{\text{K}} - (i/2)\gamma_{\text{K}}$ und $m_{\text{L}} - (i/2)\gamma_{\text{L}}$ sind.

$$H_{\text{eff}} |K_{\text{K}}^0\rangle = \left(m_{\text{K}} - \frac{i}{2}\gamma_{\text{K}} \right) |K_{\text{K}}^0\rangle$$

$$H_{\text{eff}} |K_{\text{L}}^0\rangle = \left(m_{\text{L}} - \frac{i}{2}\gamma_{\text{L}} \right) |K_{\text{L}}^0\rangle \tag{12.42}$$

Dabei entsprechen $m_{\text{L}}, m_{\text{K}}$ den Massen und $\gamma_{\text{L}}, \gamma_{\text{K}}$ den Breiten der beiden Eigenzustände. In der Basis der K_{K}^0, K_{L}^0-Eigenzustände sind die Diagonalelemente von H_{eff} natürlich die beiden Eigenwerte (12.42). In dieser Basis ist die Summe der Eigenwerte gleich der Spur (Tr) von H_{eff}. Da die Spur einer Matrix für alle Basen gleich ist, ist $\text{Tr}(H_{\text{eff}})$ immer gleich der Summe der beiden Eigenwerte. Wir erhalten damit aus (12.40)

$$\text{Tr}(H_{\text{eff}}) = 2A = \left(m_K - \frac{i}{2}\gamma_K \right) + \left(m_L - \frac{i}{2}\gamma_L \right)$$

oder

$$A = \frac{1}{2}(m_K + m_L) - \frac{i}{4}(\gamma_K + \gamma_L). \tag{12.43}$$

Schreiben wir die erste Gleichung in (12.42) aus, so erhalten wir

$$\begin{pmatrix} A & B \\ C & A \end{pmatrix} \begin{pmatrix} p \\ q \end{pmatrix} = \left(m_K - \frac{i}{2}\gamma_K \right) \begin{pmatrix} p \\ q \end{pmatrix}$$

oder

$$\begin{pmatrix} A - m_K + \frac{i}{2}\gamma_K & B \\ C & A-, m_K + \frac{i}{2}\gamma_K \end{pmatrix} \begin{pmatrix} p \\ q \end{pmatrix} = 0. \tag{12.44}$$

Gleichung (12.44) definiert ein System gekoppelter linearer homogener Gleichungen in den Unbekannten p und q, eine nichttriviale Lösung existiert nur, wenn die Determinante der Koeffizientenmatrix verschwindet. Für eine nichttriviale Lösung muß also gelten:

$$\det \begin{pmatrix} A - m_K + \frac{i}{2}\gamma_K & B \\ C & A - m_K + \frac{i}{2}\gamma_K \end{pmatrix} = 0 \tag{12.45}$$

oder

$$BC = \left(A - m_K + \frac{i}{2}\gamma_K \right)^2 = \left[\frac{1}{2}(m_L - m_K) - \frac{i}{4}(\gamma_L - \gamma_K) \right]^2$$

oder

$$\frac{1}{2}(m_L - m_K) - \frac{i}{4}(\gamma_L - \gamma_K) = \pm\sqrt{BC}. \tag{12.46}$$

Setzt man dies wieder in (12.44) ein, dann erhält man für die Koeffizienten p und q die Bedingung

$$\frac{p}{q} = \pm\sqrt{\frac{B}{C}}. \tag{12.47}$$

Aus der zweiten Gleichung erhält man analog die Beziehung

$$\frac{r}{s} = \mp\sqrt{\frac{B}{C}} = -\frac{p}{q}. \tag{12.48}$$

Wählen wir also $r = p$ und $s = -q$, dann folgt

$$|K_K^0\rangle = \frac{1}{(|p|^2 + |q|^2)^{1/2}} (p|K^0\rangle + q|\overline{K^0}\rangle)$$

$$|K_L^0\rangle = \frac{1}{(|p|^2 + |q|^2)^{1/2}} (p|K^0\rangle - q|\overline{K^0}\rangle). \tag{12.49}$$

Die in den Gleichungen (12.18) und (12.19) getroffene Wahl entspricht damit

$$p = 1 + \epsilon, \quad q = -(1 - \epsilon). \tag{12.50}$$

Werden die Gleichungen (12.49) invertiert, erhalten wir

$$|K^0\rangle = \frac{(|p|^2 + |q|^2)^{1/2}}{2p} (|K_K^0\rangle + |K_L^0\rangle) \tag{12.51}$$

$$|\overline{K^0}\rangle = \frac{(|p|^2 + |q|^2)^{12}}{2q} (|K_K^0\rangle - |K_L^0\rangle).$$

Da $|K_K^0\rangle$ und $|K_L^0\rangle$ Eigenzustände von H_{eff} sind, können wir mit (12.30) und (12.42) schreiben:

$$|K_K^0(t)\rangle = e^{-(i/\hbar)(m_K - (i/2)\gamma_K)t}|K_K^0\rangle$$

$$|K_L^0(t)\rangle = e^{-(i/\hbar)(m_L - (i/2)\gamma_L)t}|K_L^0\rangle. \tag{12.52}$$

Diese Zustände zerfallen offensichtlich im Laufe der Zeit, die Lebensdauer der beiden Zustände beträgt

$$\tau_K = \frac{\hbar}{\gamma_K}$$

$$\tau_L = \frac{\hbar}{\gamma_L}. \tag{12.53}$$

Diese entsprechen offensichtlich den früher zitierten Zeiten $\tau_K \simeq 0{,}9 \cdot 10^{-10}$ s und $\tau_L \simeq 5 \cdot 10^{-8}$ s. Die Parameter m_K und m_L können mit den Massen des langlebigen und des kurzlebigen Teilchens identifiziert werden. Man beachte, daß Masse und Lebensdauer nicht identisch sein müssen, da K_K^0 und K_L^0 nicht des jeweils anderen Antiteilchen sind (im Gegensatz zu K^0 und $\overline{K^0}$).

Wir nehmen nun an, es gäbe am Anfang einen reinen K^0-Strahl. Die Entwicklung eines solchen Strahles ergibt sich aus (12.51) und (12.52) wie folgt:

$$|K^0(t)\rangle = \frac{(|p|^2 + |q|^2)^{1/2}}{2p} (|K_K^0(t)\rangle + |K_L^0(t)\rangle)$$

$$= \frac{(|p|^2 + |q|^2)^{1/2}}{2p} \left[e^{-(i/\hbar)(m_K - (i/2)\gamma_K)t}|K_K^0\rangle \right.$$

$$\left. + e^{-(i/\hbar)(m_L - (i/2)\gamma_L)t}|K_L^0\rangle \right]$$

$$= \frac{(|p|^2 + |q|^2)^{1/2}}{2p}$$

$$\left[e^{-(i/\hbar)(m_\text{K} - (i/2)\gamma_\text{K})t} \frac{1}{(|p|^2 + |q|^2)^{1/2}} (p|K^0\rangle + q|\overline{K^0}\rangle) \right.$$

$$\left. + e^{-(i/\hbar)(m_\text{L} - (i/2)\gamma_\text{L})t} \frac{1}{(|p|^2 + |q|^2)^{1/2}} (p|K^0\rangle - q|\overline{K^0}\rangle) \right]$$

$$= \frac{1}{2p} \left[p(e^{-(i/\hbar)(m_\text{K} - (i/2)\gamma_\text{K})t} + e^{-(i/\hbar)(m_\text{L} - (i/2)\gamma_\text{L})t})|K^0\rangle \right.$$

$$\left. + q(e^{-(i/\hbar)(m_\text{K} - (i/2)\gamma_\text{K})t} - e^{-(i/\hbar)(m_\text{L} - (i/2)\gamma_\text{L})t})|\overline{K^0}\rangle \right].$$

$$(12.54)$$

Die Wahrscheinlichkeit, den Zustand $|K^0\rangle$ im Strahl zu einem späteren Zeitpunkt zu finden, lautet dann:

$$P(K^0, t) = |\langle K^0 | K^0(t)\rangle|^2$$

$$= \frac{1}{4} |(e^{-(i/\hbar)(m_\text{K} - (i/2)\gamma_\text{K})t} + e^{-(i/\hbar)(m_\text{L} - (i/2)\gamma_\text{L})t})|^2$$

$$= \frac{1}{4} (e^{-(\gamma_\text{K} t/\hbar)}$$

$$+ e^{-(\gamma_\text{L} t/\hbar)} + e^{-(1/2\hbar)(\gamma_\text{K} + \gamma_\text{L})t} \cdot 2\cos(m_\text{L} - m_\text{K})t/\hbar)$$

$$= \frac{1}{4} e^{-t/\tau_\text{K}} + \frac{1}{4} e^{-t/\tau_\text{L}} + \frac{1}{2} e^{-1/2(1/\tau_\text{K} + 1/\tau_\text{L})t} \cos\frac{\Delta m t}{\hbar}. \qquad (12.55)$$

Dabei ist die Massendifferenz wie folgt definiert:

$$\Delta m = m_\text{L} - m_\text{K}. \qquad (12.56)$$

Analog berechnet sich die Wahrscheinlichkeit, den Zustand $|\overline{K^0}\rangle$ zur Zeit t im $|K^0\rangle$ Strahl zu finden:

$$P(\overline{K^0}, t) = |\langle \overline{K^0} | K^0(t)\rangle|^2$$

$$= \left|\frac{p}{q}\right|^2 \left[\frac{1}{4} e^{-t/\tau_\text{K}} + \frac{1}{4} e^{-t/\tau_\text{L}} - \frac{1}{2} e^{-1/2(1/\tau_\text{K} + 1/\tau_\text{L})t} \cos\frac{\Delta m t}{\hbar} \right].$$

$$(12.57)$$

Aus den Gleichungen (12.56) und (12.57) folgt, daß für den Fall identischer Massen, das heißt für $\Delta m = 0$, die Strahlintensitäten exponentiell mit zwei charakteristischen Zeiten abfallen. Experimentell wird jedoch ein oszillierendes Verhalten (Strangeness-Oszillation) ebenfalls beobachtet, ein Indiz für eine endliche Massendifferenz der beiden Teilchen. Man kann diese Massenaufspaltung aus der Periode der Oszillation messen und erhält den Wert:

$$\Delta m = m_\text{L} - m_\text{K} \simeq 3{,}5 \cdot 10^{-12} \,\text{MeV}/c^2. \qquad (12.58)$$

Diese Massendifferenz ist in der Tat sehr klein (man erinnere sich an $m_{K^0} \sim 500$ MeV/c^2), bringt man sie zu einer möglichen Massendifferenz im K^0–$\overline{K^0}$-System in Verbindung, so sieht man, daß die *CPT*-Invarianz für neutrale Kaonen mit großer Genauigkeit gilt. Ebenfalls liegt nahe, daß die K^0–$\overline{K^0}$-Mischung ein Effekt zweiter Ordnung in der schwachen Hamilton-Funktion ist und daß für nichtleptonische schwache Prozesse $|\Delta S| = 1$ gilt. (Ein direkter K^0–$\overline{K^0}$-Übergang würde $|\Delta S| = 2$ ergeben.)

Man kann nun auch, ausgehend von (12.54), die Wahrscheinlichkeit zur Zeit t berechnen, ein $|K^0_L\rangle$ oder $|K^0_K\rangle$ im Strom zu finden. Da sowohl $|K^0_L\rangle$ als auch $|K^0_K\rangle$ in $\pi^+\pi^-$ zerfallen, kann durch Untersuchung der Zahl von $\pi^+\pi^-$- (oder $\pi^0\pi^0$-) Zerfällen als Funktion der Eigenzeit die quantenmechanische Interferenz der Zwei-Pionen-Zerfallsmoden von $|K^0_L\rangle$ und $|K^0_K\rangle$ beobachtet werden. Messen wir das Quadrat der Summe der Amplituden

$$||K^0_L \to 2\pi\rangle + |K^0_K \to 2\pi\rangle|^2, \tag{12.59}$$

dann erhält man aus diesen Daten Werte für die relativen Phasen ϕ_{+-} und ϕ_{00} aus den Interferenztermen in (12.59). In Abb. 12.4 werden solche Meßergebnisse gezeigt.

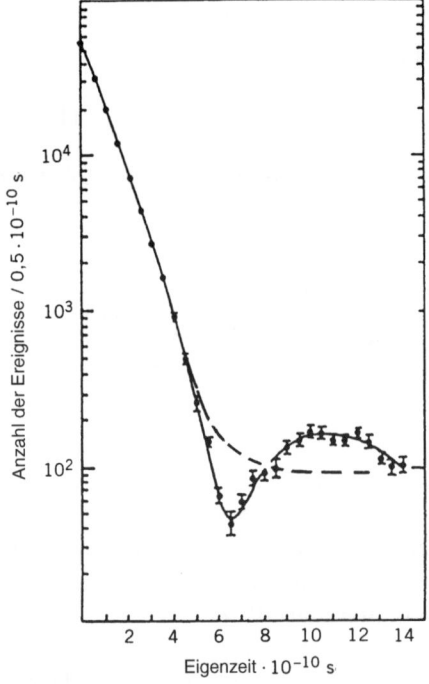

Abb. 12.4 Streudaten für $K^0_{L,K} \to \pi^+\pi^-$ als Funktion der Eigenzeit, nachdem ein K^0_L-Strahl einen Kohlenstofftregenerator durchlaufen hat. Die durchbrochene Linie zeigt die Gestalt der Streuung, wenn K^0_L–K^0_K-Interferenz nicht auftritt. Die durchgezogene Linie zeigt einen Fit, der die Interferenz einschließt, zur Bestimmung von ϕ_{+-}. (Nach W. C. Carithers et al., 1975. *Phys. Rev. Let.* **34**: 1244.)

Semileptonische K^0-Zerfälle

Aus den Untersuchungen der K^0- und $\overline{K^0}$-Erzeugungsprozesse (12.2) weiß man, daß der semileptonische Zerfall von K^0 ein Positron erzeugen muß, während beim Zerfall von $\overline{K^0}$ ein Elektron entsteht:

$$K^0 \rightarrow p^- + e^+ + \nu_e$$
$$\overline{K^0} \rightarrow \pi^+ + e^- + \bar{\nu}_e. \tag{12.60}$$

Unter einer CP-Transformation werden aus allen Teilchen, inclusive der Neutrinos, Antiteilchen. Deshalb können die oben angegebenen Zerfälle im Prinzip zusätzliche Einsichten in die Natur der CP-Verletzung ergeben.

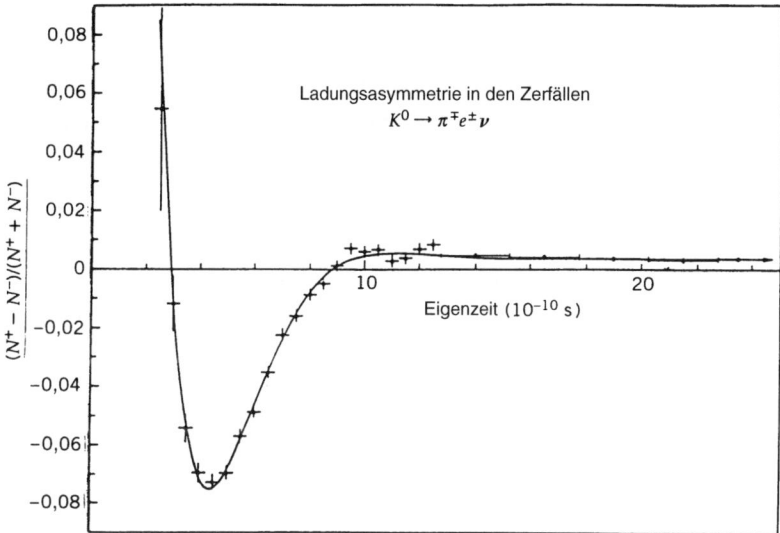

Abb. 12.5 Die für $K^0 \rightarrow \pi^- e^+ \nu$ und $\overline{K^0} \rightarrow \pi^+ e^- \bar{\nu}$ beobachtete Ladungsasymmetrie als Funktion der Eigenzeit für den Fall, daß der Ausgangsstrahl vorwiegend aus K^0-Mesonen bestand. Die beobachtete Interferenz ist von der K^0-$\overline{K^0}$-Massendifferenz abhängig. Für große Eigenzeiten stellt die Asymmetrie einen CP verletzenden Effekt dar und ist ein Maß für das Ungleichgewicht der Strangeness in K_L^0.
(Nach S. Gjesdal et al., 1974. *Phys. Lett.* **52B**: 113.)

Eine interessante Möglichkeit ist der Start mit einem Strahl, der ursprünglich nur aus K^0 oder K^0 besteht, und der Verwendung der Tatsache, daß Strangeness-oszillationen stattfinden, wodurch die Veränderungen der Zahl der Zerfälle von e^+ (bezeichnet mit N^+) und e^- (bezeichnet mit N^-) untersucht werden kann. (Siehe dazu die Gleichungen (12.55) und (12.57).) Zerfällt die K_K^0-Komponente, so entsteht ein reiner K_L^0-Strahl. Ist nun K_L^0 ein *CP*-Eigenzustand, dann besteht er aus einer gleichartigen Mischung von K^0 und $\overline{K^0}$; deshalb sollten gleich viele e^+- und e^--Zerfälle auftreten. Ist jedoch K_L^0 nicht Eigenzustand des *CP*-Operators, wird also die *CP*-Symmetrie im Kaonensystem verletzt, dann muß eine Asymmetrie in der e^+- und e^--Zahl erscheinen. Gehen im Laufe der Zeit die Oszillationen zu Ende (es gilt $\tau_K \ll \tau_L$), dann sollte eine Asymmetrie zwischen N^+ und N^-, die von der Stärke der K^0- und $\overline{K^0}$-Komponenten in K_L^0 abhängt, beobachtet werden. Die Asymmetrie wurde experimentell zu $\sim 3{,}3 \cdot 10^{-3}$ bestimmt (und entspricht $2\mathrm{Re}\,\epsilon$); sie kann zur Berechnung von $|q/p|^2$ in (12.57) verwandt werden. Man findet in Abb. 12.5 die Ergebnisse der Experimente.

Aufgaben

12.1 Man vernachlässige die *CP*-Verletzung und zeichne mit 10 % Genauigkeit die Wahrscheinlichkeit der Beobachtung von $\overline{K^0}$ als Funktion der Zeit in einem zum Zeitpunkt $t = 0$ nur aus K^0 bestehenden Strahl.

12.2 Man leite einen Ausdruck für die Geschwindigkeit des Prozesses $K^0 \rightarrow \pi^+\pi^-$ mit Hilfe der Parameter η_{+-} und ϕ_{+-} (aus (12.26)) als Funktion der Zeit ab. Man beginne mit einem reinen K^0-Strahl, der sich nach (12.54) entwickeln soll. Man ignoriere dabei die Normierung der Zerfallsrate.

Empfohlene Literatur

Frauenfelder, H. und Henley, E. M. 1991. *Subatomic Physics*. N.Y.: Prentice-Hall. (Englewood Cliffs).

Griffiths, D. 1987. *Introduction to Elementary Particles*. New York. (Wiley).

Kabir, P. K. 1968. *The CP Puzzle*. New York. (Academic Press).

Williams, W. S. C. 1991. *Nuclear and Particle Physics*. London/New York. (Oxford Univ. Press).

13 Das Standardmodell

Einführende Bemerkungen

Bei der Besprechung der Hadronen in Kapitel 9 wurden nur wenige, recht massearme Teilchen erwähnt. Mit dem Anwachsen der Energien, die an Beschleunigern zur Verfügung stehen, wurde es möglich, immer höher angeregte Zustände dieser Teilchen mit größeren Massen und größerem Spin zu erzeugen. Besonders Mitte der sechziger Jahre wurden viele neue Teilchen gefunden und es trat die Frage auf, ob sie alle als fundamentale Bestandteile der Materie zu betrachten sind. Wie wir bereits früher bemerkt haben, zeigen sogar die leichtesten Baryonen, Proton und Neutron indirekt eine Substruktur. So läßt sich aus dem anomal großen magnetischen Moment dieser Teilchen auf eine komplexe innere Ladungsverteilung folgern, eine besonders für das Neutron dramatische Erkenntnis. 1964 schlugen deshalb Murray Gell-Mann und George Zweig unabhängig voneinander, ausgehend vom beobachteten Spektrum der Hadronen, vor, alle diese Teilchen als aus Quarkkomponenten bestehend zu begreifen. Die physikalischen Eigenschaften dieser Komponenten sind ziemlich ungewöhnlich (siehe Tab. 9.5), man betrachtete sie deshalb anfangs mehr als Rechenhilfen denn als wirkliche physikalische Objekte.

Es zeigte sich nun in den späten sechziger Jahren, daß eine Reihe von Elektronenstreuexperimenten an Wasserstoff und Deuterium am Stanford Linear Accelerator Center (SLAC) durch die Annahme punktförmiger Objekte mit den Ladungen $-\frac{1}{3}e$ und $\frac{2}{3}e$ erklärbar waren. Diese von Jerome Friedman, Henry Kendall und Richard Taylor durchgeführten Experimente sind ein modernes Analogon zur Arbeit der Gruppe um Rutherford, nur daß nicht „punktförmige" Kerne in Atomen, sondern punktförmige „Quarks" oder „Partonen" das Ergebnis der inelastischen Streuung von Elektronen waren. (Man erinnere sich daran, daß bei Rutherfords Experimenten die Kerne elastisch gestreut wurden, so daß sie bei der Kollision mit den α-Teilchen nicht zerbrachen; die Streuung der Elektronen am SLAC erfolgte dagegen mit so großem Impulsübertrag, daß Protonen und Neutronen in Stücke brachen.)

So wurde Anfang der siebziger Jahre langsam klar, daß die Hadronen keine fundamentalen punktförmigen Teilchen sind. Auf der anderen Seite findet man bei Leptonen selbst für die größten möglichen Impulsüberträge bis heute keinen Hinweis auf eine Substruktur. Man betrachtet sie deshalb als Elementarteilchen, geht aber davon aus, daß Hadronen aus Quarks zusammengesetzt sind. Diese Erkenntnis – zunächst rein phänomenologisch – aus der Elektronenstreuung vermischte sich mit anderen Beobachtungen aus der Teilchenspektroskopie und dem Quarkmodell und gipfelt im heutigen Standardmodell. Das Standardmodell schließt alle heute bekannten fundamentalen Teilchen ein, Quarks, Leptonen und die Eichbosonen und liefert eine Theorie, die drei der fundamentalen Kräfte im Universum beschreibt – die starke, die schwache und die elektromagnetische Kraft.

Quarks und Leptonen

Wir wissen bereits, daß jedes geladene Lepton sein eigenes Neutrino besitzt und daß drei Familien (oder Flavors) von Leptonen existieren:

$$\begin{pmatrix} \nu_e \\ e^- \end{pmatrix} \quad \begin{pmatrix} \nu_\mu \\ \mu^- \end{pmatrix} \quad \text{und} \quad \begin{pmatrix} \nu_\tau \\ \tau^- \end{pmatrix}. \tag{13.1}$$

Dabei haben wir die in Verbindung mit der starken Isospinsymmetrie verwandte Konvention gebraucht, nach der die höheren Mitglieder eines Multipletts eine größere elektrische Ladung tragen. Die Bestandteile der Hadronen – die Quarks – kommen, glaubt man, ebenfalls in drei Familien vor (siehe Aufgabe 9.4):

$$\begin{pmatrix} u \\ d \end{pmatrix} \quad \begin{pmatrix} c \\ s \end{pmatrix} \quad \text{und} \quad \begin{pmatrix} t \\ b \end{pmatrix}. \tag{13.2}$$

Das top-Quark (t) ist bis jetzt noch nicht entdeckt worden[*], obwohl einige Experimente zur Suche nach Teilchen, die dieses Quark enthalten, laufen. Die Existenz der anderen Quarks – up (u), down (d), charm (c), strange (s) und bottom (b) – kann jedoch als gesichert gelten. In Tab. 9.5 findet man die Ladung und den Baryoneninhalt der verschiedenen Quarks. Alle Quarks tragen die Baryonenzahl $B = \frac{1}{3}$, die Ladungen sind:

$$Q[u] = Q[c] = Q[t] = +\frac{2}{3}e$$

---

[*]Inzwischen (Herbst 1994) gibt es erste Anzeichen, daß die Suche nach dem top-Quark erfolgreich sein könnte. Eine Arbeitsgruppe am $p\bar{p}$-Collider des Fermilab meldete Evidenz für das top-Quark. Seine Masse liegt bei etwa 170 MeV/c^2. Siehe dazu zum Beispiel *Phys. Bl.* **50** (1994) 10, S. 916. (Anm. d. Übersetzers.)

$$Q[d] = Q[s] = Q[b] = -\frac{1}{3}e. \tag{13.3}$$

Obwohl die gebrochenzahligen Ladungen indirekt nur für die u- und d-Quarks in Elektronenstreuexperimenten nachgewiesen werden konnten, liefert eine solche Ladungszuweisung phänomenologisch die Möglichkeit, die existierenden Hadronen als gebundene Zustände von Quarks zu klassifizieren. Quarks besitzen neben der Ladung auch andere Quantenzahlen (siehe Tab. 9.5). Da wir die Strangeness von K^+ als $+1$ definiert haben, folgt, wie wir bald sehen werden, die Zuweisung der Strangeness -1 für das s-Quark. c-, b- und t-Quark tragen entsprechend ihre eigenen Flavorquantenzahlen. Jedes Quark besitzt sein eigenes Antiquark mit entgegengesetzter Ladung und anderen inneren Quantenzahlen, wie zum Beispiel Charm oder Strangeness.

Quarkzusammensetzung der Mesonen

Quarks sind wie Leptonen punktförmige Fermionen. Sie besitzen, mit anderen Worten, den Spindrehimpuls $\frac{1}{2}$. Da Mesonen einen ganzzahligen Spin aufweisen, liegt es nahe, sie als Verbund einer geraden Anzahl von Quarks zu betrachten. Eine genaue Analyse ergibt in der Tat, daß jedes bekannte Meson als gebundener Zustand eines Quarks und eines Antiquarks beschrieben werden kann. So interpretiert man das π^+-Meson mit Spin null und Ladung $+1$ als den gebundenen Zustand

$$\pi^+ = u\bar{d}. \tag{13.4}$$

Damit lautet der gebundene Quarkzustand für das Antiteilchen des π^+, das π^--Meson

$$\pi^- = \bar{u}d. \tag{13.5}$$

Das elektrisch neutrale π^0-Meson kann im Prinzip als ein Quarkzustand eines beliebigen Quarks und seines Antiquarks beschrieben werden. Auf der anderen Seite führt die Überlegung, daß alle drei Pionen zu einem Isospinmultiplett gehören und deshalb die gleiche innerer Struktur besitzen sollten, zu der Annahme, daß die richtige Beschreibung von π^0 wie folgt lautet:

$$\pi^0 = \frac{1}{\sqrt{2}}(u\bar{u} - d\bar{d}). \tag{13.6}$$

Die seltsamen (strange) Mesonen beschreibt man analog als gebundene Zustände von Quark und Antiquark, wobei einer der Bestandteile eine von null verschiedene Strangenessquantenzahl trägt. Man erhält das folgende Ergebnis:

$$K^+ = u\bar{s}$$
$$K^- = \bar{u}s$$
$$K^0 = d\bar{s} \tag{13.7}$$
$$\overline{K^0} = \bar{d}s.$$

Wie man leicht durch Nachrechnen bestätigt, ergeben die Ladungszuweisungen und die Definition $S = -1$ für das s-Quark die richtigen Ergebnisse. Da nun hier Quarks mit neuen Quantenzahlen auftreten, sollten im Rahmen des Quarkmodells neue Mesonenarten existieren. Viele dieser neuen Mesonen wurden inzwischen gefunden. So entdeckten zum Beispiel Samuel Ting und Burton Richter unabhängig voneinander 1974 das ladungsneutrale Meson J/ψ; der erste Hinweis auf die Existenz des charm-Quarks. Denn in Analogie zum Positronium läßt es sich als gebundener Zustand des Charmonium beschreiben:

$$J/\psi = c\bar{c}. \tag{13.8}$$

Dieses Meson ist ein „normales" Meson in dem Sinne, daß sich die Charmquantenzahlen zu null addieren, seine Eigenschaften (Zerfälle) lasen sich jedoch nicht durch u-, d- und s-Quarks erklären. Natürlich existieren auch Mesonen mit „offenem" Charm:

$$D^+ = c\bar{d}$$
$$D^- = \bar{c}d$$
$$D^0 = c\bar{u} \tag{13.9}$$
$$\bar{D}^0 = \bar{c}u. \tag{13.10}$$

Man kann sich diese Mesonen als die Charmanaloga der K-Mesonen vorstellen, ihre Eigenschaften wurden im Laufe der Jahre sehr genau untersucht. Man definiert den Charmflavor von D^+ zu $+1$ in Analogie zu K^+, daraus folgt die Definition der Charmquantenzahl für das c-Quark zu $+1$. Es sind auch Mesonen bekannt, die sowohl Strangeness als auch Charm tragen, zwei dieser Quark-Antiquark-Zustände seien hier genannt:

$$D_s^+ = c\bar{s}$$
$$D_s^- = \bar{c}s. \tag{13.11}$$

Schließlich soll noch erwähnt werden, daß inzwischen viele experimentelle Befunde für die Existenz von Mesonen sprechen, die aus einem bottom-Quark und einem anderen Antiquark bestehen. Die Form ist wieder analog zu den K-Mesonen:

$$B^+ = u\bar{b}$$
$$B^- = \bar{u}b$$
$$B_d^0 = d\bar{b} \tag{13.12}$$
$$\overline{B_d^0} = \bar{d}b.$$

Die ladungsneutralen Zustände, die ein b- und ein s-Quark enthalten, sind besonders interessant, denn man erwartet, daß sie wie das $K^0 - \bar{K}^0$-System in ihren Zerfällen CP-Verletzung zeigen:

$$B_s^0 = s\bar{b}$$
$$\overline{B_s^0} = \bar{s}b. \tag{13.13}$$

Es gibt Pläne, e^+e^--Kollider zu bauen und sie als „B-Factories" zu verwenden, um die Eigenschaften dieser neutralen B-Mesonen in dem „sauberen" Umfeld von e^+e^--Stößen untersuchen zu können:

$$e^+ + e^- \rightarrow B + \bar{B}. \tag{13.14}$$

Quarkzusammensetzung der Baryonen

So, wie man Mesonen als Verbund von Quark und Antiquark beschreiben kann, lassen sich auch die Baryonen aus diesen Bestandteilen konstruieren. Da Baryonen einen halbzahligen Spindrehimpuls tragen (sie sind Fermionen), ist nur eine ungerade Anzahl von Quarks möglich, aus denen sie bestehen können. Die Eigenschaften der Baryonen stimmen am besten mit der Annahme überein, daß diese aus drei Quarks bestehen. Wir beschreiben Proton und Neutron als gebundenen Zustand wie folgt:

$$p = uud$$
$$n = udd. \tag{13.15}$$

Die Strangeness besitzenden Hyperonen haben dann die Form:

$$\Lambda^0 = uds$$
$$\Sigma^+ = uus$$
$$\Sigma^0 - uds \tag{13.16}$$
$$\Sigma^0 = dds.$$

Die Kaskadenteilchen, die zwei Einheiten Strangeness tragen, sehen wie folgt aus:

$$\Xi^0 = uss$$
$$\Xi^- = dss. \tag{13.17}$$

Da alle Baryonen die Baryonenzahl Eins tragen, folgt für alle Quarks die Baryonenzahl $\frac{1}{3}$. Antiquarks tragen demzufolge die Baryonenzahl $-\frac{1}{3}$; da nun Mesonen aus Quark und Antiquark bestehen, besitzen sie, in Übereinstimmung mit früheren Ergebnissen, die Baryonenzahl Null.

Wir brauchen Farbe

Weitet man das Quarkmodell auf alle Baryonen aus, stößt man auf eine Schwierigkeit. Eine Schlüsselrolle spielt dabei das Δ^{++}, ein Teilchen ohne Strangeness, zweifach positiv geladen mit einem Spindrehimpuls $\frac{3}{2}$. Aufgrund dieser Eigenschaften liegt die Beschreibung durch drei up-Quarks auf der Hand:

$$\Delta^{++} = uuu. \tag{13.18}$$

Diese Substruktur befriedigt alle bekannten Quantenzahlen, im Grundzustand (wenn alle relativen Bahndrehimpulse verschwinden) kann der Spin $J = \frac{3}{2}$ durch drei parallele Quarkspins realisiert werden. Die Wellenfunktion für diesen Endzustand mit drei identischen Fermionen ist symmetrisch, wenn zwei Quarks vertauscht werden. Dadurch wird aber das Pauli-Prinzip verletzt, welches für identische Fermionen eine total antisymmetrische Wellenfunktion fordert. Wie man hier sieht, kann das Quarkmodell das Δ^{++}-Teilchen nicht adäquat beschreiben. Da es aber für die Beschreibung der anderen Hadronen so gut funktioniert, wäre es nicht ratsam, es aus diesem Grunde aufzugeben. Man erhält eine interessante Lösung des Problems, wenn angenommen wird, daß alle Quarks eine zusätzliche innere Quantenzahl tragen, so daß der Endzustand (13.18) antisymmetrisch im Raum dieser Quantenzahl ist.

Man nennt diesen zusätzlichen Freiheitsgrad *Farbe*, und man nimmt an, jedes Quark kommt in drei verschiedenen Farben vor. Die Quarkmultipletts haben nun die Form:

$$\begin{pmatrix} u^a \\ d^a \end{pmatrix} \quad \begin{pmatrix} c^a \\ s^a \end{pmatrix} \quad \begin{pmatrix} t^a \\ b^a \end{pmatrix} \quad a = \text{rot, blau, grün.} \tag{13.19}$$

Im Moment ist die Farbe eine neue Quantenzahl, die aus phänomenologischen Gründen für das Verständnis der Substruktur der Hadronen eingeführt wurde. Wir werden jedoch sehen, daß die Farbe für die starke Wechselwirkung die gleiche Rolle spielt wie die elektrische Ladung für die elektromagnetische Kraft; sie ist die Quelle des entsprechenden Feldes.

Wie es scheint, tragen die Hadronen keine Farbe, sie entsprechen damit gebundenen Quark- und Antiquarkzuständen, deren Farbquantenzahl Null ist; mit anderen Worten, Hadronen sind farbneutrale gebundene Quarkzustände.

Bei Vertauschung zweier Quarks ändert die Farb-Singulett-Wellenfunktion der drei Quarks ihr Vorzeichen, während dies bei der Wellenfunktion der Quark-Antiquark-Zustände nicht geschieht. Das Konzept der Farbe führt zu einer exzellenten Beschreibung aller Hadronen als gebundene Zustände von drei Quarks und aller Mesonen als Quark-Antiquark-Paare. So erklärt es die Struktur von Ω^-, eines Teilchens mit Strangeness -3 und Spin $\frac{3}{2}$, als Grundzustand der drei strange-Quarks:

$$\Omega^- = sss. \tag{13.20}$$

Wir sehen an diesem Beispiel wieder, welche entscheidende Rolle die Symmetrieeigenschaften im Raum der Farbquantenzahlen spielen, damit die totale Antisymmetrie der fermionischen Wellenfunktion in diesem Zustand gesichert ist.

Das theoretische Postulat von Farben scheint ad hoc zu sein, besonders, da die beobachtbaren Hadronen keine Farbquantenzahl tragen. Die Existenz von Farben kann jedoch experimentell wie folgt gezeigt werden. Man betrachte die Annihilation von Elektron und Positron, die von der Erzeugung eines Myon-Antimyon-Paares oder eines Quark-Antiquark-Paares begleitet wird. Man kann sich den Prozeß mit Hilfe eines entstehenden intermediären virtuellen Photons vorstellen, wie es in Abb. 13.1 gezeigt ist. Der Erzeugungsquerschnitt der Hadronen in diesem Prozeß hängt davon ab, auf wie vielen Wegen ein Photon ein Quark-Antiquark-Paar erzeugen kann. Er muß also proportional zur Anzahl der Quarkfarben sein, denn das Verhältnis der Wirkungsquerschnitte

$$R = \frac{\sigma(e^- e^+ \to \text{Hadronen})}{\sigma(e^- e^+ \to \mu^- \mu^+)} \tag{13.21}$$

ist proportional zur Zahl der Farben. Es zeigt sich, daß eine genaue Analyse dieses Verhältnissen bei allen Energien genau drei Quarkfarben ergibt.

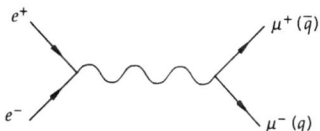

Abb. 13.1 Die Annihilation von $e^- e^+$ mittels eines virtuellen Photons in ein $\mu^- \mu^+$- oder $q \bar{q}$-Paar.

Da die Erzeugung der Hadronen auch von der elektrischen Ladung der Quarks abhängt, kann so die Tatsache überprüft werden, daß Quarks eine gebrochenzahlige Ladung tragen. Zum Schluß wollen wir noch betonen, daß die $e^- e^+$-Annihilation bei hohen Energien einer der saubersten Wege ist, die Existenz neuer Quarkflavors nachzuweisen. Erreicht die Energie des $e^- e^+$-Systems die Schwelle zur Erzeugung von Hadronen, die neue Quarks enthalten, dann vergrößert sich das Verhältnis (13.21) und zeigt die Überschreitung der Schwelle an. Jenseits der Energieschwelle können die Hadronen dann in den Endprodukten der Stöße beobachtet werden.

Beispiel: Quarkmodell für Mesonen

Wir wollen an dieser Stelle die Symmetrieforderungen der starken Wechselwirkung auf die $q\bar{q}$-Wellenfunktion anwenden und so die Quantenzahlen ableiten, die für das Spektrum elektrisch neutraler Mesonen für ein einfaches, nichtrelativistisches Quarkmodell zu erwarten sind. Im besonderen wollen wir die Einschränkungen, denen der Spin (J), die Parität (P) und die Ladungskonjugation (C) unterliegen, bestimmen. Die $q\bar{q}$-Wellenfunktion ist ein Produkt separater Wellenfunktionen, wobei jede von ihnen eine eindeutige Symmetrie bei Vertauschung der zwei Teilchen besitzt:

$$\Psi = \psi_{\text{Raum}}\psi_{\text{Spin}}\psi_{\text{Ladung}}. \tag{13.22}$$

Hier bezeichnet ψ_{Raum} den raum-zeitlichen Anteil der $q\bar{q}$-Wellenfunktion, ψ_{Spin} den intrinsischen Spinanteil und ψ_{Ladung} die Eigenschaften unter Ladungskonjugation. Wir haben mit Absicht den Anteil der Wellenfunktion, der die Farbfreiheitsgrade beschreibt, vernachlässigt, da die Farbe immer eine Symmetrie der Mesonen ist.

Die Symmetrie von ψ_{Raum} unter Vertauschung von q und $\bar{q}$ ist, wie üblich, durch die Kugelflächenfunktionen und die relativen Bahndrehimpulse von q und $\bar{q}$ festgelegt. Nennen wir die Austauschoperation X, dann gilt:

$$X\psi_{\text{Raum}} = XY_{lm}(\theta, \phi) = (-1)^l\psi_{\text{Raum}}. \tag{13.23}$$

Besitzt Ψ eine eindeutige Parität, so ist der räumliche Anteil der Wellenfunktion entweder symmetrisch oder antisymmetrisch unter X für gerades oder ungerades l.

Der Effekt der Vertauschung auf den Spinanteil ψ_{Spin} hängt davon ab, ob sich die beiden Quarks im Zustand $s = 0$ oder $s = 1$ befinden. Betrachten wir den Zustand mit $s_z = 0$, so erhalten wir:

$$
\begin{aligned}
s = 0 : & \quad X[|\uparrow\downarrow\rangle - |\downarrow\uparrow\rangle] = -[|\uparrow\downarrow\rangle - |\downarrow\uparrow\rangle] \\
s = 1 : & \quad X[|\uparrow\downarrow\rangle + |\downarrow\uparrow\rangle] = +|\uparrow\downarrow\rangle + |\downarrow\uparrow\rangle].
\end{aligned} \tag{13.24}
$$

Es gilt also:

$$X\psi_{\text{Spin}} = (-1)^{s+1}\psi_{\text{Spin}}. \tag{13.25}$$

Durch den Operator X werden q und $\bar{q}$ vertauscht, dies kann auch als Ladungskonjugation im Raum von ψ_{Ladung} verstanden werden. Um die Eigenschaften der Ladungskonjugation solcher Zustände zu untersuchen, wollen wir das Pauli-Prinzip auf unser Zwei-Fermionen-System anwenden. Das heißt, wir fordern, daß die Gesamtwellenfunktion bei Vertauschung von q und $\bar{q}$ ihr Vorzeichen wechselt. Wir verwenden hier eine verallgemeinerte Form des Pauli-Prinzips und betrachten q und $\bar{q}$ als identische Fermionen, die den Spin-up- und Spin-down-Zuständen im Raum von ψ_{Ladung} entsprechen. Wir fordern also:

$$X\Psi = -\Psi. \tag{13.26}$$

Mit (13.23) und (13.25) folgt daraus:

$$X\Psi = X\psi_{\text{Raum}}X\psi_{\text{Spin}}X\psi_{\text{Ladung}} = -\Psi$$
$$= (-1)^l\psi_{\text{Raum}}(-1)^{s+1}\psi_{\text{Spin}}C\psi_{\text{Ladung}} = -\Psi. \qquad (13.27)$$

Damit (13.27) gilt, müssen die Mesonenzustände Eigenzustände des Operators der Ladungskonjugation mit der Ladungsparität

$$\eta_C = (-1)^{l+s} \qquad (13.28)$$

sein. Man erhält so eine Beziehung zwischen dem Bahndrehimpuls, dem Wert für den intrinsischen Spin und der C-Quantenzahl des $q\bar{q}$-Systems.

Die einzige jetzt noch fehlende Quantenzahl ist die Parität der möglichen Zustände. Die Parität von Ψ wird durch das Produkt der intrinsischen Paritäten der Quarkbestandteile und der Inversion der Raumkoordinaten bestimmt. Aus Kapitel 11 wissen wir, daß die relative intrinsische Parität eines Teilchens und eines Antiteilchens mit Spin $\frac{1}{2}$ ungerade ist. Die totale Parität unseres Zustandes Ψ ist gleich

$$P\Psi = -(-1)^l\Psi = (-1)^{l+1}\Psi,$$

die Quantenzahl der Gesamtparität ist damit

$$\eta_P = (-1)^{l+1}. \qquad (13.29)$$

Da die Spins der Mesonen aus den Bahn- und intrinsischen Drehimpulsen der Mesonen gebildet werden,

$$J = L + S, \qquad (13.30)$$

haben wir nun alle Bestandteile, um das Spektrum der erlaubten Mesonen zu beschreiben. In Tab. 13.1 findet man alle Grundzustände, die auch physikalisch existierenden Mesonen entsprechen.

Tabelle 13.1 Mesonengrundzustände, die das Quarkmodell vorhersagt. (Für andere Eigenschaften dieser Mesonen siehe das *CRC Handbook*.)

l	s	j	η_P	η_C	Mesonen	
0	0	0	$-$	$+$	π^0, η	
0	1	1			$\rho^0, \omega, \phi, J/\psi$	
1	0	0	$+$	$-$	$b_1^0(1235)$	
1	1	0	$+$	$+$	$a_0(1980)$	$f_0(975)$
1	1	1	$+$	$+$	$a_1^0(1260)$	$f_1(1285)$
1	1	2	$+$	$+$	$a_2^0(1320)$	$f_2(1270)$

Schwacher Isospin und Farbsymmetrie

Wie wir gezeigt haben, treten Leptonen und Quarks in Dubletts oder Paaren auf, Quarks tragen zusätzlich dazu eine Farbquantenzahl. Das Auftreten dieser Gruppierung und die Existenz der Farbfreiheitsgrade läßt auf die Anwesenheit einer neuen, grundlegenden Symmetrie schließen. Aus unserer Diskussion von Spin und Isospin wissen wir, daß die Dublettstruktur mit einer antikommutierenden (nichtabelschen) Symmetriegruppe $SU(2)$ verbunden ist. Wir werden im weiteren diese Symmetrie als Isospin bezeichnen, da es sich um eine innere Symmetrie handelt. Im Gegensatz zum starken Isospin, der zur Klassifizierung der Hadronen dient, erlaubt der schwache Isospin auch die Einbeziehung von Leptonen. Da aber Leptonen schwach wechselwirken, muß diese Symmetrie zur schwachen Kraft gehören. Deshalb nennt man den Isospin, der sowohl zu Quarks als auch zu Leptonen gehört, *schwachen Isospin*. Diese Symmetrie unterscheidet sich wesentlich von der starken Isospinsymmetrie, wie wir im folgenden sehen werden. Eine Gemeinsamkeit mit dem starken Isospin besteht allerdings darin, daß sie nur bei Vernachlässigung der elektromagnetischen Wechselwirkung (Ladung) zur vollen Geltung kommt. Unter diesen Umständen lassen sich die up- und down-Zustände in (13.1) und (13.2) nicht mehr unterscheiden.

Man kann nun für den schwachen Isospin eine schwache Hyperladung für jedes Quark und Lepton definieren, die eine verallgemeinerte Form der Gell-Mann-Nishijima-Relation (9.29) erfüllt

$$Q = I_3 + \frac{Y}{2} \tag{13.31}$$

oder

$$Y = 2(Q - I_3). \tag{13.32}$$

Q ist die Ladung des Teilchens und I_3 die Projektion der schwachen Isospinquantenzahl. Für das (e^-, ν_e)-Dublett erhalten wir so

$$Y(\nu) = 2\left(0 - \frac{1}{2}\right) = -1$$
$$Y(e^-) = 2\left(-1 + \frac{1}{2}\right) = -1. \tag{13.33}$$

Analog gilt für das (u, d)-Quarkdublett

$$Y(u) = 2\left(\frac{2}{3} - \frac{1}{2}\right) = 2 \cdot \frac{1}{6} = \frac{1}{3}$$
$$Y(d) = 2\left(-\frac{1}{3} + \frac{1}{2}\right) = 2 \cdot \frac{1}{6} = \frac{1}{3}. \tag{13.34}$$

Die schwache Hyperladung für die anderen Quark- und Leptonendubletts erhält man auf gleiche Weise. (Im Standardmodell besitzen allerdings nur die linkshändigen Teilchen eine Dublettstruktur. Die rechtshändigen Quarks und die rechtshändigen geladenen Leptonen sind alle Singuletts mit $I = 0$, da rechtshändige Neutrinos nicht existieren. Wie man aus Gleichung (13.32) sehen kann, ist die schwache Hyperladung für die Mitglieder eines jeden Dubletts gleich. Diese Gleichheit ist notwendig, wenn wir die schwache Hyperladung als $U(1)$-Symmetrie vom Typ (10.80) betrachten wollen.)

Die Farbsymmetrie der Quarks ist ebenfalls eine innere Symmetrie. Sie ist analog zum Isospin, da sie Rotationen beinhaltet – allerdings in einem inneren dreidimensionalen Raum entsprechend den drei verschiedenen Farben der Quarks. Die dafür relevante Symmetriegruppe nennt man $SU(3)$. Die Wechselwirkungen der Quarks sind, so fordert man, invariant unter solchen $SU(3)$-Rotationen im Farbraum, damit sind Quarks mit verschiedener Farbe äquivalent. (Diese Forderung folgt aus experimentellen Beobachtungen.) Da nur die Quarks, das heißt, die Bestandteile der Hadronen, eine Farbquantenzahl tragen, sollte diese Symmetrie nur bei der starken Wechselwirkung auftreten.

Eichbosonen

Die Existenz einer globalen Symmetrie ist, wie wir gesehen haben, für die Klassifikation von Teilchenzuständen nach gewissen Quantenzahlen sehr nützlich. Eine lokale Symmetrie führt auf der anderen Seite zur Einführung physikalischer Kräfte. Da der schwache Isospin und die Farbsymmetrie zu unterschiedlichen Kräften gehören, tritt die interessante Frage auf, ob die ihnen entsprechenden physikalischen Kräfte – das heißt, die starke (Farb-)Kraft und die schwache Kraft – einzig aus der Forderung nach lokaler Symmetrie folgen. Viele Jahre umfangreicher theoretischer Arbeit, verbunden mit detaillierter experimenteller Analyse, waren notwendig, um diese Frage positiv beantworten zu können. Man geht zur Zeit davon aus, daß die den elektromagnetischen, schwachen und starken Kräften zugrundeliegenden lokalen Symmetrien die $U_Y(1)$-, $SU_L(2)$- und $SU_{\text{Farbe}}(3)$-Symmetriegruppen sind. Die der schwachen Hyperladung entsprechende Symmetrie $U_Y(1)$ ist eine lokale abelsche Symmetriegruppe, während $SU_L(2)$ und $SU_{\text{Farbe}}(3)$ die nichtabelschen Gruppen des schwachen Isospins und der Farbsymmetrie sind*. Aus der Gell-Mann-Nishijima-Formel (13.32) folgt, daß die elektrische Ladung zur Hyperladung und zum schwachen Isospin in Beziehung steht, daraus folgt die Berechtigung, die elektromagnetische Sym-

---

*Da die Dublettstruktur nur linkshändige Teilchen enthält, bezeichnet man die schwache Isospinsymmetriegruppe häufig auch mit $SU_L(2)$. Diese Art der Struktur ist wesentlich für die Einbeziehung der Eigenschaften der Neutrinos und der Paritätsverletzung in der schwachen Wechselwirkung.

metrie als spezielle Kombination des schwachen Isospins und der schwachen Hyperladungssymmetrie zu betrachten.

In Kapitel 10 zeigten wir, wie lokale Invarianz zur Einführung von Eichpotentialen zwang, in diesem Fall handelte es sich um das Vektorpotential der elektromagnetischen Kraft. Quantisiert man diese Potentiale, so erhält man die Überträger der Kräfte, die Eichteilchen. Der Überträger oder das Eichboson der elektromagnetischen Wechselwirkung zum Beispiel ist das Photon. Mit der schwachen Wechselwirkung sind drei Eichbosonen verbunden, man nennt sie W^+-, W^-- und Z^0-Boson. (Diese Bosonen wurden zuerst von Carlos Rubbia und Mitarbeitern am Proton-Antiproton-Collider am CERN-Labor in Genf entdeckt.) Zur starken (Farb-)Wechselwirkung gehören acht Eichbosonen, die *Gluonen g*. (Die Zahl der Eichbosonen ist charakteristisch für die zugrundeliegende Symmetriegruppe.) Alle Eichbosonen besitzen den Spin $J = 1$. Die Gluonen, die Eichbosonen der starken Kraft, sind elektrisch neutral, tragen aber eine Farbquantenzahl. Das Photon dagegen, als Überträger der Kraft zwischen geladenen Teilchen, ist selber elektrisch neutral. Dieser Unterschied rührt daher, daß die Symmetriegruppe $U_Q(1)$ des Elektromagnetismus abelsch ist, während die Gruppe $SU_{Farbe}(3)$ der starken Kraft nichtabelsch ist. In Abb. 13.2 findet man einige Beispiele dafür, wie die verschiedenen Eichbosonen Übergänge zwischen verschiedenen Fermionen und Quarks vermitteln.

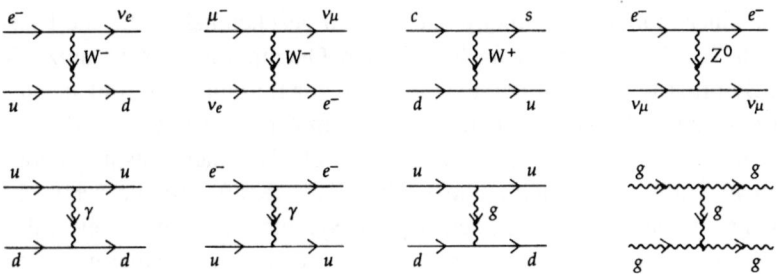

Abb. 13.2 Typische Wechselwirkungen zwischen Leptonen und Quarks mittels verschiedener Eichbosonen.

Dynamik der Eichteilchen

In diesem Abschnitt wollen wir die Grundzüge der Dynamik der Eichteilchen beschreiben. Der Einfachheit halber wollen wir die Maxwell-Gleichungen betrachten, die die Dynamik der Eichbosonen der elektromagnetischen Wechselwirkung beschreiben. Die dynamischen Gleichungen der Eichbosonen der anderen Kräfte sind, obwohl von ähnlicher Form, doch deutlich komplizierter. Die prinzipiellen Schlußfolgerungen über die Eigenschaften der Eichteilchen lassen sich aber auch an diesem einfachsten Fall zeigen. Die Maxwell-Gleichungen im Vakuum lauten:

$$\nabla \cdot \boldsymbol{E} = 0$$
$$\nabla \cdot \boldsymbol{B} = 0$$
$$\nabla \times \boldsymbol{E} = -\frac{1}{c}\frac{\partial \boldsymbol{B}}{\partial t} \qquad (13.35)$$
$$\nabla \times \boldsymbol{B} = \frac{1}{c}\frac{\partial \boldsymbol{E}}{\partial t}.$$

Wir können elektrisches und magnetisches Feld als Funktion der Potentiale definieren:

$$\boldsymbol{E} = -\nabla\phi - \frac{1}{c}\frac{\partial \boldsymbol{A}}{\partial t}$$
$$\boldsymbol{B} = \nabla \times \boldsymbol{A}, \qquad (13.36)$$

dabei ist $\boldsymbol{A}$ das in Gleichung (10.80) eingeführte Vektorpotential und ϕ ist das skalare Potential. Der Inhalt der Gleichungen (13.35) kann nun als Funktion dieser Eichpotentiale ausgedrückt werden. Eine interessante Eigenschaft der Definitionen (13.36) ist die Tatsache, daß elektrisches und magnetisches Feld unabhängig von einer lokalen Veränderung der Eichpotentiale der folgenden Form sind:

$$\delta\phi = -\frac{1}{c}\frac{\partial \alpha(\boldsymbol{r}, t)}{\partial t}$$
$$\delta\boldsymbol{A} = \nabla\alpha(\boldsymbol{r}, t). \qquad (13.37)$$

Unter diesen Transformationen verändern sich $\boldsymbol{E}$ und $\boldsymbol{B}$ nicht, wobei $\alpha(\boldsymbol{r}, t)$ eine beliebige skalare Funktion von Raum und Zeit ist:

$$\delta\boldsymbol{E} = -\nabla\delta\phi - \frac{1}{c}\frac{\partial \delta\boldsymbol{A}}{\partial t}$$
$$= \nabla\frac{1}{c}\frac{\partial \alpha}{\partial t} - \frac{1}{c}\frac{\partial}{\partial t}(\nabla\alpha) = 0 \qquad (13.38)$$
$$\delta\boldsymbol{B} = (\nabla \times \delta\boldsymbol{A}) = (\nabla \times (\nabla\alpha)) = 0.$$

Die Transformationen (13.37) sind natürlich die Eichtransformationen (10.83), wobei $\alpha(\boldsymbol{r})$ die ortsabhängige Phase der Transformation war. Da sich die Felder $\boldsymbol{E}$ und $\boldsymbol{B}$ unter diesen Transformationen nicht ändern, müssen die Maxwell-Gleichungen auch unter diesen Umdefinitionen der Potentiale invariant sein. Diese Invarianz entspricht der $U_Q(1)$-Symmetrie der elektromagnetischen Wechselwirkung.

Eine interessante Konsequenz dieser Eichinvarianz der Maxwell-Gleichungen ist es, daß sie die Ausbreitung transversaler elektromagnetischer Wellen, die sich mit Lichtgeschwindigkeit fortpflanzen, beschreiben. Man sieht dies wie folgt:

$$\nabla \times (\nabla \times E) = -\frac{1}{c}\frac{\partial}{\partial t}(\nabla \times B) = -\frac{1}{c}\frac{\partial}{\partial t}\left(\frac{1}{c}\frac{\partial E}{\partial t}\right)$$

oder

$$\nabla \cdot (\nabla \cdot E) - \nabla^2 E = -\frac{1}{c}\frac{\partial}{\partial t}\left(\frac{1}{c}\frac{\partial E}{\partial t}\right)$$

oder

$$\left(\nabla^2 - \frac{1}{c^2}\frac{\partial^2}{\partial t^2}\right)E = 0. \tag{13.39}$$

Hier haben wir die Transversalität des elektrischen Feldes aus (13.35) verwandt. Gleichung (13.39) beschreibt in der Tat die relativistische Ausbreitung einer Welle mit Lichtgeschwindigkeit. Das andere Paar der Maxwell-Gleichungen ergibt analog

$$\left(\nabla^2 - \frac{1}{c^2}\frac{\partial^2}{\partial t^2}\right)B = 0. \tag{13.40}$$

Quantisiert man diese Wellen, so erhält man masselose Teilchen (Photonen), die auf diese Weise die langreichweitige elektromagnetische Kraft beschreiben.

Wir wollen nun zeigen, daß die Masselosigkeit der Eichteilchen eine Konsequenz der Eichinvarianz ist. Dazu stellen wir fest, daß massive Teilchen der Masse m durch eine Welle der Form

$$\left(\nabla^2 - \frac{1}{c^2}\frac{\partial^2}{\partial t^2} - \frac{m^2 c^2}{\hbar^2}\right)E = 0$$

$$\left(\nabla^2 - \frac{1}{c^2}\frac{\partial^2}{\partial t^2} - \frac{m^2 c^2}{\hbar^2}\right)B = 0 \tag{13.41}$$

dargestellt werden können. Diese Gleichungen folgen aus einer Gruppe von Gleichungen, die den Maxwell-Gleichungen analog sind:

$$\nabla \cdot E = -\frac{m^2 c^2}{\hbar^2}\Phi$$

$$\nabla \cdot B = 0$$

$$\nabla \times E = -\frac{1}{c}\frac{\partial B}{\partial t} \tag{13.42}$$

$$\nabla \times B = \frac{1}{c}\frac{\partial E}{\partial t} - \frac{m^2 c^2}{\hbar^2}A.$$

Wir zeigen nun, wie (13.41) aus (13.42) folgt:

$$\nabla \times (\nabla \times \boldsymbol{E}) = -\frac{1}{c}\frac{\partial}{\partial t}(\nabla \times \boldsymbol{B}) = -\frac{1}{c}\frac{\partial}{\partial t}\left(\frac{1}{c}\frac{\partial \boldsymbol{E}}{\partial t} - \frac{m^2 c^2}{\hbar^2}\boldsymbol{A}\right)$$

oder

$$\nabla \cdot (\nabla \cdot \boldsymbol{E}) - \nabla^2 \boldsymbol{E} = -\frac{1}{c}\frac{\partial}{\partial t}\left(\frac{1}{c}\frac{\partial \boldsymbol{E}}{\partial t} - \frac{m^2 c^2}{\hbar^2}\boldsymbol{A}\right)$$

oder

$$\nabla\left(-\frac{m^2 c^2}{\hbar^2}\Phi\right) - \nabla^2 \boldsymbol{E} = -\frac{1}{c^2}\frac{\partial^2 \boldsymbol{E}}{\partial t^2} + \frac{m^2 c^2}{\hbar^2}\frac{\partial \boldsymbol{A}}{\partial t}$$

oder

$$\left(\nabla^2 - \frac{1}{c^2}\frac{\partial^2}{\partial t^2}\right)\boldsymbol{E} + \frac{m^2 c^2}{\hbar^2}\left(\nabla\phi + \frac{1}{c}\frac{\partial \boldsymbol{A}}{\partial t}\right) = 0$$

oder

$$\left(\nabla^2 - \frac{1}{c^2}\frac{\partial^2}{\partial t^2} - \frac{m^2 c^2}{\hbar^2}\right)\boldsymbol{E} = 0. \tag{13.43}$$

Im letzten Schritt haben wir die Definition von $\boldsymbol{E}$ in Gleichung (13.36) verwandt. Die Gleichung für das $\boldsymbol{B}$-Feld wird analog dazu aus dem anderen Paar der Maxwell-Gleichungen abgeleitet. Wie man sieht, führen diese abgewandelten Maxwell-Gleichungen zu massiven Wellen, die nach einer Quantisierung massive Teilchen ergeben. Im Gegensatz zu den originalen Maxwell-Gleichungen (13.35) hängt die Gleichungsgruppe (13.42) explizit von den Eichpotentialen ab und ist damit nicht länger invariant unter den Eichtransformationen (13.37). Man sieht daran die enge Verbindung zwischen der Masselosigkeit der Eichteilchen und der Eichinvarianz; diese gilt nur für den Fall von masselosen Eich-Bosonen.

   Man erkennt hier sofort die Schwierigkeiten, die bei der Verallgemeinerung des Eichprinzips für die anderen Kräfte auftreten. Denn im Gegensatz zur elektromagnetischen Kraft sind die starke und die schwache Kraft kurzreichweitig. Wäre die Dynamik der Eichteilchen dieser Kräfte gleich der der Photonen und läge ihr Ursprung auch in der Existenz einer lokalen Symmetrie, so wären beide Kräfte ebenfalls langreichweitig, was ja nicht der Fall ist. Die Kurzreichweitigkeit der schwachen und starken Kraft kann trotzdem durch ein lokales Eichprinzip beschrieben werden, wie wir gleich sehen werden. Allerdings ist der Mechanismus, der für die endliche Reichweite verantwortlich ist, für beide Kräfte sehr verschieden; wir wenden uns zunächst der schwachen Wechselwirkung zu.

Symmetriebrechung

Die Bedeutung von Symmetrien ist recht subtil. Die Invarianz der dynamischen Gleichungen eines Systems unter einer Menge von Transformationen definiert eine Symmetrie des Systems, deren Existenz aus den Invarianzeigenschaften der Hamilton-Funktion abgeleitet werden kann. Allerdings müssen die Lösungen (der physikalischen Zustände) diese Symmetrie nicht unbedingt besitzen, selbst wenn die dynamischen Gleichungen invariant unter eben jenen Symmetrietransformationen sind. Als einfaches Beispiel betrachten wir den Magnetismus, der durch die Wechselwirkung der Spins (s), die auf einem Gitter angeordnet sind, entsteht. Für einen Ferromagneten besitzt die Hamilton-Funktion dann die Form:

$$H = -\kappa \sum_i s_i \cdot s_{i+1}. \tag{13.44}$$

Dabei ist κ eine positive Größe und beschreibt die Stärke der Kopplung zwischen den Spins in der näheren Umgebung. Drehen wir alle Spins um einen konstanten Winkel, so verändert sich das Skalarprodukt nicht, die Drehung entspricht also einer globalen Symmetrie der Hamilton-Funktion des Ferromagneten. Aus der Struktur dieser Hamilton-Funktion folgt aber auch, daß der Grundzustand des Systems – der Zustand mit der geringsten Energie – eingenommen wird, wenn alle Spins parallel sind. In Abb. 13.3 ist eine typische Konfiguration der Spins im Grundzustand dargestellt. Eben diese Grundzustandskonfiguration wählt zufällig eine Richtung im Raum aus und bricht so die Rotationssymmetrie der Hamilton-Funktion.

↑ ↑ ↑ ↑ ↑ ...... ↑

Abb. 13.3 Ausgerichtete Spins im Grundzustand eines Ferromagneten

Verletzt die Lösung einer Gruppe von dynamischen Gleichungen die Symmetrie der Gleichungen, dann sagt man, die Symmetrie des Systems wird „spontan" gebrochen. Im Falle des Ferromagneten sehen wir, daß die Spins im Grundzustand langreichweitig korreliert sind (sie zeigen alle in die gleiche Richtung). Gerade dies ist eine wesentliche Eigenschaft der spontanen Symmetriebrechung, daß gewisse Korrelationen langreichweitig werden und als Existenz masseloser Teilchen in der Quantenmechanik interpretiert werden können. Wird die Symmetrie spontan gebrochen, so enthält, mit anderen Worten, das Spektrum einer relativistischen Theorie masselose Teilchen.

Wir wollen eine etwas quantitativere Beschreibung geben und betrachten dazu die zweidimensionale klassische Hamilton-Funktion:

$$H = T + V = \frac{1}{2m}(p_x^2 + p_y^2) - \frac{1}{2}m\omega^2(x^2 + y^2) + \frac{\lambda}{4}(x^2 + y^2)^2 \tag{13.45}$$

mit $\lambda > 0$. Abgesehen vom negativen Vorzeichen des zweiten Terms ist dies die Hamilton-Funktion des zweidimensionalen klassischen anharmonischen Oszillators. Diese Hamilton-Funktion ist unter Drehungen um die z-Achse invariant, diese Drehung ist damit eine globale Symmetrie des Systems. Wir berechnen nun den Zustand niedrigster Energie, den Grundzustand unseres Systems. Dazu muß natürlich die kinetische Energie verschwinden, denn sie ergibt einen positiven Term in der Hamilton-Funktion. So fällt das Minimum der Gesamtenergie mit dem des Potentials zusammen. Dazu setzen wir die Ableitungen nach x und y gleich null:

$$\frac{\partial V}{\partial x} = x(-m\omega^2 + \lambda(x^2 + y^2)) = 0$$
$$\frac{\partial V}{\partial y} = y(-m\omega^2 + \lambda(x^2 + y^2)) = 0. \tag{13.46}$$

Die Koordinaten der Extrema des Potentials erfüllen also die Relation

$$x_{\min} = y_{\min} = 0 \tag{13.47}$$

oder

$$x_{\min}^2 + y_{\min}^2 = \frac{m\omega^2}{\lambda}. \tag{13.48}$$

Aus der Form des Potentials (Abb. 13.4) erkennt man, daß $x_{\min} = y_{\min} = 0$ ein lokales Maximum und damit bei Störungen instabil ist. Das Potential besitzt die Form eines mexikanischen Sombrerohutes mit einer stetigen Menge von

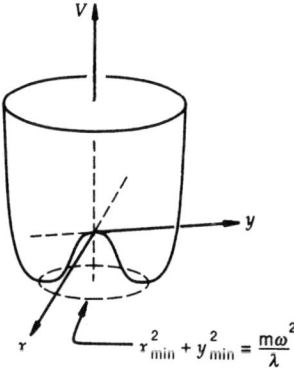

Abb. 13.4 Skizze des Potentials (13.45)

$(x_{\min}, y_{\min})$-Koordinaten, die auf dem Kreis (13.48) liegen und das Minimum beschreiben. Wir definieren nun das Minimum der Einfachheit halber bei

$$y_{\min} = 0, \qquad x_{\min} = \sqrt{\frac{m\omega^2}{\lambda}}. \tag{13.49}$$

Diese Wahl zeichnet nun eine Richtung im Raum aus und bricht damit die Rotationssymmetrie des Systems. Kleine Oszillationen um das Minimum sagen etwas über die Stabilität aus, wir untersuchen sie durch Entwicklung des Potentials um die Koordinaten (13.49) herum:

$$V(x_{\min} + x, y) = -\frac{1}{2}m\omega^2((x_{\min} + x)^2 + y^2) + \frac{\lambda}{4}((x_{\min} + x)^2 + y^2)^2. \quad (13.50)$$

Das ergibt bei Entwicklung von x und y bis zur zweiten Ordnung und Ersatz durch (13.49):

$$V(x_{\min} + x, y) = -\frac{m^2\omega^4}{4\lambda} + m\omega^2 x^2 + \text{Terme höherer Ordnung.} \quad (13.51)$$

Die kleinen Oszillationen entlang der x-Achse sind also harmonische Oszillationen mit der Frequenz $\omega_x = \sqrt{2}\omega$, während für die Oszillationen in y-Richtung $\omega_y = 0$ gilt.

Die kleinen Oszillationen um den klassischen Grundzustand sagen uns auch etwas über die wesentlichen Eigenschaften der Korrelationen im quantenmechanischen Grundzustand. Für kleine Oszillationen erhalten wir aus (13.51) die Hamilton-Funktion

$$H = \frac{p_x^2}{2m} + \frac{p_y^2}{2m} + m\omega^2 x^2 - \frac{m^2\omega^2}{4\lambda}. \quad (13.52)$$

Die Bewegung entlang der y-Achse erfüllt daher die Gleichung

$$\dot{y}(t) = \text{konstant} = c \quad (13.53)$$

oder

$$y(t) = y(0) + ct. \quad (13.54)$$

In der Quantenfeldtheorie (QFT) werden Korrelationen durch Vakuumerwartungswerte (oder Grundzustände) bilinearer Operatorprodukte, die zu verschiedenen Raum-Zeit-Punkten gehören, gebildet. Wir bilden hier analog eine Zeitkorrelation für $y(t)^*$:

$$\begin{aligned}\langle 0|y(t)y(0)|0\rangle &= \langle 0|y(0)y(0) + cty(0)|0\rangle \\ &= \langle 0|y(0)y(0)|0\rangle.\end{aligned} \quad (13.55)$$

Dabei haben wir die Tatsache verwandt, daß der zweite Summand bei Integration über den ganzen Raum verschwindet, denn der Erwartungswert von $y(0)$ muß bei

---

*Man bemerke, daß $y(t)$ in der Tat ein Koordinatenoperator in der Quantentheorie ist.

Integration über y null ergeben, wenn der Grundzustand eine definierte Parität besitzt. Der Erwartungswert (13.55) ist unabhängig von der Zeit und damit liegt eine Langzeitkorrelation vor. Dies ist ein einfaches Analogon zu den langreichweitigen Korrelationen solcher Systeme in Quantenfeldtheorien, die sich zum Beispiel bei den Spinsystemen von Ferromagneten beobachten lassen.

Wir können natürlich für (13.48) eine andere Lösung wählen, zum Beispiel:

$$x_{\min} = y_{\min} = \sqrt{\frac{m\omega^2}{2\lambda}}. \tag{13.56}$$

Man kann zeigen, daß sich für jede Lösung von (13.48) Normalmoden der Oszillation definieren lassen, so daß die Frequenz der Oszillation für eine der Moden $\sqrt{2}\omega$ beträgt, während die dazu orthogonale Mode die Frequenz null besitzt. Man kann dies qualitativ aus der Form des Potentials ableiten: Egal, welcher Punkt für das Minimum gewählt wird, benötigt man für eine Bewegung entlang des Tales des Potentiales keine Energie, dies entspricht genau einer Mode mit Frequenz null. Die Bewegung in die dazu orthogonale Richtung benötigt natürlich Energie und besitzt damit eine endliche Frequenz.

Dieses Ergebnis ist ein Merkmal aller Theorien mit spontaner Symmetriebrechung, in solchen Theorien treten in quantenmechanischen Systemen Zustände mit der Energie null auf. In relativistischen quantenmechanischen Systemen entsprechen diese Zustände masselosen Teilchen. Zusätzlich dazu tritt aufgrund der orthogonalen Mode mit nichtverschwindender Energie ein massives Teilchen auf. Die masselosen Teilchen, die als Konsequenz der spontanen Brechung einer globalen Symmetrie auftreten, nennt man Goldstone-Bosonen (nach Jeffrey Goldstone). Unser einfaches Beispiel sollte nur als Illustration des Mechanismus der spontanen Symmetriebrechung betrachtet werden, denn Goldstone-Bosonen treten nur in relativistischen Feldtheorien mit mindest zwei Dimensionen auf. Besitzt die spontan gebrochene Symmetrie lokalen Charakter anstatt global zu sein, so transformieren die Goldstone-Bosonen in die longitudinalen Moden der Eichbosonen. Die entstehenden Eichbosonen erhalten so eine Masse, mit anderen Worten, die „elektrischen" und „magnetischen" Felder verlieren ihren rein transversalen Charakter.

Das in den letzten Abschnitten Gesagte liefert einen Mechanismus, der die Eichbosonen der schwachen Wechselwirkung mit Masse versieht und damit eine kurzreichweitige Kraft ergibt. Man nennt diese Methode auch Higgs-Mechanismus (nach Peter Higgs), für die schwache Kraft ist der massive Partner des Goldstone-Bosons (der der Mode mit der Frequenz $\sqrt{2}\omega$ entspricht) ein skalares Teilchen, das Higgs-Boson. Man hat dieses Teilchen bis jetzt noch nicht beobachten können und es ist nicht klar, ob es sich dabei um ein elementares Teilchen (ohne Struktur) handelt. Wir erwarten also, daß die lokale schwache Isospinsymmetrie spontan gebrochen wird, damit ist die Isospinquantenzahl keine gute (erhaltene) Quantenzahl der schwachen Kraft, wie auch experimentelle Beobachtungen bestätigen*. Tatsächlich wird jedoch auch die schwache Hyperladungssymmetrie spontan gebrochen. Die Brechung von schwacher Hyperladung und schwachem Isospin kompensieren einander, so daß die spezielle Kombination in Gleichung (13.32), die der Symmetrie der elektrischen Ladung entspricht, nicht gebrochen wird. So bleibt das Photon masselos, die schwachen Eichbosonen aber, $W^\pm$ und Z^0, werden massiv mit $m_{W^\pm} \simeq 80,6$ GeV/c^2 und $m_{Z^0} \simeq 91,2$ GeV/c^2. Man nimmt an, daß es sich bei diesen Teilchen um elementare Teilchen handelt, die in Lepton-Antilepton- oder Quark-Antiquark-Paare zerfallen können, wie wir später sehen werden.

Wir wollen noch einmal kurz zu unserem Beispiel des Ferromagneten zurückkehren. Obwohl der Grundzustand spontan die Rotationsinvarianz bricht, da die ausgerichteten Spins eine Raumrichtung auszeichnen, führt eine Erwärmung des Systems zu thermischer Bewegung, die die Spinorientierung wieder randomisiert. Oberhalb einer kritischen Temperatur oder Energie sind die Spins zufällig orientiert und die Rotationsinvarianz ist wieder vorhanden. Man findet dieses Merkmal auch in Quantenfeldtheorien mit spontaner Symmetriebrechung, denn oberhalb einer bestimmten Temperatur wird die Symmetrie wiederhergestellt. Dehnen wir diese Vorstellungen auf die schwache Wechselwirkung aus, so sollte die schwache Isospinsymmetrie jenseits einer gewissen Energieskale wieder ungebrochen auftreten, so daß die schwachen Eichbosonen masselos wie das Photon werden. Wir hatten in (9.7) bereits bemerkt, daß bei sehr hohen Impulsüberträgen die Stärke von schwacher und elektromagnetischer Kraft vergleichbar wird. Beide Ergebnisse lassen also vermuten, daß sich die beiden Kräfte bei genügend hohen Energien in der Tat vereinigen lassen.

---

*Diese Feststellung könnte den aufmerksamen Leser verwirren, denn die Anwendung der Gleichung (13.32) ergibt, daß es sich bei den W- und Z-Bosonen um $Y = 0$-Teilchen handelt. Wie es scheint, bleiben bei allen Übergängen in Abb. 13.2 und bei den in Kapitel 9 diskutierten schwachen Zerfälle die schwache Hyperladung und der schwache Isospin erhalten. Daraus folgt allerdings nicht, daß diese Quantenzahlen immer Erhaltungsgrößen sind. Wir wissen, daß der schwache Isospin eine gebrochene Symmetrie sein muß, sonst wären die Massen der Mitglieder der Dubletts des schwachen Isospins gleich. Das Higgs-Boson besitzt im Standardmodell $I = \frac{1}{2}$, es wechselwirkt jedoch mit Quarks und W- und Z-Bosonen ($H \rightarrow W^+ + W^-$, $H \rightarrow Z + Z$ etc.). Dies wäre bei Erhaltung des schwachen Isospins unmöglich. Die Brechung des schwachen Isospins beeinflußt also die gewöhnlichen fermionischen Übergänge und man erwartet Verletzungen des schwachen Isospins in allgemeineren Prozessen, die Beiträge des Higgs-Sektors höherer Ordnung enthalten.

Quantenchromodynamik und Confinement

Die Kurzreichweitigkeit der schwachen Wechselwirkung entsteht, wie wir im vorigen Abschnitt gesehen haben, durch spontane Symmetriebrechung der lokalen Isospinsymmetrie. Die Kurzreichweitigkeit der starken Kernkraft ist von ganz anderer Natur. Die Dynamik der Quarks und Gluonen, die die Farbwechselwirkungen beschreibt, nennt man Quantenchromodynamik (QCD). Sie ist eine Eichtheorie der nichtabelschen Farbsymmetriegruppe $SU(3)$. Es existieren viele Gemeinsamkeiten mit der Quantenelektrodynamik (QED), die die elektromagnetischen Wechselwirkungen geladener Teilchen mit Photonen beschreibt. Die QED ist eine Eichtheorie der Phasentransformationen, die der abelschen Symmetriegruppe $U_Q(1)$ entsprechen. Da sie eine Eichtheorie der Farbsymmetrie ist, beinhaltet die QCD auch masselose Eichbosonen (Gluonen), die in ihren Eigenschaften den Photonen ähneln.

Es gibt jedoch einen wesentlichen Unterschied zwischen den beiden Theorien, der durch die Unterschiede der beiden Symmetriegruppen zustande kommt. Das Photon als Träger der Kraft zwischen geladenen Teilchen ist selbst elektrisch neutral. Damit wechselwirkt es nicht mit sich selbst. Das Gluon dagegen als Überträger der Farbkraft trägt ebenfalls eine Farbe und damit treten Selbstwechselwirkungen auf. Eine andere Konsequenz der nichtabelschen Gruppe der Farbsymmetrie hängt mit der Möglichkeit der Bildung von farbneutralen Zuständen zusammen. Als Beispiel betrachten wir ein rotes Quark. Ein farbneutrales System erhalten wir durch die Kombination mit einem antiroten ($\overline{\text{rot}}$) Antiquark. Dies erinnert sehr an die Addition elektrischer Ladungen:

$$\text{rot} + \overline{\text{rot}} = \text{farbneutral.} \tag{13.57}$$

Da drei Quarks mit verschiedenen Farben ebenfalls ein farbneutrales Baryon bilden können, muß es noch eine andere Art geben, farbneutrale Kombinationen der farbigen Quarks zu bilden

$$\text{rot} + \text{blau} + \text{grün} = \text{farbneutral.} \tag{13.58}$$

Dies unterscheidet sich wesentlich von der Addition der elektrischen Ladung.

Dieser Unterschied zwischen Farbladung und elektrischer Ladung hat wichtige physikalische Konsequenzen. Ein klassisches Testteilchen mit positiver elektrischer Ladung polarisiert ein dielektrisches Medium durch Bildung von Paaren mit entgegengesetzter Ladung (Dipole). Aufgrund der Coulomb-Wechselwirkung werden die so erzeugten negativen Ladungen vom Testteilchen angezogen und die positiv geladenen abgestoßen (siehe Abb. 13.5). Daraus folgt, daß die Ladung des Testteilchens abgeschirmt wird und die effektive Ladung ist von weitem gesehen deutlich kleiner als die eigentliche Ladung des Testteilchens. (Das elektrische Feld in einem dielektrischen Medium wird durch den

Wert der dielektrischen Konstante des Mediums auf den Wert im Vakuum reduziert.) Die effektive Ladung hängt von unserer Entfernung von der Testladung
ab. Die Größe der Ladung wächst, wenn wir die Probeladung bei immer geringeren Abständen untersuchen, die wahre Ladung erhalten wir nur asymptotisch
(bei größtem Impulsübertrag). Da der Abstand von der Probe (bei Streuexperimenten) indirekt proportional zum Impulsübertrag ist, sagt man üblicherweise,
die effektive Ladung oder die Stärke der elektromagnetischen Wechselwirkung
wächst mit dem Impulsübertrag, ein Effekt, der eben durch die Abschirmung
der Ladung in einem dielektrischen Medium hervorgerufen wird. Durch Quan-
tenfluktuationen tritt dieser Effekt auch im Vakuum auf, da die Feinstrukturkonstante $\alpha = e^2/\hbar c$ mit dem Impulsübertrag wächst, obwohl nur schwach. (Man
hat diesen Sachverhalt durch e^-e^+-Hochenergiestreuung überprüfen können.)

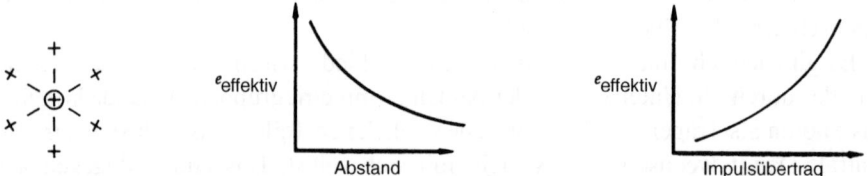

Abb. 13.5 Polarisation eines dielektrischen Mediums in der Nähe einer positiven Ladung
und der effektive Wert der Ladung als Funktion des Abstandes und des Impulsübertrages

Im Gegensatz dazu polarisiert ein Testteilchen, welches eine Farbladung trägt,
das Medium auf zwei Wegen. Wie im Falle der QED erzeugt es Paare von Teilchen mit entgegengesetzter Farbladung. Es kann aber auch drei Teilchen mit
verschiedenen Farben erzeugen, wobei die Farbneutralität erhalten bleibt. Die
Wirkung der Farbkraft auf ein polarisiertes Medium ist deshalb komplizierter.
Genaue Untersuchungen der QCD ergaben, daß die Farbladung des Testteilchens
nicht abgeschirmt, sondern verstärkt wird. Mit anderen Worten, weit weg vom
Testteilchen ist die gemessene Farbladung größer als die von ihm wirklich ge-
tragene Farbladung. Nähern wir uns (bei Streuexperimenten) dem Träger der
Farbladung, so nimmt diese ab. So findet man, daß die qualitative Abhängigkeit
der Farbladung von der Entfernung oder vom Impulsübertrag genau entgegengesetzt zu unserem Befund für die elektromagnetische Wechselwirkung ist (siehe
Abb. 13.6). Die Stärke der starken Wechselwirkung nimmt also mit wachsendem Impulsübertrag ab. Man nennt diesen Sachverhalt asymptotische Freiheit,
es bedeutet, daß bei unendlich großen Energien die Quarks sich im wesentlichen wie freie Teilchen verhalten, da die effektive Stärke der Kopplung der
Wechselwirkung verschwindet. (Die asymptotische Freiheit der QCD wurde unabhängig voneinander von David Politzer, von David Gross und Frank Wilczek
sowie von Gerard t'Hooft entdeckt.) Eine der Folgen dieses Verhaltens ist es,
daß sich die Quarks in den Hadronen bei Stößen mit sehr hoher Energie wie

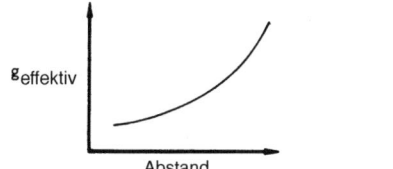
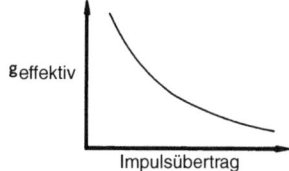

Abb. 13.6   Der effektive Wert der Farbladung als Funktion des Abstandes und des Impulsübertrages.

freie, unabhängige Teilchen verhalten. Man nennt dieses einfache Hochenergie-modell der Hadronen das *Partonenmodell*. Man hat es extensiv untersucht und festgestellt, daß es mit den Ergebnissen von Hochenergiestreuexperimenten gut übereinstimmt.

Die Tatsache, daß die Kopplungsstärke der QCD bei hohen Energien ab-nimmt, ist sehr wichtig. Denn man hat so die Möglichkeit, die Effekte der Farbwechselwirkungen störungstheoretisch für kleine Abstände oder große Im-pulsüberträge zu berechnen. So können die Vorhersagen der QCD in Hoch-energieexperimenten überprüft werden. Bis jetzt stimmen alle Daten mit den Vorhersagen der QCD exzellent überein (siehe weiter unten in diesem Kapitel).

Bei kleinen Energien nimmt die Stärke der Kraft zu und störungstheoretische Rechnungen verlieren ihren Sinn. Man versteht so aber, daß die Quarks gebun-dene Zustände bilden können, die wir Hadronen nennen. Allerdings können die Quarks für die Eigenschaften der Hadronen nicht allein verantwortlich gemacht werden. So stellt man bei Stößen hoher Energie fest, daß die Quarks nur die Hälfte des Impulses der Hadronen tragen, der Rest muß anderen punktförmi-gen Bestandteilen zugeordnet werden, die elektrisch neutral sind und den Spin $J = 1$ tragen. Man identifiziert nun diese Teilchen mit den Gluonen. Aus Kon-sistenzgründen müssen wir daher das Quarkmodell der Hadronen ändern; Ha-dronen bestehen nicht aus Quarks allein, sondern diese repräsentieren sozusagen nur die Valenzeigenschaften der Hadronen.

Es gibt viele Versuche, das nichtstörungstheoretische, niederenergetische Ver-halten der QCD zu verstehen. Unser qualitatives Bild kann am besten durch ein phänomenologisches lineares Potential zwischen Quarks und Antiquarks be-schrieben werden:

$$V(r) \propto kr. \tag{13.59}$$

Für die schweren Quarks liefert dieses Bild gute Ergebnisse. Wir können uns die $q\bar{q}$-Paare als durch Stricke miteinander verbunden vorstellen. Versucht man, das Paar zu trennen, so vergrößert sich das Potential zwischen beiden. Bei einem gewissen Abstand des Paares ist es energetisch günstiger für das $q\bar{q}$-Paar, sich in zwei $q\bar{q}$-Paare aufzuspalten. In Abb. 13.7 haben wir den Vorgang bildlich

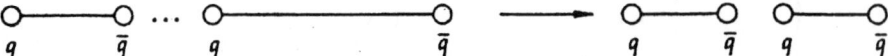

Abb. 13.7 Bildung eines neuen $q\bar{q}$-Paares aus dem Vakuum für den Fall, daß der Abstand zwischen dem originalen $q\bar{q}$-Paar anwächst.

dargestellt. Die starke Kraft wächst mit dem Abstand zwischen den Quarks, deshalb ist es auch nicht möglich, ein isoliertes Quark zu beobachten*.

Der *Confinement* genannte Effekt stimmt natürlich mit den Beobachtungen überein, denn alle beobachteten Teilchen sind farbneutral und es gibt bisher keine Anzeichen für die Erzeugung eines isolierten Quarks oder Gluons mit einer Farbladung. Werden zusätzliche Quarks in Hochenergiestößen erzeugt, so treten sie immer in Zuständen auf, deren Farbquantenzahlen sich zu null addieren (farblos sind). Verlassen die Quarks die Region, in der sie erzeugt wurden, so „ziehen sie sich an", das heißt, sie werden zu Hadronen. Man sieht dies an den „Teilchenjets", die bei diesen Stößen auftreten. Die bei hadronischen Reaktionen emittierten Gluonen werden ebenfalls zu Hadronen und erzeugen Teilchenjets, wenn sie die Wechselwirkungszone verlassen. Während wir vom Confinement der Quarks und Gluonen im Moment überzeugt sind, steht ein detaillierter Beweis auf der Basis der QCD noch aus.

Im Kontext des Standardmodells wird die starke Kernkraft zwischen den Hadronen als eine restliche Van der Waals-Farbkraft in Analogie zur Van der Waals-Kraft, die die elektromagnetische Wechselwirkung ladungsneutraler Moleküle beschreibt, interpretiert. So, wie die Van der Waals-Kraft die Existenz geladener atomarer Bestandteile reflektiert, die über die Coulomb-Kraft wechselwirken, zeigt die starke Kernkraft, daß in den Hadronen farbige Objekte existieren, die deutlich stärker wechselwirken. Die Van der Waals-Kraft wird mit anwachsendem Abstand schneller schwächer als die Coulomb-Kraft, man nimmt an, daß ein ähnlicher Mechanismus auch bei den Farbkräften wirkt. Dies würde die Kurzreichweitigkeit der starken Kraft sowohl innerhalb als auch außerhalb der Atomkerne erklären.

---

*Die Aufspaltung eines $q\bar{q}$-Paares verläuft analog dem Versuch, einen Magneten in zwei Teile zu zerbrechen. Das Ergebnis sind zwei Magnete anstelle eines isolierten Nord- und Südpols.

Quark-Gluonen-Plasma

Es spricht viel für die Vorstellung, daß die Quarks in den Hadronen eingeschlossen sind. Erhöhen wir nun die Temperatur unseres Hadronensystems, so
könnte die zufällige thermische Bewegung eventuell zum völligen Zerfall der
Hadronen führen. In diesem Falle kann man Quarks und Gluonen als freie Teilchen interpretieren, die in einer Plasmaphase vorliegen. Diese Phase ähnelt sehr
dem Plasma geladener Teilchen, das im Inneren der Sonne und der Sterne existiert, wobei sich Elektronen und Protonen aus ionisiertem Wasserstoff quasi
frei bewegen. Die überzeugendsten Argumente, daß bei wachsender Temperatur ein solcher Übergang zwischen der Phase der eingeschlossenen und der der
freien Quarks und Gluonen stattfindet, stammen aus Computersimulationen im
Rahmen der QCD. Eine solche Quark-Gluonen-Plasma-Phase könnte sich kurz
nach dem Urknall gebildet haben, als die Temperatur im Universum noch sehr
hoch war. Man nimmt an, daß in dieser Phase eine große Zahl sehr schneller
geladener Quarks zu finden ist, die aneinander gestreut werden und Photonen
emittieren, was zu einer direkten Einzel-Photon-Erzeugung führt. Da die Temperaturen sehr groß sind, ist die Erzeugung von Quarks nicht auf die Flavors mit
kleiner Masse beschränkt, sondern es kommt auch zu einer vermehrten Produktion von exotischen Flavors wie Strangeness und Charme. Der experimentelle
Nachweis solcher Signale in hochenergetischen Reaktionen spielt in der experimentellen Hochenergiephysik unserer Zeit eine wichtige Rolle, besonderes
Augenmerk verdienen die Schwerionenstöße am Relativistic Heavy Ion Collider
(RHIC), welches am Brookhaven National Laboratory aufgebaut wird. Diese
Experimente wollen die Wechselwirkung von Kernen mit großem A untersu-
chen, wobei jedes Nukleon einige Hundert GeV an Energie besitzen soll. Die
Energie- und Materiedichten in diesen Experimenten sind wahrscheinlich groß
genug, um die Transformation der normalen Kerne in ein freies Quark-Gluonen-
System beobachten zu können. (Der RHIC soll Ende der neunziger Jahre die
Arbeit aufnehmen.) Der Versuch eines Tests dieser Ideen ist eine recht große Herausforderung, denn die theoretischen Eigenschaften des Quark-Gluonen-Plasmas
sind uns noch nicht vollständig verständlich und die Signale, die die Existenz des
Plasmas anzeigen sollen, noch nicht ganz klar. Trotzdem oder vielleicht gerade
deshalb ist es interessant, ob solche Materiezustände erzeugt werden können.

Phänomenologie und Vergleich mit den Daten

Als Beispiel der Übereinstimmung der Vorhersagen der QCD und der
Stoßexperimente bei hohen Energien zeigen wir in den Abb. 13.8 und 13.9

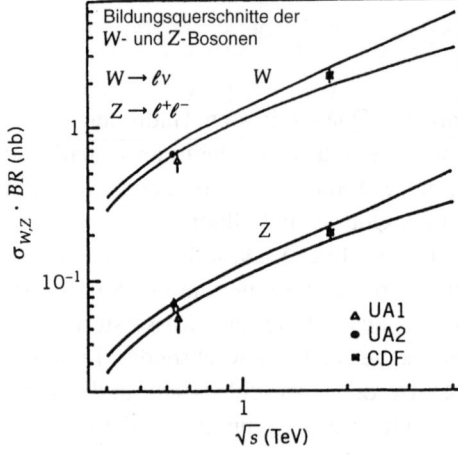

Abb. 13.8 Der Wirkungsquerschnitt für die W- und Z-Erzeugung in $p\bar{p}$-Stößen im Vergleich mit den Vorhersagen des Standardmodells (Nach A. G. Clark. 1991. *Techniques and Concepts of High Energy Physics VI*. T. Ferbel (Hrsg.) Plenum Press, New York.)

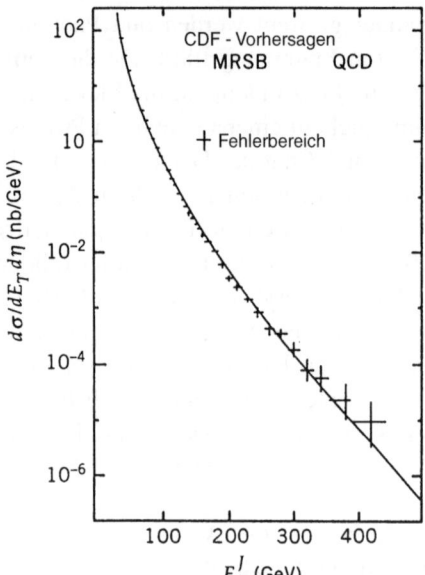

Abb. 13.9 Wirkungsquerschnitt und Vorhersage der QCD für die Erzeugung von Teilchenjets bei großen Impulsüberträgen in $p\bar{p}$-Stößen mit $\sqrt{s} \sim 1{,}8$ TeV (Nach A. G. Clark. 1991. *Techniques and Concepts of High Energy Physics VI*. T. Ferbel (Hrsg.) Plenum Press, New York.)

die Daten und die theoretischen Vorhersagen für die Erzeugung der W- und Z-Bosonen und für die Erzeugung von Teilchenjets (Quarks und Gluonen, die sich zu farbneutralen Teilchen umbilden) bei Proton-Antiproton-Stößen. Die primäre Ungewißheit in der Theorie (sie ist als erlaubter Bereich zwischen den beiden glatten Kurven in Abb. 13.8 gezeigt) stammt aus der Unmöglichkeit, den Inhalt und die Impulsverteilung der Bestandteile innerhalb der Hadronen vorherzusagen, denn diese Informationen haben mit dem Confinement und den Wechselwirkungen der Quarks und Gluonen bei kleinen Impulsen zu tun, sie lassen sich daher nicht mehr störungstheoretisch berechnen.

Man muß diese Informationen also aus anderen Reaktionen (zum Beispiel durch Elektronenstreuung an Protonen) gewinnen und mit ihrer Hilfe die Ergebnisse der Kollision der Partonen mit einzelnen Hadronen berechnen. Für den Fall der W-Erzeugung stammt der Hauptanteil aus der Wechselwirkung von $\bar{u}$- (oder $\bar{d}$) Quarks im Antiproton mit einem u- oder d-Quark des Protons, wobei W^+- (oder W^-)Bosonen und Teilchenjets erzeugt werden. Bei der Jetproduktion kann jedes Parton der wechselwirkenden Hadronen an jedem anderen Parton des anderen Hadrons elastisch gestreut werden und beide Partonen entwickeln sich zu Jets. Das gestreute Parton erscheint unter einem großen Winkel relativ zur Kollisionsachse, während die anderen ungestreuten Bestandteile sich zu farbneutralen Zuständen entwickeln, die unter kleinen Winkeln davonfliegen. Da der Impuls rechtwinklig zur Stoßachse erhalten bleiben muß, erwarten wir, daß die beiden gestreuten Partonenjets in entgegengesetzter Richtung emittiert werden. In Abb. 13.10 zeigen wir zwei typische Ereignisse dieser Art. Man nennt die Darstellung, die wir hier sehen, einen *Lego-Plot*. Die Höhe der Balken ist proportional zu der in diesem Winkelbereich beobachteten Energie. Die Achsen entsprechen dem Azimuth (ϕ) um die Stoßachse und dem Polarwinkel θ relativ zu dieser. Die beiden Jets besitzen einen um 180 Grad voneinander verschiedenen Azimuth, da, wie wir wissen, der transversale Impuls beim Stoß der Komponenten der Hadronen erhalten bleibt.

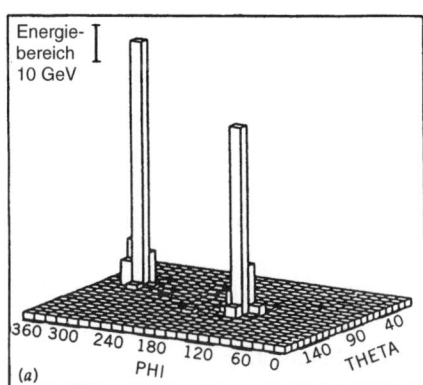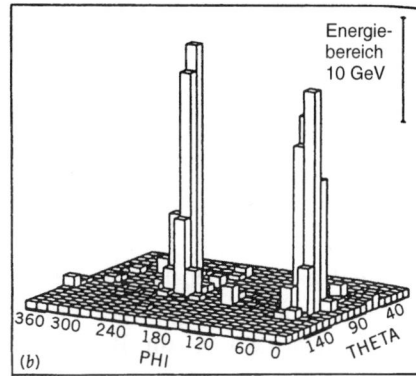

Abb. 13.10   Energiefluß in die Richtung quer zur Kollisionsachse bei der Erzeugung von Teilchenjets bei $p\bar{p}$-Stößen mit $\sqrt{s} \sim 600$ GeV.
(Nach L. DiLella. 1987. *Techniques and Concepts of High Energy Physics IV*. T. Ferbel (Hrsg.) Plenum Press, New York.)

Wir zeigten in Abb. 13.2, wie die W- und Z-Bosonen Übergänge zwischen Mitgliedern des gleichen schwachen Isospindubletts erzeugen können. Ist es tatsächlich nicht möglich, daß Übergänge zwischen Teilchen, die zu verschiedenen Multipletts gehören, stattfinden, dann ist es rätselhaft, wie es zu den schwachen $|\Delta S| = 1$-Übergängen kommt. Die Lösung kommt aus einer früheren Beobachtung, daß die Strangeness keine Erhaltungsgröße in schwachen Prozessen ist. Die Eigenzustände der schwachen Hamilton-Funktion unterscheiden sich also von denen der starken Hamilton-Funktion und besitzen keine eindeutige Strangeness. Analog zur Analyse des $K^0 - \bar{K}^0$-Systems können wir versuchen, die Quark-Dublett-Eigenzustände der schwachen Hamilton-Funktion neu als Mischung der Zustände (13.2) zu definieren. Vor der Entdeckung des charm-Quarks und basierend auf den experimentellen Daten seiner Zeit, zeigte Nicola Cabibbo, daß diese Daten vereinbar mit der Definition der ersten Quarkfamilie

$$\begin{pmatrix} u \\ d \end{pmatrix} \rightarrow \begin{pmatrix} u \\ d' \end{pmatrix} \tag{13.60}$$

sind, wobei der neue Zustand d' eine Mischung der d- und s-Quarks ist:

$$d' = \cos\theta_c d + \sin\theta_c s. \tag{13.61}$$

Diese Art Zustand besitzt natürlich keine eindeutige Strangeness. Verursachen die schwachen Eichbosonen Übergänge im u, d'-Dublett, dann können sie jetzt in der Tat Prozesse induzieren, die die Strangeness verändern. Der Winkel, der die Mischung der d- und s-Quarks parametrisiert, wird Cabibbo-Winkel genannt, sein Wert bestimmt die relativen Ereignisraten für die folgenden Prozeßtypen:

$$\begin{aligned} W^+ &\rightarrow u\bar{s} \\ W^+ &\rightarrow u\bar{d} \\ Z^0 &\rightarrow u\bar{u} \\ Z^0 &\rightarrow d\bar{s}. \end{aligned} \tag{13.62}$$

Der Cabibbo-Winkel kann experimentell aus diesen Übergängen bestimmt werden, sein Wert liegt bei $\sin\theta_c = 0,23$. In Abb. 13.11 wird gezeigt, wie der Zerfall eines K^0 in ein π^+ und ein π^- nun im Standardmodell beschrieben werden kann.

Während die Cabibbo-Hypothese die meisten $W^\pm$-Zerfälle erklärt, bleiben manche strangeness-verändernden Prozesse, besonders leptonische Zerfallsmodi des K^0, rätselhaft. So ist zum Beispiel folgendes bekannt:

$$\begin{aligned} \Gamma(K^+ &\rightarrow \mu^+\nu_\mu) \simeq 0,5 \cdot 10^8 \, \mathrm{s}^{-1} \\ \Gamma(K_L^0 &\rightarrow \mu^+\mu^-) \simeq 0,1 \, \mathrm{s}^{-1}. \end{aligned} \tag{13.63}$$

Dies führt zu

$$\frac{\Gamma(K_L^0 \rightarrow \mu^+\mu^-)}{\Gamma(K^+ \rightarrow \mu^+\nu_\mu)} \simeq 10^{-9}. \tag{13.64}$$

Die Kleinheit dieses Verhältnisses kann im Rahmen der Cabibbo-Analyse nicht erklärt werden. Weitere Untersuchungen führten dazu, daß Sheldon Glashow,

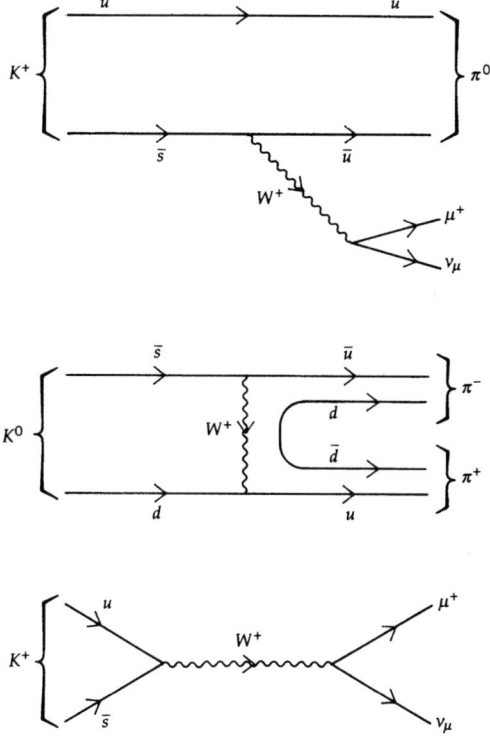

Abb. 13.11 Strangeness-verändernde Übergänge im Standardmodell. Ein aus dem Vakuum erzeugtes $d\bar{d}$-Paar (im mittleren Graphen) verbindet sich mit den anderen Quarks und erzeugt ein π^+ und ein π^- als Endzustand des K^0-Zerfalls.

John Illiopoulos und Luciano Maiani die Existenz eines vierten Quarks (charm-Quark) vorschlugen, der in einer Dublettstruktur der Form (13.60) vorkommen soll:

$$\begin{pmatrix} c \\ s' \end{pmatrix} \tag{13.65}$$

mit

$$s' = -\sin\theta_c d + \cos\theta_c s.$$

Dieses Vorgehen löst die auftretenden Probleme bei allen leptonischen Zerfallsmodi der seltsamen Mesonen, man nennt es meist den „GIM-Mechanismus".

Man kann die Ideen von Cabibbo und GIM wie folgt zusammenfassen. Für die beiden Dubletts

$$\begin{pmatrix} u \\ d' \end{pmatrix} \quad \text{und} \quad \begin{pmatrix} c \\ s' \end{pmatrix}$$

stehen die schwachen Eigenzustände zu den Eigenzuständen der starken Hamilton-Funktion über eine orthogonale Matrix

$$\begin{pmatrix} d' \\ s' \end{pmatrix} = \begin{pmatrix} \cos\theta_c & \sin\theta_c \\ -\sin\theta_c & \cos\theta_c \end{pmatrix} \begin{pmatrix} d \\ s \end{pmatrix} \tag{13.66}$$

in Verbindung. Heute glauben wir, daß sogar drei Dubletts von Quarks der Form

$$\begin{pmatrix} u \\ d' \end{pmatrix} \quad \begin{pmatrix} c \\ s' \end{pmatrix} \quad \text{und} \quad \begin{pmatrix} t \\ b' \end{pmatrix} \tag{13.67}$$

existieren. In diesem Fall ist die Beziehung zwischen den Zuständen d', s', b' und den Eigenzuständen d, s, b komplizierter, sie enthält eine 3×3-Matrix, die nach Kobayashi und Maskawa benannt ist. Mit dieser Verallgemeinerung stimmt das Standardmodell mit allen bekannten Zerfällen überein. (Man beachte, daß nur Quarks mit gleicher elektrischer Ladung gemischt werden können, so daß das b'-Quark nur eine Mischung aus d-, s- und b-Quarks sein kann.)

Zum Schluß wollen wir noch auf die Verbindung zwischen der elektromagnetischen und der schwachen Wechselwirkung eingehen. Sheldon Glashow, Abdus Salam und Steven Weinberg formulierten unabhängig voneinander das elektroschwache Modell, einen der wichtigsten Bestandteile des Standardmodells. Die elektroschwache Theorie setzt die schwachen und die elektromagnetischen Wechselwirkungen der Elementarteilchen mittels des schwachen Mischungswinkels θ_W und der Massen der Eichbosonen zueinander in Beziehung. Speziell ergibt sich folgende Relation zwischen den Parametern:

$$\sin^2\theta_W = \frac{\pi\alpha}{\sqrt{2}G_F}\frac{1}{m_W^2} = 1 - \frac{m_W^2}{m_Z^2} = 0{,}23. \tag{13.68}$$

Dabei ist α die Feinstrukturkonstante und G_F die Kopplungskonstante der schwachen Wechselwirkung. Der Wert von θ_W läßt sich aus verschiedenen Streuexperimenten bestimmen, die Massen der Eichbosonen aus $p\bar{p}$- und e^+e^--Stößen. Man findet, daß alle diese Daten vereinbar mit der Beziehung (13.68) sowie mit allen anderen Vorhersagen des Standardmodells sind.

Aufgaben

13.1 Bei der Diskussion der schwachen Zerfälle mittels W- und Z-Bosonen hatten wir uns auf die fundamentalen Übergänge zwischen Quarks und Leptonen beschränkt. An diesen Zerfällen nehmen jedoch häufig Hadronen teil, die sogenannte „Zuschauer"-Quarks enthalten, zusätzlich zu den

Quarks, die in die schwache Wechselwirkung einbezogen sind. So zeigt Abb. 13.11 ein Diagramm für den Zerfall eines K^0 in ein $\pi^+\pi^-$-Paar. Man zeichne ebensolche Quark-Linien-Diagramme für die folgenden Zerfälle: (a) $K^+ \to \pi^+ + \pi^0$, (b) $n \to p + e^- + \bar{\nu}_e$, (c) $\pi^+ \to \mu^+\nu_\mu$, (d) $K^0 \to \pi^- + e^+ + \nu_e$.

13.2 Man zeichne Quark-Linien-Diagramme für die folgenden Reaktionen: (a) $\pi^- + p \to \Lambda^0 + K^0$, (b) $\pi^+ + p \to \Sigma^+ + K^+$, (c) $\pi^+ + n \to \pi^0 + p$, (d) $p + p \to \Lambda^0 + K^+ + p$, (e) $\bar{p} + p \to K^+ + K^-$.

13.3 Man zeichne Quark-Linien-Diagramme für die folgenden schwachen Reaktionen und gebe das erforderliche intermediäre W- oder Z-Boson an: (a) $\nu_e + n \to \nu_e + n$, (b) $\bar{\nu}_\mu + p \to \mu^+ + n$, (c) $\pi^- + p \to \Lambda^0 + \pi^0$.

13.4 Nach dem Quarkmodell sind die Wellenfunktionen der Baryonen antisymmetrisch in der Farbe. Man konstruiere eine Wellenfunktion für das Δ^{++}-Teilchen, die explizit antisymmetrisch unter der Vertauschung von zwei Quarkbestandteilen im Farbraum ist.

Empfohlene Literatur

Frauenfelder, H. und Henley, E. M. 1991. *Subatomic Physics*. N.Y.: Prentice-Hall. (Englewood Cliffs).

Goldstein, H. 1980. *Classical Mechanics*. Readings, Mass. (Addison-Wesley).

Griffiths, D. 1987. *Introduction to Elementary Particles*. New York. (Wiley).

Sakurei, J. J. 1964. *Invariance Principles end Elementary Particles*. Princeton, N.J. (Princeton Univ. Press).

Williams, W. S. C. 1991. *Nuclear and Particle Physics*. London/New York. (Oxford Univ. Press).

Siehe auch Standardtexte zur Quantenmechanik, zum Beispiel Das, A. und A. C. Melissinos. 1986. *Quantum Mechanics*. New York. (Gordon & Breach).

14 Jenseits des Standardmodells

Einführende Bemerkungen

Das Standardmodell der fundamentalen Wechselwirkungen – der starken, der schwachen und der elektromagnetischen Kraft – ist eine Quarks und Leptonen enthaltende Eichtheorie, die auf der Symmetriegruppe $SU_{\text{Farbe}}(3) \times SU_L(2) \times U_Y(1)$ basiert. Die Symmetrie des schwachen Isospins und der Hyperladung wird, wie wir gesehen haben, spontan gebrochen. Als Folge davon werden die schwachen Eichbosonen massiv und die Symmetrie wird bei niedrigen Energien auf die Eichsymmetrie des Elektromagnetismus und der Farbsymmetrie reduziert, das heißt $SU_{\text{Farbe}}(3) \times U_Q(1)$. Dies ist im wesentlichen das Prinzip des Standardmodells. Störungstheoretische Rechnungen führen im Standardmodell zu vielen interessanten Vorhersagen, die, wie es scheint, alle experimentell verifiziert werden können. Man kann sogar sagen, die Übereinstimmung von Theorie und Praxis ist bemerkenswert (siehe den letzten Abschnitt im vorangegangenen Kapitel). Man könnte also davon ausgehen, daß uns das Standardmodell eine korrekte Beschreibung der fundamentalen Wechselwirkungen bei niedrigen Energien liefert. Dieses Modell besitzt allerdings einige empirisch zu bestimmende Parameter (zum Beispiel die Masse der Leptonen, Quarks, Eichbosonen, Higgs-Bosonen, Kopplungskonstanten etc.). Außerdem enthält es die Gravitation nicht, diese andere fundamentale Kraft, und es befriedigt einige ästhetische Vorstellungen nicht. Obwohl also vom experimentellen Standpunkt es als nicht notwendig erscheint, über das Standardmodell hinauszugehen, gibt es wichtige theoretische Gründe, es doch zu tun. Wir wollen in unserem abschließenden Kapitel einige dieser Versuche vorstellen.

Große Vereinheitlichung

Untersucht man die Eigenschaften der Quark- und Leptonenmultipletts (Familien), so scheint es, als ob die elektrische Ladung in Einheiten von $\frac{1}{3}e$ auftritt. Wir wissen bereits, daß die Quantenzahl des Drehimpulses ebenfalls quantisiert ist – in Vielfachen von $\hbar/2$. Diese Diskretisierung der Quantenzahl tritt aber auf, da die Drehimpulsalgebra nichtkommutativ ist. Eine wichtige Eigenschaft der nichtkommutativen (nichtabelschen) Symmetriegruppen ist mit anderen Worten das Auftreten erhaltener Ladungen, die diskrete, quantisierte Werte haben. Die Symmetrie aber, die zur Erhaltung der elektrischen Ladung führt, entspricht einer einfachen Phasentransformation, die durch die abelsche $U_Q(1)$-Gruppe beschrieben wird. Diese Symmetriegruppe fordert nicht, daß die erhaltene Ladung quantisierte Werte annehmen muß, deshalb ist die diskrete Natur der elektrischen Ladung im Standardmodell ein großes Mysterium. Nun sind allerdings alle diese Symmetrien — die $U_Y(1)$-, $SU_L(2)$- und die $SU_{\text{Farbe}}(3)$-Gruppen – Teil einer größeren nichtabelschen Symmetriegruppe, die so den Ursprung der Quantisierung der elektrischen Ladung begründen kann.

Zusätzlich tritt eine gewisse phänomenologische Symmetrie zwischen den Quarks und Leptonen zu Tage. Zu jeder Leptonenfamilie gibt es eine Familie von Quarks in drei verschiedenen Farben.

$$
\begin{pmatrix} \nu_e \\ e^- \end{pmatrix} \longleftrightarrow \begin{pmatrix} u^a \\ d^a \end{pmatrix}
$$
$$
\begin{pmatrix} \nu_\mu \\ \mu^- \end{pmatrix} \longleftrightarrow \begin{pmatrix} c^a \\ s^a \end{pmatrix} \tag{14.1}
$$
$$
\begin{pmatrix} \nu_\tau \\ \tau^- \end{pmatrix} \longleftrightarrow \begin{pmatrix} t^a \\ b^a \end{pmatrix}
$$

Obwohl das top-Quark noch nicht beobachtet wurde[*], fordert die interne Konsistenz des Standardmodells seine Existenz. Die Abschätzungen der Masse des top-Quarks liegen bei 130 ± 30 GeV/c^2 und man hofft, es in nächster Zukunft nachweisen zu können. Der Ursprung der Quark-Leptonen-Symmetrie läßt sich verstehen, wenn wir annehmen, daß Quarks und Leptonen verschiedenen Zuständen ein und desselben Teilchens entsprechen. So kann man annehmen, jedes Quark besitzt vier Farben, wobei die vierte Farbe der Leptonenquantenzahl entspricht. Diese Annahme führt ganz natürlich zu der Tatsache, daß die Zahl der Familien der Quarks und Leptonen gleich ist.

Die Idee, daß Quarks und Leptonen verschiedene Manifestationen des gleichen Teilchens sind, führt zu der interessanten parallelen Vorstellung, daß die

---

[*]Siehe dazu die Fußnote auf Seite 262.

Wechselwirkungen zwischen Quarks und Leptonen, die ja sehr verschieden zu sein scheinen – Leptonenwechselwirkung über $W^{\pm}$- und Z^0-Bosonen und Quarkwechselwirkung über farbige Gluonen – doch recht ähnlich sind. Denn das Zusammenfügen von Quarks und Leptonen in eine Gruppe ergibt nur Sinn, wenn auch die Wechselwirkungen nur Manifestationen einer fundamentalen Kraft sind. Diese Vereinfachung würden viele Physiker sehr sympatisch finden, denn die Tatsache, daß die drei Kräfte der Teilchenphysik nur verschiedene Formen einer wirklich fundamentalen Kraft sind, ergibt ein Bild der physikalischen Gesetze von großer Einfachheit und Schönheit. Man nennt dieses Konzept große Vereinheitlichung (*Grand Unification Theory* GUT), es ist die Grundlage aller Theorien, die über das Standardmodell hinausgehen.

Wie wir gesehen haben, sind die Stärken der drei Kräfte sehr unterschiedlich. Deshalb ist a priori nicht klar, wie man sie als Manifestationen einer einzigen Kraft betrachten soll. Hier hilft die Beobachtung (siehe die Kapitel 9 und 13), daß die Kopplungskonstanten von der Impulsskala (oder vom Abstand) abhängen. Wir wissen inzwischen, daß die elektrische Ladung mit wachsendem Impuls zunimmt, während die zu nichtabelschen Symmetrien gehörenden Kräfte, wie zum Beispiel die Farbkraft, mit dem Impuls abnehmen. Es ist daher glaubhaft, daß bei einer bestimmten Energieskala die drei Kopplungskonstanten gleich werden. In einer solchen Situation sind die drei Kräfte nicht mehr unterscheidbar und man erhält so eine einzige Kraft, die oberhalb dieser Skala wirkt. Bei kleineren Energien zerfällt diese Kraft einfach in drei verschiedene der vier bekannten fundamentalen Kräfte.

Um zu verstehen, wie es zu einer solchen Trennung der Kräfte kommen kann, muß man daran denken, daß zur Einbeziehung der Leptonen in die Quarkfamilien eine größere Symmetriegruppe benötigt wird. (Dies führt natürlich auch zu einer Quantisierung der elektrischen Ladung.) Es gibt nun mehrere Symmetriegruppen verschiedener Komplexität, die man zur Vereinheitlichung einführen kann. Die einfachste Gruppe ist die $SU(5)$, ein Analogon zum Isospin, die eine Drehung in einem fünfdimensionalen intrinsischen Raum beschreibt. In diesem speziellen Modell (vorgeschlagen von Howard Georgi und Sheldon Glashow) nimmt man an, daß die Symmetrie der fundamentalen Wechselwirkungen jenseits der unifizierenden Energieskala auf einer lokalen Symmetrie der $SU(5)$-Gruppe basiert. Am Vereinheitlichungspunkt wird diese lokale Symmetrie sponatan gebrochen und man erhält die niederenergetischen Symmetriegruppen des Standardmodells – $SU_{\text{Farbe}}(3) \times SU_L(2) \times U_Y(1)$ – die sofort wieder spontan gebrochen werden, so daß man schließlich bei der Symmetriegruppe $SU_{\text{Farbe}}(3) \times U_Q(1)$ auf der Energieskala der schwachen Kraft landet. Dies erklärt, wie die einzelne Kraft bei hohen Energien sich bei kleineren Energien als drei verschiedene Kräfte darstellen kann. Berechnungen ergeben, daß der schwachen Energieskala etwa 10^2 GeV entsprechen, während der Vereinheitlichungspunkt bei etwa 10^{15} GeV liegt.

Im Falle der $SU(5)$-Symmetrie kann eine Familie von Quarks und Leptonen konsistent in ein fünfdimensionales Multiplett und ein zehndimensionales antisymmetrisches Matrixmultiplett eingefügt werden. Das fünfdimensionale Multiplett enthält die rechtshändigen Teilchen, während das zehndimensionale Multiplett nur linkshändige Teilchen enthält. Explizit ergibt dies:

$$
\begin{pmatrix} d^{\text{rot}} \\ d^{\text{blau}} \\ d^{\text{grün}} \\ e^{+} \\ \bar{\nu}_e \end{pmatrix}_R \quad \text{und} \quad \begin{pmatrix} 0 & \bar{u}^{\text{grün}} & \bar{u}^{\text{blau}} & u^{\text{rot}} & d^{\text{rot}} \\ & 0 & \bar{u}^{\text{rot}} & u^{\text{blau}} & d^{\text{blau}} \\ & & 0 & u^{\text{grün}} & d^{\text{grün}} \\ & & & 0 & e^{+} \\ & & & & 0 \end{pmatrix}_L . \tag{14.2}
$$

Die Teilchendarstellungen in anderen unifizierenden Gruppen sind noch komplizierter. Im allgemeinen kann man jedoch ein Multiplett einer unifizierenden Gruppe in der Form

$$
\begin{pmatrix} q \\ l \end{pmatrix} \tag{14.3}
$$

darstellen. Das heißt, jedes Multiplett enthält notwendigerweise sowohl Quarks als auch Leptonen.

Die Eichbosonen treten, wie wir gesehen haben, bei den Übergängen zwischen den Mitgliedern eines Multipletts in Erscheinung. Aus der Struktur (14.3) folgt für vereinheitlichte Theorien zwangsläufig, daß Übergänge zwischen Leptonen und Quarks möglich sind, die durch neue massive Eichbosonen der $SU(5)$-Gruppe vermittelt werden. Die Baryonen- und Leptonenzahlen sind keine Erhaltungsgrößen mehr und das Proton wird zerfallen. Für den Fall der $SU(5)$ zeigt Abb. 14.1 den Zerfall des Protons in ein π^0 und ein e^+.

$$
p \to \pi^0 + e^+ . \tag{14.4}
$$

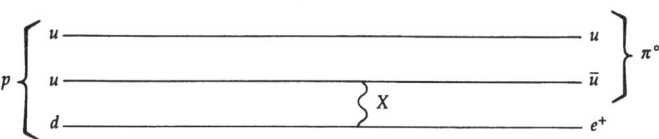

Abb. 14.1 Mechanismus des Protonzerfalls über das X-Eichboson der $SU(5)$-Gruppe

In Kapitel 9 hatten wir diesen Zerfall im Kontext der Baryonenzahlerhaltung diskutiert. Die Lebensdauer des Protons kann in vereinheitlichten Theorien berechnet werden. Aus der Stabilität des Universums erwarten wir natürlich, daß das Proton ein langlebiges Teilchen ist. Eine Reihe von beeindruckenden Experimenten haben für die Lebensdauer des Protons eine Grenze von

$$
\tau_p > 10^{31} \text{ Jahre} \tag{14.5}
$$

ergeben. Dies stimmt nicht mit der kürzeren Lebensdauer überein, die aus Berechnungen mit der einfachsten GUT, die auf der $SU(5)$ basiert, stammt. Damit kann diese Theorie nicht richtig sein. Andere Modelle der großen Vereinheitlichung (mit mehr Parametern und größerer Flexibilität) sind jedoch mit dem Grenzwert (14.5) vereinbar.

Die Ideen der großen Vereinheitlichung beeinflussen auch unsere Vorstellungen von der Kosmologie. Denn die Folge einer spontanen Symmetriebrechung ist ein Phasenübergang. Man sieht dies am einfachsten wieder am Ferromagneten. Bei sehr hohen Temperaturen sind die Spins durch die thermische Bewegung zufällig orientiert und es herrscht keine Ordnung im System. Sinkt aber die Temperatur, so nimmt die thermische Bewegung ab und es kommt zu einem Grundzustand mit ausgerichteten Spins, die Rotationssymmetrie wird gebrochen.

Wir erkennen also bei tieferen Temperaturen einen Übergang zu einem geordneten Zustand. Man kann dieses Konzept auch auf die Evolution des Universums anwenden. So war unmittelbar nach dem Urknall die Temperatur extrem hoch und wir erwarten bei Gültigkeit der großen Vereinheitlichung eine größere Symmetrie im Universum. (Höhere Temperaturen entsprechen natürlich größeren Energien.) Dehnt sich das Universum nun aus und kühlt sich ab, so wird die Symmetrie bei Erreichen der Vereinheitlichungsskala auf die des Standardmodells reduziert. Mit anderen Worten, es kommt zu einem Phasenübergang. Diese Übergänge sind normalerweise exotherm, es wird also Energie dabei freigesetzt. Da die Energie nun Quelle der Gravitationskraft ist, beeinflußt ein solcher Phasenübergang natürlich die dynamische Entwicklung des Universums. Mit Hilfe der Konzepte der Teilchenphysik kann explizit gezeigt werden, daß ein solcher Phasenübergang zu einer Epoche führt, in der die Ausdehnung exponentiell erfolgt und damit deutlich schneller, als von den meisten kosmologischen Modellen vorhergesagt. Diese (von Alan Guth stammende) Annahme besitzt den Vorteil, noch andere wichtige Probleme der Standardkosmologie zu lösen.

Große vereinheitlichte Theorien können auch die Baryonenasymmetrie im Universum erklären. Der Wert für das Verhältnis der Anzahl der Baryonen zu der der Photonen im Universum beträgt:

$$\frac{n_B}{n_\gamma} \simeq 10^{-9}. \tag{14.6}$$

Die Photonen (die meisten stammen aus der 3K-Hintergrundstrahlung) besitzen eine typische Energie von etwa 10^{-4} eV. Das bedeutet, daß die Energie in unserem Universum hauptsächlich in Form von Materie vorkommt (man sagt auch, es ist materie-dominiert). Durch solche Prozesse wie den Protonenzerfall können die GUT die Nichterhaltung der Baryonenzahl erklären. Baut man außerdem die CP-Verletzung in diese Theorien ein, so generieren sie eine Baryonenasymmetrie, deren rechnerischer Wert von n_B/n_γ mit dem beobachteten Wert gut übereinstimmt. Man sollte hier erwähnen, daß die GUT-Modelle die einzigen

Theorien sind, in denen der Wert n_B/n_γ berechnet und mit dem Beobachtungs-
wert in Übereinstimmung gebracht werden kann, so daß so die Asymmetrie im
Universum begründbar ist.

Supersymmetrie

Bisher haben wir uns bei Symmetrien auf Transformationen beschränkt, die
gleichartige Teilchen miteinander verbinden. So kann zum Beispiel eine Drehung ein „Spin-up"-Elektron in ein „Spin-down"-Elektron verwandeln. Eine
Isospindrehung macht aus einem Protonenzustand ein Neutron oder aus einem
π^+-Meson ein π^0-Meson. Die konventionellen Symmetrien drehen bosonische
Zustände auf bosonische Zustände und fermionische auf fermionische. Eine
neuartige Symmetrietransformation wäre es aber, wenn bosonische Zustände in
fermionische umgewandelt werden könnten und umgekehrt. Ist dies möglich, so
wären Fermionen und Bosonen verschiedene Manifestationen ein und desselben
Zustandes, dies entspricht in einem anderen Sinne einer Vereinheitlichung. Lange
Zeit dachte man, eine solche Transformation würde sich in keine physikalische
Theorie einfügen lassen. Inzwischen weiß man aber, wie solche Symmetrien
definiert werden, und es gibt tatsächlich Theorien, die unter diesen Transformationen invariant sind. Man nennt die Transformationen *supersymmetrische
(SUSY) Transformationen* und die dementsprechenden Theorien *supersymmetri-
sche Theorien.*

Wir wollen versuchen, die Supersymmetrie qualitativ verständlich zu machen.
Dazu betrachten wir das einfache Beispiel des bosonischen harmonischen Oszillators in einer Dimension und schreiben die Hamilton-Funktion als Funktion
der Erzeugungs- und Vernichtungsoperatoren wie folgt:

$$H_B = \frac{\hbar\omega}{2}(a_B a_B^\dagger + a_B^\dagger a_B). \tag{14.7}$$

Dabei erhöhen und erniedrigen $a_B^\dagger$ und a_B die Zahl der Quanten in einem Zustand
und sie erfüllen die Vertauschungsrelationen:

$$[a_B, a_B] = 0 = [a_B^\dagger, a_B^\dagger] \tag{14.8}$$
$$[a_B, a_B^\dagger] = 1.$$

Wir können die Hamilton-Funktion (14.7) auch in der bekannteren Form

$$H_B = \hbar\omega(a_B^\dagger a_B + \frac{1}{2}) \tag{14.9}$$

schreiben. Das Energiespektrum dieser Hamilton-Funktion erhält man leicht und die Quantenzustände haben mitsamt ihren entsprechenden Energiewerten die Gestalt:

$$|n_B\rangle \rightarrow E_{n_B} = \hbar\omega(n_B + \frac{1}{2}); \quad n_B = 0, 1, 2, \ldots . \tag{14.10}$$

Die Energie des Grundzustandes beträgt speziell

$$E_0 = \frac{\hbar\omega}{2}. \tag{14.11}$$

Quantenmechanisch gesehen gibt es auch einen Oszillator, der der Fermi-Dirac-Statistik genügt. In diesem Fall lautet die Hamilton-Funktion

$$H_F = \frac{\hbar}{2}(a_F^\dagger a_F - a_F a_F^\dagger). \tag{14.12}$$

Für Fermionen gelten die Anti-Vertauschungsrelationen

$$a_F^2 = 0 = (a_F^\dagger)^2 \tag{14.13}$$
$$a_F a_F^\dagger + a_F^\dagger a_F = 1.$$

Daraus folgt für die fermionische Hamilton-Funktion

$$H_F = \hbar\omega(a_F^\dagger a_F - \frac{1}{2}). \tag{14.14}$$

Solch ein System besitzt nur zwei Energieeigenzustände, die beiden Energie-eigenwerte lauten

$$|n_F\rangle \rightarrow E_{n_F} = \hbar\omega(n_F - \frac{1}{2}), \quad n_F = 0, 1. \tag{14.15}$$

Die Einfachheit dieses Spektrums ist eine Konsequenz der Fermi-Dirac-Statistik, nach der ein physikalischer Zustand nur ein Fermion enthalten kann ($n_F = 1$) oder der bosonische Grundzustand ist ($n_F = 0$).

Betrachten wir nun einen gemischten bosonischen und fermionischen Oszillator der gleichen Frequenz, dann erhalten wir die Hamilton-Funktion:

$$H = H_B + H_F = \hbar\omega(a_B^\dagger a_B + a_F^\dagger a_F). \tag{14.16}$$

Diese Hamilton-Funktion ist invariant unter „Vertauschung" von Bosonen und Fermionen

$$a_B \longleftrightarrow a_F. \tag{14.17}$$

Dies wird offensichtlich, wenn man das Energiespektrum dieses Systems betrachtet.

$$|n_B, n_F\rangle \rightarrow E_{n_B, n_F} = \hbar\omega(n_B + n_F), \quad n_F = 0, 1 \quad n_B = 0, 1, 2, \ldots \tag{14.18}$$

Ein bosonischer Zustand $|n_B, n_F = 0\rangle$ und ein fermionischer Zustand $|n_B - 1,$ $n_F = 1\rangle$ mit $n_B \geq 1$ sind energetisch entartet mit dem Eigenwert

$$E = \hbar\omega n_B. \tag{14.19}$$

Diese Entartung ist eine Konsequenz der Invarianz der Hamilton-Funktion (14.16) unter der Supersymmetrie. Ohne ins Detail zu gehen, wollen wir nur bemerken, daß die Generatoren der Supersymmetrietransformationen in diesem Fall wirklich existieren und die Gestalt

$$\begin{aligned} Q_F &= a_B^\dagger a_F \\ Q_F^\dagger &= a_F^\dagger a_B \end{aligned} \tag{14.20}$$

besitzen. Sie erfüllen, wie man zeigen kann, die Antivertauschungsrelation

$$[Q_F, Q_F^\dagger] = Q_F Q_F^\dagger + Q_F^\dagger Q_F = \frac{H}{\hbar\omega}. \tag{14.21}$$

Die Operatoren Q_F und $Q_F^\dagger$ transformieren, analog den Erzeugungs- und Vernichtungsoperatoren des Drehimpulses, einen bosonischen Zustand in einen fermionischen und zurück. (Man beachte, daß der Grundzustand des supersymmetrischen Oszillators die Energie null besitzt. Diese allgemeine Eigenschaft besitzen alle supersymmetrischen Theorien, sie hängt mit der spontanen Symmetriebrechung in diesen Theorien zusammen.)

Die Supersymmetrie ist nicht nur ein schönes Konzept, sie löst auch viele technische Schwierigkeiten von GUTs. Wie wir wissen, liegt die Energieskala der Vereinheitlichung bei etwa 10^{15} GeV, während die beobachtbaren Eichbosonen, Leptonen und Hadronen viel kleinere Massen besitzen. Ohne Supersymmetrie ist es sehr schwer zu verstehen, warum die beobachteten Teilchen so leicht sind, wenn der Bereich ihrer vereinheitlichenden Wechselwirkungen bei 10^{15} GeV liegt. Die Existenz der Supersymmetrie verhindert, daß die elementaren Teilchen zu schwer werden. Es gibt noch viele andere Gründe, die die Untersuchung von supersymmetrischen GUTs vorteilhaft erscheinen lassen. Die Berechnung der Lebensdauer des Protons zeigt, daß die einfachsten supersymmetrischen GUTs mit dem Limit (14.5) nicht verträglich sind, es gibt jedoch andere Modelle, bei denen dies nicht der Fall ist. Das Hauptproblem der supersymmetrischen Theorien heute ist es, daß sie eine Verdoppelung des Spektrums der fundamentalen Teilchen verlangen, denn zu jedem Boson wird (in Analogie zu den zwei Entartungen in (14.19)) ein fermionischer Partner verlangt. Leider hat man diese Teilchen (die supersymmetrischen Partner) an Beschleunigern bisher nicht gefunden. Man erwartet jedoch, daß für den Fall, daß die Supersymmetrie eine Symmetrie der Natur ist, man die SUSY-Teilchen mit der nächsten Generation von Beschleunigern, zum Beispiel dem Superconducting Supercollider (SSC), finden wird.

Zum Abschluß wollen wir noch kurz auf das Wesen der spontanen Symmetriebrechung bei schwachen Energien eingehen, eine immer noch offene und interessante Frage. Wird eine Symmetrie spontan gebrochen, so entstehen massive Teilchen wie das Higgs-Boson. Bisher konnte das Higgs-Boson, das bei der Symmetriebrechung der elektroschwachen Symmetrie entsteht, nicht nachgewiesen werden. Es gibt jedoch ein alternatives Szenario, wobei die Brechung durch ein zusammengesetztes Teilchen und nicht durch ein fundamentales Boson hervorgerufen wird. So sind „Technicolor"-Theorien solche, bei denen die Symmetrie spontan durch einen zusammengesetzten Zustand eines Fermion-Antifermion-Paares erfolgt. Diese Theorien besitzen eine zusätzliche, Technicolor genannte Symmetriegruppe, so daß neue Quarks, die neue Technicolorladungen tragen, gebundene Zustände bilden, die spontan die niederenergetische Symmetrie des Standardmodells brechen. Im Moment gibt es jedoch keine Technicolortheorie, die auf natürliche Art und Weise auf die $SU_{\text{Farbe}}(3) \times SU_L(2) \times U_Y(1)$-Struktur des Standardmodells reduziert werden kann.

Supergravitation und Superstrings

Große vereinheitlichte Theorien – ob in der Standard- oder in der supersymmetrischen Form – sind unvollständig, da sie die vierte fundamentale Kraft, die Gravitation, nicht berücksichtigen. Diese Kraft ist sehr schwach und spielt bei Wechselwirkungen im sub-TeV-Bereich keine Rolle. Aus der Form des Gravitationspotentials

$$V_{\text{grav}}(r) = G_N \frac{m^2}{r} \tag{14.22}$$

sehen wir aber, daß bei sehr kleinen Abständen die Kraft bemerkbar wird. Die entsprechenden Abstände, bei denen die Gravitation nicht mehr vernachlässigt werden kann, liegen in der Größenordnung der Planck-Länge von $\sim 10^{-33}$ cm oder bei Energien von $\sim 10^{19}$ GeV. Man sieht dies heuristisch wie folgt. Betrachtet man relativistische Teilchen mit der Energie $E = pc$, so lautet die Verallgemeinerung von (14.22)

$$V_{\text{grav}} = \frac{G_N(E/c^2)^2}{r}. \tag{14.23}$$

Mittels der Unbestimmtheitsrelation erhalten wir

$$r \simeq \frac{\hbar}{p} = \frac{\hbar c}{pc} = \frac{\hbar c}{E} \tag{14.24}$$

und schreiben die potentielle Energie in der Form

$$V_{\text{grav}} \simeq \frac{G_N}{\hbar c} \cdot E \cdot \left(\frac{E}{c^2}\right)^2 . \qquad (14.25)$$

Aus dieser Beziehung können wir die Energieskala bestimmen, für die das Gravitationspotential nicht mehr vernachlässigt werden kann. Wir fordern $V \sim E$ und erhalten:

$$V_{\text{grav}} \simeq \frac{G_N}{\hbar c} \cdot E \cdot \left(\frac{E}{c^2}\right)^2 \simeq E \qquad (14.26)$$

oder

$$\left(\frac{E}{c^2}\right)^2 \simeq \frac{\hbar c}{G_N} \simeq \frac{6}{6,7} \cdot 10^{39} \, (\text{GeV}/c^2)^2 \qquad (14.27)$$

oder

$$E \simeq 10^{19} \, \text{GeV}. \qquad (14.28)$$

Bei diesen Energien wird die Gravitation wichtig. Wie bereits erwähnt, entspricht dieser Energie eine Länge von $\sim 10^{-33}$ cm. Da die Schranke der Vereinheitlichung mit 10^{15} GeV dem relativ nahe liegt, sollte also eine vollständige Beschreibung der fundamentalen Wechselwirkungen die Gravitation enthalten.

Der Hauptgrund, weshalb die Gravitation bei allen unseren Betrachtungen bisher ausgespart blieb, ist die Tatsache, daß sich die Einsteinsche Theorie zur Quantisierung nicht recht eignet. Quantisieren wir die Graviationstheorie nach Einstein auf herkömmliche Art und Weise, so erhalten wir bei allen Berechnungen von Wirkungsquerschnitten divergente Ergebnisse. Nun sind Divergenzen nicht neu, sie treten bei allen relativistischen Quantenfeldtheorien auf. Es gibt allerdings für diese Feldtheorien eine systematische Prozedur, die es erlaubt, physikalisch relevante Ergebnisse aus diesen Divergenzen zu extrahieren. Diesen mit Renormalisierung bezeichneten Vorgang kann man jedoch auf die Einsteinsche Theorie nicht anwenden.

Nun weiß man, daß das Divergenzverhalten von supersymmetrischen Theorien nicht so problematisch ist. Deshalb bietet es sich an, eine supersymmetrische Variante der Einsteinschen Theorie zu entwickeln, um zu sehen, ob sich hier die Divergenzprobleme lösen lassen. (Die Konstruktion supersymmetrischer Gravitationstheorien beeinflußt die klassischen Vorhersagen der Theorie nicht, da jede Modifikation der Theorie darin besteht, zusätzlich supersymmetrische fermionische Partner einzuführen, für die es kein klassisches Analogon gibt, so daß sie im klassischen Limit nicht auftreten.) Man stellt nun fest, daß supersymmetrische Quantengravitation eine lokale Supersymmetrieinvarianz besitzt. (Dies hängt damit zusammen, daß die Einsteinsche Theorie kein ausgezeichnetes Bezugssystem besitzt.) Man nennt die Eichtheorie der Supersymmetrie auch

Supergravitation und das divergente Verhalten dieser Theorie ist nicht so dramatisch wie bei gewöhnlichen Quantengravitationstheorien. Allerdings sind selbst die kompliziertesten Supergravitationstheorien nicht völlig frei von Divergenzen und es tritt das Problem auf, daß sie sich nicht auf natürlichem Wege auf das Standardmodell reduzieren lassen.

Der Ursprung der Divergenzen in den relativistischen Quantentheorien rührt primär vom lokalen Charakter der Wechselwirkungen her. Emittiert ein geladenes Teilchen ein Photon oder findet eine andere Wechselwirkung statt, so geht man davon aus, daß dies an einem speziellen Punkt der Raum-Zeit geschieht. So gibt es in diesen Theorien keine Ungewißheit über die Lage des Wechselwirkungspunktes, denn wir beschäftigen uns mit Punktteilchen! Damit gilt $\Delta x = 0$, und nach dem Unbestimmtheitsprinzip wissen wir nichts über den übertragenen Impuls. Dies ist der Ursprung der Divergenzen in den gewöhnlichen Quantentheorien. Der einfachste Weg, dieses Problem zu umgehen, ist die Annahme, die fundamentalen Teilchen seien keine Punktteilchen, sondern Objekte mit einer infinitesimalen Größe (von etwa 10^{-33} cm). In diesem Fall sind die Wechselwirkungsvertices nicht länger lokal (siehe Abb.14.2). Damit

Abb. 14.2

besitzt der Impulsübertrag nur eine endliche Unschärfe und die Divergenz verschwindet. Theorien, die die Teilchen als Objekte mit infinitesimaler linearer Ausdehnung beschreiben, heißen *Stringtheorien*. Sie beziehen die Gravitation auf ganz natürliche Weise ein. Wir besitzen in diesen Theorien die einzigen, zur Zeit bekannten Möglichkeiten der Beschreibung einer vollständig quantisierten Gravitationstheorie, die keine Divergenzen besitzt. Zur Zeit gibt es zwei Arten von Stringtheorien: die bosonischen String- und die Superstring-(Supersymmetrischen)Theorien. Sie sind sehr elegant und besitzen viele interessante Symmetrien. Leider können sie konsistent nur in 10 (Superstrings) oder 26 (bosonischen Strings) Raum-Zeit-Dimensionen formuliert werden. Die Superstringtheorie scheint von beiden Arten die interessantere zu sein. Das Problem der Stringtheorien ist es aber, daß bis heute nicht klar ist, wie die Zahl der Dimensionen der Raum-Zeit konsistent auf vier reduziert werden kann. Es bleibt auf diesem Gebiet noch viel zu tun, bis experimentelle Tests formuliert werden können; wohl deshalb ist es heute ein attraktives Forschungsgebiet.

Empfohlene Literatur

Georgi, H. 1981. *A unified theory of elementary particles and forces.* Sci. Am. **244**(4):84.
Green, M. B. 1986. *Superstrings.* Sci. Am. **255**(3):48.
Weinberg, S. 1981. *The decay of the proton.* Sci. Am. **244**(6):64.

Anhang A: Spezielle Relativitätstheorie

Im wesentlichen beschäftigen sich die Teilchenphysik und viele Gebiete der Kernphysik mit Teilchen mit relativistischen Geschwindigkeiten, das heißt mit Geschwindigkeiten nahe der Lichtgeschwindigkeit c. Wir wollen deshalb die grundlegenden Konzepte und Ergebnisse der Speziellen Relativitätstheorie kurz darstellen, welche zur Interpretation relativistischer Prozesse nötig sind.

Albert Einstein zeigte, ausgehend von den Annahmen, daß die physikalischen Gesetze nicht von der relativen Bewegung der ruhenden Beobachter in verschiedenen Inertialsystemen zueinander abhängen, sowie daß die Lichtgeschwindigkeit (im Vakuum) eine Naturkonstante und unabhängig vom Inertialsystem ist, daß die Raum-Zeit-Koordinaten eines in zwei solchen Bezugssystemen beobachteten Ereignisses durch Lorentz-Transformationen miteinander verbunden sind. Bewegen sich zwei Inertialsysteme mit der Geschwindigkeit $v = v_z = \beta c$ relativ zueinander, so lauten die Beziehungen zwischen den Koordinaten eines jeden Ereignisses in den beiden Systemen:

$$ct' = \gamma(ct - \beta z) \tag{A.1}$$

$$x' = x \tag{A.2}$$

$$y' = y \tag{A.3}$$

$$z' = \gamma(z - \beta ct), \tag{A.4}$$

dabei liegt die z-Achse in der Richtung der relativen Bewegung unserer beiden Koordinatensysteme zueinander und es gilt $\gamma = (1 - \beta)^{-1/2}$. Man kann diese Beziehungen auch in der folgenden Matrixschreibweise darstellen:

$$\begin{pmatrix} ct' \\ x' \\ y' \\ z' \end{pmatrix} = \begin{pmatrix} \gamma & 0 & 0 & -\beta\gamma \\ 0 & 1 & 0 & 0 \\ 0 & 0 & 1 & 0 \\ -\beta\gamma & 0 & 0 & \gamma \end{pmatrix} \begin{pmatrix} ct \\ x \\ y \\ z \end{pmatrix}. \tag{A.5}$$

Die inverse Transformation bedeutet lediglich einen Vorzeichenwechsel von v (und damit β)

$$\begin{pmatrix} ct \\ x \\ y \\ z \end{pmatrix} = \begin{pmatrix} \gamma & 0 & 0 & \beta\gamma \\ 0 & 1 & 0 & 0 \\ 0 & 0 & 1 & 0 \\ \beta\gamma & 0 & 0 & \gamma \end{pmatrix} \begin{pmatrix} ct' \\ x' \\ y' \\ z' \end{pmatrix}. \tag{A.6}$$

Bei einer allgemeinen Lorentz-Transformation ist die die Koordinaten der beiden Bezugssysteme verbindende Matrix komplizierter. Da sich die prinzipiellen Eigenschaften der Transformationen allerdings nicht ändern, werden wir im folgenden die einfachere Matrix verwenden.

Die vier Koordinaten ($x^0 = ct$, $x^1 = x$, $x^2 = y$, $x^3 = z$) oder (x^0, $\boldsymbol{x}$) stellen die Komponenten eines raum-zeitlichen „Vierervektors" x dar. So, wie nun das gewöhnliche Skalarprodukt zweier „Dreiervektoren" $\boldsymbol{S}$ und $\boldsymbol{E}$, $\boldsymbol{S} \cdot \boldsymbol{E}$ invariant unter einer Rotation des Koordinatensystems ist, ist die folgende „Kontraktion" zweier Vierervektoren x und y invariant unter Lorentz-Transformationen (diese bestehen aus Rotationen und „Boosts"):

$$x \cdot y = x^0 y^0 - x^1 y^1 - x^2 y^2 - x^3 y^3 = x^0 y^0 - \boldsymbol{x} \cdot \boldsymbol{y}. \tag{A.7}$$

In gleicher Weise bilden der Impulsvektor $\boldsymbol{P}$ und die Energie E eines Teilchens einen Vierervektor p, den man gewöhnlich den Energie-Impuls-Vierer-Vektor nennt:

$$p = (E, c\boldsymbol{P}) = (E, cP_x, cP_y, cP_z) = (p^0, p^1, p^2, p^3). \tag{A.8}$$

Obwohl die einzelnen Komponenten solcher Energie-Impuls-Vierer-Vektoren in verschiedenen Inertialsystemen unterschiedlich sein können, so können sie doch durch die gleichen Lorentz-Transformationen, die auch die Koordinaten verbinden, ineinander überführt werden.

$$\begin{pmatrix} E' \\ cP'_x \\ cP'_y \\ cP'_z \end{pmatrix} = \begin{pmatrix} \gamma & 0 & 0 & -\beta\gamma \\ 0 & 1 & 0 & 0 \\ 0 & 0 & 1 & 0 \\ -\beta\gamma & 0 & 0 & \gamma \end{pmatrix} \begin{pmatrix} E \\ cP_x \\ cP_y \\ cP_z \end{pmatrix}. \tag{A.9}$$

Für zwei gegebene Energie-Impuls-Vierer-Vektoren $p = (p^0, c\boldsymbol{P})$ und $q = (q^0, c\boldsymbol{Q})$ ist die Größe $p \cdot q = (p^0 q^0 - c^2 \boldsymbol{P} \cdot \boldsymbol{Q})$ unabhängig vom Inertialsystem also eine Konstante oder eine relativistische Invariante. Im speziellen ist $p \cdot p$ invariant, so daß für jedes Teilchen mit der Energie E und dem Impuls $\boldsymbol{P}$ gilt:

$$p \cdot p = E^2 - c^2 |\boldsymbol{P}|^2 = \text{konstant}. \tag{A.10}$$

Da diese Größe unabhängig vom Bezugssystem ist, können wir ihren Wert im Ruhesystem des Teilchens ($\boldsymbol{P} = 0$) betrachten und ihn mit dem Quadrat der Ruheenergie identifizieren:

$$p \cdot p = E_{\text{Ruhe}}^2 = (Mc^2)^2, \tag{A.11}$$

dabei ist M die Ruhemasse des Teilchens.

Für jedes sich mit der Geschwindigkeit $v = \beta c$ relativ zu einem stationären Beobachter bewegende Teilchen können der relativistische Impuls und die Energie wie folgt ausgedrückt werden:

$$P = M\gamma v = M\gamma\beta c \qquad (A.12)$$

$$E = M\gamma c^2. \qquad (A.13)$$

Daraus folgt nun

$$\beta = \frac{cP}{E} \quad \text{und} \quad \gamma = \frac{E}{Mc^2}. \qquad (A.14)$$

Die Gesamtenergie E kann ebenfalls in die Bezugssystem-unabhängige Ruhemasse (Mc^2) und die relativistische kinetische Energie T zerlegt werden:

$$E = T + Mc^2. \qquad (A.15)$$

Damit kann die kinetische Energie eines jeden Teilchens durch den in einem beliebigen Ruhesystem beobachteten Impuls ausgedrückt werden:

$$T = \sqrt{(Mc^2)^2 + c^2|P|^2} - Mc^2, \qquad (A.16)$$

oder äquivalent dazu

$$c|P| = \sqrt{T^2 + 2Mc^2T}. \qquad (A.17)$$

Da die Summe oder die Differenz zweier Vierervektoren wieder ein Vierervektor ist, bildet das „Quadrat" der Summe oder einer Differenz einiger Vierervektoren eine Lorentz-invariante Größe. Speziell ist für jede Menge von Vierervektoren $q_i(q_i^0, q_i^1, q_i^2, q_i^3)$ das Quadrat des Vierervektors q^2 eine invariante Größe

$$q^2 = \left(\sum_i q_i^0\right)^2 - \left(\sum_i q_i^1\right)^2 - \left(\sum_i q_i^2\right)^2 - \left(\sum_i qi^3\right)^2, \qquad (A.18)$$

wenn wir $q = \sum_i q_i$ als die Summe der Vierer-Vektoren q_i definieren. Sind zum Beispiel die q_i die Energie-Impuls-Vierer-Vektoren einer Gruppe von Teilchen, so stellt die Größe q^2 das Quadrat der Ruheenergie des Gesamtsystems dar. Es ist genau diese Größe, die wir in Kapitel 1 s genannt haben.

Für ein instabiles relativistisches Teilchen mit der Energie E und dem Impuls P, welches in seinem Ruhesystem die Lebensdauer τ besitzt, beobachtet man eine Lebensdauer, die durch die Lorentz-Transformation für ein Zeitintervall gegeben ist. Wird ein Teilchen im Labor erzeugt und ist in Ruhe, so fallen der Erzeugungspunkt und der Zerfallspunkt zusammen $(x_2 = x_1, y_2 = y_1, z_2 = z_1)$, die Zerfallszeit $(t_2 - t_1)$ ist durch die Lebensdauer gegeben. Besitzt nun das Teilchen die Geschwindigkeit $v = \beta c = |P|/E$ im Labor, so kommt es zu einer Zeitdilatation der Lebensdauer. Das Zeitintervall im Labor steht zu dem im Ruhesystem des Teilchens durch (A.1) in Beziehung:

$$t_2' - t_1' = \gamma(t_2 - t_1) - \frac{\beta}{c}(z_2 - z_1).$$ (A.19)

Im Ruhesystem des Teilchens gilt $z_2 = z_1$, daher gilt für die im Labor ($\tau' = t_2' - t_1'$) beobachtete Lebensdauer

$$\tau' = \gamma\tau.$$ (A.20)

Anhang B: Kugelflächenfunktionen

Die Kugelflächenfunktionen $Y_{l,m}(\theta, \phi)$ sind Eigenfunktionen sowohl des Quadrates des Drehimpulsoperators L^2 als auch von L_z, der Projektion von L auf eine ausgewählte Achse z (siehe (3.30)):

$$L^2 Y_{l,m}(\theta, \phi) = \hbar^2 l(l+1) Y_{l,m}(\theta, \phi) \tag{B.1}$$

$$L_z Y_{l,m}(\theta, \phi) = \hbar m Y_{l,m}(\theta, \phi). \tag{B.2}$$

Die Funktionen $Y_{l,m}(\theta, \phi)$ sind Produkte periodischer Funktionen von θ und ϕ, welche an vielen Stellen in der Quantenmechanik, aber auch in anderen Bereichen auftreten, wenn Lösungen mit Kugelsymmetrie gesucht werden. Man kann die $Y_{l,m}(\theta, \phi)$ als Funktionen von zugeordneten Legendre-Polynomen $P_{l,m}(\cos \theta)$ und Exponentialausdrücken von ϕ darstellen:

$$Y_{l,m}(\theta, \phi) = \sqrt{\frac{2l+1}{4\pi} \frac{(l-m)!}{(l+m)!}} P_{l,m}(\cos \theta) e^{im\phi}, \tag{B.3}$$

wobei die zugeordneten Legendre-Funktionen durch

$$P_{l,m}(x) = \frac{(-1)^m}{2^l l!} (1 - x^2)^{m/2} \frac{d^{l+m}}{dx^{l+m}} (x^2 - 1)^l \tag{B.4}$$

mit $x = \cos \theta$ gegeben sind. Die $P_{l,m}(x)$ sind so definiert, daß die Kugelflächenfunktionen die folgende Normierungsbedingung über den ganzen Raumwinkel erfüllen:

$$\int_{\phi=0}^{2\pi} \int_{\theta=0}^{\pi} Y_{l',m'}^*(\theta, \phi) Y_{l,m}(\theta, \phi) \sin \theta \, d\theta \, d\phi = \delta_{l'l} \delta_{m'm}. \tag{B.5}$$

Die δ_{nm} bezeichnen dabei die Kronecker-Symbole (siehe (10.24)). Es gilt ebenfalls folgende Relation:

$$Y_{l,m}^*(\theta, \phi) = (-1)^m Y_{l,-m}(\theta, \phi). \tag{B.6}$$

Es folgen explizit einige Kugelflächenfunktionen niederer Ordnung:

$$Y_{0,0}(\theta, \phi) = \frac{1}{\sqrt{4\pi}}, \qquad\qquad Y_{1,1}(\theta, \phi) = -\sqrt{\frac{3}{8\pi}} \sin \theta e^{i\phi}, \tag{B.7}$$

$$Y_{1,0}(\theta, \phi) = \sqrt{\frac{3}{4\pi}} \cos\theta, \qquad Y_{1,-1}(\theta, \phi) = \sqrt{\frac{3}{8\pi}} \sin\theta e^{-i\phi}, \qquad \text{(B.8)}$$

$$Y_{2,2}(\theta, \phi) = \sqrt{\frac{15}{32\pi}} \sin^2\theta e^{2i\phi}, \; Y_{2,1}(\theta, \phi) = -\sqrt{\frac{15}{8\pi}} \sin\theta \cos\theta e^{i\phi}, \; \text{(B.9)}$$

$$Y_{2,0}(\theta, \phi) = \sqrt{\frac{5}{4\pi}} \left(\frac{3}{2} \cos^2\theta - \frac{1}{2} \right). \qquad \text{(B.10)}$$

Anhang C: Sphärische Bessel-Funktionen

Die sphärischen Bessel-Funktionen $j_l(x)$ treten bei der Lösung der radialen Schrödinger-Gleichung in Kugelkoordinaten auf. Es existiert eine Verbindung zu den gewöhnlichen Bessel-Funktionen $J_n(x)$, welche bei Systemen mit zylindrischer Symmetrie auftreten. Die Beziehung zwischen beiden Arten von Funktionen ist durch

$$j_l(x) = \sqrt{\frac{\pi}{2x}} J_{l+1/2}(x) \tag{C.1}$$

gegeben. Die allgemeineren Bessel-Funktionen erhält man durch die Entwicklung

$$J_n(x) = \sum_{\lambda=0}^{\infty} \frac{(-1)^\lambda (x/2)^{n+2\lambda}}{\Gamma(\lambda+1)\Gamma(\lambda+n+1)}, \tag{C.2}$$

dabei ist Γ die Gammafunktion.

Verwendet man Beziehungen zwischen Gammafunktionen mit verschiedenen Argumenten, so kann man zeigen, daß die Reihe, welche man durch Substitution von (C.2) in (C.1) erhält, mit einer Entwicklung nach einfachen periodischen Funktionen identifiziert werden kann. Speziell folgt, daß einige sphärische Bessel-Funktionen niederer Ordnung wie folgt geschrieben werden können:

$$j_0(x) = \frac{\sin x}{x}, \quad j_1(x) = \frac{\sin x}{x^2} - \frac{\cos x}{x}, \tag{C.3}$$

$$j_2(x) = \left(\frac{3}{x^3} - \frac{1}{x}\right) \sin x - \frac{3\cos x}{x^2} \quad \text{usw.} \tag{C.4}$$

Alle $j_l(x)$ verhalten sich in der Nähe von $x = 0$ gutartig. Alle außer der $l = 0$-Funktion verschwinden im Nullpunkt und es gilt $j_0(0) = 1$. Die im Ursprung singulären Lösungen der radialen Schrödinger-Gleichung werden durch die Neumannschen Funktionen dargestellt, solche Funktionen sind jedoch nicht normierbar und entsprechen so keinen physikalischen Lösungen gebundener quantenmechanischer Systeme.

Anhang D: Grundlagen der Gruppentheorie

Eine Gruppe besteht aus einer endlichen oder unendlichen Menge von Elementen (Objekten, Größen), die mit einer Verknüpfungsregel („Multiplikation") ausgestattet und unter dieser Operation „geschlossen" ist. Stellt also G eine Gruppe mit den Elementen $(g_1, g_2, \ldots, g_n)$ dar, so gehört jede Kombination zweier beliebiger Elemente g_i und g_j der Gruppe, bezeichnet mit $g_i \bullet g_j$, ebenfalls zu G. (Mathematisch bezeichnet $g \in G$ den Sachverhalt, g gehört zu G.) Man sollte sich vor Augen halten, daß die Verknüpfung der Elemente nicht zwingend eine gewöhnliche Multiplikation der Elemente sein muß. Es kann sich um die verschiedensten Operationen, zum Beispiel um Addition, handeln).

Die Menge der Elemente muß noch weitere Bedingungen erfüllen, damit eine Gruppe definiert ist. Diese sind:

1. Die Kombination der Elemente muß assoziativ sein, das heißt

$$g_1 \bullet (g_2 \bullet g_3) = (g_1 \bullet g_2) \bullet g_3 \in G. \tag{D.1}$$

2. Es muß ein Eins-Element I der Gruppe existieren, so daß jede Verknüpfung eines Elementes mit dem Eins-Element dieses Element wieder ergibt:

$$g \bullet I = g = I \bullet g. \tag{D.2}$$

3. Zu jedem Element $g \in G$ muß eindeutig ein inverses Element $g^{-1} \in G$ existieren mit:

$$g \bullet g^{-1} = I = g^{-1} \bullet g. \tag{D.3}$$

Als einfaches Beispiel einer Gruppe wollen wir die Menge G aller reellen Zahlen, negative sowie positive, betrachten. Dann können wir definieren:

$$g_1 \bullet g_2 = g_1 + g_2. \tag{D.4}$$

Man sieht sofort, die Summe zweier reeller Zahlen ist wieder eine reelle Zahl, damit ist G unter Multiplikation geschlossen. Die gewöhnliche Addition ist assoziativ, damit gilt

$$g_1 \bullet (g_2 \bullet g_3) = g_1 \bullet (g_2 + g_3) = g_1 + g_2 + g_3 = (g_1 \bullet g_2) \bullet g_3. \tag{D.5}$$

Das Eins-Element dieser Gruppe ist die Null, denn

$$g \bullet I = g + 0 = g = I \bullet g. \tag{D.6}$$

Zum Schluß bestimmen wir das inverse Element zu $g^{-1} = -g$ und erhalten

$$g \bullet g^{-1} = (g + g^{-1}) = (g - g) = 0 = I = g^{-1} \bullet g. \tag{D.7}$$

Man sieht, daß die Menge aller reellen Zahlen eine Gruppe definiert, wobei die gewöhnliche Addition die Verknüpfungsregel darstellt.

Wir betrachten nun die Menge aller reellen Phasen und bezeichnen sie mit

$$G = \{U(\alpha) = e^{i\alpha}, \quad \alpha \text{ reell im Bereich } -\infty \leq \alpha \leq \infty\}. \tag{D.8}$$

Die Elemente dieser Gruppe werden durch den stetigen Parameter α charakterisiert, damit erhalten wir eine stetige Gruppe. Wählen wir die gewöhnliche Multiplikation zur Verknüpfung der Elemente, so gilt

$$U(\alpha) \bullet U(\beta) = U(\alpha)U(\beta) = e^{i\alpha}e^{i\beta} = e^{i(\alpha+\beta)} = U(\alpha + \beta). \tag{D.9}$$

Das Ergebnis ist wieder eine Phase und gehört damit zur Gruppe. Die Menge G ist geschlossen unter der Multiplikation. Natürlich sind gewöhnliche Produkte assoziativ und wir erhalten

$$U(\alpha) \bullet (U(\beta) \bullet U(\gamma)) = U(\alpha)(U(\beta)U(\gamma)) = (U(\alpha)U(\beta))U(\gamma) \tag{D.10}$$

$$= e^{i(\alpha+\beta+\gamma)} = U(\alpha + \beta + \gamma) \in G. \tag{D.11}$$

Als Einselement wählen wir die Nullphase, das heißt $I = 1$, damit ist

$$U(\alpha) \bullet I = e^{i\alpha} \cdot I = e^{i\alpha} = U(\alpha) = I \bullet U(\alpha). \tag{D.12}$$

Geben wir uns ein Element $U(\alpha)$ vor, so ist $U^{-1}(\alpha) = U(-\alpha)$ das inverse Element dazu:

$$U(\alpha) \bullet U^{-1}(\alpha) = U(\alpha)U^{-1}(\alpha) = U(\alpha)U(-\alpha) \tag{D.13}$$

$$= e^{i\alpha}e^{-i\alpha} = 1 = I = U^{-1}(\alpha) \bullet U(\alpha). \tag{D.14}$$

Damit bildet die Menge aller reellen und stetigen Phasen eine Gruppe. Für diesen Fall ist das adjungierte (komplex konjugierte) Element ebenfalls das inverse Element:

$$U^{\dagger}(\alpha) = e^{-i\alpha} = U(-\alpha) = U^{-1}(\alpha), \quad \alpha \text{ reell}, \tag{D.15}$$

solche Gruppen nennt man unitär. Da die Gruppenelemente durch einen Parameter vollständig bestimmt sind, bezeichnet man diese Gruppe als $U(1)$, die unitäre Gruppe in einer Dimension.

Im allgemeinen muß die Verknüpfung der Elemente der Gruppe nicht kommutativ sein.

$$g_1 \bullet g_2 \neq g_2 \bullet g_1. \tag{D.16}$$

In unserem einfachen Beispiel gilt allerdings

$$U(\alpha) \bullet U(\beta) = U(\alpha)U(\beta) = U(\alpha + \beta) = U(\beta) \bullet U(\alpha). \tag{D.17}$$

Wir nennen deshalb die Gruppe $U(1)$ kommutativ oder abelsch.

In gleicher Weise kann man zeigen, daß die Menge aller unitären 2×2-Matrizen, deren Determinante gleich eins ist, eine Gruppe bildet. Hier ist die gewöhnliche Matrizenmultiplikation die Verknüpfungsregel der Gruppe. Man nennt diese Art von Gruppe die spezielle (det = 1) unitäre Gruppe in zwei Dimensionen oder $SU(2)$. Ein Element dieser Gruppe kann durch eine Phase der Form

$$U(\boldsymbol{\alpha}) = e^{iT(\boldsymbol{\alpha})} \tag{D.18}$$

dargestellt werden, dabei bezeichnet $\boldsymbol{\alpha}$ einen vektoriellen Parameter, der die Phasen charakterisiert, $T(\boldsymbol{\alpha})$ entspricht einer 2×2-Matrix*. Damit $U(\boldsymbol{\alpha})$ unitär ist, muß gelten:

$$U^{\dagger}(\boldsymbol{\alpha}) = U^{-1}(\boldsymbol{\alpha}) \tag{D.19}$$

oder

$$e^{-iT^{\dagger}(\boldsymbol{\alpha})} = e^{-iT(\boldsymbol{\alpha})}. \tag{D.20}$$

Damit muß $T(\boldsymbol{\alpha})$ hermitesch sein. Weiter kann det $U(\boldsymbol{\alpha})$ nur gleich 1 sein, wenn die Matrizen $T(\boldsymbol{\alpha})$ spurlos sind. Man sieht dies durch die allgemeine Beziehung

$$\det A = e^{\mathrm{Tr}\ln A}, \tag{D.21}$$

dabei bezeichnet Tr die Spur einer Matrix. Fordern wir also

$$\det U(\boldsymbol{\alpha}) = 1, \tag{D.22}$$

so gilt

$$e^{\mathrm{Tr}\,\ln U(\boldsymbol{\alpha})} = 1 \tag{D.23}$$

oder

$$e^{i\mathrm{Tr}\,T(\boldsymbol{\alpha})} = 1. \tag{D.24}$$

Da dies für jeden Vektor $\boldsymbol{\alpha}$ gelten muß, schließen wir

$$\mathrm{Tr}\,T(\boldsymbol{\alpha}) = 0. \tag{D.25}$$

---

*Der Effekt einer zur e-ten Potenz erhobenen Matrix ist gleich der Potenzreihenentwicklung des Operators: $e^{iT(\boldsymbol{\alpha})} = I + iT(\boldsymbol{\alpha}) - (1/2!)T^2(\boldsymbol{\alpha}) - (i/3!)T^3(\boldsymbol{\alpha}) + \cdots$.

Wie wir wissen, existieren nur drei linear unabhängige, hermitesche und spur-
freie 2×2-Matrizen, die sogenannten Pauli-Matrizen

$$\sigma_1 = \begin{pmatrix} 0 & 1 \\ 1 & 0 \end{pmatrix}, \quad \sigma_2 = \begin{pmatrix} 0 & -i \\ i & 0 \end{pmatrix}, \quad \sigma_3 = \begin{pmatrix} 1 & 0 \\ 0 & -1 \end{pmatrix}. \tag{D.26}$$

Wir können deshalb allgemein für ein Element von $SU(2)$ schreiben:

$$U(\boldsymbol{\alpha}) = e^{iT(\boldsymbol{\alpha})} = e^{i \sum_{j=1}^{3} \alpha_j T_j}, \tag{D.27}$$

mit

$$T_j = \frac{1}{2}\sigma_j. \tag{D.28}$$

Die Phasen oder Elemente der Gruppe $SU(2)$ werden also durch drei stetige
Parameter $\alpha_1, \alpha_2, \alpha_3$ charakterisiert. Da das Matrizenprodukt nicht kommutativ
ist, erhalten wir

$$U(\boldsymbol{\alpha})U(\boldsymbol{\beta}) = e^{i \sum_{j=1}^{3} \alpha_j T_j} e^{i \sum_{k=1}^{3} \beta_k T_k} \neq U(\boldsymbol{\beta})U(\boldsymbol{\alpha}). \tag{D.29}$$

Damit ist $SU(2)$ nichtkommutativ oder nichtabelsch. Die Eigenschaften der
Gruppe sind vollständig bekannt, wenn wir die Matrizen T_j kennen. Sie erfüllen,
wie wir wissen, folgende Vertauschungsrelationen:

$$[T_j, T_k] = \left[\frac{1}{2}\sigma_j, \frac{1}{2}\sigma_k\right] = i\epsilon_{jkl}\frac{1}{2}\sigma_l = i\epsilon_{jkl}T_l. \tag{D.30}$$

(Dabei ist ϵ_{jkl} das in unserer Diskussion stetiger Symmetrien in Kapitel 10
eingeführte Levi-Civita-Symbol.) Man nennt dies die Lie-Algebra für die $SU(2)$-
Gruppe.

In gleicher Weise formt die Menge aller unitären 3×3-Matrizen mit der
Determinante 1 die Gruppe $SU(3)$. Die Menge aller reellen orthogonalen 3×3-
Matrizen mit der Determinante 1 bildet die Gruppe $SO(3)$ und so weiter. Die
Eigenschaften aller dieser Gruppen sind durch die Kenntnis ihrer Lie-Algebra
vollständig gegeben.

Anhang E: Tabelle physikalischer Konstanten

Konstante	Symbol	Wert*
Avogadro-Zahl	A_0	$6{,}022137 \cdot 10^{23}\,\mathrm{mol}^{-1}$
Boltzmann-Konstante	k	$8{,}61739 \cdot 10^{-5}\,\mathrm{eV/K}$
Elektronenladung	e	$4{,}803207 \cdot 10^{-10}\,\mathrm{esu}$
Masse des Elektrons	m_e	$0{,}5109991\,\mathrm{MeV}/c^2$
		$9{,}109390 \cdot 10^{-28}\,\mathrm{g}$
Fermi-Konstante	$G_F/(\hbar c)^3$	$1{,}16639 \cdot 10^{-5}\,\mathrm{GeV}^{-2}$
Feinstrukturkonstante	$\alpha = e^2/\hbar c$	$1/137{,}035990$
Lichtgeschwindigkeit	c	$2{,}99792458 \cdot 10^{10}\,\mathrm{cm/s}$
Newtonsche Gravitationskonstante	G_N	$6{,}6726 \cdot 10^{-8}\,\mathrm{cm}^3/\mathrm{g\,s}^2$
		$6{,}7071 \cdot 10^{-39}\hbar c(\mathrm{GeV}/c^2)^{-2}$
(Plancksches Wirkungsquantum)·c	$\hbar c$	$197{,}32705\,\mathrm{MeV\ fm}$

*Review of particle properties, *Phys. Rev.* Part 2 **D45**, Juni 1992. Siehe auch die aktuelle Ausgabe des *CRC*-Handbuches. Die Ungenauigkeit der physikalischen Konstanten beschränkt sich auf die letzte in der Tabelle angegebene Ziffer

Sachverzeichnis

A

abelsche Algebra 217
abelsche Gruppe 224, 313
Absorption 33, 85, 247
  thermischer Neutronen 90
  von Photonen 124
Absorptionskoeffizient 128
Absorptionsvermögen für Neutronen 97
Aktivität 103
α-Strahlung 37
α-Teilchen 2, 69, 107
Algebra
  abelsche 217
  nichtkommutative 218
Alternating Gradient Synchrotron 171
amu 29
anomales magnetisches Moment 35
antilinearer Operator 235
Antineutrino 79, 238
Antineutron 81
Antiproton 81, 182
Antiquarks 201, 263
Antisymmetrie 182, 220, 231, 266
  der Wellenfunktion der Fermionen 53
Antiteilchen 79, 182, 229, 237, 239
asymptotische Freiheit der QCD 282
Atombindung 39

B

Bahndrehimpuls 33, 51, 197, 227, 229, 268
Baryonen
  Asymmetrie 296
  Quarkzusammensetzung 265
Baryonenzahl 183
Becquerel 104

Becquerel, Henri 36
Beschleuniger 157
  elektrostatischer 158
β-Zerfall 77
β^--Teilchen 107
Betatron-Oszillation 169
Bethe-Bloch-Ausdruck 114
Bethe-Weizsäcker-Massenformel 48
Beugungsbild 33
Bindung eines Elektrons 51
Bindungsenergie 39, 46
  des Kernes 29
Blasenkammer 187
Bose-Einstein-Statistik 181
Boson 181, 272, 286
Breit-Wigner-Profil 192
Bremsfähigkeit 113
Bremsstrahlung 120

C

Cabibbo-Winkel 288
Cherenkov-Detektor 148
Clebsch-Gordan-Koeffizienten 222
CNO-Zyklus 100
Cockcroft-Walton-Beschleuniger 158
Collider 153, 172
  linearcr 173
Compton-Streuung 125
Confinement 281
Coulomb Potential 40
CP-Invarianz-Verletzung 248
CP-Verletzung 259
CPT-Theorem 239
Curie 104

318   Sachverzeichnis

D

Dipolmagnet 170
Dipolmoment, elektrisches 235
diskrete Transformation 226
Drehimpuls 6, 59, 207, 221
Drehimpulserhaltung 230
Driftkammer 140

E

effektiver Absorptionskoeffizient 123
Ehrenfestsches Theorem 214
Eichfeld 224
Eichpotential 272, 273
Eichprinzip 224, 275
Eichtheorie 224
Eichtransformation 224
Einfangquerschnitt für Neutronen 97
elektrisches Dipolmoment 235
elektromagnetische Wechselwirkung
    272
elektromagnetischer Zerfall 200
Elektron 120, 184
    Bindung 51
elektrostatischer Beschleuniger 158
Elementarteilchen 181
Emission 85
Erhaltung
    des Drehimpulses 230
    von Energie und Drehimpuls 79
Erhaltungssätze 203
Erzeugende der Transformation 210

F

Farbe 266
Farbsymmetrie 270
    nichtabelsche Gruppe 281
Farbwechselwirkung 281
Feinstrukturkonstante 1
Fermi-Dirac-Statistik 48, 181
Fermi-Gas-Modell 48
Fermi-Niveau 48
Fermilab 169
Fermion 181
Fermis Goldene Regel 25
Feynman-Graph 23
Flavor 191, 262
Flugzeit 146
Fourier-Transformation 194
Fourier-Transformierte 25

G

γ-Strahlung 37, 85
γ-Zerfall 84
Geiger-Müller-Zähler 141
Gell-Mann-Nishijima-Relation 191
GIM-Mechanismus 289
Gluonen 1, 272, 281
Goldstone-Boson 279
Graviton 178
große Vereinheitlichung 293
Gruppe 217, 311
    abelsche 313
    stetige 312
    unitäre 312
GUT 296

H

Hadronenwechselwirkung 131
hadronische schwache Zerfälle 198
Halbleiterdetektor 149
Hamilton-Formalismus 207
harmonischer Oszillator 57, 297
Higgs-Mechanismus 279
Hilbert-Raum 218
Hyperladung 191
    schwache 270, 280
    starke 191
Hyperon 197

I

Impulsverteilung 140
Impulsübertragung 22
infinitesimale Rotation 211
infinitesimale Verschiebung 209
innere Parität 229
intrinsischer Spinanteil 268
Invarianzprinzip 207
Inversion 226
Ionisationsdetektor 134
Ionisationsenergieverlust 113
Ionisationszählrohr 136
Isobare 29
Isomere 29
Isospin 188, 220
    schwacher 270, 280
Isospinsymmetrie 189
Isoton 54
Isotop 28, 54
Isotopenspin 189

K

K_1^0-Regeneration 247
Kalorimeter 150
kanonische Transformation 210
Kern
    Bindungsenergie 29
    magischer 54
    Masse 29
    superdeformierter 66
Kernfusion 98
Kernkraft 38
    Reichweite 39
Kernmagneton 35
Kernreaktor 96
Kernspaltung 89
Kernspin 33
Kernstrahlung 69
Kettenreaktion 96
Kohlenstoff-Zyklus 100
Kollektivmodell 64
kollidierende Strahlen 172
kosmologisches Modell 296
Kronecker-Symbol 208
Kräfte 178
Kugelflächenfunktion 55, 308

L

Laborsystem 17
Ladungskonjugation 237
Ladungsunabhängigkeit 41
Lagrange-Formalismus 203
Lebensdauer 103
    des Protons 295
Lepton 262
Leptonenzahl 184
Levi-Civita-Symbol 218
Linac 163
Linearbeschleuniger 163
linearer Collider 173
lokale abelsche Symmetriegruppe 271
lokale Symmetrie 223, 271

M

magischer Kern 54
Magnetfeld 161, 165, 168
magnetische Einschließung 101
magnetisches Moment des Nukleons 67
Masse des Nukleons 47
Masse des Kernes 29

Massendefekt 29
Massendichte 33
Massenmatrix 254
Matrix nach Kobayashi und Maskawa 290
Maxwell-Gleichung 273
Mehrfachstreuung 118
Meson, Quarkzusammensetzung 263
Mischungswinkel, schwacher 290
mittlere freie Weglänge 130
    für Kernwechselwirkungen 151
mittlere Lebensdauer 76
Mößbauer-Effekt 87

N

natürliche Radioaktivität 36, 107
neutrales Kaon 241
Neutrino 79
Neutronenabsorption 97
Neutroneneinfangquerschnitt 97, 109, 131
Neutronenwechselwirkung 130
nichtabelsche Gruppe der Farbsymmetrie 281
nichtabelsche Symmetriegruppe 293
    SU(2) 270
nichtkommutative Algebra 218
Noether-Theorem 203
Nukleon
    magnetisches Moment 67
    Masse 47

O

Oberflächenenergie 46
Operator 216
    antilinearer 235
Ordnungszahl 28

P

Paarbildung 127
Parität 226
    Verletzung 231
Partonenmodell 283
Pauli-Matrizen 314
Phasenstabilität 167
photoelektrischer Effekt 124
Photomultiplier 143
Photon 42, 181, 194, 200, 281
Photonenabsorption 124
physikalische Konstanten 315

Planck-Länge 300
Poisson-Klammern 207
Poisson-Verteilung 105
Potential 56
Potentialtopf 56
Prinzip der alternierenden Gradienten
    171
Prinzip des detaillierten
    Gleichgewichtes 235
Proportionalzähler 138
Proton, Lebensdauer 295
Proton-Proton-Zyklus 100
Protonzerfall 295

Q

Quadrupolmagnet 170
Quantenchromodynamik 281
Quantenelektrodynamik (QED) 35,
    281
Quantenmechanik, Symmetrien 213
Quark-Gluonen-Plasma 285
Quark-Linien-Diagramm 291
Quarks 201, 262
Quarkzusammensetzung
    der Baryonen 265
    der Mesonen 263

R

radioaktive Datierung 108
radioaktiver Zerfall 101
radioaktives Gleichgewicht 105
Radioaktivität, natürliche 36, 107
Reichweite 116
Relativistic Heavy Ion Collider
    (RHIC) 285
relativistische Effekte 115
relativistische Variablen 20
Resonanzbeschleuniger 160
Resonanzen 192
Rotationsniveau 65
Rutherford-Streuung 2
rückstoßfreier Übergang 85

S

Sammelkalorimeter 153
Schalenmodell 51, 62
Schichtdetektion 152
schwache Hyperladung 270, 280
schwache Wechselwirkung 198
schwacher Isospin 270, 280

schwacher Mischungswinkel 290
Schwerpunktsystem 17
Schwingungsniveau 65
semileptonischer Prozeß 199
Siliciumdetektor 150
$SO(3)$ 218
Spektrometersystem 152
spezielle Relativitätstheorie 304
sphärische Bessel-Funktion 56, 310
Spiegelkern 41
Spin 194
Spin-Bahn-Kopplung 52
Spin-Bahn-Wechselwirkung 59
Spin-Drehimpuls 33, 194
Spin-Matrix nach Pauli 219
spontane Symmetriebrechung 276
Stabilität 35
Standardmodell 261
starke Fokussierung 170
starke Hyperladung 191
statistische Streuung 118
stetige Gruppe 312
stetige Symmetrie 216
stochastische Kühlung 173
Stoßparameter 7
Strahlungslänge 121
Strangeness 185
Strangenessoszillation 246
Streuquerschnitt 13
Streuung um den Mittelwert 119
Stringtheorien 302
$SU(2)$-Symmetrie 218, 313
$SU(3)$-Symmetrie 271, 281
$SU(5)$-Symmetrie 294
Supercollider
    supraleitender 174
superdeformierter Kern 66
Supergravitation 300
superschwache Theorie 251
Superstrings 300
Supersymmetrie 297
supraleitender Supercollider 174
Symmetrie
    in der Quantenmechanik 213
    lokale 223, 271
    stetige 216
    $U(1)$ 271
Symmetriebrechung 276
    spontane 276
Symmetriegruppe
    lokale abelsche 271

Symmetriegruppe
    nichtabelsche 293
    $SU(3)$ 271, 281
    $SU(5)$ 294
Symmetriegruppe $SU(2)$ 218, 313
    nichtabelsche 270
Symmetrietransformation 217
Synchronbeschleuniger 164
Synchrotronstrahlung 164
Szintillationsdetektor 142

T

Teilchenjets 284
thermische Neutronen, Absorption 90
Transformation 273
    Erzeugende 210
    kanonische 210
Tröpfchenmodell 45
Tunneleffekt 73

U

$U(1)$-Symmetrie 271
unitäre Gruppe 312

V

Van de Graaff-Beschleuniger 159
Verletzung
    der CP-Invarianz 248
    der Parität 231
    von Quantenzahl-Erhaltungssätzen
        198

Vieldraht-Proportionalkammer 139
Volumenenergie 46

W

W^--Boson 272, 286
W^+-Boson 272
Wechselwirkung
    elektromagnetische 272
    schwache 198
    von Hadronen 131
    von Neutronen 130
Wellenfunktion der Fermionen
    Antisymmetrie 53

X

X-Eichboson 295

Y

Yukawa-Potential 42

Z

Z^0-Boson 286
Z^0-Boson 272
zeitliche Entwicklung 252
Zeitumkehr 234
Zerfall des Protons 295
Zerfallskonstante 76, 102
Zerfallsmatrix 254
Zyklotron 160
Zyklotronen-Resonanzfrequenz 162